软件入门与提高丛书

Oracle 11g 入门与提高

刘俊强　编　著

清华大学出版社
北　京

内 容 简 介

本书从初学者的角度出发,以通俗易懂的语言,通过丰富多彩的示例,详细地介绍 Oracle 11g 数据库管理中应该掌握的各方面技术。

本书共分 14 章,主要内容包括数据库范式、E-R 模式、Oracle 安装和体系结构、SQL Plus、数据类型、创建表、修改表的属性、主键和外键约束、Select 查询、DML 修改数据、表空间的创建和切换、控制文件以及日志文件等。同时还介绍 PL/SQL 语言的基础语法、控制语句、自定义函数和事务、触发器和存储过程的开发。最后通过酒店客房管理系统数据库的开发,讲解 Oracle 的实际应用。

本书适合所有 Oracle 数据库管理人员、数据库开发人员、系统维护人员、数据库初学者及其他数据库从业人员阅读,也可以作为大中专院校相关专业的参考用书和相关培训机构的培训教材。

本书封面贴有清华大学出版社防伪标签,无标签者不得销售。
版权所有,侵权必究。侵权举报电话: 010-62782989 13701121933

图书在版编目(CIP)数据

Oracle 11g 入门与提高/刘俊强编著. --北京: 清华大学出版社, 2015 (2019.1 重印)
(软件入门与提高丛书)
ISBN 978-7-302-38618-6

Ⅰ. ①O… Ⅱ. ①刘… Ⅲ. ①关系数据库系统 Ⅳ. ①TP311.138

中国版本图书馆 CIP 数据核字(2014)第 276776 号

责任编辑: 杨作梅　宋延清
装帧设计: 杨玉兰
责任校对: 马素伟
责任印制: 宋　林

出版发行: 清华大学出版社
　　　网　　址: http://www.tup.com.cn, http://www.wqbook.com
　　　地　　址: 北京清华大学学研大厦 A 座　　邮　编: 100084
　　　社 总 机: 010-62770175　　　　　　　　邮　购: 010-62786544
　　　投稿与读者服务: 010-62776969, c-service@tup.tsinghua.edu.cn
　　　质量反馈: 010-62772015, zhiliang@tup.tsinghua.edu.cn
印 装 者: 三河市龙大印装有限公司
经　　销: 全国新华书店
开　　本: 185mm×260mm　　印　张: 27　　字　数: 658 千字
　　　　　(附 DVD 1 张)
版　　次: 2015 年 1 月第 1 版　　　　　印　次: 2019 年 1 月第 4 次印刷
定　　价: 58.00 元

产品编号: 055160-01

前　　言

　　Oracle 数据库是世界范围内性能最优异的数据库系统之一，其关系数据库产品的市场的占有率远远超过竞争对手，始终处于数据库领域的领先地位。Oracle 产品被广泛用于各个行业，可以满足一系列的存储需求。

　　Oracle 数据库系统的灵活体系结构以及跨平台的特性，使得很多 Oracle 从业人员倍感压力，与容易使用的 SQL Server 相比，Oracle 似乎太难以驾驭。Oracle 公司出于让用户便于学习的目的，提供了大量的文档，但是这些文档主要为英文版，而且文档过于偏重技术细节，掌握起来颇具难度。

　　本书针对 Oracle Database 11g R2，以 Oracle 数据库的常用知识点为主要介绍对象，简化甚至省略了生僻的知识，目的就是为了让读者能够轻松地叩开 Oracle 数据库的大门，为以后更深入地学习打下良好的基础。本书适合作为 Oracle 数据库基础入门学习书籍，也可以帮助中级读者提高使用数据的技能。本书适合大专院校在校学生、程序开发人员以及编程爱好者学习和参考。

本书内容

　　本书共分为 14 章，各章的主要内容说明如下。

　　第 1 章：关系数据库。该章从数据库的基本概念开始介绍，进而讲解关系数据库的术语，还介绍规范关系的方法，实体和关系模型。

　　第 2 章：深入了解 Oracle 11g。该章主要介绍 Oracle 11g 的安装，用户的解锁和数据库创建方法。同时介绍 Oracle 的内部体系结构，包括物理结构、逻辑结构、内存结构和进程结构。

　　第 3 章：Oracle 管理工具。该章主要介绍 Oracle 自带的管理工具，包括命令行管理工具 SQL Plus、图形管理工具 SQL Developer、Web 管理工具 OEM，以及 Oracle 网络配置与管理助手等。

　　第 4 章：操作 Oracle 数据表。该章主要介绍列的数据类型，表的创建方法、如何为表添加属性、修改表的属性、主键、外键以及非空键等。

　　第 5 章：查询表数据。该章详细介绍 SELECT 语句的应用，包括在查询时可以指定列、指定条件，甚至执行计算，对查询结果进行排序、分组和统计等。

　　第 6 章：高级查询。该章主要介绍多表之间的查询方法，如使用子查询、多表连接、内连接、外连接和交叉连接等。

　　第 7 章：修改表数据。该章详细介绍 Oracle 中 Insert、Update、Delete 和 Merge 语句对数据进行插入、更新、删除和合并的方法。

　　第 8 章：Oracle 表空间的管理。该章详细介绍 Oracle 中的各种表空间，包括表空间的创建、修改、切换和管理等操作。

第 9 章：管理 Oracle 控制文件和日志文件。该章详细介绍 Oracle 中控制文件和日志文件的管理，包括它们的创建、信息查看以及删除等操作。

第 10 章：Oracle 编程 PL/SQL 基础。该章详细介绍 PL/SQL 语言中的常量、变量、数据类型、运算符和注释的使用，流程控制语句以及异常处理方法。

第 11 章：PL/SQL 编程高级应用。该章将从 6 个方面介绍 PL/SQL 编程的高级应用，分别是 PL/SQL 的集合类型、系统函数、自定义函数、游标、程序包和数据库事务。

第 12 章：触发器与存储过程编程。该章详细介绍 Oracle 中触发器与存储过程的创建、调用，以及管理方法。

第 13 章：其他 Oracle 模式对象。该章主要介绍 Oracle 中的 5 个模式对象的使用，分别是临时表、分区表、簇表、序列和索引。

第 14 章：酒店客房管理系统数据库。该章以酒店客房管理系统为例，讲解系统分析、流程图绘制、关系转换以及具体实现。包括表空间和用户的创建、创建表和视图、编写存储过程和触发器，数据测试和备份等。

本书特色

本书中，大量内容来自真实的 Oracle 数据库示例，力求通过实际操作问题使读者更容易掌握 Oracle 数据库应用。本书难度适中，内容由浅入深，实用性强。

(1) 知识点全

本书紧密围绕 Oracle 数据库展开讲解，具有很强的逻辑性和系统性。

(2) 实例丰富

书中各实例均经过作者精心设计和挑选，它们都是根据作者在实际开发中的经验总结而来，涵盖了在实际开发中所遇到的各种问题。

(3) 应用广泛

对于精选案例，给出了详细步骤、结构清晰简明，分析深入浅出，而且有些程序能够直接在项目中使用，避免读者进行二次开发。

(4) 基于理论，注重实践

在讲述过程中，不仅介绍理论知识，而且在合适位置安排综合应用实例，或者小型应用程序，将理论应用到实践中，来加强读者的实际应用能力，巩固学到的知识。

(5) 贴心的提示

为了便于读者阅读，全书还穿插着一些技巧、提示等小贴士，体例约定如下。

- 提示：通常是一些贴心的提醒，让读者加深印象，或者提供解决问题的方法。
- 注意：提出学习过程中需要特别注意的一些知识点和内容，或者相关信息。
- 技巧：通过简短的文字，指出知识点在应用时的一些小窍门。

读者对象

本书可以作为 Oracle 数据库的入门书籍，也可以帮助中级读者提高技能。本书适合下列人员阅读和学习：

- 没有数据库应用基础的 Oracle 入门人员。
- 有一些数据库应用基础，并且希望全面学习 Oracle 数据库的读者。
- 大中专院校的在校学生和相关授课老师。
- 社会培训班的学员。

除了封面署名作者之外，参与本书编写的人员还有侯政云、刘利利、郑志荣、肖进、侯艳书、崔再喜、侯政洪、李海燕、祝红涛、贺春雷等，在此表示感谢。在本书的编写过程中，我们虽然力求精益求精，但难免会存在一些不足之处，恳请广大读者批评指正。

编　者

目　录

第1章　关系数据库 1

- 1.1 数据库简介 2
  - 1.1.1 什么是数据和数据库 2
  - 1.1.2 数据库发展史 2
  - 1.1.3 数据库模型 3
- 1.2 关系数据库简介 5
  - 1.2.1 什么是关系数据库 5
  - 1.2.2 关系数据库术语 6
  - 1.2.3 关系数据完整性 7
- 1.3 关系规范化 8
  - 1.3.1 第一范式 9
  - 1.3.2 第二范式 9
  - 1.3.3 第三范式 10
  - 1.3.4 函数依赖 11
- 1.4 数据库建模 12
  - 1.4.1 E-R 模型 12
  - 1.4.2 E-R 图 14
  - 1.4.3 E-R 模型转换为关系模型 15
- 1.5 实践案例：设计学生成绩管理系统数据库模型 16
- 1.6 思考与练习 19
- 1.7 练一练 20

第2章　深入了解 Oracle 11g 21

- 2.1 Oracle 11g 概述 22
- 2.2 安装 Oracle 11g 24
  - 2.2.1 准备工作 25
  - 2.2.2 实践案例：Oracle 11g 安装过程详解 25
  - 2.2.3 实践案例：验证安装结果 32
- 2.3 查看 Oracle 系统用户 32
- 2.4 实践案例：创建学生管理系统数据库 33
- 2.5 Oracle 的物理结构 38
  - 2.5.1 控制文件 38
  - 2.5.2 数据文件 38
  - 2.5.3 重做日志文件 40
  - 2.5.4 其他存储结构文件 41
- 2.6 Oracle 的逻辑结构 41
  - 2.6.1 表空间 42
  - 2.6.2 段 43
  - 2.6.3 区 44
  - 2.6.4 块 44
- 2.7 Oracle 的内存结构 45
  - 2.7.1 Oracle 内存结构概述 45
  - 2.7.2 系统全局区 46
  - 2.7.3 程序全局区 49
- 2.8 Oracle 的进程结构 49
  - 2.8.1 Oracle 进程结构概述 49
  - 2.8.2 后台进程的结构 50
- 2.9 Oracle 数据字典 52
  - 2.9.1 数据字典概述 52
  - 2.9.2 常用数据字典 53
- 2.10 思考与练习 56
- 2.11 练一练 57

第3章　Oracle 管理工具 59

- 3.1 命令行工具——SQL Plus 60
  - 3.1.1 运行 SQL Plus 60
  - 3.1.2 实践案例：重启数据库 61
  - 3.1.3 断开连接 62
- 3.2 SQL Plus 实用命令 63
  - 3.2.1 查看表结构 63
  - 3.2.2 编辑 SQL 语句 64
  - 3.2.3 保存缓存区内容 67
  - 3.2.4 读取内容到缓存区 68
  - 3.2.5 运行外部文件的命令 69

3.2.6 编辑外部文件的命令 69
3.2.7 将执行结果保存到文件 70
3.3 SQL Plus 中变量的使用 71
 3.3.1 临时变量 71
 3.3.2 已定义变量 73
 3.3.3 实践案例：带提示的变量 74
3.4 实践案例：使用图形管理工具 SQL Developer 75
 3.4.1 打开 SQL Developer 75
 3.4.2 连接 Oracle 76
 3.4.3 创建表 78
 3.4.4 修改列 80
 3.4.5 添加数据 81
 3.4.6 导出数据 83
 3.4.7 执行存储过程 86
3.5 Web 管理工具——OEM 89
 3.5.1 运行 OEM 90
 3.5.2 使用 OEM 管理 Oracle 91
3.6 实践案例：Oracle Net Configuration Assistant 工具 93
3.7 实践案例：Oracle Net Manager 工具 96
3.8 思考与练习 97
3.9 练一练 98

第 4 章 操作 Oracle 数据表 101

4.1 了解列的数据类型 102
4.2 创建数据表 103
 4.2.1 数据表创建规则 103
 4.2.2 使用 CREATE TABLE 语句创建表 104
 4.2.3 使用 OEM 工具创建表 106
4.3 添加表属性 108
 4.3.1 指定表空间 108
 4.3.2 指定存储参数 109
 4.3.3 指定重做日志 110
 4.3.4 指定缓存 110
4.4 修改表 111
 4.4.1 修改表名 111
 4.4.2 修改列 111
 4.4.3 增加列 113
 4.4.4 删除列 114
 4.4.5 修改表空间和存储参数 114
 4.4.6 删除表 115
4.5 约束表中的数据 116
 4.5.1 数据完整性简介 116
 4.5.2 约束的分类和定义 117
 4.5.3 非空约束 117
 4.5.4 主键约束 119
 4.5.5 唯一性约束 121
 4.5.6 检查约束 122
 4.5.7 外键约束 123
4.6 操作约束 126
 4.6.1 查询约束信息 126
 4.6.2 禁止和激活约束 128
 4.6.3 验证约束 129
 4.6.4 延迟约束 129
4.7 实践案例：创建药品信息表 130
4.8 思考与练习 131
4.9 练一练 133

第 5 章 查询表数据 135

5.1 了解 SQL 语言 136
 5.1.1 SQL 语言的特点 136
 5.1.2 SQL 语言分类 136
 5.1.3 SQL 语句的编写规则 137
5.2 了解 SELECT 语句的语法 138
5.3 简单查询 138
 5.3.1 查询所有列 139
 5.3.2 查询指定列 139
 5.3.3 为结果列添加别名 140
 5.3.4 查询不重复数据 140
 5.3.5 查询计算列 141
 5.3.6 分页查询 142
5.4 按条件查询 143
 5.4.1 比较条件 144

5.4.2　范围条件 145
　　5.4.3　逻辑条件 146
　　5.4.4　模糊条件 147
　　5.4.5　列表运算符 148
　　5.4.6　未知值条件 149
5.5　规范查询结果 149
　　5.5.1　排序 150
　　5.5.2　分组 151
　　5.5.3　筛选 152
5.6　实践案例：查询药品信息 152
5.7　思考与练习 154
5.8　练一练 155

第 6 章　高级查询 157

6.1　子查询 158
　　6.1.1　子查询的注意事项 158
　　6.1.2　在 WHERE 子句中的单行
　　　　　子查询 158
　　6.1.3　在 HAVING 子句中的单行
　　　　　子查询 160
　　6.1.4　单行子查询经常遇到的
　　　　　错误 161
　　6.1.5　子查询中的 IN 操作符 162
　　6.1.6　子查询中的 ANY 操作符 163
　　6.1.7　子查询中的 ALL 操作符 164
　　6.1.8　子查询中的 EXISTS
　　　　　操作符 165
　　6.1.9　在 UPDATE 中使用子
　　　　　查询 165
　　6.1.10　在 DELETE 中使用子
　　　　　查询 166
　　6.1.11　多层嵌套子查询 167
6.2　多表查询 168
　　6.2.1　笛卡儿积 168
　　6.2.2　基本连接 169
6.3　内连接 171
　　6.3.1　等值内连接 171
　　6.3.2　非等值内连接 172
　　6.3.3　自然连接 173

6.4　外连接 174
　　6.4.1　左外连接 174
　　6.4.2　右外连接 175
　　6.4.3　完全连接 176
6.5　交叉连接 177
6.6　使用 UNION 操作符 178
　　6.6.1　获取并集 178
　　6.6.2　获取交集 179
6.7　差查询 180
6.8　交查询 180
6.9　实践案例：查询图书借阅信息 181
6.10　思考与练习 182
6.11　练一练 183

第 7 章　修改表数据 185

7.1　插入数据 186
　　7.1.1　INSERT 语句简介 186
　　7.1.2　插入单行数据 186
　　7.1.3　插入多行数据 187
7.2　更新数据 189
　　7.2.1　UPDATE 语句简介 189
　　7.2.2　UPDATE 语句的应用 189
7.3　删除数据 190
　　7.3.1　DELETE 语句简介 190
　　7.3.2　DELETE 语句的应用 191
　　7.3.3　清空表 191
7.4　MERGE 语句 192
　　7.4.1　MERGE 语句简介 192
　　7.4.2　省略 INSERT 子句 193
　　7.4.3　省略 UPDATE 子句 194
　　7.4.4　带条件的 UPDATE 和
　　　　　INSERT 子句 194
　　7.4.5　使用常量表达式 196
　　7.4.6　使用 DELETE 语句 197
7.5　思考与练习 198
7.6　练一练 199

第 8 章　Oracle 表空间的管理 201

8.1　认识 Oracle 表空间 202

8.1.1	Oracle 的逻辑和物理结构 202		9.4.1	查看日志组信息 235
8.1.2	表空间的分类 204		9.4.2	创建日志组 236
8.1.3	表空间的状态 204		9.4.3	删除日志组 238

8.2 实践案例：创建一个表空间 206
8.3 维护表空间 209
    8.3.1 本地化管理 209
    8.3.2 增加数据文件 210
    8.3.3 修改数据文件 211
    8.3.4 移动数据文件 212
    8.3.5 删除表空间 213
8.4 实践案例：设置默认表空间 213
8.5 临时表空间 214
    8.5.1 理解临时表空间 214
    8.5.2 创建临时表空间 215
    8.5.3 实践案例：管理临时表空间 216
    8.5.4 临时表空间组 217
8.6 还原表空间 218
    8.6.1 创建还原表空间 218
    8.6.2 管理还原表空间 219
    8.6.3 更改还原表空间的方式 220
8.7 实践案例：创建图书管理系统的表空间 222
8.8 思考与练习 222
8.9 练一练 224

第 9 章 管理 Oracle 控制文件和日志文件 225

9.1 Oracle 控制文件简介 226
9.2 管理控制文件 227
    9.2.1 创建控制文件 227
    9.2.2 查询控制文件信息 230
    9.2.3 备份控制文件 231
    9.2.4 恢复控制文件 232
    9.2.5 移动控制文件 233
    9.2.6 删除控制文件 234
9.3 Oracle 日志文件简介 234
9.4 管理日志文件 235

    9.4.4 手动切换组 239
    9.4.5 清空日志组 239
9.5 日志组成员 240
    9.5.1 添加成员 240
    9.5.2 删除成员 241
    9.5.3 重定义成员 241
9.6 归档日志 243
    9.6.1 设置数据库模式 243
    9.6.2 设置归档目标 244
9.7 实践案例：查看数据文件、控制文件和日志文件 245
9.8 思考与练习 246
9.9 练一练 247

第 10 章 Oracle 编程 PL/SQL 基础 249

10.1 PL/SQL 简介 250
    10.1.1 认识 PL/SQL 语言 250
    10.1.2 PL/SQL 编写规则 250
10.2 PL/SQL 的基本结构 251
    10.2.1 数据类型 251
    10.2.2 变量和常量 252
    10.2.3 运算符 253
    10.2.4 注释 253
10.3 控制语句 254
    10.3.1 PL/SQL 程序块 254
    10.3.2 IF 语句 255
    10.3.3 CASE 语句 258
    10.3.4 LOOP 语句 262
    10.3.5 WHILE 语句 264
    10.3.6 FOR 语句 266
    10.3.7 实践案例：打印九九乘法口诀表 266
10.4 异常处理 267
    10.4.1 异常处理语句 267
    10.4.2 系统异常 268

10.4.3 非系统异常..........................269
10.4.4 自定义异常..........................271
10.5 实践案例：获取指定部门下的所有员工信息..........................272
10.6 思考与练习..........................273
10.7 练一练..........................275

第 11 章 PL/SQL 编程高级应用..........277

11.1 使用 PL/SQL 集合..........................278
    11.1.1 索引表..........................278
    11.1.2 嵌套表..........................279
    11.1.3 可变数组..........................282
    11.1.4 集合方法..........................284
    11.1.5 PL/SQL 记录表..........................284
11.2 游标..........................285
    11.2.1 声明游标..........................285
    11.2.2 打开游标..........................286
    11.2.3 检索游标..........................286
    11.2.4 关闭游标..........................287
    11.2.5 游标属性..........................287
    11.2.6 LOOP 语句循环游标..........................288
    11.2.7 FOR 语句循环游标..........................289
11.3 实践案例：使用游标更新和删除数据..........................290
11.4 系统函数..........................291
    11.4.1 数学函数..........................291
    11.4.2 字符函数..........................293
    11.4.3 日期函数..........................295
    11.4.4 聚合函数..........................296
    11.4.5 转换函数..........................297
11.5 自定义函数..........................298
    11.5.1 创建函数..........................298
    11.5.2 调用函数..........................299
    11.5.3 删除函数..........................299
    11.5.4 输入和输出参数..........................300
11.6 实践案例：计算部门的员工平均工资..........................302
11.7 程序包..........................304
    11.7.1 创建程序包..........................304
    11.7.2 调用程序包中的元素..........................305
    11.7.3 删除程序包..........................306
    11.7.4 系统预定义包..........................306
11.8 数据库事务..........................307
    11.8.1 事务的 ACID 特性..........................307
    11.8.2 事务的隔离性级别..........................309
    11.8.3 事务的开始与结束..........................310
    11.8.4 事务的提交和回滚..........................310
    11.8.5 设置保存点..........................311
    11.8.6 并发事务..........................312
    11.8.7 事务锁..........................314
11.9 思考与练习..........................315
11.10 练一练..........................316

第 12 章 触发器与存储过程编程..........317

12.1 触发器简介..........................318
    12.1.1 触发器的定义..........................318
    12.1.2 触发器的类型..........................319
12.2 创建触发器..........................319
    12.2.1 创建触发器的语法..........................319
    12.2.2 DML 触发器..........................320
    12.2.3 DDL 触发器..........................324
    12.2.4 INSTEAD OF 触发器..........................325
    12.2.5 事件触发器..........................327
12.3 操作触发器..........................330
    12.3.1 查看触发器信息..........................330
    12.3.2 改变触发器的状态..........................330
    12.3.3 删除触发器..........................331
12.4 实践案例：为主键自动赋值..........................331
12.5 存储过程..........................332
    12.5.1 创建存储过程的语法..........................333
    12.5.2 调用存储过程..........................333
12.6 操作存储过程..........................334
    12.6.1 查看存储过程的定义信息..........................334
    12.6.2 修改存储过程..........................334
    12.6.3 删除过程..........................335
12.7 存储过程参数..........................335

12.7.1　IN 参数 335
　　　12.7.2　OUT 参数 337
　　　12.7.3　包含 IN 和 OUT 参数 338
　　　12.7.4　参数的默认值 339
　12.8　思考与练习 340
　12.9　练一练 341

第 13 章　其他 Oracle 模式对象 343
　13.1　临时表 344
　　　13.1.1　临时表的类型 344
　　　13.1.2　创建临时表 344
　　　13.1.3　使用临时表 345
　　　13.1.4　删除临时表 346
　13.2　分区表 347
　　　13.2.1　分区表简介 347
　　　13.2.2　列表分区 348
　　　13.2.3　范围分区 349
　　　13.2.4　哈希分区 351
　　　13.2.5　复合分区 351
　　　13.2.6　增加分区表 352
　　　13.2.7　合并分区表 354
　　　13.2.8　删除分区表 355
　　　13.2.9　创建分区表索引 355
　13.3　簇表 357
　　　13.3.1　创建簇 357
　　　13.3.2　创建簇表 357
　　　13.3.3　创建簇索引 358
　　　13.3.4　修改簇 358
　　　13.3.5　删除簇 359
　13.4　序列 359
　　　13.4.1　创建序列 359
　　　13.4.2　修改序列 361
　　　13.4.3　删除序列 362
　13.5　索引 362
　　　13.5.1　了解 Oracle 中的索引
　　　　　　　类型 362
　　　13.5.2　索引创建语法 365
　　　13.5.3　创建 B 树索引 366
　　　13.5.4　创建位图索引 367
　　　13.5.5　创建反向键索引 368
　　　13.5.6　创建基于函数的索引 368
　　　13.5.7　管理索引 369
　13.6　思考与练习 372
　13.7　练一练 373

第 14 章　酒店客房管理系统数据库 375
　14.1　系统需求分析 376
　　　14.1.1　系统简介 376
　　　14.1.2　功能要求 376
　14.2　具体化需求 377
　　　14.2.1　绘制业务流程图 377
　　　14.2.2　绘制数据流图 379
　14.3　系统建模 385
　　　14.3.1　绘制 E-R 图 385
　　　14.3.2　将 E-R 图转换为关系模型 387
　14.4　系统设计 388
　　　14.4.1　创建表空间和用户 388
　　　14.4.2　创建数据表 389
　　　14.4.3　创建视图 392
　　　14.4.4　创建存储过程 393
　　　14.4.5　创建触发器 399
　14.5　模拟业务逻辑测试 402
　　　14.5.1　测试视图 403
　　　14.5.2　测试存储过程 404
　　　14.5.3　测试触发器 407
　14.6　导出和导入数据 411
　　　14.6.1　导出数据 411
　　　14.6.2　导入数据 412

附录　习题答案 413

第 1 章

关系数据库

信息系统是一种以加工和处理信息为主的计算机系统。而数据库技术作为一种存储和使用信息的信息系统核心技术,正发挥着越来越重要的作用。例如,现在的银行、航空运输、电信业务、电子商务和其他 Web 应用等领域,都在广泛地使用数据库技术。

本章从数据库的基本概念开始介绍,进而简要介绍关系数据库的概念及其术语,还将介绍规范关系的方法,实体和关系模型。通过熟悉这些数据库基础理论知识,将为用户学习 Oracle 数据库打下扎实的基础。

本章学习目标:

- 理解数据和数据库的概念
- 了解数据库模型的演变以及关系数据库的概念
- 熟悉关系数据库的常用术语
- 掌握三大范式规范数据的方法
- 熟悉 E-R 图的绘制及转换方法

1.1 数据库简介

在介绍有关关系数据库和 Oracle 的内容之前，本节首先向读者阐述数据和数据库的概念、数据库的发展过程，以及数据库模型的演变。

1.1.1 什么是数据和数据库

数据(Data)最简单的定义是"描述事物的标记符号"。例如，一支铅笔的长度数据是 21，一本书的页数数据是 389 等。在我们的日常生活中，数据无处不在，如一串数字、一段文字、一个图表、一张图片，甚至一种感觉等，这些都是数据。

计算机在处理数据时，会将与事物特征相关的标记组成一个记录来描述。例如，在学生管理系统中，人们对于学生信息感兴趣的是学生编号、学生姓名、所在班级、所学专业等，我们就可以用如下方式来描述这组信息：

```
(1001，祝红涛，商务 1201，电子商务)
```

上述数据组成了学生信息。对于该数据，了解其含义的人就会得到如下解释："学号为 1001 的学生祝红涛就读于电子商务专业的商务 1201 班"。但是不了解上述语句的人则无法解释其含义。可见，数据的形式并不能完全表达其含义，这就需要对数据进行解释。所以数据和关于数据的解释是不可分的，数据的解释是指对数据含义的说明，数据的含义称为数据的语义，数据与其语义是不可分的。

所谓数据库(Database，DB)是指存放数据的仓库。只不过这个仓库是在计算机存储设备上，而且数据是按一定格式存放的。人们收集并抽取出一个应用所需要的大量数据之后，应将其保存起来，以供进一步加工处理，抽取有用的信息。在科学技术飞速发展的今天，人们的视野越来越广，数据量急剧增加。过去人们把数据存放在文件柜里，现在人们借助于计算机和数据库技术科学地保存和管理大量的复杂数据，以利于方便而充分地使用这些宝贵的信息资源。

1.1.2 数据库发展史

数据库技术从诞生到现在，在半个多世纪中，已经形成了系统而全面的理论基础，在当今信息多元化的时代，逐渐成为计算机软件的核心技术，拥有广泛的应用领域。

数据库(Database)并不是与计算机同时出现的，而是随着计算机技术的发展而产生的。数据库起源于 20 世纪 50 年代，美国为了应对军事需求，把收集到的情报集中存储在计算机中。在 20 世纪 60 年代，美国海军基地研制数据中首次引用了 Database 这一词，从那以后，数据库技术逐渐地发展起来。

1. 萌芽阶段

1963 年，C.W. Bachman 设计开发的 IDS(Integrate Data Store)系统投入运行，揭开了数据库技术的发展序幕。

1969 年，IBM 公司推出了层次结构数据模型的 IMS 系统，把数据库技术应用到了软件中。

1969 年 10 月，CODASYL 数据库研制者提出了网络模型数据库系统规范报告 DBTG，使数据库系统开始走向规范化和标准化。

2. 发展阶段

20 世纪 70 年代是数据技术蓬勃发展的时代，当时网状系统和层次系统占据了整个数据库的商用市场；而到了 20 世纪 80 年代，关系数据库却逐渐取代了网状系统和层次系统，使数据库技术日益成熟。

1970 年，IBM 公司 San Jose 研究所的研究员 E.F.Codd 发表了题为"大型共享数据库的数据关系模型"的论文，提出了数据库的关系模型，开创了数据库关系方法和关系数据理论的研究，为数据库技术奠定了理论基础。

1971 年，美国数据系统语言协会在正式发表的 DBTG 报告中，提出了三级抽象模式(即对应用程序所需的那部分数据结构描述的外模式，对整个客体系统数据结构描述的概念模式，对数据存储结构描述的内模式)，解决了数据独立性的问题。

1974 年，IBM 公司的 San Jose 研究所研制成功了关系数据库管理系统 System R，并投放到软件市场。从此，数据库系统的发展进入到关系型数据库系统时期。

1979 年，Oracle 公司引入了第一个商用 SQL 关系数据库管理系统。

1983 年，IBM 推出了 DB2 商业数据库产品。

1984 年，David Marer 编写了《关系数据库理论》一书，标志着数据库在理论上的成熟。

1985 年，为 Procter&Gamble 系统设计的第一个商务智能系统产生了，标志着数据库技术已经走向成熟。

3. 成熟阶段

20 世纪 80 年代至今，数据库理论和应用进入成熟发展时期。关系数据库成为数据库技术的主流，大量商品化的关系数据库系统问世并被广泛地推广和使用。随着信息技术和市场的发展，人们发现关系型数据库系统虽然技术很成熟，但在有效支持应用和数据复杂性上的能力是受限制的。关系数据库原先依据的规范化设计方法，对于复杂事务处理数据库系统的设计和性能优化来说，已经无能为力。20 世纪 90 年代以后，技术界一直在研究和寻求合适的替代方案，即"后关系型数据库系统"。

1.1.3 数据库模型

根据具体数据存储需求的不同，数据库可以使用多种类型的系统模型(模型是指数据库管理系统中数据的存储结构)，其中较为常见的有层次模型(Hierarchical Model)、网状模型(Network Model)和关系模型(Relation Model)。

1. 层次模型

层次型数据库使用结构模型作为自己的存储结构。这是一种树型结构，它由节点和连线组成，其中节点表示实体，连线表示实体之间的关系。在这种存储结构中，数据将根据需要分门别类地存储在不同的层次之下，如图1-1所示。

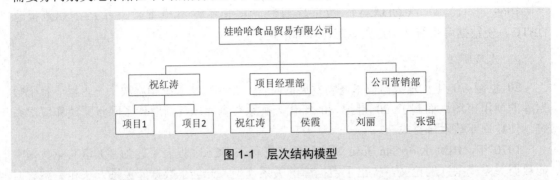

图1-1 层次结构模型

从图1-1中可以看出，层次模型的优点是数据结构类似金字塔，不同层次之间的关联性直接而且简单；缺点是，由于数据纵向发展，横向关系难以建立，数据可能会重复出现，造成管理维护的不便。

2. 网状模型

在网状模型中，数据记录将组成网中的节点，而记录和记录之间的关联组成节点之间的连线，从而构成了一个复杂的网状结构，如图1-2所示。

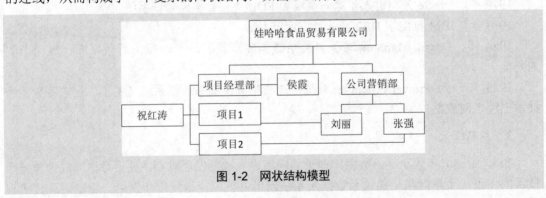

图1-2 网状结构模型

使用这种存储结构的数据库，优点是很容易反映实体之间的关联，同时还避免了数据的重复性；缺点是这种关联错综复杂，而且当数据库逐渐增多时，将很难对结构中的关联进行维护。尤其是当数据库变得越来越大时，关联性的维护会非常复杂。

3. 关系模型

关系型数据库就是基于关系模型的数据库，它使用的存储结构是多个二维表格，在每个二维表格中，每一行称为一条记录，用来描述一个对象的信息，每一列称为一个字段，用来描述对象的一个属性，数据表与数据表之间存在相应的关联，这些关联将被用来查询相关的数据，如图1-3所示，从中可以看出，使用这种模型的数据库优点是结构简单、格式唯一、理论基础严格，而且数据表之间相对独立，可以在不影响其他数据表的情况下进行数据的增加、修改和删除，在进行查询时，还可以根据数据表之间的关联性，从多个数据表中查询抽取相关的信息。

员工数据表			
编号	姓名	性别	职称
WHH1301	侯霞	女	经理
WHH1302	祝红涛	男	经理
WHH1303	刘丽	女	副经理
WHH1304	张强	男	主管

项目表		
项目编号	项目名称	负责人
1	项目1	WHH1301
2	项目2	WHH1302

*此处使用员工编号关联员工数据表和项目表

图 1-3　关系模型

注意：这种存储结构是目前市场上使用最广泛的数据模型，使用这种存储结构的数据库管理系统很多，本书将详细介绍的 Oracle 数据库就是使用这种存储结构的。

1.2　关系数据库简介

目前，关系型数据库管理系统已经成为当今流行的数据库系统，各种实现方法和优化方法也比较完善。管理关系数据库的计算机软件称为关系数据库管理系统(Relational Database Management System，RDBMS)。

1.2.1　什么是关系数据库

关系数据库是建立在关系模型基础上的数据库，是利用数据库进行数据组织的一种方式，是现代流行的数据管理系统中应用最为普遍的一种，也是最有效率的数据组织方式之一。

1. 关系数据库中的表

关系数据库是由数据表和数据表之间的关联组成的。其中数据表通常是一个由行和列组成的二维表，每一个数据表分别说明数据库中某一特定的方面或部分的对象及其属性。数据表中的行通常叫作记录或元组，它代表众多具有相同属性的对象中的一个；数据库表中的列通常叫作字段或属性，它代表相应数据库表中存储对象的共有的属性。如图 1-4 所示为某学校的学生信息表。

学号	姓名	性别	出生日期	民族	政治面貌	所在班级编号
AYS200301	王晶	女	1990-08-05	汉	团员	LD0105
AYS200302	吴翠	女	1991-04-29	汉	预备党员	LD0104
AYS200303	任建荣	男	1990-12-01	回	党员	LD0209
AYS200304	诸李锋	男	1989-01-08	回	团员	LD0303

图 1-4　学生信息表

从这个学生信息表中可以清楚地看到，该表中的数据都是学校学生的具体信息。其中，表中的每条记录代表一名学生的完整信息，每一个字段代表学生的一方面信息，这样就组成了一个相对独立于其他数据表之外的学生信息表。可以对这个表进行添加、删除或修改记录等操作，而完全不会影响到数据库中其他的数据表。

2. 关系数据库中的关联

在关系型数据库中，表的关联是一个非常重要的组成部分。表的关联是指数据库中的数据表与数据表之间使用相应的字段实现数据表的连接。通过使用这种连接，无须再将相同的数据多次存储，同时，这种连接在进行多表查询时也非常重要。

在如图 1-5 所示的"项目计划表"中，使用"负责人编号"列将"项目计划表"同"负责人表"连接起来；使用"营销员编号"列将"项目计划表"同"营销员表"连接起来。这样，在想通过项目名称查询项目负责人的工资或者营销员姓名时，只需要告知管理系统需要查询的项目名称，然后使用"负责人编号"和"营销员编号"列关联"项目计划表"、"负责人表"和"营销员表"三个数据表就可以实现。

负责人编号	姓名	职称
E050402	侯霞	经理
E050301	祝红涛	副经理
E050901	宋伟	经理

负责人表

营销员编号	姓名	职称
T110504	张波	经理
T120801	崔晓	副经理
T117097	李新法	经理

营销员表

项目计划表

项目编号	项目名称	负责人编号	营销员编号	开始日期	结束日期
PRJ13A1	项目1	E050402	T110504	2013-02-05	2013-05-01
PRJ5EA8	项目2	E050301	T120801	2013-02-14	2013-12-25
PRJ9DC3	项目3	E050901	T117097	2013-04-01	2013-10-01
PRJK2D1	项目4	E050402	T117097	2013-05-01	2013-11-11

图 1-5 表的关联

> **提示**：在数据库设计过程中，所有的数据表名称都是唯一的。因此不能将不同的数据表命名为相同的名称。但是在不同的表中，可以存在同名的列。

1.2.2 关系数据库术语

关系数据库的特点在于，它将每个具有相同属性的数据独立地存在一个表中。对任何一个表而言，用户可以新增、删除和修改表中的数据，而不会影响表中的其他数据。下面来了解一下关系数据库中的一些基本术语。

(1) 键(Key)

键是关系模型中的一个重要概念，在关系中用来标识行的一列或多列。

(2) 主关键字(Primary Key)

主关键字是被挑选出来，作为表行唯一标识的候选关键字，一个表中只有一个主关键字，主关键字又称为主键。主键可以由一个字段组成，也可以由多个字段组成，分别称为单字段主键或多字段主键。

(3) 候选关键字(Candidate Key)

候选关键字是唯一标识表中的一行而又不含多余属性的一个属性集。

(4) 公共关键字(Common Key)

在关系数据库中，关系之间的联系是通过相容或相同的属性或属性组来表示的。如果两个关系中具有相容或相同的属性或属性组，那么这个属性或属性组被称为这两个关系的公共关键字。

(5) 外关键字(Foreign Key)

如果公共关键字在一个关系中是主关键字，那么这个公共关键字被称为另一个关系的外关键字。由此可见，外关键字表示了两个关系之间的联系，外关键字又称作外键。

> **注意**：主键与外键的列名称可以是不同的。但必须要求它们的值集相同，即主键所在表中出现的数据一定要和外键所在表中的值匹配。

1.2.3 关系数据完整性

关系模型的完整性规则是对关系的某种约束条件。关系模型允许定义 3 类完整性约束：实体完整性、参照完整性和用户定义的完整性。其中实体完整性和参照完整性是关系模型必须满足的完整性约束条件，被称作是关系的两个不变性，应该由关系数据库系统自动支持。用户定义的完整性是应用领域需要遵循的约束条件，体现了具体领域中的语义约束。

1. 实体完整性(Entity Integrity)

实体完整性规则：若属性(指一个或一组属性)A 是基本关系 R 的主属性，则 A 不能取空值。

以上规则简单严谨，但是不易于理解，与通常所用的数据库系统(例如 Oracle)的名词也相差甚远，下面是对其通俗的表述：

- 基本关系的所有元组的主键属性不能取空值。也就是数据库表格的主键不能为空。
- 当主键由属性组组成时，属性组中所有的属性均不能取空值。也就是当数据库表格采用复合主键时，这些组成主键的所有列的值都不能为空。

 提示：所谓空值(NULL)就是"不知道"或者"不存在"的值。

例如，当以员工信息表中的"员工编号"为主键时，则"员工编号"属性不能取空值。实体完整性规则说明如下：

- 实体完整性是针对基本关系的，一个基本表通常对应于现实世界中一个实体集。例如，员工关系对应于公司所有员工的集合。
- 现实世界中的实体是可区分的，即它们具有某种唯一性标识。例如，每个员工都是一个独立的个体，是不一样的。

- 关系模型中以主键作为唯一标识。
- 主键中的属性即主属性不能取空值。如果主属性取空值，则存在某个不可标识的实体，这就与唯一性相矛盾。

2. 参照完整性(Referential Integrity)

现实世界中，实体之间往往存在某种联系，在关系模型中，实体及实体间的联系都用关系来描述，这样就存在着关系与关系间的引用。在关系数据库系统中，引入外键概念来表达实体之间关系的相互引用。

如果 F 是基本关系 R 的一个或一组属性，但不是关系 R 的主键，而 K 是基本关系 S 的主键，那么如果 F 与 K 相对应，则称 F 是 R 的外键(Foreign Key)，并称基本关系 R 为参照关系(Referencing Relation)，基本关系 S 为被参照关系(Referenced Relation)或目标关系(Target Relation)。

参照完整性规则：若属性(或属性组)F 是基本关系 R 的外键，它与基本关系 S 的主键 K 相对应(基本关系 R 和 S 不一定是不同的关系)，则对于 R 中每个元组在 F 上的值，必须为如下两种情况之一：空值(F 的每个属性值均为空值)、等于 S 中某个元组的主键值。

例如，员工关系中，每个元组的"职务"属性值只能取如下两类值：

- 空值，表示尚未给该员工分配职务。
- 非空值，这个值必须存在于职务关系中，也就是说，这个值必须在职务名称属性的值范围中。

3. 用户定义的完整性(User-defined Integrity)

实体完整性和参照完整性是任何关系数据库系统都必须支持的。除此之外，不同的关系数据库系统根据其应用环境的不同，往往还需要一些特殊的约束条件，用户定义的完整性就是针对某一具体关系数据库的约束条件。它反映某一具体应用所涉及的数据必须满足的语义要求。例如，在"员工信息"表中，用户可以根据具体的情况规定从事会计职务的员工必须为女性。

1.3 关系规范化

在数据库实际设计阶段，常常使用关系规范化理论来指导关系数据库的设计，其基本思想为：每个关系都应该满足一定的规范，从而使关系模式设计合理，达到减少数据冗余、提高查询效率的目的。

在关系数据库中，这种规范就是范式。范式是符合某一种级别的关系模式的集合。关系数据库中的关系必须满足一定的要求，即满足不同的范式。

目前关系数据库的范式有第一范式(1NF)、第二范式(2NF)、第三范式(3NF)、BCNF、第四范式(4NF)和第五范式(5NF)。满足最低要求的范式是第一范式(1NF)，在第一范式的基础上，进一步满足更多要求的称为第二范式(2NF)，其余范式以此类推。一般说来，数据库只需满足第三范式(3NF)就行了。

1.3.1 第一范式

第一范式是最基本的范式。第一范式是指数据库表的每一列都是不可分割的基本数据项，同一列中不能有多个值，即实体中的某个属性不能有多个值或者不能有重复的属性。第一范式包括下列指导原则：

- 数组的每个属性只能包含一个值。
- 关系中的每个数组必须包含相同数量的值。
- 关系中的每个数组一定不能相同。

例如，由员工编号、员工姓名和电话号码组成一个表(一个人可能有一个办公室电话和一个家庭电话号码)。现在要使员工表符合第一规范，有如下三种方法。

(1) 重复存储员工编号和姓名。这样，关键字只能是电话号码。
(2) 员工编号为关键字，电话号码分为单位电话和住宅电话两个属性。
(3) 员工编号为关键字，但强制每条记录只能有一个电话号码。

以上三个方法中，第一种方法最不可取，按实际情况选取后两种情况(推荐第二种)。如图1-6所示的员工信息表使用第二种方式，遵循了第一范式的要求。

员工编号	姓名	单位电话	住宅电话
E050402	侯霞	0372-6602195	0372-3190125
E050301	祝红涛	0371-56801100	0371-86500158
E050901	宋伟	0372-6602011	0372-5677890

图1-6 符合第一范式的员工信息表

1.3.2 第二范式

第二范式在第一范式的基础上更进一层。第二范式需要确保数据表中的每一列都与主键相关，而不能只与主键的某一部分相关(主要针对联合主键而言)。也就是说，在一个数据表中只能保存一种数据，不可以把多种数据保存在同一张数据库表中。

例如，要设计一个订单信息表，因为订单中可能会有多种商品，所以要将订单编号和商品编号作为数据库表的联合主键，如图1-7所示。

订单信息表					
订单编号	商品编号	商品名称	数量	单位	价格
ORD20130005441	P01541	天使牌奶瓶	1	个	￥15
ORD20130054242	P01542	飞鹤奶粉	2	罐	￥150
ORD20130054124	P01543	婴儿纸尿裤	4	包	￥20

图1-7 订单信息表

这样就产生一个问题：这个表中是以订单编号和商品编号作为联合主键。这样在该表中商品名称、单位、商品价格等信息不与该表的主键相关，而仅仅是与商品编号相关。所以，在这里违反了第二范式的设计原则。

而如果对这个订单信息表进行拆分，把商品信息分离到另一个表中，就非常完美了。拆分后的结果如图1-8所示。

订单表			商品信息表			
订单编号	商品编号	数量	商品编号	商品名称	单位	价格
ORD20130005441	P01541	1	P01541	天使牌奶瓶	个	￥15
ORD20130054242	P01542	2	P01542	飞鹤奶粉	罐	￥150
ORD20130054124	P01543	4	P01543	婴儿纸尿裤	包	￥20

图1-8 订单和商品表

这样设计，在很大程度上减小了数据库的冗余。如果要获取订单的商品信息，使用商品编号到商品信息表中查询即可。

1.3.3 第三范式

第三范式在第二范式的基础上更进一层。第三范式需要确保数据表中的每一列数据都与主键直接相关，而不能间接相关。

例如，存在一个部门信息表，其中每个部门有部门编号、部门名称、部门简介等信息。那么，在员工信息表中列出部门编号后，就不能再将部门名称、部门简介等与部门有关的信息再加入员工信息表中。如果不存在部门信息表，则根据第三范式(3NF)也应该构建它，否则就会有大量的数据冗余。

简而言之，第三范式就是属性不依赖于其他非主属性。

如图1-9所示就是满足第三范式的一种数据表。

员工信息表				部门信息表		
员工编号	员工名称	性别	所在部门编号	部门编号	部门名称	部门简介
1	邓亮	男	ORD001	ORD001	人事部	无
2	杜超	男	ORD002	ORD002	开发部	无
3	常乐	女	ORD003	ORD003	财务部	无

图1-9 员工和部门表

> 提示：BCNF(Boyce Codd Normal Form)范式比3NF又进一步，通常认为BCNF是对第三范式的修正，有时也称为扩充的第三范式。BCNF的定义是：对于一个关系模式R，如果对于每一个函数依赖X→Y，其中的决定因素X都含有键，则称关系模式R满足BCNF。

1.3.4 函数依赖

在表 1-1 中描述员工信息时,包括员工编号、姓名、昵称、性别和职务属性。一个员工编号对应一名员工,只要确定了员工编号,则员工的姓名、昵称、性别和职务也就确定下来了。这说明员工的姓名等属性对员工编号具有依赖性,在关系数据库中称为函数依赖。

1. 函数依赖的定义

函数依赖的定义为:假设 R(U)是属性集 U 上的关系模式;X、Y 是 U 的子集,如果 R(U)的任意一个可能的关系 r 中,不存在两个元组在 X 上的属性值相等,而在 Y 上的属性值不等,则称 X 函数确定 Y,或 Y 函数依赖于 X,记作 X→Y。

> **注意**:函数依赖不是指关系模式 R 的某个或某些关系满足的约束条件,而是指 R 的一切关系均要满足的约束条件。

函数依赖是语义范畴的概念,只能根据数据的语义来确定函数依赖。例如,知道了员工的编号,可以唯一地查询到其对应的姓名、性别等,因而,可以说"员工编号函数确定了姓名或者性别",记作"员工编号→姓名"、"员工编号→性别"等。这里的唯一性并非只有一个元组,而是指任何元组,只要它在 X(员工编号)上相同,则在 Y(姓名或性别)上的值也相同。如果满足不了这个条件,就不能说它们是函数依赖。例如,员工姓名与职务的关系,只有在没有同名人的情况下才可以说函数依赖"姓名→职务"成立,如果允许有相同的姓名,则"职务"就不再依赖于"姓名"了。

> **提示**:如果必须使函数依赖"姓名→职务"成立,在设计数据库时,就需要强制规定,不允许同名人的出现。也就是在描述现实世界时,有时需要做一些强制规定来实现数据库设计。

当 X→Y 成立时,则称 X 为决定因素(Determinant),称 Y 为依赖因素(Dependent)。当 Y 不函数依赖于 X 时,记为 X↛Y。

如果 X→Y,且 Y→X,则记其为 X←→Y。

2. 函数依赖的种类

函数依赖可以分为 3 种基本情形。

(1) 平凡函数依赖和非平凡函数依赖

在关系模式 R(U)中,对于 U 的子集 X 和 Y,如果 X→Y,但 Y 不是 X 的子集,则称 X→Y 是非平凡函数依赖。若 Y 是 X 的子集,则称 X→Y 是平凡函数依赖。

> **提示**:对于任一关系模式,平凡函数依赖都是必然成立的。

(2) 完全函数依赖与部分函数依赖

在关系模式 R(U)中,如果 X→Y,并且对于 X 的任何一个真子集 X′,都有 X′↛Y,

则称 Y 完全函数依赖(Full Functional Dependency)于 X，记作 $X \xrightarrow{F} Y$。

若 X→Y，但 Y 不完全函数依赖于 X，则称 Y 部分函数依赖(Partial Functional Dependency)于 X，记作 $X \xrightarrow{P} Y$。

如果 Y 对 X 部分函数依赖，X 中的"部分"就可以确定对 Y 的关联，从数据依赖的观点来看，X 中存在"冗余"属性。

(3) 传递函数依赖

在关系模式 R(U)中，如果 X→Y，Y→Z，且 Y↛X(Y 不决定 X)，Z⊄X(Z 不属于 X)，则称 Z 传递函数依赖(Transitive Functional Dependency)于 X，记作 $X \xrightarrow{T} Z$。

> **提示**：传递函数依赖定义中之所以要加上条件 X 不依赖 Y，是因为如果 Y→X，则 X←→Y，这实际上是 Z 直接依赖于 X，也就是直接函数依赖，而不是传递函数依赖了。

按照函数依赖的定义，可以知道，如果 Z 传递依赖于 X，则 Z 必然函数依赖于 X，如果 Z 传递依赖于 X，说明 Z 是"间接"依赖于 X，从而表明 X 和 Z 之间的关联较弱，表现出间接的弱数据依赖，因而不能是产生数据冗余的原因之一。

1.4 数据库建模

在数据库设计过程中，建立数据模型是第一步，它将确定要在数据库中保存什么信息和确认各种信息之间存在什么关系。建立数据模型需要使用 E-R 数据模型来描述和定义，然后将它转换为关系模型。

1.4.1 E-R 模型

E-R(Entity-Relationship)模型，即实体-关系模型，是由 P.P.Chen 于 1976 年提出来的，它是早期的语义数据模型。该数据模型的最初提出是用于数据库设计，是面向问题的概念性数据模型。它用简单的图形反映了现实世界中存在的事物或数据及它们之间的关系。

1. 实体(Entity)

实体是 E-R 模型的基本对象，是现实世界中各种事物的抽象。凡是可以相互区别，并可以被识别的事物、概念等均可认为是实体。在一个单位中，具有共性的一类实体可以划分为一个实体集。例如，职工朱悦桐、郭晶晶等都是实体，他们都属于职工类。为了便于描述，可以定义"职工"这样一个实体集，所有职工都是这个集合的成员。

2. 属性(Attribute)

实体一般具有若干特征，称为实体的属性。例如，职工具有编号、姓名、性别、所属部门等属性。实体的属性值是数据库中存储的主要数据，一个属性实际上相当于关系数据库中表的一个列。

在实例中能唯一标识实体的属性或属性组称为实体集的实体键。如果一个实体集有多个实体键存在，则可以从中选择一个作为实体主键。

在 E-R 模型中，实体用方框表示，方框内注明实体的命名。实体名常用大些字母开头的有具体意义的英文名词表示，联系名和属性名也采用这种方式。通常每个实体集都有很多个实体实例。例如，数据库中存储的每个员工编号都是"员工信息"实体集的实例。

如图 1-10 所示为一个实体集和它的两个实例。

图 1-10 员工信息实体集和实例

在如图 1-10 所示的员工实体中，每一个用来描述员工特性的信息都是一个实体属性。例如，这里员工实体的编号、姓名、性别和部门编号等属性就组合成一个员工实例的基本数据信息。

为了区分和管理多个不同的实体实例，要求每个实体实例都要有标识符。例如，在如图 1-10 所示的员工实体中，可以由编号或者姓名来标识。但通常情况下不用姓名来标识，因为可能出现姓名相同的员工，而使用具有唯一标识的编号来标识员工，可以避免这种情况的发生。

3. 关系(Relationship)

实体之间会存在各种关系，例如，学生实体与课程实体之间有选课关系，人与人之间可能有领导关系等。这种实体与实体之间的关系被抽象为联系。E-R 数据模型将实体之间的联系区分为一对一、一对多和多对多三种。

(1) 一对一关联

一对一关联(即 1:1 关联)表示某种实体实例仅和另一个类型的实体实例相关联。例如，图 1-11 中的"班级信息_辅导员信息"关联将一个班级和一个辅导员关联起来。根据该图，每个班级只能有一个辅导员，并且一个辅导员只能负责一个班级。

图 1-11 一对一关联

(2) 一对多关联

一对多关联(即 1:N 关联)表示某种实体实例可以与多个其他类型的实体实例关联。如图 1-12 所示为一对多关联，其中的"班级信息_学生信息"关联将一个班级实例与多个学生实例关联起来。根据这个图,可以看出,一个班级可以有多个学生,而某个学生只能属于一个班级。

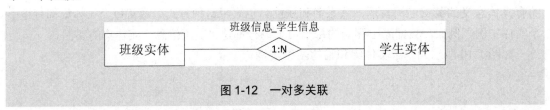

图 1-12　一对多关联

在 1:N 关联时,1 和 N 的位置是不可以任意调换的。当 1 处于班级实例而 N 处于学生实例时,表示一个班级对多个学生。如果将 1 和 N 的位置调换过来的话,则为 N:1,此时,表示某个班级只可以有一个学生,而一个学生可以属于多个班级,这显然不是我们想要的关系。

技巧:在创建 1:N 关系时,可以根据实际需求来确定 N 的值。例如,规定一个班级最多有 30 个学生,则在图 1-12 中的 1:N 关系就可以改为 1:30。

(3) 多对多关联

第三种二元关联是多对多关联(即 N:M 关联),如图 1-13 所示。在该图中的 "学生信息_教师信息" 关联将多个学生实例和多个教师实例关联起来。表示一个学生可以有多个教师,一个教师也可以有多个学生。

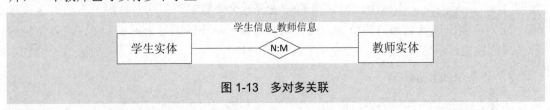

图 1-13　多对多关联

1.4.2　E-R 图

实体-关系图是表现实体-关系模型的图形工具,简称 E-R 图。E-R 图提供了用图形表示实体、属性和联系的方法。在 E-R 图中,约定实体用方框表示,属性用椭圆表示,联系用菱形表示,并其内部填上实体名、属性名、联系名,如图 1-14 所示。

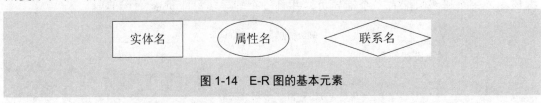

图 1-14　E-R 图的基本元素

如图 1-15 所示给出了学生实体和课程实体之间多对多关联的 E-R 图。

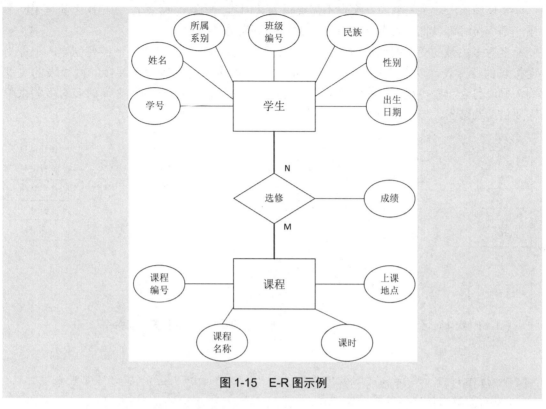

图 1-15　E-R 图示例

图 1-15 中，不仅实体具有属性，而且联系也可能有属性。例如，学生与课程联系上的"成绩"，它既不是实体"学生"的属性，也不是实体"课程"的属性，而是联系"选修"的属性。有时为了使 E-R 图简洁明了，常将图中的属性省略，着重反映实体的联系，而属性以表格的形式单独列出来。

1.4.3　E-R 模型转换为关系模型

由于 E-R 图直观易懂，在概念上表示了一个数据库的信息组织情况，所以如果能够画出数据库系统的 E-R 图，也就意味着弄清楚了应用领域中的问题。本节将介绍如何根据 E-R 图将 E-R 模型演变为关系模型。

1. 实体转化为表

对 E-R 模型中的每个实体，在创建数据库时相应地为其建立一个表，表中的列对应实体所具有的属性，主属性就作为表的主键。可以将图 1-15 中的学生实体和课程实体转换为学生信息表和课程信息表，如图 1-16 所示。

2. 实体间联系的处理

对于实体间的一对一关系，为了加快查询时的速度，可以将一个表中的列添加到两个表中。一对一关系的变换比较简单，一般情况下不需要再建立一个表，而是直接将一个表的主键作为外键添加到另一个表中，如果联系在属性中，则还需要将联系的属性添加到该表中。

实体间的一对多关系的变换也不需要再为其创建一个表。设表 A 与表 B 之间是 1:N 关系，则变换时可以将表 A 的主键作为外键添加到表 B 中。

多对多关系的变换要比一对多关系复杂得多。因为通常这种情况下需要创建一个称为连接表的特殊表，以表达两个实体之间的关系。连接表的列包含其连接的两个表的主键列，同时包含一些可能在关系中存在的特定的列。例如，学生和课程之间的多对多关系就需要借助选修表，如图 1-17 所示为转换后的关系。

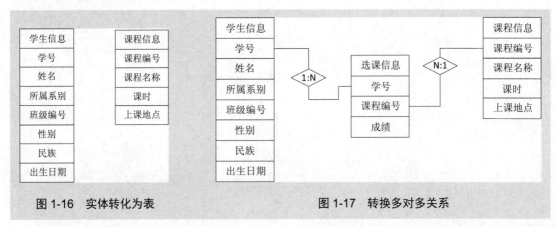

图 1-16　实体转化为表　　　　　　　　图 1-17　转换多对多关系

> 提示：为了保证设计的数据库能够有效、正确地运行，往往还需要对表进行规范，以消除数据库中的各种异常现象。

1.5　实践案例：设计学生成绩管理系统数据库模型

学生成绩管理系统主要用于管理高校学生的考试成绩，提供学生成绩的录入、修改、查询等各种功能。成绩由各系的任课老师录入，或教务处人员统一录入。学生成绩录入后由各系的系秘书签字确认，只有教务处拥有对学生成绩的修改权限。下面我们先来分析教师、系统管理员以及学生这 3 种用户的具体需求，然后设计出关系模型并画出 E-R 图。

1. 用户的具体需求分析

(1) 教师：负责成绩的录入，能够在一定的权限内对学生的成绩进行查询，可以对自己的登录密码进行修改，以及对个人信息进行修改等。

(2) 系统管理员：与教师的功能相似(每个系都设有一个管理员)。

另外，管理员具有用户管理功能，能够对新上任的老师和新注册的学生进行添加，并能删除已经毕业的学生和退休的教师。用户分为管理员、教师用户、学生用户三类。不论是管理员、教师用户，还是学生用户，都需要通过用户名和口令进行登录。用户名采用学生的学号和教师的工号，所以规定只能包括数字。密码也只能是数字，用户只有正确填写用户名和密码才可以登录，进行下一步操作。用户名被注销后，用户将不再拥有任何权限,并且该用户的信息将被从数据表中删除。

(3) 学生:能够实现学生自己成绩和个人信息的查询、登录密码的修改等基本功能。

2. 关系模型设计

由前面的系统需求分析,得到实体主要有 5 个:教师、学生、管理员、课程和成绩。

- 学生实体:主要属性有学号、姓名、性别、系名、专业和出生日期。
- 教师实体:主要属性有教师号、姓名、性别、院系和联系电话。
- 管理员实体:主要属性有用户名和密码。
- 课程实体:主要属性有课程号、课程名、学分、课时和上课地点。
- 成绩实体:主要属性有学号、课程号和分数。

(1) 教师与课程之间的关系。

教师与课程之间是 N:M 的关系,即一个教师能教多门课程,一门课程可以由多个教师讲授,E-R 图如图 1-18 所示。

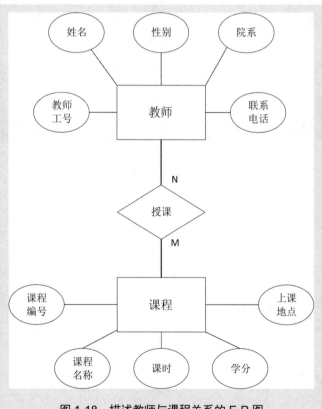

图 1-18 描述教师与课程关系的 E-R 图

(2) 学生与教师之间的关系。

学生与教师之间是 N:M 的关系,即一名老师可以教授多个学生,而一个学生可以由多个教师来教,E-R 图如图 1-19 所示。

(3) 学生与课程之间的关系。

学生与课程之间是 N:M 的关系，即一个学生可以选修多门课程，一门课程可以被多个学生选学，E-R 图如图 1-20 所示。

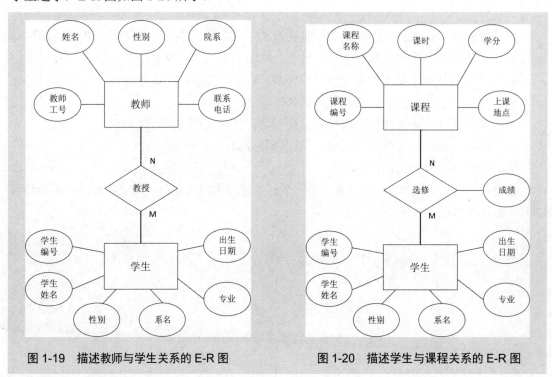

图 1-19　描述教师与学生关系的 E-R 图　　　　图 1-20　描述学生与课程关系的 E-R 图

(4) 学生与成绩之间的关系是 N:M 的关系，E-R 图如图 1-21 所示。

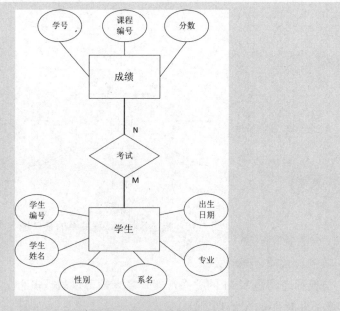

图 1-21　描述学生与成绩关系的 E-R 图

(5) 管理员与用户的关系 E-R 图如图 1-22 所示。

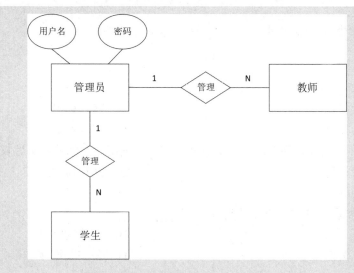

图 1-22　描述管理员与用户关系的 E-R 图

(6) 学生成绩管理全局 E-R 图如图 1-23 所示。

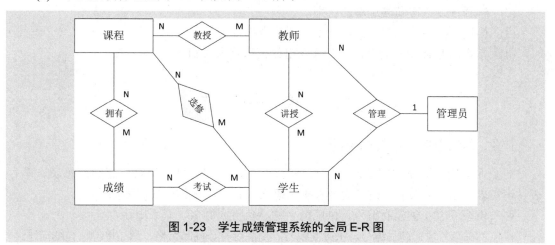

图 1-23　学生成绩管理系统的全局 E-R 图

提示：读者可以根据图 1-23 中的 E-R 图，将它转换为关系模型。

1.6　思考与练习

1. 填空题

(1) ＿＿＿＿＿是关系模型中的一个重要概念，用来标识行的一列或多列。

(2) 关系模型允许定义如下 3 类完整性约束：＿＿＿＿＿、参照完整性和用户定义的完整性。

(3) _____范式的目标是确保数据库表中的每一列都与主键相关,而不能只与主键的某一部分相关。

(4) E-R 模型中的实体使用_____来表示对象的特征。

2. 选择题

(1) 以下不属于数据模型的是_____。
  A. 层次模型   B. 网状模型
  C. 关系模型   D. 概念模型

(2) _____的优点是数据结构类似金字塔,不同层次之间的关联性直接而且简单。
  A. 层次模型   B. 网状模型
  C. 关系模型   D. 概念模型

(3) 在关系数据库中,一个表只能有一个_____。
  A. 键   B. 主关键字
  C. 候选关键字   D. 公共关键字

3. 简答题

(1) 简述数据库模型经历了哪些阶段,各有哪些优缺点。
(2) 解释键、主键和候选键的区别。
(3) 简述数据库的三大范式,分别需要符合哪些条件。
(4) 基本的 E-R 图元素有几个?分别用什么形状来绘制。

1.7 练 一 练

作业:绘制进销存系统的 E-R 图

在企业进销存系统中主要涉及的实体有 7 个,分别是供应商表、商品信息表、库存表、销售表、销售人员表、进货表及顾客信息表。每个实体的主要属性如下。

- 供应商表:供应商编号、供应商名称、负责人姓名、联系电话。
- 商品信息表:商品编号、供应商编号、商品名称、商品价格、商品单位、详细描述。
- 库存表:库存编号、商品编号、库存数量。
- 销售表:销售编号、商品编号、客户编号、销售数量、金额、销售人员编号。
- 销售人员表:人员编号、姓名、家庭住址、电话。
- 进货表:进货编号、商品编号、进货数量、销售人员编号、进货时间。
- 客户信息表:客户编号、姓名、客户住址、联系电话。

根据上面的描述,绘制进销存系统的 E-R 模型,并分析出各实体之间的联系。

第 2 章

深入了解 Oracle 11g

通过第 1 章的学习，我们掌握了关系规范的方法及如何将数据库模型映射为关系模型。采用关系模型的数据库管理系统 Oracle 以其安全性、完整性和稳定性的特点，在市场占有绝对的优势，成为应用最广泛的数据库产品。

本章以 Oracle 11g 为例，详细介绍 Oracle 11g 的安装过程，以及安装之后的用户解锁和数据库创建方法。然后对 Oracle 的内部体系结构进行全面剖析，包括物理结构、逻辑结构、内存结构和进程结构。最后对常用的数据字典进行简单介绍。

本章学习目标：

- 了解 Oracle 11g 的新增特性
- 掌握 Windows 下 Oracle 11g 的安装
- 掌握查看 Oracle 服务的方法
- 掌握 Oracle 用户解锁的方法
- 理解 Oracle 物理结构及其组成
- 理解 Oracle 体系的逻辑结构
- 理解逻辑结构与物理结构的关系
- 了解 Oracle 的内存结构和进程结构
- 了解数据库实例的主要后台进程的作用
- 理解 Oracle 数据库中数据字典的作用
- 熟悉常用的数据字典

2.1　Oracle 11g 概述

Oracle Database(简称 Oracle)是美国 Oracle 公司(中文名为甲骨文公司)开发的一款关系数据库管理系统,也是当前世界上使用最为广泛的数据库管理系统。作为一个通用的数据库系统,它具有完整的数据管理功能;作为一个关系数据库,它是一个完备关系的产品;作为分布式数据库,它实现了分布式处理功能。

1977 年,Larry Ellison、Bob Miner 和 Ed Oates 等人组建了 Relational 软件公司(Relational Software Inc.,RSI)。他们决定使用 C 语言和 SQL 界面构建一个关系数据库管理系统(Relational Database Management System,RDBMS),并很快发布了第一个版本(仅是原型系统)。

1979 年,RSI 首次向客户发布了产品,即第 2 版。该版本的 RDBMS 可以在装有 RSX-11 操作系统的 PDP-11 机器上运行,后来又移植到了 DEC VAX 系统。

1983 年,发布的第 3 个版本中加入了 SQL 语言,而且性能也有所提升,其他功能也得到了增强。与前几个版本不同的是,这个版本完全是用 C 语言编写的。同年,RSI 更名为 Oracle Corporation,也就是今天的 Oracle 公司。

1984 年,Oracle 的第 4 版发布。该版本既支持 VAX 系统,也支持 IBM VM 操作系统。这也是第一个加入了读一致性的版本。

1985 年,Oracle 的第 5 版发布。该版本可称作是 Oracle 发展史上的里程碑,因为它通过 SQL*Net 引入了客户端/服务器的计算机模式,同时它也是第一个打破 640KB 内存限制的 MS-DOS 产品。

1988 年,Oracle 的第 6 版发布。该版本除了改进性能、增强序列生成与延迟写入(Deferred Writes)功能以外,还引入了底层锁。除此之外,该版本还加入了 PL/SQL 和热备份等功能。这时 Oracle 已经可以在许多平台和操作系统上运行。

1991 年,Oracle RDBMS 的 6.1 版在 DEC VAX 平台中引入了 Parallel Server 选项,很快该选项也可用于许多其他平台。

1992 年,Oracle 7 发布。Oracle 7 在对内存、CPU 和 I/O 的利用方面做了许多体系结构上的变动,这是一个功能完整的关系数据库管理系统,在易用性方面也做了许多改进,引入了 SQL*DBA 工具和数据库角色。

1997 年,Oracle 8 发布。Oracle 8 除了增加许多新特性和管理工具以外,还加入了对象扩展特性。在 Windows 系统下开始使用,以前的版本都是在 Unix 环境下运行的。

2001 年,Oracle 9i Release 1 发布。这是 Oracle 9i 的第一个发行版,包含 RAC(Real Application Cluster)等新功能。

2002 年,Oracle 9i Release 2 发布,它在 Release 1 的基础上增加了集群文件系统(Cluster File System)等特性。

2004 年,针对网格计算的 Oracle 10g 发布。该版本中 Oracle 的功能、稳定性和性能的实现都达到了一个新的水平。

2007 年 7 月 12 日,Oracle 公司推出了新的 Oracle 11g,Oracle 11g 有 400 多项功能,

经过了 1500 万个小时的测试，开发工作量达到了 3.6 万人/月。与先前版本相比，Oracle 11g 具有很多创新性的功能，下面从 3 个方面介绍其中最重要的新特性。

1. 数据库管理部分

Oracle 11g 在数据库管理部分的重要新增特性体现在如下几个方面。

(1) 数据库重演(Database Replay)

这一特性可以捕捉整个数据的负载，并且传递到一个从备份或者 standby 数据库中创建的测试数据库上，然后重演，以测试系统调优后的效果。

(2) SQL 重演(SQL Replay)

与前一特性类似。但是只是捕捉 SQL 负载部分，而不是全部负载。

(3) 计划管理(Plan Management)

这一特性允许将某一特定语句的查询计划固定下来，无论统计数据变化还是数据库版本变化，都不会改变它的查询计划。

(4) 自动 SQL 优化(Auto SQL Tuning)

10g 的自动优化建议器可以将优化建议写在 SQL profile 中。而在 11g 中，可以让 Oracle 自动将 3 倍于原有性能的 profile 应用到 SQL 语句上。

(5) 访问建议器(Access Advisor)

11g 的访问建议器可以给出分区建议，包括对新的间隔分区(Interval Partitioning)的建议。间隔分区相当于范围分区(Range Partitioning)的自动化版本，它可以在必要时自动创建一个相同大小的分区。范围分区和间隔分区可以同时存在于一张表中，并且范围分区可以转换为间隔分区。

(6) 自动内存优化(Auto Memory Tuning)

在 9i 中引入了自动 PGA 优化；10g 中又引入了自动 SGA 优化。到了 11g，所有内存可以通过只设定一个参数来实现全表自动优化。用户只需指定有多少内存可用，它就可以自动指定内存分配给 PGA、SGA 和操作系统进程。

(7) 资源管理器(Resource Manager)

11g 的资源管理器不仅可以管理 CPU，还可以管理 I/O。用户可以设置特定文件的优先级、文件类型和 ASM 磁盘组。

2. PL/SQL 部分

PL/SQL 部分方面的新特性如下。

(1) 结果集缓存(Resultset Caching)

过去如果要提高查询的性能，可能需要使用视图或者查询重写技术。而在 Oracle 11g 中，只需要加一个 "/*+result_cache*/" 的提示，就可以将结果集缓存住，这样就能大大提高查询性能。

(2) 正则表达式的改进

Oracle 10g 首次引入了正则表达式，Oracle 11g 再次对这一特性进行了改进。其中，增加了一个名为 regexp_count 的函数。另外，其他的正则表达式函数也得到了改进。

(3) 新 SQL 语法 =>

过去调用某一函数时，可以通过=>来为特定的函数参数指定数据。而在 Oracle 11g 中，这一语法也同样可以出现在 SQL 语句中了。例如下面的示例语句：

```
select f(x=>6) from dual;
```

(4) 增加了只读表(Readonly Table)

在以前，只能通过触发器或者约束，来实现对表的只读控制。而在 Oracle 11g 中，不需要这么麻烦了，可以直接指定表为只读表。

(5) 设置触发器顺序

可能在一张表上存在多个触发器。在 Oracle 11g 中可以指定它们的触发顺序，而不必担心顺序混乱导致数据混乱。

(6) 在非 DML 语句中使用序列(Sequence)

在先前的版本中，如果要将序列的值赋给变量，需要通过类似如下的语句实现：

```
select seq_x.next_val into v_x from dual;
```

在 Oracle 11g 中，只需用如下语句就可以实现：

```
v_x := seq_x.next_val;
```

(7) PL/SQL 的可继承性

可以在 Oracle 对象类型中通过 super(与 Java 中类似)关键字来实现继承性。

(8) 增加了 continue 关键字

在 PL/SQL 的循环语句中，可以使用 continue 关键字了(功能与其他高级语言中的 continue 关键字相同)。

3. 其他部分

除了上述两个方面，Oracle 11g 在其他方面的重要新增特性如下：

- 增强的压缩技术——可以最多压缩 2/3 的空间。
- 高速推进技术——可以大大提高对文件系统的数据读取速度。
- 在线应用升级——也就是"热补丁"，安装升级或打补丁不需要重启数据库。
- 数据库修复建议器——可以在错误诊断和解决方案实施过程中指导 DBA。
- 逻辑对象分区——可以对逻辑对象进行分区，并且可以自动创建分区以方便管理超大数据库(Very Large Databases，VLDBs)。
- 新的高性能的 LOB 基础结构。
- 新的 PHP 驱动。

2.2 安装 Oracle 11g

在了解 Oracle 发展过程以及 Oracle 11g 的重要新增特性和功能后，本节将介绍如何在 Windows 环境下安装 Oracle 11g。其他环境下安装 Oracle 的方法可参考官网 http://www.oracle.com 中的信息。

2.2.1 准备工作

在开始安装 Oracle 11g 前，最好先检查当前所使用的环境是否满足 Oracle 11g 的需求。由于 Oracle 11g 分为 32 位和 64 位两个版本，各种版本对系统的要求也不完全相同。表 2-1 和表 2-2 分别列举了 32 位和 64 位 Oracle 11g 在 Windows 环境下对软硬件的要求。

表 2-1 32 位 Oracle 11g 在 Windows 环境下对软硬件的要求

系统要求	说　明
操作系统	Windows 2000、Windows XP 专业版、Windows Server 2003 或者以上
CPU	最低主频 1.0GHz 以上
内存	最小 512MB，建议使用 1.0GB 以上
虚拟内存	物理内存的两倍
磁盘空间	基本安装需要 3.6GB

表 2-2 64 位 Oracle 11g 在 Windows 环境下对软硬件的要求

系统要求	说　明
操作系统	Windows 2000、Windows XP 专业版、Windows Server 2003 或者以上
CPU	最低主频 2.0GHz 以上
内存	最小 1.0GB，建议使用 4.0GB 以上
虚拟内存	物理内存的两倍
磁盘空间	基本安装需要 5.0GB

另外，服务器的计算机名称对于安装完 Oracle 11g 后登录到数据库非常重要。如果在安装完数据库后，再修改计算机名称，可能造成无法启动服务，也就不能使用 OEM。如果发现这种情况，只需将计算机名称重新修改回原来的计算机名称即可。因此，在安装 Oracle 数据库前，就应该配置好计算机名称。

2.2.2 实践案例：Oracle 11g 安装过程详解

Oracle 的安装程序 Universal Installer 是基于 Java 的图形界面安装向导工具。利用它可以帮助用户完成不同操作系统环境下不同类型的 Oracle 安装工作。无论是在 Unix 环境下，还是本书所介绍的 Windows 环境下，都可以通过使用 Universal Installer 来完成正确的安装。

具体的安装过程如下。

步骤 01 一般情况下，将光盘放入光驱后，Universal Installer 会自动启动。如果 Universal Installer 没有自动启动，也可双击其中的 Setup.exe 文件来启动安装程序。Oracle 安装程序将对计算机的软件、硬件安装环境进行一次快速的检测，如果不满足最小需求，则返回一个错误并异常终止。

步骤 02 当 Oracle 安装程序检测完软、硬件环境之后，将自动打开如图 2-1 所示的"安装方法"界面。

Oracle 11g 支持两种安装方式：一种是默认的"基本安装"方式，这种方式下，用户只需要输入基本的信息，单击"下一步"按钮即可；另一种安装方式是"高级方式"，在这种方式下，我们可以对安装过程进行更多的选择。本书中将以"高级安装"方式介绍 Oracle 11g 的安装过程。

步骤 03 在如图 2-1 所示的界面中选择"高级安装"单选按钮，单击"下一步"按钮，在如图 2-2 所示的"选择安装类型"界面中选择安装类型。

图 2-1 安装方法界面　　　　　　　　图 2-2 选择安装类型

Oracle 提供以下 4 种安装类型。

- 企业版：面向企业级应用，应用于对安全性要求较高并且任务至上的联机事务处理(On-Line Transaction Processing，OLTP)和数据仓库环境中。
- 标准版：适用于工作组或部门级别的应用，也适用于中小企业。提供核心的关系数据库管理服务和选项。
- 个人版：个人版数据库只提供基本数据库管理服务，适用于单用户开发环境，对系统配置的要求也比较低，主要面向开发技术人员。
- 定制：允许用户从可安装的组件列表中选择安装单独的组件。还可以在现有的安装中安装附加的产品选项，如要安装某些特殊的产品或选项，就必须启用此选项。定制安装需要用户非常熟悉 Oracle 11g 的组成。

步骤 04 这里选择"企业版"单选按钮，单击"下一步"按钮进入如图 2-3 所示的界面。在这里指定 Oracle 的安装位置。

注意：Oracle 主目录名的长度最多可以为 127 个字符，只能包含字母数字字符和下划线"_"，并且 Oracle 主目录名中不能有空格。

步骤 05 单击"下一步"按钮，再次检查软件安装环境，如图 2-4 所示。例如，磁盘空间不足、缺少补丁程序、硬件不合适等问题，如果不能通过检查条件，安装可能会失败。

注意：对于"正在检查网络配置要求"选项的检查，需要手动启用其对应的"状态"复选框。图 2-4 中是启用后的效果。未启用时状态为"未执行"。

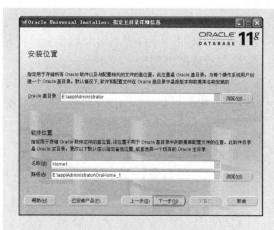

图 2-3 指定主目录详细信息

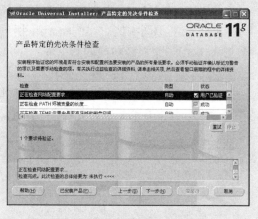

图 2-4 检查软件安装环境结果

步骤 06 当检查安装环境总体为通过时,单击"下一步"按钮,进入如图 2-5 所示的"选择配置选项"界面。

图 2-5 中各个选项的含义如下。

- 创建数据库:选择此选项可以创建具有"一般用途/事务处理"、"数据仓库"或"高级"配置的数据库。
- 配置自动存储管理:选择此选项只在单独的 Oracle 主目录中安装自动存储管理 (Automatic Storage Management,ASM)。如果需要,还可以提供 ASM SYS 口令,接下来系统将提示创建磁盘组。
- 仅安装软件:此选项只安装 Oracle 数据库软件,用户可以在以后再配置数据库。

步骤 07 在图 2-5 中采用默认设置,单击"下一步"按钮,在进入的界面中选择要创建的数据库类型。类型包括"一般用途/事务处理"、"数据仓库"和"高级"三种,在这里选择"一般用途/事务处理"单选按钮,如图 2-6 所示。

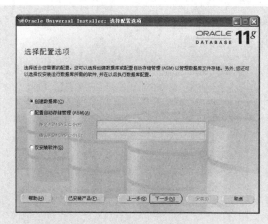

图 2-5 执行配置选项

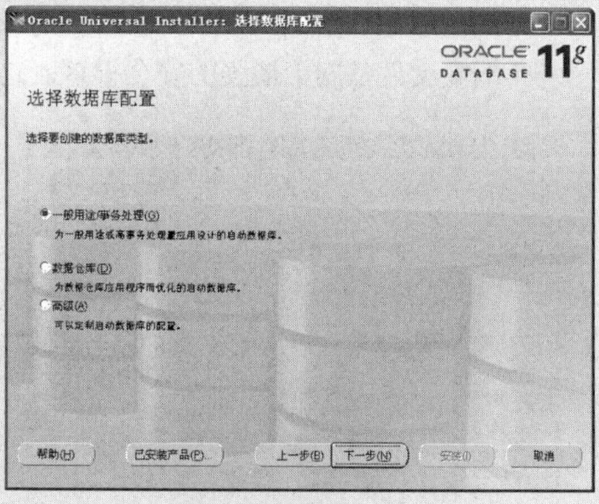

图 2-6 选择数据库类型

步骤 08 单击"下一步"按钮进入"指定数据库配置选项"界面,如图 2-7 所示。

由于 SID 定义了 Oracle 数据库实例的名称，因此 SID 主要用于区分同一台计算机上的同一个数据库的不同实例。实例由一组用于管理数据库进程和内存的结构组成。对于单实例数据库(仅由一个系统访问的数据库)，其 SID 通常与数据库名相同。

步骤 09 单击"下一步"按钮，在"内存"选项卡中指定要分配给数据库的物理内存。Oracle 安装程序将自动计算和调节内存分配的默认值，用户可以根据需求指定分配内存的大小，如图 2-8 所示。

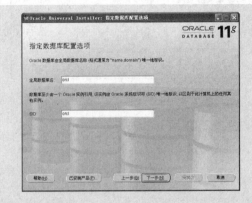

图 2-7 指定数据库配置选项

图 2-8 配置数据库内存

在图 2-8 中启用"启用自动内存管理"复选框，表示动态分配系统全局区(System Global Area，SGA)与程序全局区(Program Global Area，PGA)之间的内存。如果启用此选项，则窗口中内存区的配置状态显示为 AUTO；如果禁用此选项，则内存分配的 SGA 与 PGA 在内存区之间的分配比例取决于所选择的数据库配置。一般用途/事务处理类型的数据库其 SGA 为 75%，PGA 为 25%；数据仓库类型的 SGA 为 60%，PGA 为 40%。

步骤 10 切换到"字符集"选项卡，配置数据库字符串，在这里选择"使用 Unicode(AL32UTF8)"单选按钮，如图 2-9 所示。

步骤 11 切换到"安全性"选项卡，在此指定是否要在数据库中禁用默认安全设置，如图 2-10 所示。Oracle 增强了数据库的安全设置；启用审计功能以及使用新的口令概要文件都属于增强的安全设置。这里采用默认设置。

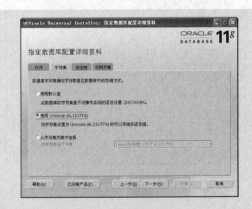

图 2-9 配置数据库字符集

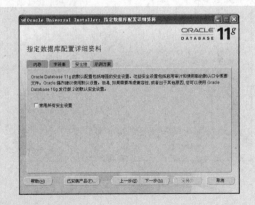

图 2-10 配置数据库安全性

步骤 12 切换到"示例方案"选项卡，指定是否要在数据库中包含示例方案。这里启用"创建带样本方案的数据库"复选框，如图2-11所示。

> **注意**：如果安装示例方案，Oracle 数据库配置助手(Oracle Database Configuration Assistant)将在数据库中创建 EXAMPLES 表空间，这将增加 150MB 的磁盘空间。如果不安装示例方案，可以在安装后手动创建。

步骤 13 单击"下一步"按钮，在进入的界面中选择数据库管理选项，如图 2-12 所示。这里采用默认值。

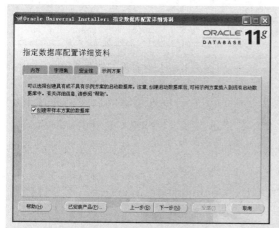

图2-11 配置数据库示例方案　　　　　图2-12 选择数据库管理选项

步骤 14 单击"下一步"按钮，在进入的界面中指定数据库的存储选项，如图 2-13 所示。Oracle 11g 提供了以下两种存储方法。

- 文件系统：Oracle 将使用操作系统的文件系统存储数据文件。在 Windows 系统上默认目录的路径为 ORACLE_BASE\oradata，其中 ORACLE_BASE 为选择在其中安装产品的 Oracle 主目录的父目录。
- 自动存储管理：如果要将数据库文件存储在自动存储管理磁盘组中，则选择此选项。通过指定一个或多个由单独的 Oracle 自动存储管理实例管理的磁盘设备，可以创建自动存储管理磁盘组。自动存储管理可以最大化地提高 I/O 性能。

步骤 15 单击"下一步"按钮，进入如图 2-14 所示的界面，在这里，可以指定是否要为数据库启用自动备份功能。如果启用自动备份，OEM 将在每天的同一时间对数据库进行备份。默认情况下，备份作业安排在凌晨 2:00 运行。采用自动备份需要在磁盘上为备份文件指定名为"快速恢复区"的存储区域。可以将文件系统或自动存储管理磁盘组用于快速恢复区。备份文件所需的磁盘空间取决于用户选择的存储机制，一般必须指定至少 2GB 的磁盘存储位置。OEM 使用 Oracle Recovery Manager 来执行备份。

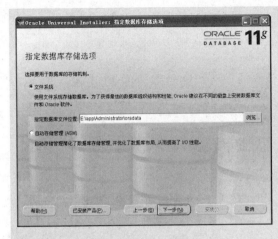

图 2-13　选择数据库存储选项　　　　　图 2-14　指定备份和恢复选项

步骤 16　采用默认设置，单击"下一步"按钮，指定数据库方案的口令，在这里可以为每个账户(尤其是管理账户，如 SYS、SYSTEM、SYSMAN、DBSNMP)指定不同的口令。此处选择"所有的账户都使用同一口令"单选按钮，并设置口令为 123456，如图 2-15 所示。

步骤 17　单击"下一步"按钮，进入"Oracle Configuration Manager 注册"界面，如图 2-16 所示。

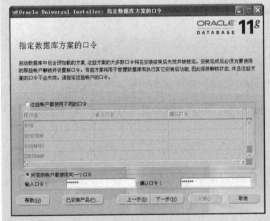 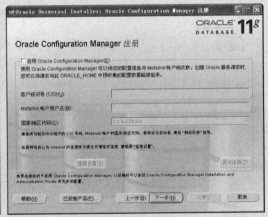

图 2-15　指定数据库方案的口令　　　　图 2-16　Oracle Configuration Manager 注册

步骤 18　使用默认设置，单击"下一步"按钮查看安装概要，如图 2-17 所示。在该窗口中显示了安装设置，如果需要修改某些设置，则可以单击"上一步"按钮返回，然后进行修改。

步骤 19　确认无误后，单击"安装"按钮，将会正式开始安装 Oracle 11g 数据库。如图 2-18 所示为安装过程的截图。

图 2-17　安装概要　　　　　　　图 2-18　安装 Oracle 11g 数据库

步骤 20 数据库安装完毕后，将自动打开如图 2-19 所示的对话框。单击该对话框中的"口令管理"按钮，在弹出的"口令管理"对话框中可以锁定、解除数据库用户账户和设置用户账户的口令，如图 2-20 所示。

步骤 21 在图 2-20 中单击"确定"按钮，进入安装结束界面。单击"退出"按钮，在弹出的对话框中单击"是"按钮结束安装，如图 2-21 所示。

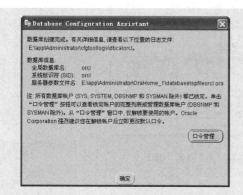

图 2-19　数据库安装完成　　　　　　　图 2-20　口令管理

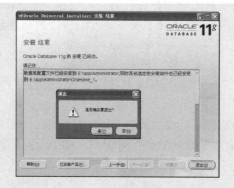

图 2-21　安装结束

2.2.3 实践案例：验证安装结果

前面详细介绍了 Oracle 11g 的安装过程及安装时各选项的含义。安装过程结束之后的第一件事就是对安装 Oracle 11g 是否成功进行验证。通常情况下，如果安装过程中没有出现错误提示，即可以认为这次是安装成功的。

为了检验安装是否正确，最简单的方法是查看 Oracle 的服务是否完整。具体方法是：在 Windows 操作系统中通过"控制面板"→"管理工具"→"服务"，打开系统服务窗口，如图 2-22 所示。在图 2-22 中，所有的 Oracle 服务名称都以 Oracle 开头。其中主要的 Oracle 服务有如下 3 种。

- Oracle\<ORACLE_HOME_NAME>TNSListener：监听程序服务。
- OracleDBConsoleorcl：本地 OEM 控制。
- OracleService\<SID>：Oracle 数据库实例服务，是 Oracle 数据库的主要服务。

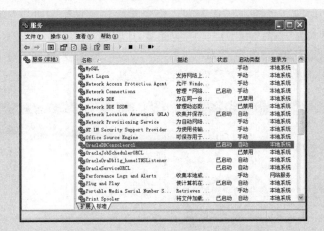

图 2-22 Windows 操作系统的"服务"窗口

注意：ORACLE_HOME_NAME 为 Oracle 的主目录；SID 为创建的数据库实例的标识。通过 Windows 操作系统的"服务"窗口，可以看到 Oracle 数据库服务是否正确地安装并启动运行，并且可以对 Oracle 服务进行管理，例如启动与关闭服务。

2.3 查看 Oracle 系统用户

在 Oracle 安装过程中，可以设置系统用户的口令以及使用状态。默认情况下只有 SYS、SYSTEM、DBSNMP、SYSMAN 和 MGMT_VIEW 这 5 个用户是解锁状态，其他用户都被锁定。当然用户也可以在需要时进行手动解锁。

【例 2.1】

使用 Oracle 11g 的 DBA_USERS 数据字典可以查询当前系统中的用户列表及用户状

态。例如，使用 Oracle 自带的 SQL Plus 工具以 system 用户登录，然后查询 DBA_USERS 数据字典。语句如下：

```
请输入用户名: system
输入口令:
连接到:
Oracle Database 11g Enterprise Edition Release 11.1.0.6.0 - Production
With the Partitioning, OLAP, Data Mining and Real Application Testing
options
SQL>SELECT username,account_status FROM DBA_USERS;
USERNAME                    ACCOUNT_STATUS
--------------------------- ------------------------------------
MGMT_VIEW                   OPEN
SYS                         OPEN
SYSTEM                      OPEN
DBSNMP                      OPEN
SYSMAN                      OPEN
SCOTT                       EXPIRED & LOCKED
OUTLN                       EXPIRED & LOCKED
FLOWS_FILES                 EXPIRED & LOCKED
...
已选择 37 行。
```

上面的查询语句中，USERNAME 字段表示用户名，ACCOUNT_STATUS 字段表示用户的状态。如果 ACCOUNT_STATUS 字段的值为 OPEN，则表示用户为解锁状态，否则为锁定状态。

【例 2.2】

假设要为 SCOTT 用户解锁，可以使用如下语句：

```
SQL>ALTER USER SCOTT ACCOUNT UNLOCK;
```

【例 2.3】

解锁后的用户还不能马上使用，因为还需要设置登录密码。假设要为上面的 SCOTT 用户指定密码为 tiger，语句如下：

```
SQL>ALTER USER SCOTT IDENTIFIED BY tiger;
```

2.4 实践案例：创建学生管理系统数据库

如果在安装 Oracle 系统时选择不创建数据库，将会仅安装 Oracle 数据库服务器软件。在这种情况下要使用 Oracle 系统，则必须创建数据库。如果在安装系统时已经创建了数据库，也可以再创建一个数据库。

在 Oracle 11g 中创建数据库最简单的方法是使用图形化用户界面工具 DBCA 来完成。使用 DBCA 可以快速、直观地创建数据库，并且通过使用数据库模板，用户只需要做很少的操作，就能够完成数据库创建工作。

例如，要创建学生管理系统的数据库，使用 DBCA 的具体创建步骤如下。

步骤 01 执行"开始"→"所有程序"→"Oracle - OraDb11g_home1"→"配置和移置工具"→"Database Configuration Assistant"命令，打开"欢迎使用"界面，在该界面中单击"下一步"按钮，打开如图 2-23 所示的界面。

图 2-23 中各选项的含义如下。

- 创建数据库：创建一个新的数据库。
- 配置数据库选件：用来配置已经存在的数据库。
- 删除数据库：从 Oracle 数据库服务器中删除已经存在的数据库。
- 管理模板：用于创建或者删除数据库模板。
- 配置自动存储管理：创建和管理 ASM 及相关的磁盘组，与创建新数据库无关。

步骤 02 选择"创建数据库"单选按钮后，单击"下一步"按钮。在如图 2-24 所示界面中选择创建数据库时所使用的数据库模板。

图 2-23 选择创建数据库

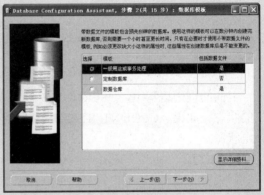
图 2-24 选择数据库模板

提示：在图 2-24 中选择某个模板，并单击"显示详细资料"按钮，在打开的界面中可以查看该数据库模块的各种信息，包括常用选项、初始化参数、字符集、控制文件以及重做日志等。

步骤 03 在图 2-24 中采用默认设置，单击"下一步"按钮，在进入的界面中指定数据库的标识。在该界面中需要输入一个数据库名称和一个 SID，其中 SID 在同一台计算机上不能重复，用于唯一标识一个实例，如图 2-25 所示。

步骤 04 单击"下一步"按钮，在出现的界面中指定数据库的管理选项，这里采用默认设置，如图 2-26 所示。

步骤 05 单击"下一步"按钮，进入"数据库身份证明"界面，在该界面中选择"所有账户使用同一管理口令"单选按钮并设置口令，如图 2-27 所示。

步骤 06 设置好口令后，单击"下一步"按钮，进入"存储选项"界面，选择"文件系统"单选按钮表示使用文件系统进行数据库的存储，如图 2-28 所示。

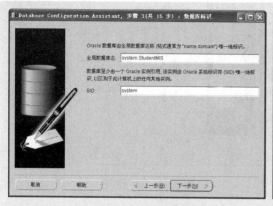
图 2-25 指定数据库标识

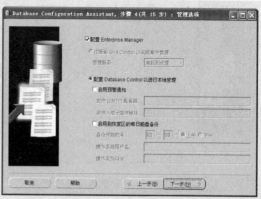
图 2-26 设置管理选项

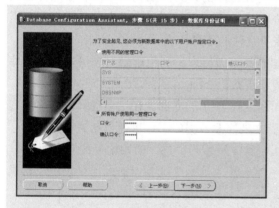
图 2-27 设置数据库口令

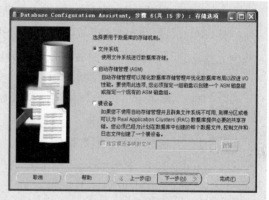
图 2-28 指定存储选项

步骤 07 单击"下一步"按钮,进入"数据库文件所在位置"界面,在此界面中指定存储数据库文件的位置和方式,如图 2-29 所示。

图 2-29 中,各个可用选项的含义如下。

- 使用模板中的数据文件位置:使用为此数据库选择的数据库模板中的预定义位置。
- 所有数据库文件使用公共位置:为所有数据库文件指定一个新的公共位置。
- 使用 Oracle-Managed Files:可以简化 Oracle 数据库的管理。利用由 Oracle 管理的文件,DBA 将不必直接管理构成 Oracle 数据库的操作系统文件。用户只需提供数据库区的路径,该数据区用作数据库存放其数据库文件的根目录。

注意:若启用"多路复用重做日志和控制文件"按钮,可以标识存储重复文件副本的多个位置,以便在某个目标位置出现故障时为重做日志和控制文件提供更强的容错能力。但是启用该选项后,在后面将无法修改这里设定的存储位置。

步骤 08 单击"下一步"按钮,进入如图 2-30 所示的"恢复配置"界面。

图 2-29　指定数据库文件存储位置　　　　图 2-30　恢复配置

图 2-30 中，各个可用选项的含义如下。

- 指定快速恢复区：快速恢复区用于恢复数据库的数据，以免系统发生故障时丢失数据。快速恢复区是由 Oracle 管理的目录、文件系统或"自动存储管理"磁盘组成的。该区提供了存放备份文件和恢复文件的磁盘位置。
- 启用归档：启用归档后，数据库将归档其重做日志。利用重做日志可以将数据库中的数据恢复到重做日志中记录的某一状态。

步骤 09　单击"下一步"按钮，进入如图 2-31 所示的界面。在这里选择数据库创建好后运行的 SQL 脚本，以便运行该脚本来修改数据库，这里使用默认设置。

步骤 10　单击"下一步"按钮，进入如图 2-32 所示的设置"初始化参数"界面。

在该界面中有 4 个选项卡，"内存"和"字符集"这两个选项卡前面已经讲过，这里不再赘述。其他选项卡说明如下。

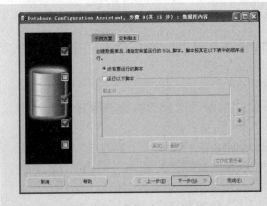
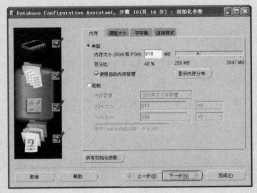

图 2-31　定制用户自定义脚本　　　　图 2-32　设置初始化参数

- 调整大小：调整 Oracle 数据块的大小和连接到服务器的进程数。
- 连接模式：用于选择数据库的连接模式，专用服务器模式或者共享服务器模式。

步骤 11　使用默认设置初始化参数。单击"下一步"按钮，进入如图 2-33 所示的"安全设置"界面。

步骤 12　确定数据库的安全设置后,单击"下一步"按钮,进入如图 2-34 所示的配置数据库自动维护任务界面。

提示:自动管理维护任务可方便地管理各种数据库维护任务之间资源的分配,确保最终用户的活动在维护操作期间不受影响,并且这些活动可获得完成任务所需的足够资源。

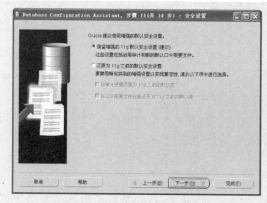

图 2-33　安全设置

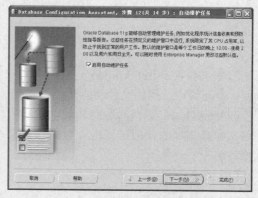

图 2-34　自动维护数据库

步骤 13　采用默认设置,单击"下一步"按钮,进入如图 2-35 所示"数据库存储"界面。在这里可以对数据库的控制文件、数据文件和重做日志文件进行设置。

步骤 14　单击"下一步"按钮,进入如图 2-36 所示的界面。

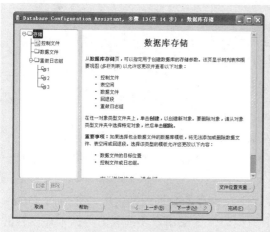

图 2-35　数据库存储

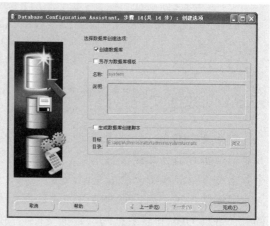

图 2-36　数据库创建选项

提示:如选择"另存为数据库模板"选项,将把前面对创建数据库的参数配置另存为模板。如选择"生成数据库创建脚本"选项,将把前面所做的配置以创建数据库脚本的形式保存起来,当需要创建数据库时,可以通过运行该脚本来创建。

步骤 15 在图 2-36 中采用默认设置,并单击"完成"按钮,在弹出的数据库创建确认对话框中检查创建信息。若无误,单击"确认"按钮开始数据库的创建工作。

2.5 Oracle 的物理结构

Oracle 的物理存储结构是指 Oracle 运行时需要的物理存储文件。这些文件主要由 3 种类型组成,分别是控制文件(*.ctl)、数据文件(*.dbf)和重做日志文件(*.log)。

2.5.1 控制文件

控制文件(Control File)是一个很小的二进制文件,用于描述数据库的物理结构。在 Oracle 数据库中,控制文件相当重要,它存放有数据库中数据文件和日志文件的信息。

在安装 Oracle 系统时,会自动创建控制文件。一个 Oracle 数据库通常包含有多个控制文件,在数据库的使用过程中,数据库需要不断更新控制文件,一旦控制文件受损,那么数据库将无法正常工作。

【例 2.4】

Oracle 一般会默认地创建 3 个包含相同信息的控制文件,目的是为了当其中一个受损时,可以调用其他控制文件继续工作。如下语句通过数据字典 V$CONTROLFILE 查看当前数据库控制文件的名称与路径:

```
SQL> SELECT name FROM v$controlfile;

NAME
--------------------------------------------------------------------------------
E:\APP\ADMINISTRATOR\ORADATA\ORCL\CONTROL01.CTL
E:\APP\ADMINISTRATOR\ORADATA\ORCL\CONTROL02.CTL
E:\APP\ADMINISTRATOR\ORADATA\ORCL\CONTROL03.CTL
```

2.5.2 数据文件

数据文件(Data File)是在物理上保存数据库中数据的操作系统文件。例如,表中的记录和索引等都存放在数据文件中。一个表空间在物理上可以对应一个或多个数据文件,而一个数据文件只能属于一个表空间。

存储数据时,用户修改或添加的数据会先保存在内存的数据缓冲区中,然后由 Oracle 的后台进程 DBWn 将数据写入数据文件;读取数据时,如果用户要读取的数据不在内存的数据缓冲区中,那么 Oracle 就从数据文件中把数据读取出来,放到内存的缓冲区中去供用户查询。这样的存取方式减少了磁盘的 I/O 操作,提高了系统的响应性能。

数据文件一般有以下特点:

- 一个表空间由一个或多个数据文件组成。
- 一个数据文件只对应一个数据库。而一个数据库通常包含多个数据文件。
- 数据文件可以通过设置其参数,实现自动扩展的功能。

【例 2.5】

查询数据字典 DBA_DATA_FILES 和 V$DATAFILE 可了解数据文件的信息。下面使用 DESC 命令来了解 DBA_DATA_FILES 的结构，具体如下：

```
SQL>desc dba_data_files;
名称                        类型
----------------------      -------------------
FILE_NAME                   VARCHAR2(513)
FILE_ID                     NUMBER
TABLESPACE_NAME             VARCHAR2(30)
BYTES                       NUMBER
BLOCKS                      NUMBER
STATUS                      VARCHAR2(9)
RELATIVE_FNO                NUMBER
AUTOEXTENSIBLE              VARCHAR2(3)
MAXBYTES                    NUMBER
MAXBLOCKS                   NUMBER
INCREMENT_BY                NUMBER
USER_BYTES                  NUMBER
USER_BLOCKS                 NUMBER
ONLINE_STATUS               VARCHAR2(7)
```

DBA_DATA_FILES 数据字典中主要字段的含义如下。

- file_name：数据文件的名称以及存放路径。
- file_id：数据文件在数据库中的 ID 号。
- tablespace_name：数据文件对应的表空间名。
- bytes：数据文件的大小。
- blocks：数据文件所占用的数据块数。
- status：数据文件的状态。
- autoextensible：数据文件是否可扩展。

【例 2.6】

使用数据字典 dba_data_files 查看表空间 SYSTEM 所对应的数据文件信息，实现语句如下：

```
SQL>SELECT file_name, tablespace_name, autoextensible
  2  FROM dba_data_files
  3  WHERE tablespace_name = 'SYSTEM';

FILE_NAME                                          TABLESPACE_NAME    AUT
-------------------------------------------------  -----------------  ------
E:\APP\ADMINISTRATOR\ORADATA\ORCL\SYSTEM01.DBF     SYSTEM             YES
```

另一个数据字典 v$datafile 则记录了数据文件的动态信息，它主要有下列字段。

- file#：存放数据文件的编号。
- status：数据文件的状态。
- checkpoint_change#：数据文件的同步号，随着系统的运行自动修改，以维持所有数据文件的同步。
- bytes：数据文件的大小。
- blocks：数据文件所占用的数据块数。
- name：数据文件的名称以及存放路径。

【例 2.7】

使用数据字典 v$datafile 查看当前数据库的数据库文件动态信息，实现语句如下：

```
SQL>SELECT file#, name, checkpoint_change#
  2  FROM v$datafile;

FILE#  NAME                                                CHECKPOINT_CHANGE#
------ --------------------------------------------------- ------------------
   1   E:\APP\ADMINISTRATOR\ORADATA\ORCL\SYSTEM01.DBF                  987560
   2   E:\APP\ADMINISTRATOR\ORADATA\ORCL\SYSAUX01.DBF                  987560
   3   E:\APP\ADMINISTRATOR\ORADATA\ORCL\UNDOTBS01.DBF                 987560
   4   E:\APP\ADMINISTRATOR\ORADATA\ORCL\USERS01.DBF                   987560
```

2.5.3 重做日志文件

重做日志文件(Redo Log File)主要用于记录数据库中所有修改信息的文件，简称日志文件。通过使用日志文件，不仅可以保证数据库安全，还可以实现数据库备份与恢复。为了确保日志文件的安全，在实际应用中允许对日志文件进行镜像。

一个日志文件和它的所有镜像文件构成一个日志文件组，它们包含相同的信息。同一组中的日志文件最好保存到不同的磁盘中，这样可以防止物理损坏带来的麻烦。在一个日志文件组中的日志文件镜像个数受 MAXLOGMEMBERS 参数限制，最多可以有 5 个。

【例 2.8】

使用数据字典视图 V$LOG 可以了解系统当前正在使用的日志文件组，语句如下：

```
SQL>SELECT GROUP#,STATUS FROM V$LOG;
 GROUP#             STATUS
------------       ------------------
     1              INACTIVE
     2              CURRENT
     3              INACTIVE
```

从上述查询结果来看，STATUS 字段值为 CURRENT 则表示系统当前正在使用该字段对应的日志文件组，因此系统当前正在使用的文件组是第二日志文件组。

如果一个日志文件组的空间被用完后，Oracle 系统就会自动转换到另一个日志文件组。但是，数据库管理员也可以使用 ALTER SYSTEM 命令进行手工切换，使用 ALTER SYSTEM 命令的语法格式如下：

```
ALTER SYSTEM SWITCH LOGFILE;
```

【例 2.9】

手动切换到下一个日志文件组，并查询切换后的结果，如下所示：

```
SQL>ALTER SYSTEM SWITCH LOGFILE;
系统已更改。
SQL>SELECT GROUP#,STATUS FROM V$LOG;
GROUP#                  STATUS
-------------           ----------------------
1                       INACTIVE
2                       ACTIVE
3                       CURRENT
```

2.5.4　其他存储结构文件

除了前面介绍的控制文件、数据文件和重做日志文件以外，Oracle 中还有备份文件、归档重做日志文件、参数文件，以及警告、跟踪日志文件。

1. 备份文件

文件受损时，可以借助于备份文件对受损文件进行恢复。对文件进行还原的过程，就是用备份文件替换该文件的过程。

2. 归档重做日志文件

归档重做日志文件用于对写满的日志文件进行复制并保存，具体功能由归档进程 ARCn 来实现，该进程负责将写满的重做日志文件复制到归档日志目标中。

3. 参数文件

参数文件用于记录 Oracle 数据库的基本参数信息，主要包括数据库名和控制文件所在的路径等。参数文件分为文本参数文件(Parameter File，简称 PFILE)和服务器参数文件(Server Parameter File，简称 SPFILE)。

> 提示：文本参数文件为 init<SID>.ora，服务器参数文件为 spfile<SID>.ora 或者 spfile.ora。

当数据库启动时，将打开上述两种参数文件中的一种，数据库实例首先在操作系统中查找服务器参数文件 SPFILE，如果找不到，则查找文本参数文件 PFILE。

4. 警告、跟踪日志文件

当一个进程发现了一个内部错误时，它可以将关于错误的信息存储到它的跟踪文件中。而警告文件则是一种特殊的跟踪文件，它包含错误事件的说明，而随之产生的跟踪文件则记录该错误的详细信息。

2.6　Oracle 的逻辑结构

在 Oracle 中，对数据库的所有操作都会涉及逻辑存储结构，因此可以说逻辑存储结构是 Oracle 数据库存储结构的核心内容。Oracle 数据库从逻辑存储结构上来讲，主要包括表空间、段、区和数据块。其中，表空间由多个段组成，段由多个区组成，区由多个数据块组成。其逻辑存储单元从小到大依次为数据块、区、段和表空间。图 2-37 显示了逻辑单元之间的关系。

图 2-37 Oracle 数据库的逻辑存储结构

2.6.1 表空间

表空间(TABLESPACE)是 Oracle 中最大的逻辑存储结构，它与物理上的一个或多个数据文件相对应，每个 Oracle 数据库都至少拥有一个表空间，表空间的大小等于构成该表空间的所有数据文件大小的总和。表空间用于存储用户在数据库中创建的所有内容，例如用户在创建表时，可以指定一个表空间存储该表，如果用户没有指定表空间，则 Oracle 系统会将用户创建的内容存储到默认的表空间中。

> **技巧**：可以通过增加、删除表空间对应的数据文件，或修改其数据文件的大小来改变表空间的大小。

【例 2.10】

在安装 Oracle 时，会自动地创建一系列表空间(如 system)。例如，要使用数据字典 dba_tablespaces 查看当前数据库的所有表空间的名称，语句如下：

```
SQL>SELECT tablespace_name FROM dba_tablespaces;

TABLESPACE_NAME
------------------------------
SYSTEM
SYSAUX
UNDOTBS1
TEMP
USERS

已选择 5 行。
```

查询结果返回 5 个表空间,它们也是 Oracle 数据库自动创建的表空间,具体说明如表 2-3 所示。

表 2-3 Oracle 数据库自动创建的表空间

表空间	说 明
sysaux	辅助系统表空间。用于减少系统表空间的负荷,提高系统的工作效率。该表空间由 Oracle 系统内部自动维护,一般不用于存储用户数据
system	系统表空间,用于存储系统的数据字典、系统的管理信息和用户数据表等
temp	临时表空间。用于存储临时的数据,例如存储排序时产生的临时数据。一般情况下,数据库中的所有用户都使用 temp 作为默认的临时表空间。临时表空间本身不是临时存在的,而是永久存在的,只是保存在临时表空间中的段是临时的。临时表空间的存在,可以减少临时段与存储在其他表空间中的永久段之间的磁盘 I/O 争用
undotbs1	撤销表空间。用于在自动撤销管理方式下存储撤销信息。在撤销表空间中,除了回退段以外,不能建立任何其他类型的段。所以,用户不可以在撤销表空间中创建任何数据库对象
users	用户表空间。用于存储永久性用户对象和私有信息

2.6.2 段

段(Segment)是一组盘区,它不再是存储空间的分配单位,而是一个独立的逻辑存储结构。对于具有独立存储结构的对象,它的数据全部存储在保存它的段中。一个段只属于一个特定的数据库对象,每当创建一个具有独立段的数据库对象时,Oracle 将为它创建一个段。

1. 数据段

数据段用于存储表中的数据。在 Oracle 中如果用户在表空间中创建一个表,那么系统会自动地在该表空间中创建一个数据段,而且该数据段的名称与表的名称相同。

2. 索引段

索引段用于存储表中的所有索引信息。在 Oracle 中,如果用户创建一个索引,则系统会为该索引创建一个索引段,而且该索引段的名称与索引的名称相同。

3. 临时段

临时段用于存储临时数据。在 Oracle 中排序或者汇总时所产生的临时数据都存储在临时段中,该段由系统在用户的临时表空间中自动创建,并在排序或汇总结束时自动消除。

4. LOB 段

LOB 段用于存储表中的大型数据对象。在 Oracle 中,大型数据对象类型主要有 CLOB 和 BLOB。

5. 回退段

回退段用于存储用户数据被修改之前的值。在 Oracle 中，如果需要对用户的数据进行回退操作(恢复操作)，就要使用回退段。在每个 Oracle 数据库中都应该至少拥有一个回退段供数据恢复时使用。

2.6.3 区

区(EXTENT)是磁盘空间分配的最小单位，由一个或多个数据块组成。当一个段中的所有空间被用完后，系统将自动为该段分配一个新的区。

一个或多个区组成一个段，所以段的大小由区的个数决定。但一个数据段可以包含区的个数并不是无限制的，它由如下两个参数决定。

- MIN_EXTENTS：定义段初始分配的区的个数，也就是段最少可分配的区的个数。
- MAX_EXTENTS：定义一个段最多可以分配的区的个数。

【例 2.11】

如果需要了解表空间信息、表空间的最小与最大区的个数，可以通过数据字典视图 DBA_TABLESPACES 来查询，语句如下：

```
SQL>SELECT TABLESPACE_NAME,MIN_EXTENTS,MAX_EXTENTS
  2  FROM DBA_TABLESPACES;
TABLESPACE_NAME              MIN_EXTENTS              MAX_EXTENTS
------------------           ----------------         ----------------
SYSTEM                               1                   2147483645
SYSAUX                               1                   2147483645
UNDOTBS1                             1                   2147483645
TEMP                                 1
USERS                                1                   2147483645
EXAMPLE                              1                   2147483645
```

2.6.4 块

在 Oracle 中，块(BLOCK)是用来管理存储空间的最基本单位，也是最小的逻辑存储单位。Oracle 数据库是以块为单位进行逻辑读写操作的。

在创建 Oracle 数据库时，初始化参数 DB_BLOCK_SIZE 用来指定一个数据块的大小。数据库创建之后，将无法修改数据块的大小。

使用 show parameter db_block_size 命令可以查出该参数的信息，如下所示：

```
SQL>show parameter db_block_size;
NAME                     TYPE           VALUE
---------------          -----------    ---------------
db_block_size            integer        8192
```

在数据块中可以存储的数据有表数据、索引数据和簇数据等。虽然数据块可以存储这些不同类型的数据，但是每个数据块都具有相同的结构，如图 2-38 所示。

图 2-38　数据块结构

由图 2-38 可知，一个数据块主要由 5 部分组成，分别是块头部、表目录、行目录、空闲空间和行空间。下面简单介绍这几个部分。

- 块头部：包含数据块中一般的属性信息，例如数据块的物理地址、所属段的类型等。
- 表目录：如果数据块中存储的数据是某个表的数据(表中一行或多行记录)，则关于该表的信息将存放在表目录中。
- 行目录：用来存储数据块中有效的行信息。

> 提示：块头部、表目录和行目录这 3 者共同组成数据块的头部信息区。块头部信息区中并没有存储实际的数据库数据，它只是用来引导 Oracle 系统读取数据的。而如果头部信息区受损，则该数据块将失效，块中所存储的数据也将丢失。

- 空闲空间：数据块中还没有使用的存储空间。
- 行空间：表或者索引的数据存储在行空间中，所以行空间是数据块中已经使用的存储空间。

> 提示：由于块头部、表目录和行目录所组成的头部信息区并不存实际数据，所以一个数据块的容量实际上是空闲空间与行空间容量的总和。

2.7　Oracle 的内存结构

内存是 Oracle 数据库体系结构中非常重要的一个组成部分，也是影响数据库性能的主要因素之一。下面详细介绍 Oracle 的内存结构。

2.7.1　Oracle 内存结构概述

Oracle 内存主要用于存储各种信息，例如：执行的程序代码、连接到数据库的会话信息、数据库共享信息、程序运行期间所需要的数据以及存储在外存储器上的缓冲信息等。

用户发出一条 SQL 命令时，服务器进程会对该 SQL 语句进行语法分析并执行，然后将数据从磁盘的数据文件中读取出来，存放在系统全局区的数据缓冲区中。如果用户进程对缓冲区中的数据进行了修改，则修改后的数据将由写入进程 DBWn 写入磁盘数据文件。

Oracle 的内存结构如图 2-39 所示。

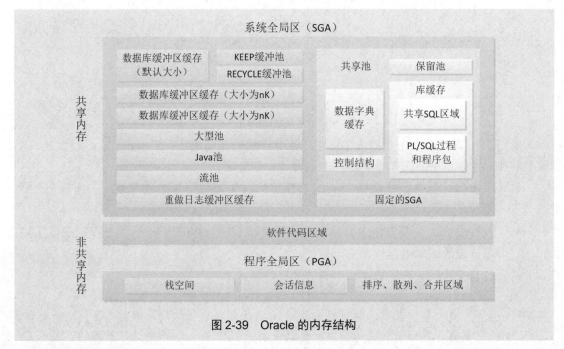

图 2-39　Oracle 的内存结构

在 Oracle 内存结构中，软件代码区域用于存储作为 Oracle 实例的一部分运行的 Oracle 可执行文件，这些代码区域实际上是静态的，只有在安装新的软件版本时才会改变。下面详细介绍 Oracle 内存结构中的系统全局区和程序全局区。

2.7.2　系统全局区

系统全局区(System Global Area，SGA)是 Oracle 为系统分配的一组共享的内存结构，可以包含一个数据库实例的数据或控制信息。在一个数据库实例中，可以有多个用户进程，这些用户进程可以共享系统全局区中的数据，所以系统全局区又称为共享全局区。

当数据库实例启动时，SGA 的内存被自动分配；当数据库实例关闭时，SGA 被回收。从图 2-39 中可以看出，SGA 由许多不同的区域组成，在为 SGA 分配内存时，控制 SGA 不同区域的许多参数都是动态的。

【例 2.12】

SGA 区域的总内存大小由 sga_max_size 参数决定，可以使用 SHOW PARAMETER 语句查看该参数的信息，语句如下：

```
SQL>SHOW PARAMETER sga_max_size;

NAME                                 TYPE         VALUE
------------------------------------ ------------ ---------
sga_max_size                         big integer  512M
```

如果没有指定 sga_max_size 参数，而是指定了 sga_target 参数，Oracle 会自动调整 SGA 各区域的内存大小，并使内存的总量等于 sga_target 参数指定的值。

> **提示**：SGA 中的内存以区组(Granule)为单位进行分配。如果 SGA 的总内存小于或等于 128MB，则区组的大小为 4MB；如果大于 128MB，则区组的大小为 16MB。

下面来了解一下 SGA 中的部分重要区域。

1. 数据缓冲区

数据缓冲区用于存储从磁盘数据文件中读取的数据，供所有用户共享。由于系统读取内存的速度要比读取磁盘快得多，所以数据缓冲区的存在可以提高数据库的整体效率。

创建表时，可以在 CREATE TABLE 语句中使用 STORAGE 子句指定 BUFFER_POOL_KEEP 或 BUFFER_POOL_RECYCLE 关键字，将表的数据块保存在 KEEP 缓冲池或 RECYCLE 缓冲池中。

> **提示**：对于经常使用的表，应该使用 BUFFER_POOL_KEEP 关键字，将其数据块保存在 KEEP 缓冲池中，这样可以减少检索该表中的数据块时所需的 I/O 操作。

【例 2.13】

数据缓冲区的大小由 db_cache_size 参数来决定，可以通过 SHOW PARAMETER 语句查看该参数的信息，语句如下：

```
SQL>SHOW PARAMETER db_cache_size;
NAME                     TYPE                VALUE
------------------       ------------------  ----------------
db_cache_size            big integer         20M
```

2. 日志缓冲区

日志缓冲区用于存储数据库的修改操作信息。当日志缓冲区中的日志量达到总容量的 1/3，或每隔 3 秒，或日志量达到 1MB 时，日志写入进程 LGWR 就会将日志缓冲区中的日志信息写入日志文件中。

【例 2.14】

日志缓冲区的大小由 log_buffer 参数决定，可以通过 SHOW PARAMETER 语句查看该参数的信息，语句如下：

```
SQL>SHOW PARAMETER log_buffer;
NAME                     TYPE                VALUE
------------------       ------------------  ----------------
log_buffer               integer             5654016
```

3. 共享池

共享池用于保存最近执行的 SQL 语句、PL/SQL 程序的数据字典信息，它是对 SQL

语句和 PL/SQL 程序进行语法分析、编译和执行的内存区域。共享池主要包括如下两种子缓存。

- 库缓存(Library Cache)：库缓存保存数据库运行的 SQL 和 PL/SQL 语句的有关信息。在库缓冲区中，不同的数据库用户可以共享相同的 SQL 语句。
- 数据字典缓存(Data Dictionary Cache)：数据字典是数据库表的集合，其中包含有关数据库、数据库结构以及数据库用户的权限和角色的元数据。

【例 2.15】

共享池的大小由 shared_pool_size 参数决定，可以通过 SHOW PARAMETER 语句查看该参数的信息，语句如下：

```
SQL>SHOW PARAMETER shared_pool_size;

NAME                           TYPE                  VALUE
------------------------------ --------------------- ---------------
shared_pool_size               big integer           20M
```

4. 大型池

大型池用于提供一个大的缓冲区，供数据库的备份与恢复操作使用，它是 SGA 的可选区域。

【例 2.16】

大型池的大小由 large_pool_size 参数决定，可以通过 SHOW PARAMETER 语句查看该参数的信息，语句如下：

```
SQL>SHOW PARAMETER large_pool_size;

NAME                           TYPE                  VALUE
------------------------------ --------------------- ---------------
large_pool_size                big integer           15728640
```

5. Java 池

Java 池用于在数据库中支持 Java 的运行。例如用 Java 编写一个存储过程，这时 Oracle 的 Java 虚拟机(Java Virtual Machine，JVM)就会使用 Java 池来处理用户会话中的 Java 存储过程。

【例 2.17】

Java 池的大小由 java_pool_size 参数决定，可以通过 SHOW PARAMETER 语句查看该参数的信息，语句如下：

```
SQL>SHOW PARAMETER java_pool_size;

NAME                           TYPE                  VALUE
------------------------------ --------------------- ---------------
java_pool_size                 big integer           20M
```

2.7.3 程序全局区

程序全局区(Program Global Area，PGA)是包含单个用户或服务器数据和控制信息的内存区域。PGA 在用户进程连接到 Oracle 数据库并创建一个会话时，由 Oracle 自动分配。

【例 2.18】

程序全局区的大小由 PGA_AGGREGATE_TARGET 参数来确定，可以通过 SHOW PARAMETER 语句查询该参数的信息，语句如下：

```
SQL>SHOW PARAMETER pga_aggregate_target;
NAME                           TYPE                 VALUE
------------------------------ -------------------- ------------------
pga_aggregate_target           big integer          20M
```

> 注意：PGA 不是共享区，只有服务器进程本身才能访问自己的 PGA，它主要用来保存用户在编程时使用的变量和数组等。

2.8 Oracle 的进程结构

Oracle 的内存结构与 Oracle 的进程结构共同组成了 Oracle 数据库的实例结构。在了解了 Oracle 的内存结构之后，本节详细介绍 Oracle 的进程结构。

2.8.1 Oracle 进程结构概述

Oracle 数据库启动时首先启动 Oracle 实例，系统将自动分配 SGA 并启动多个后台进程。Oracle 数据库的实例进程分为两种类型：单进程实例和多进程实例。

1. 单进程 Oracle 实例

在单进程 Oracle 实例中，一个进程执行全部 Oracle 代码，并且只允许一个用户存取。实际上就是服务器进程与用户进程紧密联系在一起，无法分开执行。这种方式不支持网络连接，不可以进行数据复制，一般用于单任务操作系统。

2. 多进程 Oracle 实例

在多进程 Oracle 实例中，由多个进程执行 Oracle 代码的不同部分，允许多个用户同时使用，对于每一个连接的用户都有一个进程。在多进程系统中，进程可以分为服务器进程、用户进程与后台进程，其中服务器进程用于处理连接到 Oracle 实例的用户进程的请求，可以执行如下任务。

(1) 对 SQL 语句进行语法分析并执行。
(2) 从磁盘的数据文件中读取必要的数据块到 SGA 的共享数据缓冲区中。
(3) 将结果返回给用户进程。

多实例进程除了包括用户进程与服务器进程以外，还包括后台进程。后台进程的作用是提高系统的性能和协调多个用户。

2.8.2 后台进程的结构

通过查询数据字典 V$BGPROCESS 可以了解数据库中启动的后台进程信息，本节介绍 Oracle 中重要进程的结构。

1. DBWn 进程

数据库写入(DBWn)进程是 Oracle 中采用最近最少使用(Least Recently Used，LRU)算法将数据缓冲区中的数据写入数据文件的进程。

DBWn 进程的工作流程如下。

步骤 01 当一个用户进程产生后，服务器进程查找内存缓冲区中是否存在用户进程所需要的数据。

步骤 02 如果内存中没有需要的数据，服务器进程就从数据文件中读取数据。此时，服务器进程会首先从 LRU 中查找是否有存放数据的空闲块。

步骤 03 如果 LRU 中没有空闲块，则将 LRU 中的 DIRTY 数据块移入 DIRTY LIST。

步骤 04 如果 DIRTY LIST 超长，服务器进程通知 DBWn 进程将数据写入磁盘，刷新缓冲区。

步骤 05 当 LRU 中有空闲块后，服务器进程从磁盘的数据文件中读取数据并存放到数据缓冲区中。

上面提到，在一个 Oracle 数据库实例中，DBWn 进程可以启动多个，允许启动的 DBWn 进程个数由 DB_WRITER_PROCESSES 参数来决定。

【例 2.19】

使用 SHOW PARAMETER 语句查看 DB_WRITER_PROCESSES 参数的信息，语句如下：

```
SQL>SHOW PARAMETER DB_WRITER_PROCESSES;
NAME                                 TYPE        VALUE
------------------------------------ ----------- ----------------
db_writer_processes                  integer     1
```

2. LGWR 进程

日志写入(LOG WRITER，LGWR)进程负责将日志缓冲区中的日志数据写入磁盘的日志文件中。Oracle 数据库运行时，对数据库的修改操作将被记录到日志信息中，而这些日志信息将首先保存在日志缓冲区中。当日志信息达到一定数量时，由 LGWR 进程将日志数据写入日志文件中。

使用 LGWR 进程将缓冲区中的日志数据写入磁盘的情况主要有以下几种：

- 用户进程提交事务。
- 日志缓冲区池已满 1/3。
- 出现超时。

- DBWn 进程为检查点清除缓冲区块。
- 一个实例只有一个日志写入进程。
- 事务被写入日志文件，并确认提交。

> **提示**：日志缓冲区是一个循环缓冲区，当 LGWR 进程将日志缓冲区中的日志数据写入磁盘日志文件中后，服务器进程又可以将新的日志数据保存到日志缓冲区中。

3. SMON 进程

系统监控(System Monitor，SMON)进程用于数据库实例出现故障或系统崩溃时，通过将联机重做日志文件中的条目应用于数据文件来执行崩溃恢复。SMON 进程一般用于定期合并字典管理的表空间中的空闲空间，此外，它还用于在系统重新启动期间清理所有表空间中的临时段。

4. PMON 进程

进程监控(PROCESS MONITOR，PMON)进程用于清除失效的用户进程，释放用户进程所用的资源。PMON 进程周期性地检查调度进程和服务器进程的状态，如果发现进程已死，则重新启动它。PMON 进程被有规律地唤醒，检查是否需要使用，或者其他进程发现需要时也可以调用此进程。

5. ARCn 进程

ARCn 归档进程有两种运行方式，它们分别是归档(ARCHIVELOG)方式和非归档(NOARCHIVELOG)方式，当且仅当 Oracle 数据库运行在归档模式下时才会产生 ARCn 进程。该进程主要用于将写满的日志文件复制到归档日志文件中，防止日志文件组中的日志信息由于日志文件组的循环使用而被覆盖。

在一个 Oracle 数据库实例中允许启动的 ARCn 进程的个数由 LOG_ARCHIVE_MAX_PROCESSES 参数决定。通过 SHOW PARAMETER 语句可查看该参数的信息，语句如下：

```
SQL>SHOW PARAMETER LOG_ARCHIVE_MAX_PROCESSES;
NAME                                 TYPE          VALUE
------------------------------------ ------------- ------------------
log_archive_max_processes            integer       4
```

从查询结果可知，目前最多可以启动的 ARCn 进程个数为 4。

> **提示**：在一个数据库实例中 ARCn 进程最多可以启动 10 个，进程名称分别为 ARC0、ARC1、…、ARC9。

6. RECO 进程

恢复(RECOVERY，RECO)进程，存在于分布式数据库系统中，主要负责在分布式数据库环境中自动恢复那些失败的分布式事务。

例如，在分布式数据库系统中有两个数据库 A 和 B，目前需要同时修改 A 和 B 中的表中的数据，当 A 数据库中的表的数据被修改后，网络连接失败，B 中的表的数据无法进行修改，这就出现了分布式数据库中的事务故障。此时 RECO 进程将进行事务回滚。

当一个数据库服务器的 RECO 进程试图与一个远程服务器建立通信时，如果远程服务器不可用，或者无法建立网络连接，RECO 进程则将自动在一个时间间隔之后再次连接。

7. LCKn 进程

LCKn 封锁进程，用于实现多个实例间的封锁，它存在于并行服务器系统中。在一个 Oracle 数据库实例中，最多可以启动 10 个 LCKn 进程，进程名称分别以 LCK0、LCK1、…、LCK9 来命名。

8. Dnnn 进程

Dnnn(Dispatchers)调度进程用于将用户进程连接到服务器进程，它存在于多线程服务器体系结构中。Dnnn 进程可以启动多个，其名称分别为 D001、D002、…、Dnnn。

在一个数据库实例中，对每种网络协议至少建立一个调度进程。数据库管理员根据操作系统中每个进程可连接数目的限制，决定需要启动的调度进程的个数，在实例运行时可以增加或者删除调度进程。

9. SNPn 进程

SNPn(Snapshot)快照进程用于处理数据库快照的自动刷新。在 Oracle 数据库中，通过 JOB_QUEUE_PROCESS 参数来设置快照进程的个数。

【例 2.20】

使用 SHOW PARAMETER 语句查看 JOB_QUEUE_PROCESS 参数的信息，语句如下：

```
SQL>SHOW PARAMETER JOB_QUEUE_PROCESS;
NAME                                 TYPE             VALUE
------------------------------------ ---------------- ----------------------
job_queue_processes                  integer          1000
```

2.9 Oracle 数据字典

所谓数据字典，是指在 Oracle 实例中存储数据库信息的一组表，通过它们，可以了解 Oracle 系统和数据库的详细信息。前面我们已经多次使用过数据字典，它的所有者为 SYS 用户，而数据字典表和数据字典视图都被保存在 SYSTEM 表空间中。

2.9.1 数据字典概述

数据字典(Data Dictionary)是 Oracle 存储数据库中所有对象信息的知识库，Oracle 数据库管理系统使用数据字典获取对象信息和安全信息，而用户和数据库系统管理员则用数据字典来查询数据库信息。

Oracle 数据字典保存有数据库中各种对象和段的信息，如表、视图、索引、包、存储过程以及用户、权限、角色、审计和约束等。

表 2-4 列出了常用数据字典所属的视图类型。

表 2-4 Oracle 数据字典的视图类型

视图类型	说　明
USER	USER 视图的名称以 user_为前缀，用来记录用户对象的信息。例如 user_tables 视图记录用户的表信息
ALL	ALL 视图的名称以 all_为前缀，用来记录用户对象的信息以及被授权访问的对象信息。例如 all_synonyms 视图记录用户可以存取的所有同义词信息
DBA	DBA 视图的名称以 dba_为前缀，用来记录数据库实例的所有对象的信息。例如 dba_tables 视图可以访问所有用户的表信息
V$	V$视图的名称以 v$为前缀，用来记录与数据库活动相关的性能统计动态信息。例如 v$datafile 视图记录有关数据文件的统计信息
GV$	GV$视图的名称以 gv$为前缀，用来记录分布式环境下所有实例的动态信息。例如 gv$lock 视图记录出现锁的数据库实例的信息

注意：数据字典是只读的，用户不可以手动更改其数据信息和结构。

2.9.2 常用数据字典

为了方便后面的学习，本节介绍将罗列 Oracle 中一些常用的数据字典，主要包括基本的数据字典、与数据库组件相关的数据字典以及动态性能视图。

1. 基本的数据字典

Oracle 中基本的数据字典如表 2-5 所示。

表 2-5 基本的数据字典

字典名称	说　明
dba_tables	所有用户的所有表的信息
dba_tab_columns	所有用户的表的字段信息
dba_views	所有用户的所有视图信息
dba_synonyms	所有用户的同义词信息
dba_sequences	所有用户的序列信息
dba_constraints	所有用户的表的约束信息
dba_indexes	所有用户的表的索引简要信息
dba_ind_columns	所有用户的索引的字段信息
dba_triggers	所有用户的触发器信息
dba_sources	所有用户的存储过程信息

续表

字典名称	说 明
dba_segments	所有用户的段的使用空间信息
dba_extents	所有用户的段的扩展信息
dba_objects	所有用户对象的基本信息
cat	当前用户可以访问的所有基表
tab	当前用户创建的所有基表、视图和同义词等
dict	构成数据字典的所有表的信息

【例 2.21】

通过 dba_tables 数据字典查询 scott 用户所有表的信息。语句如下：

```
SQL>SELECT table_name, tablespace_name, owner
  2  FROM dba_tables
  3  WHERE owner = 'SCOTT';

TABLE_NAME              TABLESPACE_NAME        OWNER
----------------------  ---------------------  ------------
DEPT                    USERS                  SCOTT
EMP                     USERS                  SCOTT
BONUS                   USERS                  SCOTT
SALGRADE                USERS                  SCOTT
```

其中，table_name 列表示表名，tablespace_name 列表示表所在的表空间名，owner 列表示表的拥有者。

2. 与数据库组件相关的数据字典

Oracle 中，与数据库组件相关的数据字典如表 2-6 所示。

表 2-6 与数据库组件相关的数据字典

数据库组件	数据字典中的表或视图	说 明
数据库	v$datafile	记录系统的运行情况
表空间	dba_tablespaces	记录系统表空间的基本信息
	dba_free_space	记录系统表空间的空闲空间的信息
控制文件	v$controlfile	记录系统控制文件的基本信息
	v$controlfile_record_section	记录系统控制文件中记录文档段的信息
	v$parameter	记录系统各参数的基本信息
数据文件	dba_data_files	记录系统数据文件以及表空间的基本信息
	v$filestat	记录来自控制文件的数据文件信息
	v$datafile_header	记录数据文件头部分的基本信息
段	dba_segments	记录段的基本信息
数据区	dba_extents	记录数据区的基本信息

续表

数据库组件	数据字典中的表或视图	说　明
日志	v$thread	记录日志线程的基本信息
	v$log	记录日志文件的基本信息
	v$logfile	记录日志文件的概要信息
归档	v$archived_log	记录归档日志文件的基本信息
	v$archive_dest	记录归档日志文件的路径信息
数据库实例	v$instance	记录实例的基本信息
	v$system_parameter	记录实例当前有效的参数信息
内存结构	v$sga	记录SGA区的大小信息
	v$sgastat	记录SGA的使用统计信息
	v$db_object_cache	记录对象缓存的大小信息
	v$sql	记录SQL语句的详细信息
	v$sqltext	记录SQL语句的语句信息
	v$sqlarea	记录SQL区的SQL基本信息
后台进程	v$bgprocess	显示后台进程信息
	v$session	显示当前会话信息

【例2.22】

使用v$session数据字典了解当前的用户会话信息。语句如下：

```
SQL>SELECT username, terminal FROM v$session WHERE username IS NOT NULL;

USERNAME                TERMINAL
--------------------    --------------------
SYS                     HZKJ
```

其中，username列表示当前会话用户的名称；terminal列表示当前会话用户的主机名。

3. 常用动态性能视图

Oracle中常用的动态性能视图如表2-7所示。

表2-7　常用动态性能视图

视图名称	说　明
v$fixed_table	显示当前发行的固定对象的说明
v$instance	显示当前实例的信息
v$latch	显示锁存器的统计数据
v$librarycache	显示有关库缓存性能的统计数据
v$rollstat	显示联机的回滚段的名字
v$rowcache	显示活动数据字典的统计
v$sga	显示有关系统全局区的总结信息

续表

视图名称	说　明
v$sgastat	显示有关系统全局区的详细信息
v$sort_usage	显示临时段的大小及会话
v$sqlarea	显示 SQL 区的 SQL 信息
v$sqltext	显示在 SGA 中属于共享游标的 SQL 语句内容
v$stsstat	显示基本的实例统计数据
v$system_event	显示一个事件的总计等待时间
v$waitstat	显示块等待的统计数据

【例 2.23】

使用 v$instance 数据字典了解当前数据库实例的信息，语句如下：

```
SQL>COLUMN host_name FORMAT A20;
SQL>SELECT instance_name, host_name, status
  2  FROM v$instance;

INSTANCE_NAME      HOST_NAME          STATUS
-----------------  --------------     ------------------------
orcl               HZKJ               OPEN
```

其中，instance_name 列表示当前运行的 Oracle 数据库实例名；host_name 列表示运行该数据库实例的计算机的名称；status 列表示数据库实例的状态。

2.10　思考与练习

1. 填空题

(1) Oracle<ORACLE_HOME_NAME>TNSListener 服务的作用是_____。

(2) Oracle 数据库系统的物理存储结构主要由三类文件组成，分别为数据文件、_____、控制文件。

(3) 一个表空间在物理上对应一个或多个_____文件。

(4) 在 Oracle 的逻辑存储结构中，根据存储数据的类型可以将段分为数据段、索引段、回退段、LOB 段和_____。

(5) 在 Oracle 的逻辑存储结构中，_____是最小的 I/O 单元。

2. 选择题

(1) 安装 Oracle 后，只有 SYS、SYSTEM、DBSNMP、_____和 MGMT_VIEW 这 5 个用户默认为解锁状态。

　　A．SA　　　　　　　　　　　　　　B．ADMIN
　　C．SYSMAN　　　　　　　　　　　D．SAMAN

(2) 如果需要为 EM 用户解锁，下面的选项中哪个是正确的口令？_____

    A．ALTER EM ACCOUNT UNLOCK;

    B．ALTER EM ACCOUNT LOCK;

    C．ALTER USER EM ACCOUNT UNLOCK;

    D．ALTER USER EM ACCOUNT LOCK;

(3) 当数据库运行在归档模式下时，如果发生日志切换，为了保证不覆盖旧的日志信息，系统将启动如下哪一个进程？_____

    A．ARCH   B．LGWR

    C．SMON   D．DBWR

(4) 下列哪一个进程用于将修改过的数据从内存保存到磁盘数据文件中？_____

    A．DBWR   B．LGWR

    C．RECO   D．ARCH

(5) 下列哪一项是 Oracle 数据库中最小的存储分配单元？_____

    A．表空间   B．段

    C．盘区   D．数据块

(6) 下面的各选项哪一个正确描述了 Oracle 数据库的逻辑存储结构？_____

    A．表空间由段组成，段由盘区组成，盘区由数据块组成

    B．段由表空间组成，表空间由盘区组成，盘区由数据块组成

    C．盘区由数据块组成，数据块由段组成，段由表空间组成

    D．数据块由段组成，段由盘区组成，盘区由表空间组成

3．简答题

(1) 简述 Oracle 的安装及验证安装步骤。

(2) 简要介绍表空间和数据文件之间的关系。

(3) 简要概述 Oracle 数据库体系的物理结构。

(4) 简要介绍表空间、段、盘区和数据块之间的关系。

(5) 介绍多进程 Oracle 实例系统中，各后台进程的作用。

2.11 练 一 练

作业 1：管理 Oracle 系统用户

    安装完 Oracle 之后，由于只有少数几个系统用户可以使用，因此，当需要使用其他系统用户时，必须先进行解锁操作。本次训练要求读者使用 SYSTEM 登录到 Oracle，然后对系统用户 OUTLN 解除锁定，并设置密码为 123456。

作业 2：查看用户的表信息

使用本章介绍的数据字典完成如下要求的查询。

(1) 使用 DBA_TABLES 数据字典查询 SCOTT 用户所有表的信息。
(2) 通过 DESC DBA_TAB_COLUMNS 命令了解用户表的字段信息结构。
(3) 查询 EMP 表中的字段 ID、字段名称和表名信息。
(4) 通过 DBA_INDEXES 数据字典了解 EMP 表中的索引信息。

第 3 章

Oracle 管理工具

工欲善其事,必先利其器。在安装好 Oracle 11g 后,首先需要熟悉 Oracle 11g 的管理工具。了解并掌握管理工具的使用将有助于读者更好地学习后面的知识。

本章将详细介绍随安装程序一起安装的附带管理工具和程序,例如,用于开发和管理 Oracle 数据库的命令行管理工具 SQL Plus、图形管理工具 SQL Developer、Web 管理工具 OEM,以及 Oracle 网络配置与管理助手等。

本章学习目标:

- ▶ 掌握 SQL Plus 的启动和断开连接的方法
- ▶ 掌握 SQL Plus 中查看表和执行 SQL 的方法
- ▶ 掌握 SQL Plus 的各种编辑命令
- ▶ 掌握变量在 SQL Plus 中的使用
- ▶ 掌握格式化查询结果的设置
- ▶ 熟练掌握 SQL Developer 对数据库的操作
- ▶ 掌握 OEM 的启动方法
- ▶ 熟悉 OEM 工具的基本使用
- ▶ 熟悉 Oracle Net Configuration Assistant 工具
- ▶ 熟悉 Oracle Net Manager 工具

3.1 命令行工具——SQL Plus

SQL Plus 是一款 Oracle 命令行管理工具。它通过非常灵活的命令操作 Oracle，可以加深用户对复杂命令选项的理解，并且可以完成某些图形工具无法完成的任务。

3.1.1 运行 SQL Plus

SQL Plus 是最常用的管理工具，因为它随 Oracle 程序默认安装。要运行 SQL Plus，有两种方式，一种是通过"开始"菜单进行选择，另一种是通过命令行启动，下面详细介绍这两种方式。

【例 3.1】

步骤 01　执行"开始"→"程序"→"Oracle – OraDb11g_home1"→"应用程序开发"→"SQL Plus"命令，打开 SQL Plus 窗口，显示登录界面。

步骤 02　在登录界面中将提示输入用户名，根据提示输入相应的用户名和口令(例如 SYSTEM 和 123456)后按 Enter 键，SQL Plus 将连接到默认数据库。

步骤 03　连接到数据库之后将显示提示符"SQL>"，此时便可以输入 SQL 命令。

例如，可以输入如下语句来查看当前数据库实例的名称：

```
SELECT name FROM V$DATABASE;
```

执行结果如图 3-1 所示。

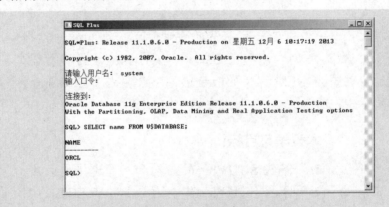

图 3-1　连接到默认数据库

技巧：图 3-1 中输入的口令信息被隐藏。也可以在"请输入用户名："后一次性输入用户名与口令，格式为：用户名/口令，例如"SYSTEM/123456"，只是这种方式会显示出口令信息。

要从命令行启动 SQL Plus，可以使用 SQLPLUS 命令。SQLPLUS 命令的一般语法形式如下：

```
SQLPLUS [user_name[/ password ][@connect_identifier]]
    [AS {SYSOPER | SYSDBA | SYSASM}] | / NOLOG]
```

语法说明如下。
- user_name：指定数据库的用户名。
- password：指定该数据库用户的口令。
- @connect_identifier：指定要连接的数据库。
- AS：用来指定管理权限，权限的可选值有 SYSDBA、SYSOPER 和 SYSASM。
- SYSDBA：具有 SYSOPER 权限的管理员可以启动和关闭数据库，执行联机和脱机备份，归档当前重做日志文件，连接数据库。
- SYSOPER：SYSDBA 权限包含 SYSOPER 的所有权限，另外，还能够创建数据库，并且授权 SYSDBA 或 SYSOPER 权限给其他数据库用户。
- SYSASM：SYSASM 权限是 Oracle Database 11g 的新增特性，是 ASM 实例所特有的，用来管理数据库存储。
- NOLOG：表示不记入日志文件。

【例 3.2】

在 DOS 窗口中输入 "SQLPLUS SCOTT/tiger" 命令可以用 SCOTT 用户连接数据库，如图 3-2 所示。

为了安全起见，连接到数据库时可以隐藏口令。例如，可以输入 "SQLPLUS SYSTEM @orcl" 命令连接数据库，此时输入的口令会隐藏起来，如图 3-3 所示。

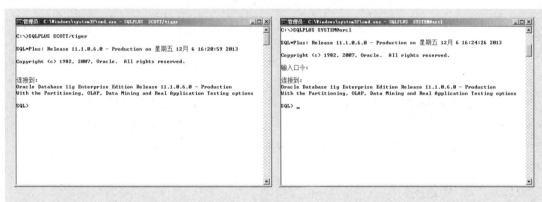

图 3-2　使用 SCOTT 用户登录　　　　图 3-3　使用 SYSTEM 用户登录

提示：图 3-3 中，在用户名后面添加了主机字符串 "@orcl"，这样就可以明确指定要连接的数据库。

3.1.2　实践案例：重启数据库

在实际应用系统中，一旦出现数据库无法连接，很难从应用系统的日志中获取错误原因。此时，可以使用 SQL Plus 尝试重启 Oracle 数据库。在重启过程中，错误信息会详细地打印到 SQL Plus 控制台。

重启数据库的步骤如下。

步骤 01 使用 SQL Plus 以 SYSDBA 的身份登录到 Oracle 数据库。命令如下：

```
SQLPLUS sys@orcl as sysdba
```

步骤 02 输入如下命令来关闭 Oracle 数据库：

```
SQL>shutdown immediate;
```

执行后的输出如图 3-4 所示。从中可以看到，Oracle 数据库关闭的过程为：关闭数据库→卸载数据库→实例关闭。

步骤 03 输入如下命令来重启 Oracle 数据库：

```
SQL>startup;
```

执行后的输出如图 3-5 所示。

图 3-4　关闭数据库

图 3-5　启动数据库

> **注意**：在启动数据库的过程中，如果出现异常，Oracle 将会给出错误信息。例如，常见的 ORA-32004 是由于数据库启动参数设置不当引起的。对于严重错误导致的数据库启动失败，用户也可以根据具体的错误进行处理。

3.1.3　断开连接

通过输入 DISCONNECT 命令(简写为 DISCONN)可以断开数据库连接，并保持 SQL Plus 运行。可以通过输入 CONNECT 命令重新连接到数据库。要退出 SQL Plus，可以输入 EXIT 或者 QUIT 命令。

图 3-6 在 SQL Plus 连接到 Oracle 之后执行了一条 SELECT 语句，可以看到有结果返回；然后运行 DISCONNECT 断开连接之后，再次执行 SELECT 语句会提示未连接。

此时又使用 CONNECT 命令建立连接并执行 SELECT 语句，最后运行 exit 命令退出 SQL Plus，如图 3-7 所示。

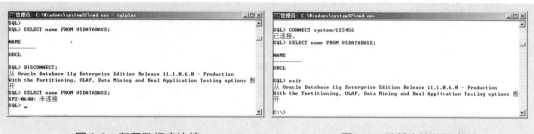

图 3-6　断开数据库连接　　　　　　图 3-7　重新连接数据库

3.2　SQL Plus 实用命令

SQL Plus 为操作 Oracle 数据库提供了许多命令,例如 HELP、DESCRIBE 以及 SHOW 命令等。这些命令主要用来查看数据库信息,以及数据库中已经存在的对象信息,但不能对其执行修改等操作,常用命令如表 3-1 所示。

表 3-1　SQL Plus 的常用命令

命　　令	说　　明
HELP [topic]	查看命令的使用方法,topic 表示需要查看的命令名称。例如 HELP DESC
HOST	使用该命令可以从 SQL Plus 环境切换到操作系统环境,以便执行操作系统命令
HOST [系统命令]	执行系统命令,例如 HOST notepad.exe 将打开一个记事本文件
CLEAR SCR[EEN]	清除屏幕内容
SHOW ALL	查看 SQL Plus 的所有系统变量值信息
SHOW USER	查看当前正在使用 SQL Plus 的用户
SHOW SGA	显示 SGA 大小
SHOW REL[EASE]	显示数据库版本信息
SHOW ERRORS	查看详细的错误信息
SHOW PARAMETERS	查看系统初始化参数信息
DESC	查看对象的结构,这里的对象可以是表、视图、存储过程、函数和包等

3.2.1　查看表结构

DESC 命令可以返回数据库中所存储的对象的描述。对于表和视图等对象来说,DESC 命令可以列出各个列以及各个列的属性。除此之外,该命令还可以输出过程、函数和程序包的规范。

DESC 命令的语法如下:

```
DESC { [ schema. ] object [ @connect_identifier ] }
```

(1) 语法说明如下。
- schema：指定对象所属的用户名或者所属的用户模式名称。
- object：表示对象的名称，如表名或视图名等。
- @connect_identifier：表示数据库连接字符串。

(2) 使用 DESCRIBE 命令查看表的结构时，如果指定的表存在，则显示该表的结构。在显示表结构时，将按照"名称"、"是否为空"和"类型"这 3 列进行显示。
- 名称：表示列的名称。
- 是否为空：表示对应列的值是否可以为空。如果不可以为空，则显示 NOT NULL；否则不显示任何内容。
- 类型：表示列的数据类型，并且显示其精度。

【例 3.3】
假设要查看 scott 用户下 emp 表的结构，可用如下命令：

```
SQL> DESC scott.emp;
```

执行后的结果如图 3-8 所示。

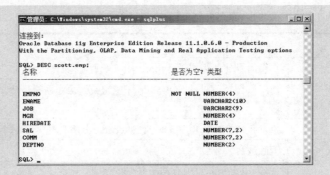

图 3-8 查看 emp 表结构

由图 3-8 所示的输出结果可知，DESCRIBE 命令输出 3 列："名称"、"是否为空"和"类型"。名称显示该表中所包含的列名称，在本示例中 emp 表有 8 列；"是否为空"说明该列是否可以存储空值，如果该列值为 NOT NULL，就说明不可以存储空值；"类型"说明该列的数据类型。

3.2.2 编辑 SQL 语句

SQL Plus 可以在缓冲区中保存前面输入的 SQL 语句，所以可以编辑缓冲区中保存的内容来构建自己的 SQL 语句，这样就不需要重复输入相似的 SQL 语句了。表 3-2 列出了常用的编辑命令。

表 3-2 常用的编辑命令

命 令	说 明
A[PPEND] text	将 text 附加到当前行之后

续表

命 令	说 明
C[HANGE]/old/new	将当前行中的 old 替换为 new
CL[EAR] BUFF[ER]	清除缓存区中的所有行
DEL	删除当前行
DEL x	删除第 x 行(行号从 1 开始)
L[IST]	列出缓冲区中所有的行
L[IST] x	列出第 x 行
R[UN]或/	运行缓冲区中保存的语句，也可以使用 / 来运行缓冲区中保存的语句
x	将第 x 行作为当前行

【例 3.4】

以 scott 用户连接数据库，查询 emp 表中职位为 ANALYST 的员工信息，如下所示：

```
SQL> SELECT empno,ename,job,mgr,sal
  2  FROM scott.emp
  3  WHERE job='ANALYST';

   EMPNO      ENAME       JOB          MGR        SAL
---------- ---------- ---------- ---------- ----------
    7788      SCOTT     ANALYST      7566       3000
    7902      FORD      ANALYST      7566       3000
```

使用 SQL Plus 编辑命令时，如果输入超过一行的 SQL 语句，SQL Plus 会自动增加行号，并在屏幕上显示行号。根据行号就可以对指定的行使用编辑命令进行操作了。

如果在"SQL>"提示符后直接输入行号，将显示对应行的信息。例如，这里输入"1"，按 Enter 键后，SQL Plus 将显示第一行的内容，如图 3-9 所示。

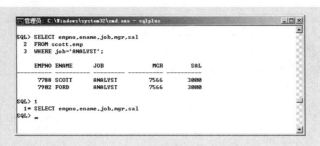

图 3-9 输入数字来查看行内容

【例 3.5】

以 scott 用户连接数据库，查询 emp 表中 job 为 MANAGER 的员工信息，包括 empno 列、ename 列、job 列和 mgr 列，如下所示：

```
SQL> SELECT empno,ename,job,mgr
  2  FROM scott.emp
  3  WHERE job='MANAGER'
  4  ;
```

```
    EMPNO     ENAME      JOB         MGR
---------- ---------- ---------- ----------
     7566  JONES      MANAGER          7839
     7698  BLAKE      MANAGER          7839
     7782  CLARK      MANAGER          7839
```

现在希望 emp 表的 sal 列和 deptno 列也出现在查询结果中，可以使用 APPEND 命令将这两列追加到第 1 行，如下所示：

```
SQL> 1
 1* SELECT empno,ename,job,mgr
SQL> APPEND ,sal,deptno
 1* SELECT empno,ename,job,mgr,sal,deptno
```

从上面的例子可以看出，sal 列和 deptno 列已经追加到第一行中。然后，使用 LIST 命令显示缓冲区中所有的行，如下所示：

```
SQL> LIST
  1  SELECT empno,ename,job,mgr,sal,deptno
  2  FROM scott.emp
  3  WHERE job='MANAGER'
  4*
```

下面使用 RUN 命令来执行该查询：

```
SQL> RUN
  1  SELECT empno,ename,job,mgr,sal,deptno
  2  FROM scott.emp
  3  WHERE job='MANAGER'
  4*

    EMPNO  ENAME      JOB           MGR       SAL     DEPTNO
---------- ---------- ---------- -------- --------- ----------
     7566  JONES      MANAGER       7839      2975         20
     7698  BLAKE      MANAGER       7839      2850         30
     7782  CLARK      MANAGER       7839      2450         10
```

【例 3.6】

查询 scott 用户的 emp 表中 sal 大于 1500 的员工信息，包括 empno 列、ename 列、job 列、mgr 列、sal 列和 deptno 列，如下所示：

```
SQL> SELECT empno,ename,job,mgr,sal,deptno
  2  FROM scott.emp
  3  WHERE sal<1500
  4  ;

    EMPNO  ENAME      JOB           MGR       SAL     DEPTNO
---------- ---------- ---------- -------- --------- ----------
     7369  SMITH      CLERK         7902       800         20
     7521  WARD       SALESMAN      7698      1250         30
     7654  MARTIN     SALESMAN      7698      1250         30
```

7876	ADAMS	CLERK	7788	1100	20
7900	JAMES	CLERK	7698	950	30
7934	MILLER	CLERK	7782	1300	10

下面使用 CHANGE 命令将条件修改为查询 sal 大于 1000 的员工信息。首先切换到要修改语句所在的行号：

```
SQL> 3
 3*   WHERE sal<1500
```

使用 CHANGE 命令修改条件：

```
SQL> CHANGE/sal<1500/sal<1000
 3*   WHERE sal<1000
```

运行 LIST 命令查看修改后的语句：

```
SQL> LIST
  1    SELECT empno,ename,job,mgr,sal,deptno
  2    FROM scott.emp
  3    WHERE sal<1000
  4*
```

执行语句查看结果：

```
SQL> /
  1    SELECT empno,ename,job,mgr,sal,deptno
  2    FROM scott.emp
  3    WHERE sal<1000
  4*
```

EMPNO	ENAME	JOB	MGR	SAL	DEPTNO
7369	SMITH	CLERK	7902	800	20
7900	JAMES	CLERK	7698	950	30

 技巧：可以使用斜扛(/)代替 R[UN]命令，来运行缓冲区中保存的 SQL 语句。

3.2.3 保存缓存区内容

在 SQL Plus 中执行 SQL 语句时，Oracle 会把这些刚执行过的语句存放到一个称为"缓冲区"的地方。每执行一次 SQL 语句，该语句就会存入缓冲区而且会把以前存放的语句覆盖。也就是说，缓冲区中存放的是上次执行过的 SQL 语句。

使用 SAVE 命令可以将当前缓冲区的内容保存到文件中，这样，即使缓冲区中的内容被覆盖，也保留有前面的执行语句。

SAVE 命令的语法如下：

```
SAV[E] [FILE] file_name [CRE[ATE] | REP[LACE] | APP[END]]
```

语法说明如下。
- file_name：表示将 SQL Plus 缓冲区的内容保存到由 file_name 指定的文件中。
- CREATE：表示创建一个 file_name 文件，并将缓冲区中的内容保存到该文件中。该选项为默认值。
- APPEND：如果 file_name 文件已经存在，则将缓冲区中的内容追加到 file_name 文件的内容之后；如果该文件不存在，则创建。
- REPLACE：如果 file_name 文件已经存在，则覆盖 file_name 文件的内容；如果该文件不存在，则创建。

【例 3.7】

使用 SAVE 命令将 SQL Plus 缓冲区中的 SQL 语句保存到一个名称为 result.sql 的文件中：

```
SQL> SAVE result.sql
已创建 file result.sql
```

如果该文件已经存在，且没有指定 REPLACE 或 APPEND 选项，将会显示错误提示信息，如下所示：

```
SQL> SAVE result.sql
SP2-0540: 文件 " result.sql " 已经存在。
使用 "SAVE filename[.ext] REPLACE".
```

提示：在 SAVE 命令中，file_name 的默认后缀名为.sql；默认保存路径为 Oracle 安装路径的 product\11.1.0\db_1\BIN 目录下。

3.2.4 读取内容到缓存区

使用前面介绍的 SAVE 命令，可以将缓冲区的内容保存到文件中。如果要将文件中的内容读取到缓冲区，那么就需要使用 GET 命令。GET 命令的语法如下：

```
GET [FILE] file_name [LIST | NOLIST]
```

语法参数说明如下。
- file_name：表示一个指定文件，将该文件的内容读入 SQL Plus 缓冲区中。
- LIST：列出缓冲区中的语句。
- NOLIST：不列出缓冲区中的语句。

【例 3.8】

将 result.sql 文件中的内容读入到缓冲区中，并获取执行结果：

```
SQL> GET result.sql
  1    SELECT empno,ename,job,mgr,sal,deptno
  2    FROM scott.emp
  3    WHERE sal<1000
SQL> RUN
  1    SELECT empno,ename,job,mgr,sal,deptno
  2    FROM scott.emp
```

```
  3    WHERE sal<1000
  4*

    EMPNO   ENAME       JOB           MGR       SAL    DEPTNO
    ------  --------    ----------    ------    ------ --------
     7369   SMITH       CLERK         7902      800      20
     7900   JAMES       CLERK         7698      950      30
```

 注意：使用 GET 命令时，如果 file_name 指定的文件在 product\11.1.0\db_1\BIN 目录下，则只需要指出文件名；如果不在这个目录下，则必须指定完整的路径名。

3.2.5 运行外部文件的命令

使用 START 命令可以读取文件中的内容到缓冲区中，然后在 SQL Plus 中运行这些内容。START 命令的语法如下：

```
STA[RT] {url | file_name}
```

语法说明如下。

- url：用来指定一个 URL 地址，例如 http://host.domain/script.sql。
- file_name：指定一个文件。该命令将 file_name 文件的内容读入 SQL Plus 缓冲区中，然后运行缓冲区中的内容。

【例 3.9】

使用 START 命令读取并运行 result.sql 文件，示例如下：

```
SQL> START result.sql

    EMPNO   ENAME       JOB           MGR       SAL    DEPTNO
    ------  --------    ----------    ------    ------ --------
     7369   SMITH       CLERK         7902      800      20
     7900   JAMES       CLERK         7698      950      30
```

上述输出结果表示执行 START 命令后，运行了保存在 result.sql 文件中的语句。

提示：START 命令等同于@命令，例如 START E:\user.sql 等同于@E:\user.sql。

3.2.6 编辑外部文件的命令

使用 EDIT 命令可以将 SQL Plus 缓冲区的内容复制到一个名称为 afiedt.buf 的文件中，然后启动操作系统中默认的编辑器打开这个文件，并使该文件处于可编辑状态。在 Windows 操作系统中默认的编辑器是 Notepad(记事本)。

EDIT 命令的语法如下：

```
ED[IT] [file_name]
```

其中，file_name 默认为 afiedt.buf，也可以指定一个其他的文件。

【例 3.10】

在 SQL Plus 中使用 EDIT 命令将缓冲区的内容复制到 afiedt.buf 文件中。

```
SQL> EDIT
已写入 file afiedt.buf
```

这时将打开一个记事本文件 afiedt.buf，在该文件中显示缓冲区中的内容，文件的内容以斜杠(/)结束，如图 3-10 所示。

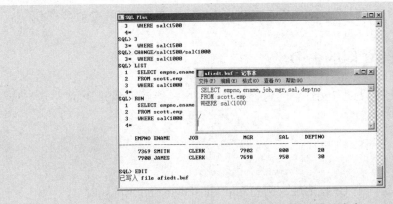

图 3-10 使用 EDIT 命令编辑缓冲区的内容

对上述记事本中的内容可以执行编辑操作，在退出编辑器时，所编辑的文件将被复制到 SQL Plus 缓冲区中。

3.2.7 将执行结果保存到文件

使用 SPOOL 命令实现将 SQL Plus 中的输出结果复制到一个指定的文件中，或者把查询结果发送到打印机中，直到使用 SPOOL OFF 命令为止。SPOOL 命令的语法如下：

```
SPO[OL] [file_name [CRE[ATE] | REP[LACE] | APP[END]] | OFF | OUT]
```

语法说明如下。

- file_name：指定一个操作系统文件。
- CREATE：创建一个指定的 file_name 文件。
- REPLACE：如果指定的文件已经存在，则替换该文件。
- APPEND：将内容附加到一个已经存在的文件中。
- OFF：停止将 SQL Plus 中的输出结果复制到 file_name 文件中，并关闭该文件。
- OUT：启动该功能，将 SQL Plus 中的输出结果复制到 file_name 指定的文件中。

【例 3.11】

使用 SPOOL 命令将 SQL Plus 中的输出结果复制到 Result.txt 文件中，语句如下：

```
SQL> SPOOL Result.txt
```

然后执行如下查询语句：

```
SQL> SELECT empno,ename,job,mgr,sal,deptno
  2  FROM scott.emp
  3  WHERE sal<1000
  4  /
```

执行后将看到缓冲区中的结果。再执行 SPOOL OFF 命令停止复制内容，在该命令之后所操作的任何语句将不再保存其执行结果，命令如下：

```
SQL> SPOOL OFF
```

这时在 Oracle 安装路径的 product\11.1.0\db_1\BIN 目录下找到 Result.txt 文件，文件内容如图 3-11 所示。

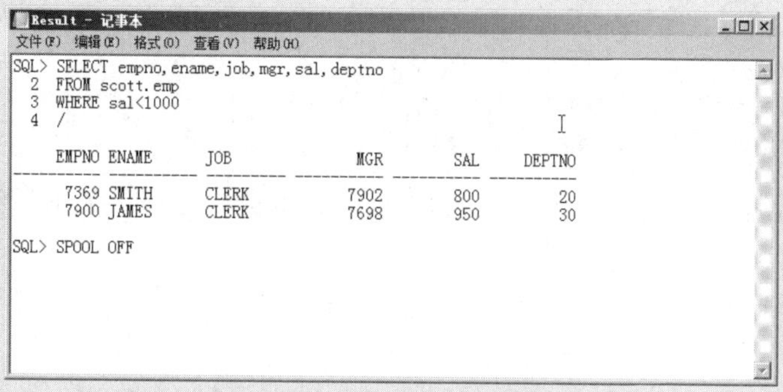


```
SQL> SELECT empno, ename, job, mgr, sal, deptno
  2  FROM scott.emp
  3  WHERE sal<1000
  4  /

     EMPNO ENAME      JOB              MGR        SAL     DEPTNO
---------- ---------- --------- ---------- ---------- ----------
      7369 SMITH      CLERK           7902        800         20
      7900 JAMES      CLERK           7698        950         30

SQL> SPOOL OFF
```

图 3-11　Result.txt 文件的内容

3.3　SQL Plus 中变量的使用

在 Oracle 数据库中，使用变量可以使编写的 SQL 语句更加灵活和通用。Oracle 11g 系统提供了两种类型的变量，即临时变量和已定义变量。

3.3.1　临时变量

在 SQL 语句中，如果在某个变量前面使用了“&”符号，那么就表示该变量是一个临时变量。例如，&v_deptno 就定义了一个名为 v_deptno 的临时变量。

临时变量可以使用在 WHERE 子句、ORDER BY 子句、列表达式或表名中，甚至可以表示整个 SELECT 语句。在执行 SQL 语句时，系统会提示用户为该变量提供一个具体的数据。

【例 3.12】

使用 scott 用户连接到 Oracle 数据库，编写 SELECT 语句对 emp 表进行查询，查询出工资小于某个金额的员工信息。该金额的具体值由临时变量&salary 决定。

查询语句如下：

```
SELECT empno,ename,job,sal FROM scott.emp WHERE sal<&salary;
```

由于上述语句中有一个临时变量&salary，因此在执行时 SQL Plus 会提示用户为该变量指定一个具体的值。然后输出替换后的语句，再执行查询。例如这里输入 1200，执行结果如下：

```
SQL> SELECT empno,ename,job,sal
  2  FROM scott.emp
  3  WHERE sal<&salary
  4  ;
输入 salary 的值：1200
原值    3: WHERE sal<&salary
新值    3: WHERE sal<1200

   EMPNO ENAME      JOB            SAL
   ----- ---------- --------- --------
    7369 SMITH      CLERK          800
    7876 ADAMS      CLERK         1100
    7900 JAMES      CLERK          950
```

从上述查询结果可以看出，当输入 1200 后，查询语句变成了如下最终形式：

```
SQL> SELECT empno,ename,job,sal
  2  FROM scott.emp
  3  WHERE sal<1200
```

在 SQL 语句中，如果希望重新使用某个变量并且不希望重新提示输入值，那么可以使用"&&"符号来定义临时变量。

【例 3.13】

在 SELECT 语句中指定检索列为临时变量&&cname，并在 WHERE 语句中再次指定临时变量&&cname。这时，使用"&&"符号定义该变量，在执行 SELECT 语句时，系统只提示一次输入变量的值。

示例如下：

```
SQL> SELECT empno,ename,job,&&cname
  2  FROM scott.emp
  3  WHERE &&cname>&salary
  4  ;
输入 cname 的值：sal
原值    1: SELECT empno,ename,job,&&cname
新值    1: SELECT empno,ename,job,sal
输入 salary 的值：2900
原值    3: WHERE &&cname>&salary
新值    3: WHERE sal>2900

   EMPNO ENAME      JOB              SAL
   ----- ---------- ---------- --------
    7566 JONES      MANAGER        2975
    7788 SCOTT      ANALYST        3000
    7839 KING       PRESIDENT      5000
    7902 FORD       ANALYST        3000
```

> **技巧**：使用"&&"符号替代"&"符号，可以避免为同一个变量提供两个不同的值，而且使得系统为同一个变量值只提示一次信息。

3.3.2 已定义变量

在 SQL 语句中，可以在使用变量之前对变量进行定义，然后在同一个 SQL 语句中可以多次使用这个变量。已定义变量的值会一直保留到被显式地删除、重定义或退出 SQL Plus 为止。

DEFINE 命令既可以用来创建一个数据类型为 CHAR 的变量，也可以用来查看已经定义好的变量。该命令的语法形式有如下 3 种。

- DEF[INE]：显示所有的已定义变量。
- DEF[INE] variable：显示指定变量的名称、值和其数据类型。
- DEF[INE] variable = value：创建一个 CHAR 类型的用户变量，并且为该变量赋初始值。

下面的例子定义了一个名称为 MIN_SAL 的变量，并将其值设置为 1500：

```
SQL> DEFINE MIN_SAL=1500
```

使用 DEFINE 命令和变量名，可以查看该变量的定义。下面这个例子就显示了变量 MIN_SAL 的定义：

```
SQL> DEFINE MIN_SAL
DEFINE MIN_SAL         = "1500" (CHAR)
```

单独输入 DEFINE 命令可以查看当前会话的所有变量，示例内容如下：

```
SQL> DEFINE
DEFINE _DATE              = "07-12月-13" (CHAR)
DEFINE _CONNECT_IDENTIFIER = "orcl" (CHAR)
DEFINE _USER              = "SYSTEM" (CHAR)
DEFINE _PRIVILEGE         = "" (CHAR)
DEFINE _SQLPLUS_RELEASE   = "1101000600" (CHAR)
DEFINE _EDITOR            = "Notepad" (CHAR)
DEFINE _O_VERSION         = "Oracle Database 11g Enterprise Edition Release 11.1.0.
6.0 - Production With the Partitioning, OLAP, Data Mining and Real Application Testing options" (CHAR)
DEFINE _O_RELEASE         = "1101000600" (CHAR)
DEFINE CNAME              = "sal" (CHAR)
DEFINE MIN_SAL            = "1500" (CHAR)
```

【例 3.14】

使用 DEFINE 定义三个变量，分别表示查询的列名、表名和条件。然后使用它们组成查询语句并执行：

```
SQL> DEFINE cols="empno,ename,job,mgr,sal,deptno"
```

```
SQL> DEFINE tablename="scott.emp"
SQL> DEFINE condition="sal<1000"
SQL>
SQL> SELECT &cols
  2  FROM &tablename
  3  WHERE &condition
  4  ;
原值   1: SELECT &cols
新值   1: SELECT empno,ename,job,mgr,sal,deptno
原值   2: FROM &tablename
新值   2: FROM scott.emp
原值   3: WHERE &condition
新值   3: WHERE sal<1000

EMPNO   ENAME    JOB        MGR       SAL    DEPTNO
------  -------- ---------  --------- -----  --------
7369    SMITH    CLERK      7902      800    20
7900    JAMES    CLERK      7698      950    30
```

三个变量最终生成的语句如下：

```
SELECT empno,ename,job,mgr,sal,deptno
FROM scott.emp
WHERE sal<1000
```

> **提示**：使用 UNDEFINE 命令可以删除一个变量，例如执行 UNDEFINE temp，则定义的 temp 变量不再起作用。

3.3.3 实践案例：带提示的变量

ACCEPT 命令允许定义一个用户提示，用于提示用户输入指定变量的数据。ACCEPT 命令既可以为现有的变量设置一个新值，也可以定义一个新变量并初始化。

ACCEPT 命令的语法如下：

```
ACC[EPT] variable [data_type] [FOR[MAT] format] [DEF[AULT] default]
[PROMPT text | NOPR[OMPT]] [HIDE]
```

语法说明如下。

- variable：用于一个指定接收值的变量。如果该名称的变量不存在，那么 SQL Plus 自动创建该变量。
- data_type：指定变量的数据类型，可以使用的类型有 CHAR、NUM[BER]、DATE、BINARY_FLOAT 和 BINARY_DOUBLE。默认的数据类型为 CHAR。而 DATE 类型的变量实际上也是以 CHAR 变量存储的。
- FORMAT：指定变量的格式，包括 A15(15 个字符)、9999(一个 4 位数)和 DD-MON-YYYY(日期)。
- DEFAULT：用来为变量指定一个默认值。

- PROMPT：用于表示在用户输入数据之前显示的文本消息。
- HIDE：表示隐藏用户为变量输入的值。

从 scott 用户的 emp 表查询出工资在某个范围内的员工信息，包括 empno 列、emname 列、job 列、mgr 列、sal 列和 deptno 列。要求使用 ACCEPT 命令提示用户输入查询范围的最小值和最大值。

查询如下所示：

```
SQL> ACCEPT minSal NUMBER FORMAT 9999 PROMPT '请输入最小工资：'
请输入最小工资：1500
SQL> ACCEPT maxSal NUMBER FORMAT 9999 PROMPT '请输入最大工资：'
请输入最大工资：2000
SQL> SELECT empno,ename,job,mgr,sal,deptno
  2  FROM scott.emp
  3  WHERE sal>&minSal and sal<&maxSal
  4  ;
原值    3: WHERE sal>&minSal and sal<&maxSal
新值    3: WHERE sal>    1500 and sal<   2000

EMPNO   ENAME   JOB         MGR     SAL     DEPTNO
------  ------  ----------  ------  ------  ----------
7499    ALLEN   SALESMAN    7698    1600    30
```

> **提示**：在该示例中对用户输入的变量值并没有隐藏。在实际的应用中，为了安全，一般会隐藏用户输入的值，即在 ACCEPT 命令行的末尾加上"HIDE"选项即可。

3.4 实践案例：使用图形管理工具 SQL Developer

SQL Plus 是初学者的首选工具，而对于商业应用的开发，则需要一款高效率的生产工具。Oracle SQL Developer(简称 SQL Developer)是基于 Oracle RDBMS 环境的一款功能强大、界面非常直观且容易使用的开发工具。SQL Developer 的目的就是提高开发人员和数据库用户的工作效率，单击一下鼠标，就可以显示有用的信息，从而消除了键入一长串名字的烦恼，也无须费尽周折地去研究整个应用程序中究竟用到了哪些列。

3.4.1 打开 SQL Developer

SQL Developer 随 Oracle 安装程序安装，打开方法是选择"开始"→"程序"→"Oracle – OraDb11g_home1"→"应用程序开发"→"SQL Developer"。第一次打开时还需要指定随 Oracle 一起安装的 JDK 的位置，如图 3-12 所示。

单击 Browse 按钮指定到 JDK 下的 java.exe 文件，再单击 OK 按钮。此时会弹出对话框，提示用户是否迁移用户的设置，如图 3-13 所示。单击"确定"按钮加载完成之后，将打开 SQL Developer 的主界面。

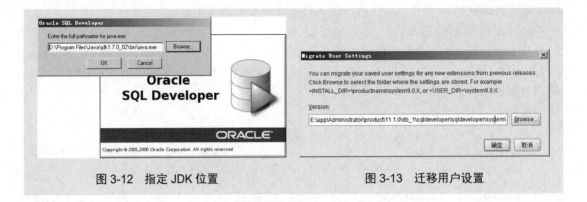

图 3-12　指定 JDK 位置　　　　　图 3-13　迁移用户设置

3.4.2　连接 Oracle

使用 SQL Developer 管理 Oracle 数据库时，首先需要连接到 Oracle，连接时需要指定登录账户、登录密码、端口和实例名等信息。具体步骤如下。

步骤 01　选择"开始"→"程序"→"Oracle – OraDb11g_home1"→"应用程序开发"→"SQL Developer"打开 SQL Developer 工具的主界面，如图 3-14 所示。

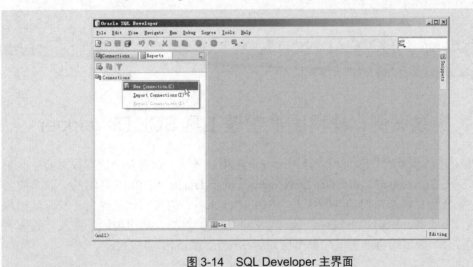

图 3-14　SQL Developer 主界面

步骤 02　从左侧的 Connections 窗格下右击 Connections 节点，选择 New Connection 命令，在弹出的对话框中创建一个新连接。

步骤 03　在 Connection Name 文本框中为连接指定一个别名，并在 Username 和 Password 文本框中指定该连接使用的登录名和密码，再启用 Save Password 复选框来记住密码。

步骤 04　在 Role 下拉列表中可以指定连接时的身份为 default 或者 sysdba，这里保持默认值 default。

步骤 05　在 Hostname 文本框指定 Oracle 数据库所在的计算机名称，本机可以输入

localhost；在 Port 文本框指定 Oracle 数据库的端口，默认为 1521。

步骤 06 选择 SID 单选按钮，并在后面的文本框中输入 Oracle 的 SID 名称，例如"ORCL"。

步骤 07 以上信息设置完成后，单击 Test 按钮进行连接测试，如果通过，将会显示 Success，如图 3-15 所示。

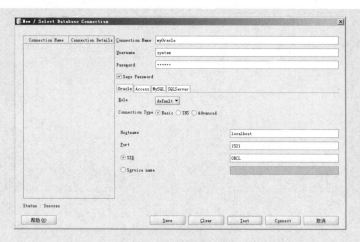

图 3-15 设置连接信息

步骤 08 单击 Save 按钮保存连接，再单击 Connect 按钮连接到 Oracle。此时 Connections 窗格中多出一个刚才创建的连接名称，展开该连接，可以查看 Oracle 中的各种数据库对象。在右侧可以编辑 SQL 语句，如图 3-16 所示为查看 scott 用户下 emp 表内容的查询结果。

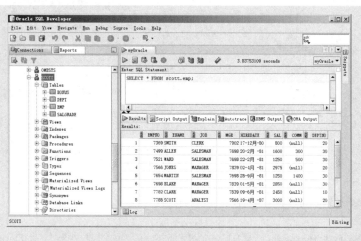

图 3-16 查看 emp 表内容

 提示：单击"执行"按钮▷可以运行输入的 SQL 语句。

步骤 09 从左侧展开 myOracle 连接下的 Tables 节点,查看属于当前用户的表。从列表中选择一个表,可查看表的定义,包括列名、数据类型、数据长度以及是否主键等,如图 3-17 所示为 scott 用户下 emp 表的定义窗口。

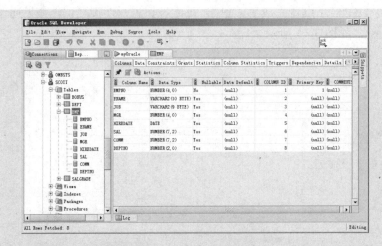

图 3-17 查看 emp 表的定义

步骤 10 单击 Data 选项卡,可查看 emp 表的数据,如图 3-18 所示。

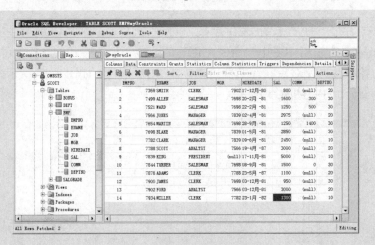

图 3-18 查看 emp 表的数据

3.4.3 创建表

下面使用 SQL Developer 工具向 scott 用户的表空间创建一个名为 Departments 的表,该表包含一个带有 emp 表的外键。具体步骤如下。

步骤 01 在 SQL Developer 中使用 scott 用户连接到 Oracle。然后在 Connections 窗格中展开连接,并右击 Tables 表选择 New Table 命令,如图 3-19 所示。

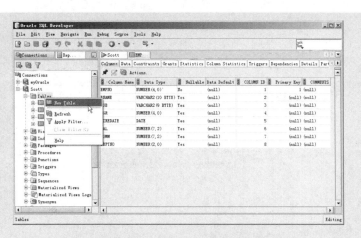

图 3-19 选择 New Table 命令

步骤 02 此时将打开 Create Table 对话框，在 Name 文本框中指定表名为 Departments，如图 3-20 所示。

步骤 03 启用 Advanced 复选框，打开高级设置对话框。

步骤 04 在 Name 文本框输入"DID"，从 Type 中选择 NUMBER 作为类型，在 Precision 文本框中输入"6"，再启用 Cannot be NULL 复选框，使列不能为空，如图 3-21 所示。

图 3-20 Create Table 对话框　　　　　图 3-21 列的高级设置

步骤 05 单击 + 按钮添加 DNAME 列，类型为 VARCHAR2，SIZE 为 20，并启用 Cannot be NULL 复选框。

步骤 06 添加 EID 列，类型为 NUMBER，并启用 Cannot be NULL 复选框。

步骤 07 在左侧选择 Foreign Key 选项，进入外键设置界面，单击 Add 按钮添加一个外键。设置 EID 列外键，引用 emp 表的 empno 列，如图 3-22 所示。

步骤 08 设置完成后单击"确定"按钮关闭对话框，此时在 Tables 节点中将看到新创建的 Departments 表。

图 3-22 设置外键

3.4.4 修改列

如果要使用 SQL Developer 对表中的列进行更改,可以使用如下步骤,下面以 Departments 表为例。

步骤 01 在 Tables 节点下选择要更改的表,例如 Departments 表。

步骤 02 从右侧 Columns 选项卡下单击 Action 按钮,在弹出的菜单中选择 Column →Add 命令,如图 3-23 所示。

图 3-23 选择添加列

 技巧:直接右击表名也可以打开相同的管理菜单。

步骤 03 如图 3-24 所示为添加列的对话框,在这里可以设置列名、数据类型和精度等信息,设置完成后单击"应用"按钮确认添加。最后单击"刷新"按钮即可看到新添加的列。

步骤 04　如果在图 3-23 所示的菜单中选择 Drop 命令，可以删除列，如图 3-25 所示为弹出的删除列对话框。

图 3-24　添加列对话框

图 3-25　删除列对话框

提示：Oracle 中表的创建、修改和管理将在本书第 6 章介绍。

3.4.5　添加数据

使用 SQL Plus 工具只能通过 INSERT 语句向表中添加数据，而 SQL Developer 提供了多种添加数据的方法，可以一次添加一行、多行，或者批量添加。

这里以向 Departments 表中添加数据为例，具体步骤如下。

步骤 01　从 Tables 节点下单击 Departments 表名，在右侧打开 Data 选项卡。
步骤 02　单击"插入行"按钮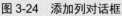，下方将会出现一个空白的行。
步骤 03　在空白行中依次为 DID 列、DNAME 列和 EID 列指定值，再单击"提交修改"按钮进行保存，如图 3-26 所示。

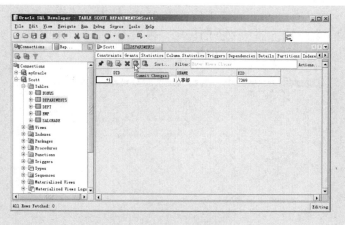

图 3-26　添加一行数据

步骤 04　SQL Developer 会将用户的输入转换为对应的 INSERT 语句，并显示执行成功，如图 3-27 所示。

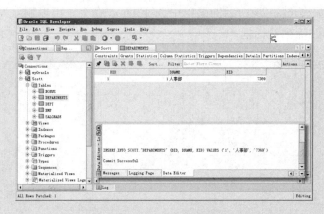

图 3-27　日志信息

步骤 05　用这种方法也可以一次添加多行，如图 3-28 所示为添加 3 行数据的效果。

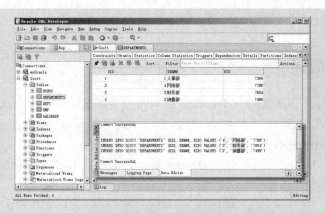

图 3-28　添加 3 行数据

步骤 06　SQL Developer 同样支持使用 SQL 脚本形式添加数据。方法是在连接的 SQL 编辑器中输入添加数据的语句，再单击"执行"按钮。如图 3-29 所示为使用这种方法添加 2 行数据的效果。

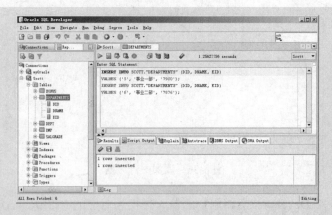

图 3-29　添加 2 行数据

提示:在 SQL 编辑器中右击,用 Open File 命令执行外部文件来批量添加数据。

3.4.6 导出数据

SQL Developer 能够将用户数据导出为各种格式,包括 CSV、XML、HTML 以及 TEXT 等。

假设要将 Departments 表中的数据导出为 INSERT 语句,可使用如下步骤。

步骤 01 打开查看 Departments 表数据的界面,在空白处右击,选择 Export Data → INSERT 命令,如图 3-30 所示。

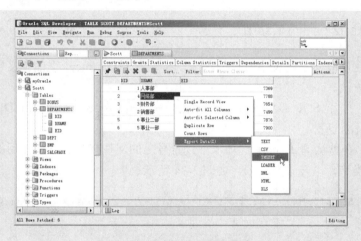

图 3-30 选择 INSERT 命令

步骤 02 在弹出的 Export Data 对话框中指定 Format 为 INSERT,单击 Browse 按钮可以更改导出文件的位置和文件名称,如图 3-31 所示。

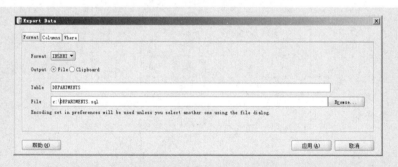

图 3-31 Export Data 对话框

步骤 03 在 Columns 选项卡下可以指定要导出的列,这里为全部列;在 Where 选项卡下可以指定导出数据的条件,这里使用默认值。最后单击"应用"按钮开始导出,完成后打开生成的文件,会看到很多 INSERT 语句,如图 3-32 所示。

步骤 04 如果在图 3-30 中选择 CSV 命令,可以将数据导出到 CSV 文件中,导出后的文件内容如图 3-33 所示。

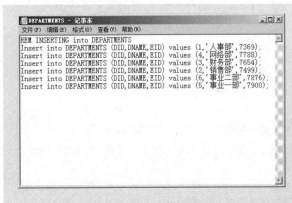

图 3-32　导出为 INSERT　　　　　　　　图 3-33　导出为 CSV

上面的方法仅能够导出表中的数据，假设要导出 Department 表的定义以及其他对象，可以通过如下方法。

步骤 01　打开 SQL Developer，从主菜单中选择 Tools → Export DDL 命令，打开 Export 对话框。

步骤 02　在默认的 Export 选项卡下设置导出的文件名称、导出使用的连接、导出对象的类型，以及设置选项，如图 3-34 所示。

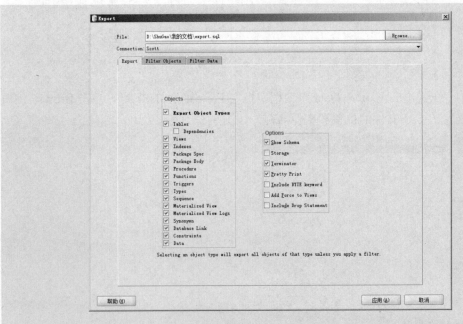

图 3-34　Export 选项卡

步骤 03　在 Filter Objects 选项卡中可以设置不希望导出的对象，如图 3-35 所示。

步骤 04　最后的 Filter Data 选项卡用于对数据的导出范围进行限制，如图 3-36 所示。

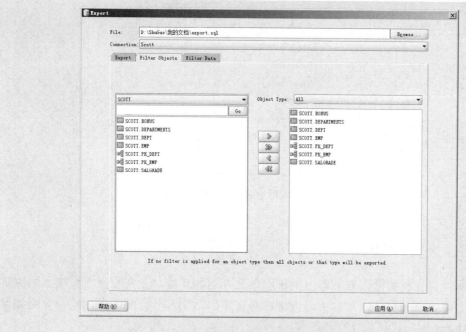

图 3-35 Filter Objects 选项卡

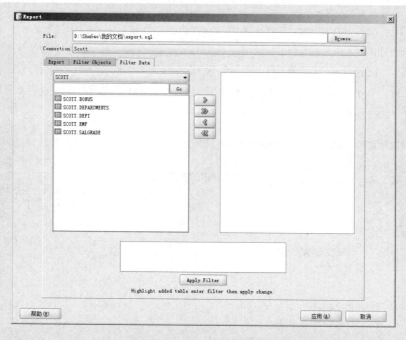

图 3-36 Filter Data 选项卡

步骤 05 全部设置完成之后,单击"应用"按钮开始导出。如图 3-37 所示为导出的文件内容。

图 3-37　查看导出后的文件内容

3.4.7　执行存储过程

存储过程是保存在数据库服务器上的程序单元，这些程序单元在完成对数据库的重复操作时非常有用。有关存储过程的更多内容，将在本书后面部分介绍。下面重点介绍如何在 SQL Developer 中创建和执行存储过程。

创建一个存储过程，可以查询员工编号、姓名、职位和工资，并要求可以指定返回结果的行数。具体步骤如下。

步骤 01　在 Connections 窗格中右击 Procedures 节点，从弹出的快捷菜单中选择 New Procedure 命令。

步骤 02　在弹出的对话框中指定存储过程名称为 procGetEmp。

步骤 03　单击"添加"按钮 创建一个名为 param1 的参数，类型为 NUMBER，如图 3-38 所示。

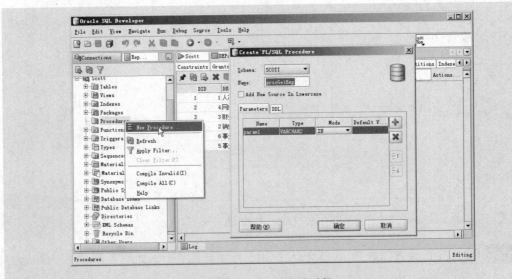

图 3-38　创建存储过程

步骤 04 单击"确定"按钮，进入存储过程的创建模板，此时会看到如图 3-39 所示的代码。

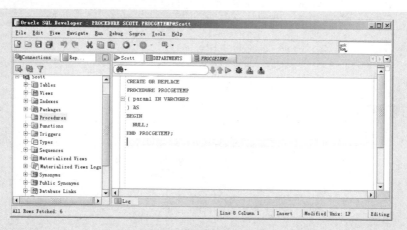

图 3-39 存储过程创建模板

步骤 05 使用如下代码替换模板中 AS 关键字后的内容：

```
CURSOR stu_cursor IS
 SELECT empno,ename,job,sal
  FROM emp;
  emp_record stu_cursor%ROWTYPE;
  TYPE stu_tab_type IS TABLE OF stu_cursor%ROWTYPE INDEX
    BY BINARY_INTEGER;
  stu_tab stu_tab_type;
  i NUMBER := 1;
BEGIN
  OPEN stu_cursor;
  FETCH stu_cursor INTO emp_record;
  stu_tab(i) := emp_record;
  WHILE ((stu_cursor%FOUND) AND (i < param1) LOOP
    i := i + 1;
    FETCH stu_cursor INTO emp_record;
    stu_tab(i) := emp_record;
  END LOOP;
  CLOSE stu_cursor;
  FOR j IN REVERSE 1..i LOOP
    DBMS_OUTPUT.PUT_LINE('员工编号:'||stu_tab(j).empno
      ||' 姓名:'||stu_tab(j).ename ||' 职位:'||stu_tab(j).job
      ||' 工资:'||stu_tab(j).sal);
  END LOOP;
END;
```

步骤 06 单击工具栏上的"保存"按钮🖫保存存储过程的语句。

步骤 07 以上步骤就完成了存储过程的创建。在使用之前先需要对其进行编译并检测语法错误。单击工具栏上的"编译"按钮进行编译，当检测到无效的 PL SQL 语句时，会在底部的日志窗格中显示错误列表，如图 3-40 所示。

图 3-40　编译时的错误

在日志窗格双击错误，即可导航到错误中报告的对应行。SQL Developer 还在右侧边列中显示错误和提示。如果将鼠标放在边列中的每个红色方块上，将显示错误消息。

步骤 08　经过检查，在本示例中 WHILE 后多出了一个左小括号，删除后再次编译，将不再有错误出现，如图 3-41 所示。

图 3-41　编译通过

步骤 09　下面运行 procGetEmp 存储过程。方法是展开 Procedures 节点，右击 procGetEmp 并从弹出的快捷菜单中选择 Run 命令。由于该存储过程有一个参数，会打开参数指定对话框，在这里设置 PARAM1 参数的值为 5，如图 3-42 所示。

图 3-42　为参数指定值

步骤 10　单击"确定"按钮开始执行,然后会在 Running 窗格中看到输出结果。这里会显示 5 行员工信息,如图 3-43 所示。

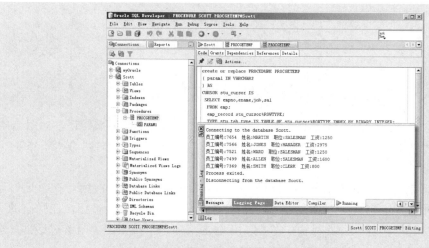

图 3-43　存储过程运行的结果

提示:SQL Developer 工具的功能还有很多,限于篇幅,这里就不再逐一介绍。

3.5　Web 管理工具——OEM

OEM 全称为 Oracle Enterprise Manager(Oracle 企业管理器),提供了一个基于 Web 的管理界面,可以管理单个 Oracle 数据库实例。在安全方面,OEM 采用了 HTTPS 协议,即使用三层结构来访问 Oracle 数据库系统。

3.5.1 运行 OEM

在成功安装 Oracle 后，OEM 也就被安装完毕。启动 OEM 时，除了需要启动 Oracle 监听和 Oracle 服务外，还必须启动本地 OracleDBConsoleorcl。具体方法如下。

【例 3.15】

步骤 01　在浏览器地址栏中输入 OEM 的 URL 地址，即 https://localhost:1158/em。将会出现 OEM 登录页面，如图 3-44 所示。

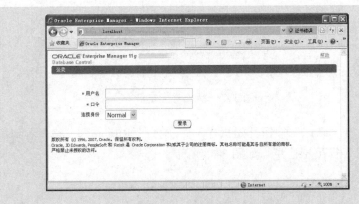

图 3-44　OEM 登录页面

技巧：也可以将 localhost 替换为本机 IP 地址或者计算机名称。

如果是第一次请求 OEM 的 URL 地址，在浏览器右上角会提示证书错误，如图 3-44 所示。这时单击"证书错误"标签，在弹出的悬浮面板中选择"查看证书"链接，将打开如图 3-45 所示"证书"对话框。

单击"安装证书"按钮，在弹出的对话框中单击"下一步"按钮继续。在"证书存储"页选择"将所有的证书放入下列存储区"单选按钮，单击"浏览"按钮，在弹出的对话框中选择"受信任的根证书颁发机构"节点，并单击"确定"按钮，关闭该对话框。选择后的界面如图 3-46 所示，再单击"下一步"按钮继续，直到安装成功。

图 3-45　"证书"对话框

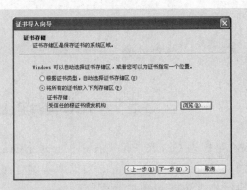

图 3-46　选择证书存储位置

当证书安装成功之后，再次进入 OEM 登录界面，在地址栏右侧会显示一个锁，表示正处于 HTTPS 协议下，如图 3-47 所示。

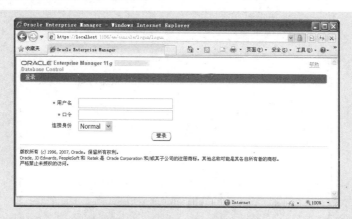

图 3-47　安装证书后的登录界面

3.5.2　使用 OEM 管理 Oracle

Oracle 11g EM 是初学者和最终用户管理数据库最方便的管理工具。使用 OEM 可以很容易地对 Oracle 系统进行管理，免除了记忆大量管理命令的麻烦。

【例 3.16】

步骤 01　在如图 3-47 所示的页面中输入登录用户名(例如 system)和对应的口令，使用默认的连接身份(Normal)。单击"登录"按钮，进入"数据库实例：orcl"主页的"主目录"属性页，如图 3-48 所示。

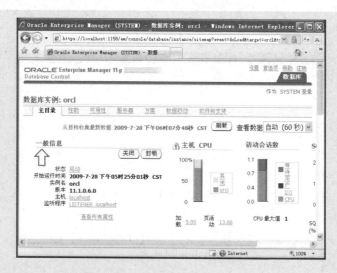

图 3-48　"数据库实例：orcl"主页

步骤 02　在"数据库实例：orcl"页面中，可以对 Oracle 系统进行一系列的管理操作：性能、可用性、服务器、方案、数据移动，以及软件和支持。单击操作名链接，可以进入到相应的操作页面。例如，单击"服务器"链接，进入到服务器管理页面，如图 3-49 所示。

图 3-49 "服务器"页面

技巧：在"服务器"页面中有常见的一些分类：存储、数据库配置、Oracle Scheduler、统计信息管理、资源管理器、安全性、查询优化程序，以及更改数据库。每个分类属于一个单独的档。

步骤 03 在"数据库配置"一档中，有数据库配置方面相关的内容，以链接的形式存在。例如，单击"初始化参数"链接，可以查看数据库 orcl 的所有初始化参数信息，如图 3-50 所示。

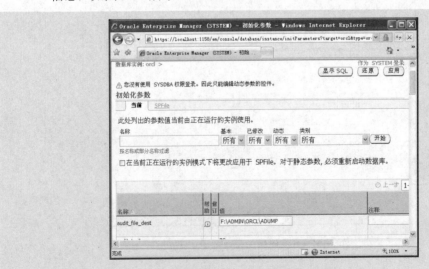

图 3-50 "初始化参数"页面

技巧：单击页面中的"显示 SQL"按钮，可以查看操作生成的 SQL 语句，从而与 Oracle 操作命令结合起来。

步骤 04 如果单击"安全性"一档中的"角色"或"用户"等链接，或者单击"存储"档中的"表空间"等链接，在进入相应的页面后，还可以进行创建、编辑、查看和删除等操作。例如，单击"用户"链接，进入用户管理页面，如图 3-51 所示。

图 3-51　用户管理页面

3.6　实践案例：Oracle Net Configuration Assistant 工具

Oracle Net Configuration Assistant 简称 Oracle 网络配置助手，为用户提供了一个图形化的向导界面，用来配置 Oracle 数据库的监听程序、命名方法、本地 Net 服务名和目录配置等。下面以配置 Oracle 的监听程序为例，讲解该工具的具体使用方法。

步骤 01 选择"开始"→"程序"→"Oracle – OraDb11g_home1"→"配置和移植工具"→"Net Configuration Assistant"命令打开 Oracle 网络配置助手，如图 3-52 所示为主界面。

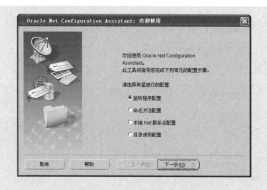

图 3-52　网络配置助手主界面

在如图 3-52 所示的主界面中显示了 4 种配置类型，其含义如下。

- 监听程序配置：选择此类型可以创建、修改、删除或重命名监听程序。监听程序是服务器中接收和响应客户机对数据库的连接请求的进程。使用配置有相同协议地址的连接描述符的客户机可以向监听程序发送连接请求。此类型在客户机上不可用。
- 命名方法配置：此类型用于配置命名方法。当最终用户连接数据库服务时，将使用连接字符串，它通过称为连接标识符的简称来标识服务。连接标识符可以是服务的实际名称或 Net 服务名。命名方法将连接标识符解析为连接描述符，它包含服务的网络位置和标识。
- 本地 Net 服务名配置：选择此类型可以创建、修改、删除、重命名或测试存储在本地 tnsnames.ora 文件中的连接描述符的连接。
- 目录使用配置：选择此类型可以集中管理连接标识符的目录命名、配置与 Oracle Advanced Security 一起使用的企业用户安全性功能，以及使用集中式目录服务器来存储其他 Oracle 产品的功能。

步骤 02 这里选择"监听程序配置"单选按钮，单击"下一步"按钮，进入监听程序的操作选择界面，如图 3-53 所示。

步骤 03 这里选择"添加"单选按钮，单击"下一步"按钮，在进入的界面中为监听程序指定一个名称，如图 3-54 所示。

图 3-53　选择监听操作

图 3-54　指定监听程序名称

步骤 04 单击"下一步"按钮，为监听程序选择可用的协议，可以是 TCP、TCPS、IPC 或者 NMP，如图 3-55 所示。

监听程序将协议地址保存在 listener.ora 文件中，该协议用于接收客户机的请求以及向客户机发送数据。这里使用默认的 TCP 协议，根据协议的不同，所需的协议参数信息也会不同。

步骤 05 单击"下一步"按钮，为监听程序指定监听的端口，可以是标准的 1521，也可以指定其他端口号，如图 3-56 所示。

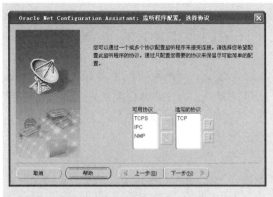
图 3-55　选择监听使用协议

图 3-56　指定监听端口

步骤 06　使用标准端口，单击"下一步"按钮，提示用户是否还需要配置另外一个监听程序。这里选择"否"单选按钮，如图 3-57 所示。

步骤 07　单击"下一步"按钮，在进入的界面中，选择将要启动的监听程序，如图 3-58 所示。

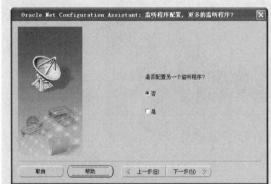
图 3-57　是否配置另一个监听程序

图 3-58　选择将要启动的监听程序

步骤 08　单击"下一步"按钮，开始启动监听程序，启动以后，客户机可以发送与监听程序具有相同协议地址的连接请求。最后会显示监听程序配置完成，单击"下一步"按钮返回主界面，继续其他操作。

上面对监听程序的设置最终会写入监听文件 listener.ora 中，所生成的内容如下：

```
MYLISTENER =
  (DESCRIPTION_LIST =
    (DESCRIPTION =
      (ADDRESS = (PROTOCOL = TCP)(HOST = hzkj)(PORT = 1521))
    )
  )
```

3.7 实践案例：Oracle Net Manager 工具

Oracle Net Manager 简称 Oracle 网络管理器，与 Oracle 网络配置助手具有类似的功能。Oracle 网络配置助手总是以向导的模式出现，引导用户一步一步进行配置，非常适合初学者。而 Oracle 网络管理器将所有配置步骤结合到一个界面中，更适合熟练用户的快速操作。

Oracle 网络管理器可以完成下列特性和组件的配置管理。

(1) 服务命名

可以创建或修改 tnsnames.ora 文件、目录服务器或 Oracle Names Server 中数据库服务的网络说明。连接描述符的网络描述被映射到连接标识符(在数据库连接期间，客户机在它们的连接字符串中使用连接标识符)。如图 3-59 所示为服务命名的配置界面。

图 3-59 配置服务命名

(2) 监听程序

可以创建或修改监听程序，它是服务器上的接收和响应数据库服务的客户机连接请求的进程。如图 3-60 所示为监听程序的配置界面。

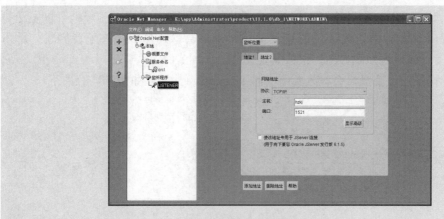

图 3-60 配置监听程序

(3) 概要文件

可以创建或修改概要文件,它是确定客户机如何连接到 Oracle 网络的参数的集合。可以配置命名方法、事件记录、跟踪、外部命名参数以及 Oracle Advanced Security 的客户机参数。概要文件的配置界面如图 3-61 所示。

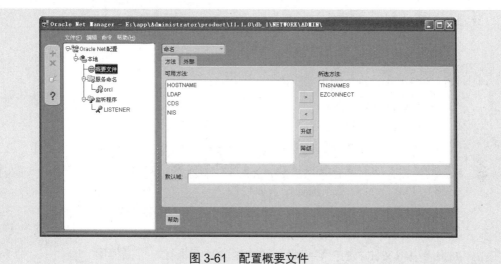

图 3-61　配置概要文件

3.8　思考与练习

1．填空题

(1) 使用 OEM 时除了需要启动 Oracle 监听和 Oracle 服务外,还应启动_____。

(2) 查看表结构时,所使用的命令是_____。

(3) 使用_____命令可以在屏幕上输出一行数据。这种输出方式可以向用户传递相应的提示信息。

(4) 在 SQL Plus 工具中,可以使用 SAVE 命令将缓冲区内容保存到文件中,可以使用_____命令读取并运行文件内容,还可以使用 SPOOL 命令复制输出结果到文件。

(5) 在 SQL 语句中,如果在某个变量前面使用了"_____"符号,那么就表示该变量是一个临时变量。

(6) 在 SQL Plus 工具中,定义变量可以使用_____或 ACCEPT 命令。

2．选择题

(1) 假设计算机名为 itzcn,下列打开 OEM 的 URL 不正确的是_____。
　　A．http://itzcn:1158/em　　　　　　　B．http://localhost:1158/em
　　C．http://127.0.0.1:1158/em　　　　　D．http://itzcn/em

(2) 假设用户名为 scott,密码为 tiger,数据库名为 orcl。下面的 4 个选项中连接错误的是_____。

A. CONNECT scott/tiger;

B. CONNECT tiger/scott;

C. CONN scott/tiger as sysdba;

D. CONN scott/tiger@orcl as sysdba;

(3) 使用 DESCRIBE 命令不会显示表的_____信息。

A. 列名称 B. 列的空值特性

C. 表名称 D. 列的长度

(4) 执行 SAVE dept.sql APPEND 语句，执行结果表示_____。

A. 如果 dept.sql 文件不存在，则出现错误

B. 如果 dept.sql 文件已经存在，则出现错误

C. 将缓冲区中的内容追加到 dept.sql 文件中。如果该文件不存在，会创建。

D. 将缓冲区中的内容替换掉 dept.sql 文件的内容。如果该文件不存在，会创建。

(5) 在 SQL Plus 工具中要删除变量可以使用_____命令。

A. UNDEFINE B. DELETE

C. REMOVE D. SET

(6) 如果希望将文件中的内容检索到缓冲区中且不执行，可以使用_____命令。

A. SAVE B. GET

C. START D. SPOOL

3. 简答题

(1) 简述使用 OEM 管理 Oracle 的步骤。

(2) 简述 SQL Plus 连接和断开数据库连接的方法。

(3) 如何使用 SQL Plus 执行命令，以及与文件进行交互？

(4) 简述在 SQL Plus 中使用变量的方法。

(5) SQL Plus 为格式化结果集提供了哪些方法？

(6) 简述 SQL Developer 创建表，以及向表中添加数据的步骤。

(7) 简述 SQL Developer 创建、保存、编译和运行存储过程的步骤。

(8) 简述 Oracle Net Configuration Assistant 工具和 Oracle Net Manager 工具的作用，以及两者的区别。

3.9 练 一 练

作业 1：运行文件中的内容

在 E 盘下新建一个 test.sql 文件，再向文件中添加格式化列的查询语句，然后使用 scott 用户，在 SQL Plus 中登录到 Oracle 数据库。最后执行 test.sql 文件中的内容，执行结果如图 3-62 所示。

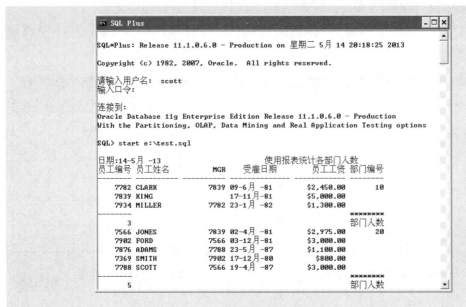

图 3-62　执行结果

作业 2：使用存储过程

SQL Developer 是一款可视化的 Oracle 集成管理工具。本次练习要求读者使用 SQL Developer 创建一个带参数的存储过程，并编译和执行，执行结果如图 3-63 所示。

图 3-63　执行存储过程

作业 3：使用 OEM 管理 Oracle

根据本章所学的知识，使用 sys 用户，以 sysdba 身份登录到 OEM。然后在 OEM 中通

过搜索查看 SCORE 表空间下的表，结果如图 3-64 所示。

再通过执行自定义的 SQL 命令，来查看学生编号、学姓名和所在班级名称，执行结果如图 3-65 所示。

图 3-64　查看 SCORE 表空间下的表　　　　图 3-65　执行 SQL 命令

第 4 章

操作 Oracle 数据表

在对数据库的操作中,几乎所有的操作都与表息息相关,因为表中存储了关系型数据库中使用的所有数据。表是其他对象的基础,没有数据表,关键字、主键、索引等也就无从谈起。因此数据库中对表的管理非常重要。

本章首先介绍 Oracle 中列的数据类型,然后详解创建数据表的两种方式,即使用 CREATE TABLE 语句和使用 OEM 工具。接下来介绍如何为表添加属性、修改表的内容。最后向读者介绍如何约束表中数据的完整性。

本章学习目标:

- ➥ 掌握表的创建
- ➥ 掌握表的基本操作
- ➥ 了解如何使用 OEM 创建表
- ➥ 掌握表约束的创建
- ➥ 掌握基本约束的操作

4.1 了解列的数据类型

一个数据表可以看成是由行和列组合而成的表格。其中，行表示表中的数据记录信息，列则是表的字段信息，列定义了行中数据的保存形式。

一个数据表可以包含一列或者多列，每列都有一种数据和一个长度。Oracle 数据库内置了丰富的数据类型，如表 4-1 所示。

表 4-1 Oracle 数据库中的数据类型

Oracle 内置的数据类型	说　明
NUMBER(precision,scale) 和 NUMERIC(precision,scale)	可变长度的数值，precision 是数值可用的最大位数(如果有小数点，是小数点前后位数之和)。支持的最大精度为 38；如果有小数点，scale 是小数点右边的最大位数。如果 precision 和 scale 都没有指定，可以提供 precision 和 scale 为 38 位的数值
DEC 和 DECIMAL	NUMBER 的子类型。小数点固定的数值，小数精度为 38 位
DOUBLE PRECISION 和 FLOAT	NUMBER 的子类型。38 位精度的浮点数
REAL	NUMBER 的子类型。18 位精度的浮点数
INT、INTEGER 和 SMALLINT	NUMBER 的子类型。38 位小数精度的整数
REF object_type	对对象类型的引用。与 C++程序设计语言中的指针类似
VARRAY	变长数组。它是一个组合类型，存储有序的元素集合
NESTED TABLE	嵌套表。它是一个组合类型，存储无序的元素集合
XML Type	存储 XML 数据
LONG	变长字符数据，最大长度为 2GB
NVARCHAR2(size)	变长字符串，最大长度为 4000 字节
VARCHAR2(size)[BYTE | CHAR]	变长字符串，最大长度为 4000 字节，最小为 1 字节。BYTE 表示使用字节语义变长字符串，最大长度为 4000 字节；CHAR 表示使用字符语义计算字符串的长度
NCHAR(size)	定长字符串，其长度为 size，最大为 2000 字节，默认大小为 1 字节
CHAR(size)[BYTE | CHAR]	定长字符串，其长度为 size，最小为 1 字节，最大为 2000 字节。BYTE 表示使用字节语义的定长字符串；CHAR 表示使用字符语义的定长字符串
BINARY_FLOAT	32 位浮点数
BINARY_DOUBLE	64 位浮点数
DATE	日期值，从公元前 1712 年 1 月 1 日到公元 9999 年 12 月 31 日
TIMESTAMP(fractional_seconds)	年、月、日、小时、分钟、秒和秒的小数部分。fractional_seconds 的值范围是 0~9，也就是说，最多为十亿分之一秒的精度，默认值为 6(百万分之一)

续表

Oracle 内置数据类型	说 明
TIMESTAMP(fractional_seconds) WITH TIME ZONE	包含一个 TIMESTAMP 值，此外还有一个时区置换值。时区置换可以是到 UTC(例如-06:00)或区域名(例如 US/Central)的偏移量
TIMESTAMP(fractional_seconds) WITH LOCAL TIME ZONE	类似于 TIMESTAMP WITH TIMEZONE，但是有两点区别：①在存储数据时，数据被规范化为数据库时区；②在检索具有这种数据类型的列时，用户可以看到以会话的时区表示的数据
INTERVAL YEAR(year_precision) TO MONTH	以年和月的方式存储时间段，year_precision 的值是 YEAR 字段中数字的位数
INTERVAL DAY(year_precision) TO ECOND(fractional_seconds_precision)	以日、小时、分钟、秒、小数秒的形式存储一段时间。year_precision 的值范围是 0~9，默认值为 2。fractional_seconds_precision 的值类似于 TIMESTAMP 值中的小数位，范围是 0~9，默认值为 6
RAW(size)	原始二进制数据，最大容量为 2000 字节
LOGN RAW	原始二进制数据，可变长，最大容量为 2GB
ROWID	以 64 为基数的串，表示对应表中某一行的唯一地址，该地址在整个数据库中是唯一的
UROWID[(size)]	以 64 为基数的串，表示按索引组织的表中某一行的逻辑地址。size 的最大值是 4000 字节
CLOB	字符大型对象，包含单字节或多字节字符；支持定宽和变宽的字符集。最大容量为(4GB-1)*DB_BLOCK_SIZE
NCLOB	类似于 CLOB，除了存储来自于定宽和变宽的 Unicode 字符。最大容量为(4GB-1)*DB_BLOCK_SIZE
BLOB	二进制大型对象；最大容量为(4GB-1)*DB_BLOCK_SIZE
BFILE	指针，指向存储在数据库外部的大型二进制文件。必须能够从运行 Oracle 实例的服务器访问二进制文件。最大容量为 4GB
用户定义的对象类型	可以定义自己的对象类型，并创建该类型的对象

4.2 创建数据表

数据库中最常用的模式对象之一就是表，因此表的操作和管理是非常重要的。下面首先介绍在 Oracle 中创建数据表的两种方法。

4.2.1 数据表创建规则

在 Oracle 中表的创建并不难。但是，作为一个合格的数据管理者或者开发者，在创建数据表之前，首先必须要确定当前项目需要创建哪些表，表中要包含哪些列，以及这些列所要使用的数据类型等。这就是所谓的表创建规则，是需要在表创建之前确定的。下面罗列了创建数据表时需要考虑的几个方面。

1. 数据表设计理论

在设计表的时候，首先要根据系统需求和数据库分析提取所需要的表，以及每个表所包含的字段。然后根据数据库的特性，对表的结构进行分析设计。表的设计通常要遵循以下几点：

- 表的类型，如堆表、临时表或者索引等。
- 表中每个字段的数据类型，如 NUMBER、VARCHAR2 和 DATE 等。
- 表中字段的数据类型长度大小。
- 表中每个字段的完整性约束条件，如 PRIMARY KEY、UNIQUE 以及 NOT NULL 约束等。

2. 数据表存储位置

在 Oracle 数据库中，需要将表放在表空间(TABLESPACE)中进行管理，在定义表和表空间时，需要注意以下三点：

- 设计数据表时，应该设计存放数据表的表空间，不要将表随意分散地创建到不同的表空间中去，否则对以后数据库的管理和维护将增加难度。
- 如果将表创建在特定的表空间上，用户必须在表空间中具有相应的系统权限。
- 为表指定表空间时，最好不要使用 Oracle 的系统表空间 SYSTEM，否则会影响数据库性能。

注意：在创建表时如果不指定表空间，Oracle 会将表建立在用户的默认表空间中。

3. NOLOGGING 语句

在创建表空间的过程中，为了避免产生过多的重复记录，(重做记录)可以指定 NOLOGGING 语句，从而节省重做日志文件的存储空间，改善数据库的性能，加快数据表的创建。一般来说，NOLOGGING 适合在创建大表的时候使用。

4. 表名和列名规则

定义表名和列名必须遵循的规则如下：

- 不能以数字开头。
- 必须在 1~30 个字符之间。
- 必须不能与用户定义的其他对象重名。
- 尽量避免使用 Oracle 中的保留关键字。

4.2.2 使用 CREATE TABLE 语句创建表

在 Oracle 系统中，可以使用 CREATE TABLE 语句来创建数据表，其语法格式如下：

```
CREATE TABLE [schema.] table_name(
    column_name data_type [DEFAULT expression] [constraint]
    [,column_name data_type [DEFAULT expression] [constraint]]
    [,column_name data_type [DEFAULT expression] [constraint]])
```

```
    [,...]
);
```

语法说明如下。
- schema：指定表所属的用户名，或者所属的用户模式名称。
- table_name：所要创建的表的名称。
- column_name：列的名称。列名在一个表中必须具有唯一性。
- data_type：列的数据类型。
- DEFAULT expression：列的默认值。
- constraint：为列添加的约束，表示该列的值必须满足的规则。

【例 4.1】

创建一个学生信息表 student，包括学生编号、姓名、年龄、联系电话和家庭住址 5 个字段。创建该表的 SQL 语句如下：

```
SQL> CREATE TABLE student(
  2  stu_id NUMBER(5) NOT NULL,
  3  name VARCHAR2(20),
  4  age NUMBER(3),
  5  phone VARCHAR2(20),
  6  address VARCHAR2(50),
  7  CONSTRAINT stu_pk PRIMARY KEY(stu_id)
  8  );
表已创建。
```

在创建表 student 的语句中，stu_id 列的数据类型为 NUMBER，表示整型，关键字 NOT NULL 表示该列的值非空；name 字段的数据类型为 VARCHAR2(20)，表示该字段的值为字符串类型，字符串的字符长度在 1~20 之间；CONSTRAINT 表示为 student 表增加一个主键约束，主键列为 stu_id，主键名称为 stu_pk。

表创建成功后，可以使用 DESCRIBE(可以简写为 DESC)命令查看表的结构，如下所示为查看 student 表的结构：

```
SQL> DESC student
名称               是否为空         类型
-----------        --------------   ----------------
STU_ID             NOT NULL         NUMBER(5)
NAME                                VARCHAR2(20)
AGE                                 NUMBER(3)
PHONE                               VARCHAR2(20)
ADDRESS                             VARCHAR2(50)
```

在代码中，如果"是否为空"列没有值，则表明可以为空，默认情况下该列为空，所以可以省略不写。

注意：在当前用户模式下创建一个新表，必须具有 CREATE TABLE 权限；如果需要在其他用户模式中创建表，则必须具有 CREATE ANY TABLE 的系统权限。

4.2.3 使用 OEM 工具创建表

Oracle 数据表不仅能使用 SQL 语句来创建，还可以使用 OEM 来创建，下面介绍使用 OEM 创建数据库表的过程。

步骤 01 首先打开在 Oracle 服务中的 OracleDBConsoleorcl 服务，然后打开浏览器，在地址栏输入"https://localhost:1158/em"(其中 localhost 表示服务器名称)，此时将会打开 OEM 的登录窗口，如图 4-1 所示。

图 4-1 OEM 登录窗口

步骤 02 输入"system"进行登录，登录成功后，单击"方案"链接，在方案选项页面的"数据库对象"中，可以看到用户可以管理的多种模式对象，如图 4-2 所示。

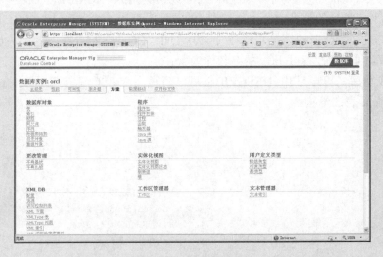

图 4-2 方案选项页面

步骤 03 单击"表"链接，则进入表管理页面，在该页面中可以进行新的数据表的创建，如图 4-3 所示。

步骤 04 单击"创建"按钮，开始创建新的数据表，首先选择创建表的类型，在该页面中，提供的表类型有标准表(即堆表)、临时表和索引表，如图 4-4 所示。

图 4-3　表管理页面

图 4-4　选择表的类型

步骤 05　这里选择默认的标准表，单击"继续"按钮，进入创建表的信息页面，通过该页面可以选择表的名称、所属的表空间以及表字段的设置，如图 4-5 所示。

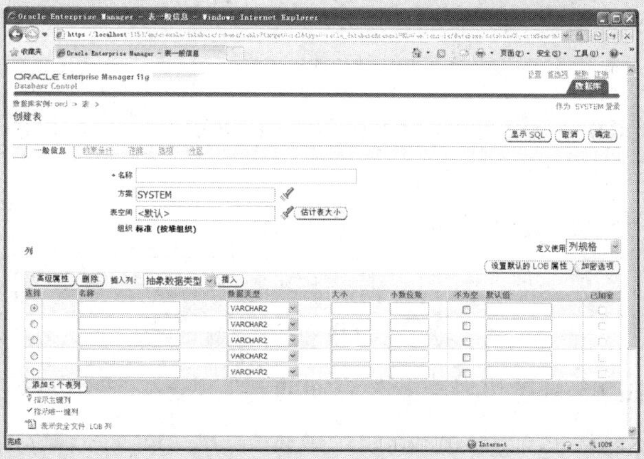

图 4-5　创建表信息页面

步骤 06 可以单击"约束条件"进入表的"约束条件"页面，然后在该页面中为表添加约束条件。也可以单击"存储"链接，进入表的"存储"页面，为表设置存储参数。

步骤 07 用户可以单击"显示 SQL"按钮，查看系统生成的 SQL 语句。最后，单击"确定"按钮，系统将根据用户对表的设置，创建一个新表。

4.3 添加表属性

上节介绍了 CREATE TABLE 语句创建数据表的最简单语法，其实在使用该语句创建表时，还可以为表添加各种属性，如表空间和存储参数等，下面详细介绍。

4.3.1 指定表空间

每个数据表必须有一个所属的表空间。如果在创建的时候没有指定表空间，默认情况下将创建的表建立在默认的表空间中。创建表时使用 TABLESPACE 关键字可以为表指定要保存的表空间名称。

指定表空间的语法格式如下：

```
TABLESPACE tablespace_name
```

【例 4.2】

创建一个包括学生编号、姓名、年龄、联系电话和家庭住址的 temp_student 学生信息表，再将该表指定到 temp 表空间中。相应的 SQL 语句如下：

```
SQL> CREATE TABLE temp_student (
  2  stu_id NUMBER(5) NOT NULL,
  3  name VARCHAR2(20),
  4  age NUMBER(3),
  5  phone VARCHAR2(20),
  6  address VARCHAR2(50),
  7  CONSTRAINT stu_id PRIMARY KEY(stu_id)
  8  ) tablespace temp;
```

【例 4.3】

通过 USER_USERS 视图的 DEFAULT_TABLESPACE 字段，可以查看系统默认表空间名称。如下语句查看默认的表空间：

```
SQL> SELECT DEFAULT_TABLESPACE FROM USER_USERS;
DEFAULT_TABLESPACE
------------------------------
USERS
```

通过 USER_TABLES 视图可以查看表空间的对应关系。语句如下：

```
SQL> SELECT TABLE_NAME,TABLESPACE_NAME FROM USER_TABLES;
```

如果不知道该表属于哪个表空间，或者某个表空间中存在哪些表，可以使用 WHERE 语句在 USER_TABLES 视图中查询。例如，如下语句查看 temp_student 表所在的表空间：

```
SQL>SELECT TABLE_NAME,TABLESPACE_NAME
  2  FROM USER_TABLES
  3  WHERE TABLE_NAME='TEMP_STUDENT';
TABLE_NAME              TABLESPACE_NAME
------------            ------------------------------
TEMP_STUDENT            TEMP
```

注意：在 WHERE 子句中，单引号里面的内容必须用大写，否则将无法查找相应的内容。

4.3.2 指定存储参数

在使用 CREATE TABLE 语句创建表时，如果希望对存储空间进行设置，那么就需要使用 STORAGE 子句。其语法格式如下：

```
STORAGE (INITIAL nk|M NEXT nk|M PCTINCREASE n)
```

其中各个参数含义如下。

- INITIAL：用来指定表中的数据分配的第一个盘区的大小，以 KB 或者 MB 为单位，默认值是 5 个 Oracle 数据块的大小。
- NEXT：用来指定表中的数据分配的第二个盘区的大小。该参数只有在字典管理的表空间中起作用，在本地化管理表空间中，该盘区大小将由 Oracle 自动决定。
- PCTINCREASE：用来指定表中的数据分配的第三个以及其后的盘区的大小，同样，在本地化管理表空间中，该参数不起作用。

注意：如果为已知数量的数据建立表，可以将 INITIAL 参数设置为一个可以容纳所有数据的值，这样，就可以将表中所有的数据存储在一个盘区，从而避免或者减少碎片的产生。

【例 4.4】

创建 student 表，并通过 STORAGE 子句指定初始存储空间大小为 128KB。示例代码如下：

```
SQL> CREATE TABLE students (
  2  stuid    NUMBER(10),
  3  stuname  VARCHAR2(10),
  4  stusex   CHAR(2),
  5  stubirth DATE,
  6  score    NUMBER(4),
  7  claid    NUMBER(4)
  8  )TABLESPACE users
  9  STORAGE (INITIAL 128k);
```

4.3.3 指定重做日志

重做日志用来存储对表的一些操作记录信息。重做日志文件的主要目的是，万一实例或者介质失败，重做日志文件可以作为一种维护备用数据库的方法来完成故障恢复。创建数据表时，可使用 LOGGING 子句指定将表的所有操作都记录到重做日志中。

【例 4.5】

创建 student 表，使用 LOGGING 子句将操作记录存储在日志文件中：

```
SQL> CREATE TABLE STUDENT(
  2  stuid    NUMBER(10),
  3  stuname  VARCHAR2(10),
  4  stusex   CHAR(2),
  5  stubirth DATE,
  6  score    NUMBER(4),
  7  claid    NUMBER(4)
  8  )TABLESPACE users
  9  LOGGING;
```

如果在 CREATE TABLE 语句中使用了 NOLOGGING 子句，则对该表的操作不会保存到日志文件中去。使用这种方式可以节省重做日志文件的存储空间。但是某些情况下，将无法使用数据库的恢复操作，从而无法防止数据信息的丢失。

> 提示：在没有使用 LOGGING 或者 NOLOGGING 子句的时候，Oracle 会默认使用 LOGGING 子句。

4.3.4 指定缓存

在创建表时，如果用户查询的数据已经被查询过，那么这些数据将会存放在数据库高速缓存中。当用户再次查询该数据时，存放在缓冲区的数据能够直接传送，不用执行磁盘读取操作，这样就可以加快查询速度，减少服务器的压力。

通常使用 CACHE 子句来对缓冲块进行读取、写入调度操作，这样在查询已经查询过的数据时，就不用再次查询数据库，从而加快了查询。

【例 4.6】

创建 student 表，并且使用 CACHE 关键字。相应的 SQL 语句如下：

```
SQL> CREATE TABLE STUDENT(
  2  stuid    NUMBER(10),
  3  stuname  VARCHAR2(10),
  4  stusex   CHAR(2),
  5  stubirth DATE,
  6  score    NUMBER(4),
  7  claid    NUMBER(4)
  8  )CACHE;
```

> 提示：在创建表的时候，默认使用 NOCACHE 子句，对于数据量小而且又是经常查询的表，可以指定 CACHE 子句，以便利用系统缓存提高对该表的查询效率。

4.4 修改表

表创建之后，便可以向其中填充数据了。在使用过程中，根据需求，可能要对表进行修改，包括修改表名、修改列、增加列或者修改表空间等。本节将对这些操作进行详细的介绍。

4.4.1 修改表名

对于已经存在的表，可以通过使用 ALTER TABLE … RENAME 关键字修改表的名称，语法格式如下：

```
ALTER TABLE table_name RENAME TO new_table_name;
```

各个参数的含义如下。
- table_name：要修改的表名。
- RENAME TO：表示修改关键字。
- new_table_name：表示修改之后的表名称。

【例 4.7】

将表 student2 修改为 student 表，如下所示：

```
SQL> ALTER TABLE student2 RENAME TO student;
Table altered
SQL> SELECT * FROM student2;
SELECT * FROM student2
ORA-00942: 表或视图不存在
SQL> DESC student;
名称              是否为空           类型
---------        --------------    ------------------------
NAME              Y                CHAR(10)
SCORE             Y                NUMBER(4)
CLAID             Y                NUMBER(4)
DATETIME          Y                DATE
```

上述语句将 student2 表修改为 student 表，使用 SELECT 语句进行查询的时候，此时运行异常，说明表已经不存在。使用 DESC 语句查看表结构，发现表名已经修改成功。

4.4.2 修改列

修改列包括修改列的名称、数据类型、数据精度以及默认值等操作。这需要使用 ALTER TABLE 语句，下面详细介绍各种修改方法。

1. 修改列名称

修改表中已经存在的列名称的语法如下:

```
ALTER TABLE table_name
RENAME COLUMN oldcolumn_name to newcolumn_name;
```

各个参数的含义如下。
- RENAME:修改列的关键字。
- table_name:表示列所属的表名称。
- oldcolumn_name:表示要修改的列名称。
- newcolumn_name:表示修改之后的列名称。

【例 4.8】
将数据表 student 中的 name 列修改为 stuname,如下所示:

```
SQL> ALTER TABLE student
  2  RENAME COLUMN name TO stuname;
Table altered
SQL> DESC student;
名称                 是否为空              类型
----------          ---------------      ---------------
STUNAME              Y                    CHAR(10)
SCORE                Y                    NUMBER(4)
CLAID                Y                    NUMBER(4)
DATETIME             Y                    DATE
```

2. 修改列数据类型以及数据精度

在修改数据类型时,要注意如果表中存在数据,那么修改的数据长度是不可逆的。也就是说,只能比修改前的长度大,而不能比修改之前的长度小。如果该表中没有数据,则可以将数据的长度由大值修改为小值。语法格式如下:

```
ALTER TABLE table_name
MODIFY column_name new_datatype;
```

其中,new_datatype 表示修改之后的数据类型。

【例 4.9】
修改 student 表中 name 列的数据类型为 char,长度为 20,如下所示:

```
SQL> ALTER TABLE student MODIFY name CHAR(20);
Table altered
SQL> DESC student;
名称                 是否为空              类型
---------           ---------------      --------------------
STUNAME              Y                    CHAR(20)
SCORE                Y                    NUMBER(4)
CLAID                Y                    NUMBER(4)
DATETIME             Y                    DATE
```

3. 修改列的默认值

列的默认值就是当对列对象不赋值时所使用的字母或者符号。列的默认值在没有设置的情况下为 null。

修改默认值的语法如下：

```
ALTER TABLE table_name
MODIFY(column_name DEFAULT default_value);
```

其中各个参数的含义如下。

- table_name：表示被修改数据列所属的表名称。
- column_name：表示要修改的列名。
- DEFAULT：默认值的关键字。
- default_value：表示修改之后的列的默认值。

【例 4.10】

将 student 表中 score 列的默认值修改为 0，如下所示：

```
SQL> ALTER TABLE student
  2  MODIFY(score DEFAULT 0);
Table altered
```

注意：如果对某个列的默认值进行更新，更改后的默认值只对后面的 INSERT 操作起作用，而对于先前的数据不起作用。

4.4.3 增加列

由于需求或者其他原因，可能需要向表中添加几列。这需要使用 ALTER TABLE ... ADD 关键字，语法如下：

```
ALTER TABLE table_name ADD list_name date_type;
```

其中的命令及参数说明如下。

- ALTER：修改关键字。
- TABLE：指定要修改表的名称。
- ADD：添加列的关键字。
- list_name：添加列的名称。
- date_type：列的数据类型以及大小。

【例 4.11】

向 student 表中添加一列 birdate，类型为 date，如下所示：

```
SQL> ALTER TABLE student ADD birdate date;
Table altered
```

使用 DESC 命令查看添加列后的 student 表结构，如下所示：

```
SQL> DESC student;
名称              是否为空           类型
--------         --------------   ----------------------------
NAME             Y                CHAR(10)
SCORE            Y                NUMBER(4)
CLAID            Y                NUMBER(4)
DATETIME         Y                DATE
BIRDATE          Y                DATE
```

 注意：如果要添加的列名已经存在，会出现错误。

4.4.4 删除列

在已经存在的数据表中删除原有的某列使用 ALTER TABLE … DROP 关键字。语法如下：

```
ALTER TABLE table_name DROP COLUMN list_name;
```

其中的命令及参数的含义如下。

- ALTER：修改关键字。
- TABLE：指定要修改的表名为 table_name。
- DROP COLUMN：删除列的关键字，删除名为 list_name 的列。

【例 4.12】

删除 student 表中的 birdate 列，如下所示：

```
SQL> ALTER TABLE student DROP COLUMN birdate
Table altered
SQL> DESC student;
名称              是否为空           类型
---------        --------------   ----------------------------
NAME             Y                CHAR(10)
SCORE            Y                NUMBER(4)
CLAID            Y                NUMBER(4)
DATETIME         Y                DATE
```

从上述结果中可以看出，birdate 列已经删除。

【例 4.13】

如果要删除单个列，则不能省去 COLUMN 关键字；要删除多个列时，可以省略该关键字，同时将多个列名放在一个括号内，列名和列名之间使用英文逗号隔开。

删除 student 表中的 name 和 score 列，如下所示：

```
SQL> ALTER TABLE student DROP (name,score);
Table altered
```

4.4.5 修改表空间和存储参数

除了对表名和列进行修改之外，还可以对创建表时指定的表空间和存储参数进行修改。

1. 修改表空间

将表从一个表空间移到另外一个表空间中，可以使用 ALTER TABLE ... MOVE 语句，具体的语法格式如下：

```
ALTER TABLE table_name MOVE TABLESPACE new_tablespace;
```

【例 4.14】

查询出前面创建的 student3 属于哪个表空间，并把 student3 存放到 SYSTEM 表空间。

首先查询 student 表所在的表空间，再将该表移动到 SYSTEM 表空间：

```
SQL> SELECT TABLESPACE_NAME,TABLE_NAME FROM USER_TABLES
  2  WHERE TABLE_NAME='STUDENT';
TABLESPACE_NAME                TABLE_NAME
------------------------------ ------------------------
USERS                          STUDENT
SQL> ALTER TABLE student
  2  MOVE TABLESPACE SYSTEM;
Table altered
SQL> SELECT TABLESPACE_NAME,TABLE_NAME FROM USER_TABLES
  2  WHERE TABLE_NAME='STUDENT';
TABLESPACE_NAME                TABLE_NAME
------------------------------ ------------------------
SYSTEM                         STUDENT
```

查询可以得出，student 表在修改之前存放在 USERS 表空间中，然后使用 ALTER TABLE 语句将其移动到 SYSTEM 表空间。再次查询会发现 student 表所在的表空间已经修改为 SYSTEM。

2. 修改表中的存储参数

修改好的表不仅可以修改所在的表空间，还可以对表中的存储参数 PCTFREE 和 PCTUSED 进行修改。

【例 4.15】

假设要修改 student 表的存储参数，可用如下语句：

```
SQL> ALTER TABLE student PCTFREE 40 PCTUSED 60;
Table altered
```

4.4.6 删除表

在 Oracle 中可以通过 DROP 语句删除数据表。但是要注意的是，删除表后，其中的数据也会被删除。因此，在使用的时候，要注意表中的数据是否还需要使用。

DROP 语句的语法格式如下：

```
DROP TABLE table_name [CASCADE CONSTRAINTS] [PURGE];
```

其中各个参数的含义如下。

- table_name：表示要删除表的名称。
- CASCADE CONSTRAINTS：可选参数。表示删除表的同时也删除该表的视图、索引、约束和触发器等。
- PURGE：可选参数，表示删除表成功后释放占用的资源。

【例 4.16】

假设要删除前面创建的 student 表，如下所示：

```
SQL> DROP TABLE student CASCADE CONSTRAINTS PURGE;
Table dropped
SQL> SELECT * FROM student;
SELECT * FROM student
ORA-00942：表或视图不存在
```

DROP 语句删除表之后，使用查询语句进行查询，出现表或视图不存在的错误，证明该表已经删除。

注意：要想删除其他模式中的表，当前登录的用户必须具备 DROP ANY TABLE 的权限。

4.5 约束表中的数据

数据库完整性(Database Integrity)是指数据库中数据的正确性和相容性，用来防止用户向数据库中添加不合语义的数据。数据库完整性是由各种各样的完整性约束来保证的，可以说，数据库完整性设计就是数据库完整性约束的设计。

在创建数据表之后，便可以向表中存储数据了。但是，由于数据是从外界输入的，而数据的输入由于种种原因，会发生输入无效或出现错误信息，为了保证输入的数据符合规定，Oracle 提供了大量的完整性约束。这些约束应用于基表，基表使用约束，确保表中值的正确性。本节将详细介绍 Oracle 中约束表数据的方法。

4.5.1 数据完整性简介

数据完整性是指数据库中数据的准确性和一致性。数据完整性是衡量数据库中数据质量好坏的一种标志，是确保数据库中数据一致、正确以及符合企业规则的一种思想。它可以使无序的数据条理化，确保正确的数据被存放在正确的位置上。

满足完整性要求的数据必须具有以下 3 个特点。

(1) 数据的值正确无误

首先，数据类型必须正确，其次，数据的值必须处于正确的范围内。

例如，在"图书管理系统"数据库的"图书明细表"中，"出版日期"一列必须满足取值范围在当前日期之前。

(2) 数据的存在必须确保同一表格数据之间的和谐关系

例如，在"图书明细表"的"图书编号"一列中，每一个编号对应一本图书，不可能将一个编号对应多本图书。

(3) 数据的存在必须能确保维护不同表之间的和谐关系

例如，在"图书明细表"中，"作者编号"一列对应"作者表"中的"作者编号"一列。在"图书明细表"中，"作者编号"列对应"作者表"中的作者编号及相关信息。

4.5.2 约束的分类和定义

在为约束进行分类时，根据分类角度的不同，约束类别也不相同。

(1) 根据约束的作用域，可以将约束分为以下两类。
- 表级别的约束：定义在表中，可以用于表中的多个列。
- 列级别的约束：对表中的一列进行约束，只能够应用于一个列。

(2) 根据约束的用途，可以将约束分为以下 5 类。
- PRIMARY KEY：主键约束。
- FOREIGN KEY：外键约束。
- UNIQUE：唯一性约束。
- NOT NULL：非空约束。
- CHECK：检查约束。

下面对这些常用约束以及其他类型进行总结说明，如表 4-2 所示。

表 4-2 约束的类型及其使用说明

约　束	约束类型	说　明
NOT NULL	C	指定一列不允许存储空值。这实际就是一种强制的 CHECK 约束
PRIMARY KEY	P	指定表的主键。主键由一列或多列组成，唯一标识表中的一行
UNIQUE	U	指定一列或一组只能存储唯一的值
CHECK	C	指定一列或一组列的值必须满足某种条件
FOREIGN KEY	R	指定表的外键，外键引用另外一个表中的一列，在自引用的情况中，则引用本表中的一列

在 Oracle 系统中定义约束时，使用 CONSTRAINT 关键字来为约束指定一个名称。如果没有指定，Oracle 将自动为约束建立默认名称。

> 提示：对约束的定义既可以在 CREATE TABLE 语句中进行，也可以在 ALTER TABLE 语句中进行。

4.5.3 非空约束

所谓非空约束，就是指限制一个列不允许有空值，与它对应的是空值约束，即 NULL 与 NOT NULL 约束。NULL 表示允许列为空，NOT NULL 表示不允许列为空。

列的为空性决定表中的行是否可为该列包含空值。出现 NULL 通常表示值未知或未定义。空值(或 NULL)不同于零、空白或者长度为零的字符串。NULL 的意思是没有输入。NOT NULL 则表示不允许为空值，即该列必须输入数据。

如果使用 NULL 约束，需要注意以下几点：

- 如果插入了一行，但没有为允许 NULL 值的列包含任何值，除非存在 DEFAULT 定义或 DEFAULT 对象，否则数据库引擎将提供 NULL 值。
- 用关键字 NULL 定义的列也接受用户的 NULL 显式输入，不论它是何种数据类型，或者是否有默认值与之关联。
- NULL 值不应放在引号内，否则会被解释为字符串"NULL"而不是空值。

1. 在创建表时使用 NOT NULL 约束

如果在创建一个表时，为表中的列指定 NOT NULL 约束，这时只需要在列的数据类型后面添加 NOT NULL 关键字即可。

【例 4.17】

创建一个 member 表，并给 name 列设置非空约束，如下所示：

```
SQL> CREATE TABLE member
  2  (id number(4),
  3  name varchar(10) not null);
Table created
```

2. 为已经创建的表添加 NOT NULL 约束

使用 ALTER TABLE ... MODIFY 语句为表添加 NOT NULL 约束时，如果表中该列的数据存在 NULL 值，则向该列添加 NOT NULL 约束将会失败。因为当为列添加 NOT NULL 约束时，Oracle 将检查表中的所有数据行，以保证所有行对应的该列都不能存在 NULL 值。

【例 4.18】

修改 member 表，将 name 列设置为不允许为空，如下所示：

```
SQL> ALTER TABLE member
  2  MODIFY name NOT NULL;
Table altered
```

3. 在添加 NOT NULL 约束时出现的错误

为表中的列定义 NOT NULL 约束之后，再向表中添加数据的时候，如果没有为对应的 NOT NULL 列提供数据，将返回一个错误提示。或者在表中已经存在空值数据的时候，再向表中添加 NOT NULL 约束，也会出现错误提示。

【例 4.19】

假设 member 表的 name 列不允许为空，下面的代码演示了插入空值时的错误信息：

```
SQL> INSERT INTO member VALUES(1,'xiake');
 1 row inserted
SQL> INSERT INTO member VALUES(2,NULL);
 INSERT INTO member VALUES(2,NULL)
```

```
ORA-01400: 无法将 NULL 插入 ("STUDENTSYS"."MEMBER"."NAME")
SQL> INSERT INTO member(id) VALUES(3);
INSERT INTO member(id) VALUES(3)
ORA-01400: 无法将 NULL 插入 ("STUDENTSYS"."MEMBER"."NAME")
```

通过以上结果可以看出，在为已经添加了 NOT NULL 约束的列添加信息的时候，必须保证 NOT NULL 约束的字段不含有 NULL 值。

【例 4.20】

假设 member1 表具有与 member 表相同的列，且没有定义非空约束。下面的示例演示了插入空值之后设置非空约束的错误：

```
SQL> INSERT INTO member1 VALUES(1,'xiake');
1 row inserted
SQL> INSERT INTO member1 VALUES(2,NULL);
1 row inserted
SQL> ALTER TABLE member1
  2  MODIFY name NOT NULL;

ALTER TABLE member1
MODIFY name NOT NULL
ORA-02296: 无法启用 (STUDENTSYS.) - 找到空值
```

4. 删除表中的 NOT NULL 约束

使用 ALTER TABLE … MODIFY 语句可以删除表中的非空约束。

【例 4.21】

假设要删除 member1 表 name 列上的非空约束，如下所示：

```
SQL> ALTER TABLE member1 MODIFY name NULL;
Table altered
SQL> DESC member1;
Name         Type           Nullable  Default  Comments
------       -------------  --------  -------  --------
AID          NUMBER(4)      Y
ANAME        VARCHAR(10)    Y
```

使用 ALTER TABLE … MODIFY 语句删除 name 列的非空约束之后，从 DESC 命令的结果会看到该列允许为空。

4.5.4 主键约束

主键约束又称为 PRIMARY KEY 约束，主键约束具有以下 3 个特点：
- 在一个表中，只能定义一个 PRIMARY KEY 约束。
- 定义为 PRIMARY KEY 的列或者列组合中，不能包含任何重复值，并且不能包含 NULL 值。
- Oracle 数据库会自动为具有 PRIMARY KEY 约束的列建立一个唯一索引，以及一个 NOT NULL 约束。

在定义 PRIMARY KEY 约束时，可以在列级别和表级别上分别进行定义：
- 如果主键约束是由一列组成，那么该主键约束被称为列级别上的约束。
- 如果主键约束定义在两个或两个以上的列上，则该主键约束被称为表级别约束。

 注意：PRIMARY KEY 约束不允许在表级别和列级别同时进行定义。

1. 在创建表时指定主键约束

在创建表时，如果要为一列指定主键约束，可以使用 CONSTRAINT 关键字，也可以直接在列数据类型之后进行定义。

【例 4.22】

创建一个 member2 表，为其中的 id 列添加主键约束，如下所示：

```
SQL> CREATE TABLE member2
  2  (id number(4),
  3  name varchar(10) not null,
  4  constraint id_pk primary key (id));
Table created
```

在创建表时，如果使用系统自动为主键约束分配名称的方式，则可以省略 CONSTRAINT 关键字，这时只能创建列级别的主键。例如：

```
SQL> CREATE TABLE member2
  2  (id number(4) primary key (id),
  3  name varchar(10) not null,
  4  );
Table created
```

2. 为已经创建的表添加主键约束

为已经创建的表添加主键约束时，需要使用 ADD CONSTRAINT 语句。

【例 4.23】

假设 member3 表具有与 member2 表相同的列，且没有定义主键约束。下面的示例对 member3 表进行修改，设置 name 列为主键约束：

```
SQL> ALTER TABLE member3
  2  ADD CONSTRAINT id_pk PRIMARY KEY(id);
Table altered
```

3. 添加主键约束出现操作错误

如果表中已经存在主键约束，则向该表中再添加主键约束时，系统将出现错误。

【例 4.24】

再次为已经创建好的 member3 表中的列 id 添加主键约束，如下所示：

```
SQL> ALTER TABLE member3
  2  ADD CONSTRAINT id_pk PRIMARY KEY(id);
ADD CONSTRAINT id_pk PRIMARY KEY(id)
```

第 2 行出现错误：
ORA-02260：表只能具有一个主键

4．删除主键约束

如果需要将表中的主键约束删除，可以使用 ALTER TABLE … DROP CONSTRAINT 语句。

【例 4.25】

假设要删除 member3 表 id 列上的主键约束，语句如下：

```
SQL>ALTER TABLE member3 DROP CONSTRAINT id_pk;
Table altered
```

4.5.5 唯一性约束

唯一性约束(UNIQUE)指定一个或多个列的组合的值具有唯一性，以防止在列中输入重复的值。唯一性约束指定的列可以有 NULL 属性。由于主键值是具有唯一性的，因此主键列不能再设定唯一性约束。

唯一性约束具有以下 4 个特点：

- 如果为列定义 UNIQUE 约束，那么该列中不能包括重复的值。
- 在同一个表中，可以为某一列定义 UNIQUE 约束，也可以为多个列定义 UNIQUE 约束。
- Oracle 将会自动为 UNIQUE 约束的列建立一个唯一索引。
- 可以在同一个列上建立 NOT NULL 约束和 UNIQUE 约束。

> **注意**：如果为列同时定义 UNIQUE 约束和 NOT NULL 约束，那么这两个约束的共同作用效果在功能上相当于 PRIMARY KEY 约束。

1．创建表时指定 UNIQUE 约束

在创建表时，可以对列使用 CONSTRAINT UNIQUE 语句添加唯一约束。

【例 4.26】

创建一个 member4 表，为其中的 id 列添加唯一约束，如下所示：

```
SQL> CREATE TABLE member4
  2  (id number(4) constraint id_uk unique,
  3  name varchar(10),
  4  );
Table created
```

> **注意**：如果为一个列添加了 UNIQUE 约束，却并没有添加 NOT NULL 约束，那么该列的数据可以包含多个 NULL 值。也就是说，多个 NULL 值不算重复值。

2. 为已经存在的列指定 UNIQUE 约束

假设 member5 表具有与 member4 表相同的列，且没有定义唯一约束。下面的语句对 member5 表进行修改，设置 id 列为唯一约束：

```
SQL> ALTER TABLE member5 ADD UNIQUE(id);
Table altered
```

3. 删除 UNIQUE 约束

如果需要将表中的 UNIQUE 约束删除，可以使用 ALTER TABLE … DROP UNIQUE 语句。

【例 4.27】

将已将创建好 UNIQUE 约束的 member5 表中的 id 列的约束删除，如下所示：

```
SQL> ALTER TABLE member5 DROP UNIQUE(id);
Table altered
```

4.5.6 检查约束

检查(CHECK)约束的作用是查询插入的数据是否满足了约束中指定的条件，如果满足，则将数据插入到数据表内，否则就返回异常。

检查约束具有以下几个特点：

- 在 CHECK 约束的表达式中，必须引用表中的一个或者多个列，表达式的运算结果是一个布尔值，且每列可以添加多个 CHECK 约束。
- 对于同一列，可以同时定义 CHECK 约束和 NOT NULL 约束。
- CHECK 约束既可以定义在列级别中，也可以定义在表级别中。

1. 创建 CHECK 约束

创建表时，如果需要为某一列添加检查约束，就需要使用 CHECK(约束条件)语句。其中，约束条件必须返回布尔值，这样插入数据时 Oracle 将会自动检查数据是否满足条件。

【例 4.28】

创建一个 member6 表，并且为 id 列设置 check 约束，如下所示：

```
SQL> CREATE TABLE member6
  2  (id number(4) constraint id_ck check(id<2014),
  3  name varchar(10),
  4  );
Table created
```

为了检验所添加的约束是否有用，向 member6 表中添加数据，如下所示：

```
SQL> INSERT INTO member6 VALUES(2014,'java班');
insert into member6 values(2014,'java班')
ORA-02290: 违反检查约束条件 (SCOTT.ID_CK)
SQL> INSERT INTO member6 VALUES (2006,'java班');
1 row inserted
```

由于第一行插入的数据不满足约束条件(id<2014),所以在添加数据的时候会出现异常。第二行语句没有违反约束条件,所以添加操作成功。

2. 对现有表添加 CHECK 约束

对现有表中的列添加 CHECK 约束需要使用 ALTER TABLE … ADD CHECK 语句。下面的语句为 member7 表的 id 列添加 CHECK 约束:

```
SQL> ALTER TABLE member7
  2  ADD CONSTRAINT id_ck CHECK(id<2014);
Table altered
```

3. 删除 CHECK 约束

如果要删除表中已经存在的 CHECK 约束,需要使用 ALTER TABLE … ADD CHECK 语句。下面的语句删除 member7 表的 CHECK 约束:

```
SQL> ALTER TABLE member7
  2  DROP CONSTRAINT id_ck;
Table altered
```

4.5.7 外键约束

外键约束是指 FOREIGN KEY 约束,作用是让两个表通过外键建立关系。在使用 FOREIGN KEY 约束时,被引用的列应该具有主键约束,或者具有唯一性约束。

要使用 FOREIGN KEY 约束,就应该具有以下 4 个条件:

- 如果为某列定义 FOREIGN KEY 约束,则该列的取值只能为相关表中引用列的值或者 NULL 值。
- 可以为一个字段定义 FOREIGN KEY 约束,也可以为多个字段的组合定义 FOREIGN KEY 约束。因此,FOREIGN KEY 约束既可以在列级别定义,也可以在表级别定义。
- 定义了 FOREIGN KEY 约束的外键列,与被引用的主键列可以存在于同一个表中,这种情况,称为"自引用"。
- 对于同一个字段,可以同时定义 FOREIGN KEY 约束和 NOT NULL 约束。

技巧:如果表中定义了外键约束,那么该表就被称为"子表",例如"学生表"。如果表中包含引用键,那么该表称为父表,例如"班级表"。

1. 创建表时使用外键约束

假设有一个学生表 student,其中包含学号(stuid)、姓名(stuname)和所在班级(claid)列。还有一个班级表 class,其中包含班级编号(claid)和班级名称(claname)列。根据班级所在关系,可以将学生表 student 中的所在班级(claid)列与班级表中的班级编号(claid)列设置为外键约束关系。

此时学生表 student 中的所在班级(claid)列必须来自班级表 class 中的 claid 列。如果班级表中的班级编号(claid)数据不存在，则无法向学生表 student 添加约束，会出现 FOREIGN KEY 约束错误。所以说，FOREIGN KEY 约束实现了两个表之间的参照完整性。

【例 4.29】

创建 class 表和 student 表，为 student 表中的 claid 列添加外键约束，指向 class 表中的 claid 列，如下所示：

```
SQL> CREATE TABLE class (
  2    claid number(4) not null primary key,
  3    claname varchar(10));
Table created
SQL> CREATE TABLE student (
  2    stuid number(4) not null,
  3    stuname varchar(10),
  4    claid number(4) references class(claid));
Table created
```

其中编号为 4 的这行代码，表示 student 表中 claid 列使用外键约束，并且指向 class 表中的 claid 列。

> **注意**：在为一个表创建外键约束之前，要确定父表已经存在，并且父表的引用列必须被定义为 UNIQUE 约束或者 PRIMARY KEY 约束。外键列和被引用列的列名可以不同，但是数据类型必须完全相同。

2. 对现有表创建 FOREIGN KEY 约束

对于已经存在的表，可以使用 ALTER CONSTRAINT FOREIGN KEY REFERENCES 子句来添加外键约束。

【例 4.30】

假设 class1 表和 student1 表已经创建，但是并没有添加外键约束。现在为 student1 表中的 claid 列添加外键约束，指向 class1 表中的 claid 列，外键约束名称为 cla_fk，如下所示：

```
SQL> ALTER TABLE student1
  2    ADD CONSTRAINT cla_fk FOREIGN KEY (claid)
  3    REFERENCES class1(claid);
Table altered
```

3. 删除外键约束

对于一些不需要的外键约束，可以使用 ALTER TABLE … DROP CONSTRAINT 语句进行删除。

【例 4.31】

删除 student1 表上的 cla_fk 外键约束，如下所示：

```
SQL> ALTER TABLE student1
  2    DROP CONSTRAINT cla_fk;
Table altered
```

4. 外键的引用类型

在定义外键约束的时候，还可以使用关键字 ON 指定引用行为类型。当删除父表中的一条数据记录时，通过引用行为，可以确定如何处理外键表中的外键列。引用类型可以分为 3 种：
- 使用 CASCADE 关键字。
- 使用 SET NULL 关键字。
- 使用 NO CATION 关键字。

如果在定义外键约束的时候使用 CASCADE 关键字，那么父表中被引用列的数据被删除时，子表中对应的数据也将被删除。

【例 4.32】

为 student1 表指定外键约束的引用类型为 CASCADE，如下所示：

```
SQL> ALTER TABLE student1
  2  ADD CONSTRAINT cla_fk FOREIGN KEY (claid)
  3  REFERENCES class1(claid) ON DELETE CASCADE;
Table altered
```

向 class1 表和 student1 表中添加多行数据，如下所示：

```
SQL> insert into class1 values(1,'java班');
1 row inserted
SQL> insert into class1 values(2,'web班');
1 row inserted
SQL> insert into student1 values(101,'王静',1);
1 row inserted
SQL> insert into student1 values(102,'李华',2);
1 row inserted
```

在表 class1 中将 claid 为 1 的数据删除，如下所示：

```
SQL> delete stuclas where claid=1;
1 row deleted
```

然后查看 student1 中的数据，发现 claid 为 1 的数据也被删除了，如下所示：

```
SQL> select * from fkstudent1;
STUID   STUNAME   CLAID
-----   -------   ----------
102     李华        2
```

如果在定义外键约束的时候使用 SET NULL 关键字，那么当父表被引用的列的数据被删除时，子表中对应的数据被设置为 NULL。要使这个关键字起作用，子表中对应的列必须要支持 NULL 值。

【例 4.33】

假设 student2 表与 student1 结构相同，下面为 student2 中的 claid 列指定外键约束，并设置引用类型为 SET NULL，如下所示：

```
SQL> ALTER TABLE student2
  2  ADD CONSTRAINT cla_fk FOREIGN KEY (claid)
```

```
  3 REFERENCES class1(claid) ON DELETE SET NULL;
Table altered
```

向 class1 表和 student2 表中添加多行数据，如下所示：

```
SQL> insert into class1 values(1,'java班');
1 row inserted
SQL> insert into student2 values(101,'王静',1);
1 row inserted
SQL> insert into student2 values(102,'李华',2);
1 row inserted
```

在 class1 表中将 claid 为 1 的数据删除，如下所示：

```
SQL> delete stuclas where claid=1;
1 row deleted
```

然后查看 student2 中的数据。发现 claid 为 1 的数据中 claid 列为空值，如下所示：

```
SQL> select * from fkstudent2;
STUID    STUNAME    CLAID
-----    -------    ----------
101      王静
102      李华           2
```

如果在定义外键约束的时候使用 NO CATION 关键字，那么当父表中被引用列的数据被删除时，将违反外键约束，该操作也将被禁止执行，这也是外键约束的默认引用类型。

> **注意**：在使用默认的引用类型的情况下，当删除父表中应用列的数据时，如果子表的外键列存储了该数据，那么删除操作将失败。

4.6 操作约束

上节详细介绍了每种约束的创建，以及对表添加约束的方法和删除约束的语句。约束也可以像表一样进行操作，例如查询约束中的信息，禁止约束和验证约束等。

4.6.1 查询约束信息

通过查询 Oracle 中的 USER_CONSTRAINTS 数据字典，可以获得当前用户模式中所有约束的基本信息。

表 4-3 列出了 USER_CONSTRAINTS 视图的常用字段及说明。

> **提示**：约束类型中 C 代表 CHECK 或 NOT NULL 约束，P 代表主键约束，R 代表外键约束，U 代表唯一约束，V 代表 CHECK OPTION 约束，O 代表 READONLY(只读)约束。

表 4-3 USER_CONSTRAINTS 视图的常用信息字段说明

列	类型	说明
owner	VARCHAR2(30)	约束的所有者
constraint_name	VARCHAR2(30)	约束名
constraint_type	VARCHAR2(1)	约束类型(P、R、C、U、V、O)
table_name	VARCHAR2(30)	约束所属的表
status	VARCHAR2(8)	约束状态(ENABLE、DISABLE)
deferrable	VARCHAR2(14)	约束是否也延迟(DEFERRABLE、NOTDEFERRABLE)
deferred	VARCHAR2(9)	约束是立即执行还是延迟执行(IMMEDIATE、DEFERRED)

【例 4.34】

查看 student 表中所有的约束信息，如下所示：

```
SQL> SELECT CONSTRAINT_NAME,CONSTRAINT_TYPE,DEFERRED,DEFERRABLE,STATUS
  2  FROM USER_CONSTRAINTS
  3  WHERE TABLE_NAME='STUDENT';
CONSTRAINT_NAME  CONSTRAINT_TYPE DEFERRED  DEFERRABLE      STATUS
---------------  --------------- --------  --------------  --------
SYS_C009771           C          IMMEDIATE NOT DEFERRABLE  ENABLED
STUID_CK              C          IMMEDIATE NOT DEFERRABLE  DISABLED
```

通过查询数据字典 USER_CONS_COLUMNS 可以了解定义约束的列。表 4-4 列出了 USER_CONS_COLUMNS 视图常用的字段及说明。

表 4-4 USER_CONS_COLUMNS 视图常用的信息字段说明

列	类型	说明
owner	VARCHAR2(30)	约束的所有者
constraint_name	VARCHAR2(30)	约束名
table_name	VARCHAR2(30)	约束所属的表
column_name	VARCHAR2(4000)	约束所定义的列

【例 4.35】

查看 student 表中所有的约束信息定义在哪个列上，如下所示：

```
SQL> SELECT CONSTRAINT_NAME,COLUMN_NAME
  2  FROM USER_CONS_COLUMNS
  3  WHERE TABLE_NAME='STUDENTABLE';

CONSTRAINT_NAME           COLUMN_NAME
----------------          ------------------------------
STUID_CK                  STUID
SYS_C009771               STUID
```

4.6.2 禁止和激活约束

在 Oracle 数据库中，根据对表的操作与约束规则之间的关系，将约束分为 DISABLE 和 ENABLE 两种约束，也就是说，可以通过这两个约束控制约束是禁用还是激活。

当约束状态处于激活状态时，如果对表的操作与约束规则相冲突，则操作就会被取消。在默认的情况下，新添加的约束是激活状态的。只有在手动配置的情况下，约束才可以被禁用。

- 禁止约束：DISABLE 关键字用来设置约束的状态为禁用状态。也就是说，约束状态为禁止的时候，即使对表的操作与约束规则相冲突，操作也会被执行。
- 激活约束：ENABLE 关键字用来设置约束的状态为激活状态。也就是说，约束状态激活的时候，如果对表的操作与约束规则相冲突，操作就会被取消。

【例 4.36】

在创建 student 表时，为 id 列指定 CHECK 约束，并将该约束设置为禁用状态，如下所示：

```
SQL>CREATE TABLE student (
  2  id number(4) not null,
  3  name varchar(10),
  4  claid number(4),
  5  CONSTRAINT id_ck CHECK (id>2002 DISABLE);
Table created
```

如果表已经创建，可以使用 ALTER TABLE 语句，使用 DISABLE 关键字可将激活状态切换到禁止状态。

【例 4.37】

对于现有表，可以使用 ALTER TABLE 语句将约束设置为禁用状态。例如，下面的语句将 student1 表中名为 id_ck 的约束设置为禁用状态：

```
SQL> ALTER TABLE student1 DISABLE CONSTRAINT id_ck;
Table altered
```

在使用 CREATE TABLE 或者 ALTER TABLE 语句定义表约束的时候，可以使用 ENABLE 关键字激活约束。如果需要将一个约束条件修改为激活状态，可以有以下两种方法。

【例 4.38】

使用 ALTER TABLE … ENABLE 语句将创建好的 student2 表中 id 列的 CHECK 约束 id_ck 修改为激活状态，如下所示：

```
SQL> ALTER TABLE student2 ENABLE CONSTRAINT id_ck;
Table altered
```

【例 4.39】

使用 ALTER TABLE … MODIFY … ENABLE 语句将 student2 表中 id 列的 CHECK 约束 id_ck 修改为激活状态，如下所示：

```
SQL> ALTER TABLE student2 MODIFY ENABLE CONSTRAINT id_ck;
Table altered
```

4.6.3 验证约束

激活和禁用设置了约束在有数据更新和插入时是否进行验证操作。在 Oracle 中，除了激活和禁用两种约束状态，还有验证约束状态。

约束的验证状态又有两种，一种是验证约束状态，如果约束处于验证状态，则在定义或者激活约束时，Oracle 将对表中所有已经存在的记录进行验证，检验是否满足约束限制；另外一种是非验证约束，如果约束处于非验证状态，则在定义或者激活约束时，Oracle 不会对表中已经存在的记录执行验证操作。

将禁止、激活、验证和非验证状态结合，可将约束分为 4 种状态，如表 4-5 所示。

表 4-5　约束的 4 种状态

状　　态	说　　明
激活验证状态 (ENABLE VALIDATE)	激活验证状态是默认状态，这种状态下，Oracle 数据库不仅对以后添加和更新数据进行约束检查，也会对表中已经存在的数据进行检查，从而保证表中的所有记录都满足约束限制
激活非验证状态 (ENABLE NOVALIDATE)	这种状态下，Oracle 数据库只对以后添加和更新的数据进行约束检查，而不检查表中已经存在的数据
禁止验证状态 (DISABLE VALIDATE)	这种状态下，Oracle 数据库对表中已经存在的记录执行约束检查，但是不允许对表执行添加和更新操作，因为这些操作无法得到约束检查
禁止非验证状态 (DISABLE NOVALIDATE)	这种状态下，无论是表中已经存在的记录，还是以后添加和更新的数据，Oracle 都不进行约束检查

【例 4.40】

通常情况下，可以使用 ALTER TABLE … MODIFY 语句，将约束在不同状态之间进行切换。例如，下面的语句将 student1 表中 id 列的约束状态修改为禁止非验证状态：

```
SQL> ALTER TABLE student1
  2 MODIFY CONSTRAINT id_ck DISABLE NOVALIDATE;
Table altered
```

技巧：在非验证状态下激活约束比在验证状态下激活约束节省时间。所以，在某些情况下，可以选择使用激活非验证状态。例如，当需要从外部数据源引入大量数据时。

4.6.4 延迟约束

所谓延迟约束，是指当执行增加和修改等操作时 Oracle 不会立即做出回应和处理，而是在规定条件下才会被执行。这样用户就可以改变检查的时机，例如将约束检查放在输入

结束后进行

默认情况下，约束延迟没有被开启，也就是说，在执行 INSERT 和 UPDATE 操作语句时，Oracle 程序将会马上做出对应的处理和操作，如果语句违反了约束，则相应的操作无效。要想对约束进行延迟，那么就使用 DEFERRABLE 关键字创建延迟约束。延迟约束还有以下两种初始状态。

- INITIALLY DEFERRED：约束的初始状态是延迟检查。
- INITIALLY IMMEDIATE：约束的初始状态是立即检查。

如果约束的延迟已经存在，则可以使用 SET CONSTRAINTS ALL 语句切换延迟状态。如果设置为 SET CONSTRAINTS ALL DEFERRED，则延迟检查；如果设置为 SET CONSTRAINTS ALL IMMEDIATE，则立即检查。

【例 4.41】

如果要想对单独的索引进行状态的设置，可以使用 ALTER TABLE … MODIFY 语句进行操作。例如，要将 student1 中的 id 列的 CHECK 约束 id_ck 设置为延迟检查，语句如下：

```
SQL> ALTER TABLE student1
  2  MODIFY CONSTRAINT id_ck INITIALLY DEFERRED;
alter table student1 modify constraint id_ck initially deferred
ORA-02447：无法延迟不可延迟的约束条件
```

由于 Oracle 不允许修改任何非延迟性约束的延迟状态，因此上面语句的 id_ck 约束无法修改为延迟约束。延迟约束是在事务被提交时强制执行的约束。添加约束时，可以通过 DEFERRED 子句来指定约束为延迟约束。约束一旦创建以后，就不能修改为 DEFERRED 延迟约束。解决办法就是删除该约束，在创建时指定为延迟约束，语句如下：

```
SQL> ALTER TABLE student1
  2  DROP CONSTRAINT id_ck;
Table altered
SQL> ALTER TABLE student1
  2  ADD CONSTRAINT id_ck CHECK(id>2004) DEFERRABLE INITIALLY DEFERRED;
Table altered
```

4.7　实践案例：创建药品信息表

本章从列的数据类型开始介绍，讲解了如何创建表，对表进行操作以及约束表数据的方法。本节将通过创建数据表保存药品信息，来综合实践这些内容。

(1) 创建一个数据表，保存药品的分类信息，包括类别编号、类别名称以及上级类别编号，共 3 列。相关语句如下：

```
CREATE TABLE MedicineClass
(
类别编号 number(4) NOT NULL,
类别名称 varchar2(50) NOT NULL,
上级类别编号 number(4) NULL
);
```

上述语句创建的数据表名称为 MedicineClass，其中类别编号和类别名称使用 NOT NULL 关键字指定不允许为空，而上级类别编号可以为空。

(2) 将 MedicineClass 表名修改为 md_class，相关语句如下：

```
ALTER TABLE medicineclass RENAME TO md_class;
```

(3) 将 md_class 表移动到 SYSTEM 表空间，相关语句如下：

```
SQL> ALTER TABLE md_class
  2  MOVE TABLESPACE SYSTEM;
```

(4) 在 SYSTEM 表空间中创建一个 md_info 表，保存药品信息，包括药品编号、药品名称、药品价格、药品编码和类别编号，除上级类别编号外，其他列都不允许为空：

```
CREATE TABLE md_info
(
药品编号 number(4) NOT NULL,
药品名称 varchar2(50) NOT NULL,
药品价格 REAL NOT NULL,
药品编码 varchar2(50) NOT NULL,
类别编号 number(4) NULL
)TABLESPACE SYSTEM;
```

(5) 将 md_class 表中的类别编号列设置为主键。相关语句如下：

```
ALTER TABLE md_class
ADD CONSTRAINT 编号pk PRIMARY KEY(类别编号);
```

(6) 将 md_info 表中的药品编号列设置为主键。相关语句如下：

```
ALTER TABLE md_info
ADD CONSTRAINT 药品编号pk PRIMARY KEY(药品编号);
```

(7) 对 md_info 表中的药品价格添加检查约束，使价格不能小于零。相关语句如下：

```
ALTER TABLE md_info
ADD CONSTRAINT price_ck CHECK(药品价格>0);
```

(8) 将 md_info 表中的类别编号列作为外键，关联 md_class 表的类别编号列：

```
ALTER TABLE md_info
ADD CONSTRAINT 类别编号fk FOREIGN KEY(类别编号)
REFERENCES md_class(类别编号);
```

4.8　思考与练习

1．填空题

(1) 在为表指定表空间的时候，最好不要将表指定在_____中。否则会影响数据库性能。

(2) _____是可变长度的数值类型，支持最大精度为 38。

(3) 指定表的缓存通常使用_____关键字。

(4) 假设要将 Product 表重命名为商品信息表，应该使用_____语句。

(5) 删除 Product 表的语句是_____。

2. 选择题

(1) 下面哪种数据类型不是 Oracle 中的数据类？_____

    A．NUMBER

    B．INT

    C．VARCHAR2

    D．STRING

(2) 下面几个语句中为学生表 STUDENT 添加一列学生性别 STUSEX(CHAR 类型)，正确的是_____。

    A．ALTER TABLE STUDENT DROP COLUMN STUSEX;

    B．ALTER TABLE STUDENT ADD STUSEX CHAR(2);

    C．ALTER TABLE STUDENT ADD STUSEX;

    D．ALTER TABLE STUDENT STUSEX CHAR(2);

(3) 如果某列设置了 PRIMARY KEY 约束，下面说法正确的是_____。

    A．空约束

    B．不允许出现多个 NULL

    C．可以为空

    D．不可以为空，同时也不可以重复

(4) 为列定义一个 CHECK 约束，希望该约束能对表中已存储的数据，以及以后向该表中添加或者修改的数据进行检查。就应该把该约束设置为_____状态。

    A．ENABLE VALIDATE

    B．ENABLE NOVALIDATE

    C．DISABLE VALIDATE

    D．DISABLE NOVALIDATE

(5) 通过_____语句对表进行删除操作。

    A．CONSTRAINT … PRIMARY KEY

    B．DROP USERS

    C．DROP TABLE

    D．CONSTRAINT UNIQUE

(6) 下面哪个约束表示该列的值不能重？_____

    A．NOT NULL

    B．UNIQUE

    C．PRIMARY KEY

    D．CHECK

3. 简答题

(1) 要向表中添加列有哪些实现方式？
(2) 简述在列中使用空和非空的意义。
(3) 简述 PRIMARY KEY 约束所受到的限制。
(4) 简述创建 FOREIGN KEY 约束时应遵循的基本原则。
(5) 什么是延迟约束？

4.9 练 一 练

作业：操作学生信息表

创建一个"学生信息"表，该表包括的列有"编号"、"学生编号"、"学生姓名"、"性别"、"政治面貌"和"家庭住址"。然后对该表执行如下操作。

(1) 将表名称修改为 studentsinfo。
(2) 将表移动到 USER 表空间。
(3) 设置"编号"列为主键。
(4) 设置"学生编号"不能为空，也不能重复。
(5) 设置"性别"列只能为"男"或者"女"。

第 5 章

查询表数据

数据是数据库的核心，数据库的所有功能都是围绕数据进行的。通过上一章的学习，我们掌握了如何管理和保存数据的数据表，如创建数据表、定义列数据类型和约束列等。本章将详细介绍从数据表中查询数据的方法。

在 Oracle 数据库系统中，通过使用 SELECT 语句就可以从数据库中按照用户的需要查询数据，并将查询结果以表格的形式输出。在使用 SELECT 语句查询数据时，还可以为结果集排序、分组和统计结果集。

本章学习目标：

- 掌握 SELECT 查询表中所有列和指定列的用法
- 掌握查询时为列添加别名的方法
- 掌握 SELECT 语句中 DISTINCT 和 TOP 的使用
- 掌握 WHERE 子句筛选结果条件的方法
- 掌握 GROUP BY 子句的使用
- 掌握 ORDER BY 子句的使用
- 掌握 HAVING 子句的使用

5.1 了解 SQL 语言

SQL(Structured Query Language)结构化查询语言,是一种数据库查询和程序设计语言,SQL 标准是由 ISO(国际标准组织)和 ANSI(美国国家标准化组织)共同制定的,主要用于存取数据以及查询、更新和管理关系数据库系统。

5.1.1 SQL 语言的特点

目前,几乎所有的数据库都支持 SQL 语言。SQL 语言是用来对数据库进行管理的标准语言,也是程序与数据库之间交互的桥梁。

SQL 语言具有如下几个特点:

- SQL 语言理解起来类似于英语的自然语言,非常简单,也很容易理解,这样就利于开发人员使用 SQL 语言对数据库进行操作。
- SQL 语言是一种非过程语言,也就是说,用户不需要了解具体操作的过程,也不必了解数据库的存储路径,只需要指定所需要的数据操作即可。
- SQL 语言是一种面向集合的语言,每个 SQL 命令的操作对象是一个或多个关系,结果也是一个关系。
- SQL 语言既是内置语言,同时也属于嵌入式语言。它可以嵌入到某一种主体语言中使用,同时也可以单独使用。内置语言可以独立使用交互命令,适用于终端用户、应用程序开发人员和数据库管理员;嵌入式语言使其能在高级语言中使用,利于应用程序开发人员开发应用程序。

5.1.2 SQL 语言分类

SQL 中的操作都是由 SQL 语句实现的。在 SQL 标准中,都大致可以划分为 5 类,它们分别为查询语句(SELECT)、数据操纵语言(DML)、数据定义语言(DLL)、事务控制(TC)语言和数据控制语言(DCL)。

1. 查询语句(SELECT)

使用 SQL 语言中的 SELECT 语句可以查询数据库表中存储的数据信息。

2. 数据操纵语言

数据操作语言(Data Manipulation Language,DML)中包括了插入、修改和删除数据等操作。数据更新操作对数据库有一定的风险,数据库管理系统必须在更改期内保护所存储的数据的一致性,确保数据有效,DML 语句主要有如下几种。

- INSERT:向表中添加行。
- UPDATE:修改行的内容。
- DELETE:删除行。
- MERGE:合并(插入或修改)。

3. 数据定义语言

数据定义语言(Data Definition Language，DDL)是指对数据的格式和形态下定义的 SQL 语言，是用户在建立数据库时首先要考虑的问题。数据定义语言可用来定义数据库、数据表及索引等。DDL 主要有如下几种基本的语句类型。

- CREATE：创建数据库结构。例如，CREATE TABLE 语句用于创建一个表；CREATE USER 用于创建一个数据库用户。
- ALTER：修改数据库结构。例如，ALTER TABLE 语句用于修改一个表。
- DROP：删除数据库结构。例如，DROP TABLE 语句用于删除一个表。
- RENAME：更改表名。
- TRUNCATE：删除表的全部内容。

4. 事务控制语言

事务控制语言(Transaction Control，TC)用于将对行所做的修改永久性地存储到表中，或者取消这些修改操作。事务控制语言主要有如下几种语句类型。

- COMMIT：永久性地保存对行所做的修改。
- ROLLBACK：取消对行所做的修改。
- SAVEPOINT：设置一个"保存点"，可以将对行的修改回滚到此点。

5. 数据控制语言

数据控制语言(Data Control Language，DCL)用于修改数据库结构的操作权限，可以针对数据库中的用户进行权限分配。DCL 主要有如下两种语句类型。

- GRANT：授予其他用户对数据库结构的访问权限。
- REVOKE：收回用户访问数据库结构的权限。

5.1.3 SQL 语句的编写规则

在使用 SQL 语言时，需要编写一些 SQL 操作语句，SQL 语句也有自己的定义规则。在编写 SQL 语句时，必须遵循下面的一些规则：

- SQL 关键字不区分大小写，既可以使用大写格式，也可以使用小写格式，或者混用大小写格式。
- 对象名和列名不区分大小写，他们既可以使用大写格式，也可以使用小写格式，或者混用大小写格式。
- 字符值和日期值区分大小写。当在 SQL 语句中引用字符值和日期值时，必须给出正确的大小写数据，否则不能返回正确信息。
- 在应用程序中编写 SQL 语句时，如果 SQL 语句文本很短，可以将语句文本放在一行上；如果 SQL 语句文本很长，可以将语句文本分布到多行上，并且可以通过使用跳格和缩进提高可读性。无论 SQL 语句长短，最终都要以分号结束。

5.2 了解 SELECT 语句的语法

SELECT 语句在 Oracle 中使用最为频繁，主要用于查询数据信息。SELECT 的语法格式如下：

```
SELECT [ALL|DISTINCT] select_list
FROM table_name
[WHERE<search_condition>]
[GROUP BY<group_by_expression>]
[HAVING<search_condition>]
[ORDER BY<order_by_expression> [ASC|DESC]]
```

上述语法格式中，在[]之内的子句表示可选项。各项具体说明如下。

- SELECT：查询需要返回的列。
- ALL | DISTINCT：用来标识在查询结果集中对相同行的处理，关键字 ALL 表示返回查询结果集的所有行，其中包括重复行；关键字 DISTINCT 表示如果结果集中有重复行，那么只显示一行，默认值为 ALL。
- select_list：如果返回多列，各个列名之间用逗号隔开；如果需要返回所有列的数据信息，则可以用"*"来表示。
- FROM：用来指定要查询的表或者视图的名称列表。
- table_name：要查询的表的名称。
- WHERE：用来指定搜索的限定条件。
- GROUP BY：用来设置查询结果的分组条件。根据 group_by_expression 中的限定条件对结果集进行分组。
- HAVING：与 GROUP BY 子句组合使用，用来对分组的结果进一步限定搜索条件。
- ORDER BY：用来指定结果集的排序方式，根据 order_by_expression 中的限定条件对结果集进行排序。
- ASC | DESC：ASC 表示升序排列；DESC 表示降序排列。

在 SELECT 语句中，FROM、WHERE、GROUP BY 和 ORDER BY 子句必须按照语法中列出的次序依次执行。例如，如果把 GROUP BY 放在 ORDER BY 子句之后，就会出现语法错误。

5.3 简 单 查 询

SELECT 语句最简单的用法是为变量赋值。在上节介绍 SELECT 的完整语法之后，本节将介绍 SELECT 语句在表中查询简单数据的方法，如获取所有行、获取指定列，以及排除重复数据等。

5.3.1 查询所有列

项目用表中，一部分表是可以直接展示的，要把表中所有的列及列数据展示出来，应使用"*"符号，它表示"所有的"。用"*"代替字段列表，就包含了所有字段。获取整张表的数据所使用的 SELECT 语句的语法如下：

```
SELECT * FROM 表名
```

【例 5.1】

假设要查询当前用户模式中 COURSE 表的所有列，使用的查询语句如下：

```
SQL> SELECT * FROM COURSE;
```

执行结果显示如下：

```
CNO    CNAME              CREDIT
-----  -----------------  ------
1094   java 编程基础        100
1098   C#编程基础           100
1101   oracle 数据库         80
1102   JSP 课程设计         100
1103   PHP 课程              80
1104   三大框架             100
```

提示：也可以使用"表名.*"来查询表中的所有列。在查询所有列的时候，不能再对列重命名。

5.3.2 查询指定列

将上面 SELECT 语法中的"*"换成所需字段的字段列表，就可以查询指定列数据，若将表中所有的列都放在这个列表中，将查询整张表的数据。语法如下：

```
SELECT 字段列表
FROM 表名
```

【例 5.2】

查询当前用户模式中 student 表的 SNO 字段、SNAME 字段、SSEX 字段、SBIRTH 字段和 SADRS 字段。查询语句如下：

```
SQL> SELECT SNO,SNAME,SSEX,SBIRTH,SADRS
  2  FROM student;
```

执行结果如下：

```
SNO        SNAME    SSEX     SBIRTH           SADRS
---------  -----    ------   --------------   -----------------
20110064   宋帅      男        1993/8/12        天津
20100092   李兵      男        1992/9/15        上海
20100094   刘瑞      女        1992/12/13       北京
```

20100099	张宁	女	1993/5/9	天津
20110001	张伟	女	1993/9/25	武汉
20110002	周会	女	1993/9/30	深圳
20110003	魏晨	男	1992/6/14	北京
20110012	张鹏	男	1992/3/19	南京

5.3.3 为结果列添加别名

在 SELECT 语句查询中使用别名，也就是为表中的列名另起一个名字，通常有两种实现方式。

第一种是采用符合 ANSI 规则的标准方法，即在列表达式中给出列名。

【例 5.3】

同样是查询 student 表的 SNO 字段、SNAME 字段、SSEX 字段、SBIRTH 字段和 SADRS 字段。这里要求将字段依次重命名为"编号"、"学生名称"、"性别"、"出生日期"和"籍贯"。

最终的 SELECT 语句如下：

```
SQL> SELECT SNO AS "学号",SNAME AS "学生姓名",SSEX AS "性别",SBIRTH AS "出生日期",SADRS AS "籍贯"
  2  FROM student;
```

执行后的结果如下：

学号	学生姓名	性别	出生日期	籍贯
20110064	宋帅	男	1993/8/12	天津
20100092	李兵	男	1992/9/15	上海
20100094	刘瑞	女	1992/12/13	北京
20100099	张宁	女	1993/5/9	天津
20110001	张伟	女	1993/9/25	武汉
20110002	周会	女	1993/9/30	深圳
20110003	魏晨	男	1992/6/14	北京
20110012	张鹏	男	1992/3/19	南京

第二种方法其实是上面的简化形式，即省略 AS 关键字。

【例 5.4】

对于上面的例子，可以修改为如下语句：

```
SQL> SELECT SNO  "学号",SNAME "学生姓名",SSEX "性别",SBIRTH "出生日期",SADRS "籍贯"
  2  FROM student;
```

执行后的结果与上例相同。

5.3.4 查询不重复数据

使用 DISTINCT 关键字筛选结果集，对于重复行只保留并显示一行。这里的"重复行"，是指结果集数据行的每个字段数据值都一样。

使用 DISTINCT 关键字的语法格式如下：

```
SELECT DISTINCT column 1[,column 2 ,..., column n]
FROM table_name
```

【例 5.5】

查询 student 表中 SADRS 字段的所有数据，并使用"学生所属城市"作为别名，SELECT 语句如下：

```
SQL> SELECT SADRS "学生所属城市" FROM student;
```

查询结果如下：

```
籍贯
------------------------------
天津
上海
北京
天津
武汉
深圳
北京
南京
```

在上述结果中，北京和天津都出现了两次。下面在 SELECT 语句中添加 DISTINCT 关键字筛选重复的值：

```
SQL> SELECT DISTINCT SADRS "学生所属城市" FROM student;
```

此时的结果如下，可以看到结果中仅保留了不重复的值：

```
学生所属城市
------------------------------
北京
武汉
深圳
天津
上海
南京
```

> 提示：在使用 DISTINCT 关键字时，如果表中存在多个为 NULL 的行，它们将作为相等处理。

5.3.5 查询计算列

在数据查询过程中，SELCET 子句后的 select list 列也可以是一个表达式，表达式是经过对某些列的计算而得到的结果数据。通过在 SELECT 语句中使用计算列，可以实现对表达式的查询。

【例 5.6】

在 student 表中的 sbirth 列保存的是学生出生日期,要根据该日期显示学生的年龄,可以通过当前日期减去出生日期来进行计算。

最终语句如下:

```
SQL> SELECT sno "学号",sname "姓名",
 FLOOR(MONTHS_BETWEEN(sysdate,sbirth)/12) "年龄"
 2 FROM student;
```

执行后的结果集如下所示,由于计算列在表中没有相应的列名,因此这里指定了一个别名"年龄":

```
     学号       姓名           年龄
---------- ------------ ------------
20110064   宋帅           20
20100092   李兵           21
20100094   刘瑞           21
20100099   张宁           21
20110001   张伟           20
20110002   周会           20
20110003   魏晨           21
20110012   张鹏           22
```

5.3.6 分页查询

在查询数据量比较大的数据时需要进行分页显示,使查询出来的数据信息按每页多少条记录的规律显示,这就用到了分页查询。

分页查询的一般格式为:

```
SELECT * FROM
   (  SELECT A.*, ROWNUM RN FROM
     ( SELECT * FROM table_name ) A
     WHERE ROWNUM<=number_hi
   )
WHERE RN >= number_lo
```

其中最内层的查询"SELECT * FROM table_name"表示不进行分页的原始查询语句,返回的结果是数据表中的所有数据。"ROWNUM<=number_hi 和 RN>=number_lo"控制分页查询的范围(表示每页从 number_lo 开始到 number_hi 之间的数据)。

上面给出的这个分页查询语句,在大多数情况拥有较高的效率。分页的目的就是控制输出结果集大小,将结果尽快地返回。在上面的分页查询语句中,这种考虑主要体现在"WHERE ROWNUM <=number_hi"语句上。

要选择第 number_lo 条到第 number_hi 条的记录,有两种方法,一种是上面例子中展示的在查询的第二层通过"ROWNUM <= number_hi"来控制最大值,在查询的最外层控制最小值。而另一种方式是去掉查询第二层的"WHERE ROWNUM <= number_hi"语句,在查询的最外层控制分页的最小值和最大值。

具体格式如下：

```
SELECT * FROM
    ( SELECT A.*, ROWNUM RN FROM
        (SELECT * FROM table_name) A
    )
WHERE RN BETWEEN number_lo AND number_hi
```

对比这两种写法，绝大多数情况下，第一个查询的效率比第二个高得多。这是由于 CBO 优化模式下，Oracle 可以将外层的查询条件推到内层查询中，以提高内层查询的执行效率。

对于第一个查询语句，第二层的查询条件"WHERE ROWNUM <= number_hi"就可以被 Oracle 推入到内层查询中，这样 Oracle 查询的结果一旦超过了 ROWNUM 限制条件，就终止查询将结果返回了。

而第二个查询语句，由于查询条件"BETWEEN number_lo AND number_hi"存在于查询的第三层，而 Oracle 无法将第三层的查询条件推到最内层(即使推到最内层，也没有意义，因为最内层查询不知道 RN 代表什么)。因此，对于第二个查询语句，Oracle 最内层返回给中间层的是所有满足条件的数据，而中间层返回给最外层的也是所有数据。数据的过滤在最外层完成，显然这个效率要比第一个查询低得多。

下面的例子对这两种方法的具体实现进行对比。

【例 5.7】

(1) 采用分页查询，查询出 student 表中从第 5 条到第 9 条的数据：

```
SQL> select * from (select A.*,rownum rn from (select * from student)A
where rownum<=9) where rn>=5;
STUID  STUNAME  STUSEX  STUBIRTH     SCORE   CLAID    RN
-----  -------  ------  -----------  ------  ------   ------
200405  周腾     男      1984-12-18    52       2       5
200406  马瑞     女      1984-1-1      59       3       6
200407  张华     女      1983-12-6     89       4       7
200408  安宁     男      1984-9-8      78       3       8
200409  李兵     男      1984-6-28     52       3       9
```

(2) 另一种是使用 BETWEEN AND 的语句：

```
select * from (select A.*,rownum rn from(select * from student)A) where
rn between 5 and 9;
```

执行结果会发现，两种查询语句的效果一样。

5.4 按条件查询

一个数据库表中可能会存放非常多的数据。在执行查询操作时，用户只需要查询表中的部分数据，而不是全部数据。

要根据一定条件查询数据库表中的部分数据，可以在 SELECT 语句中使用条件查询子句(即 WHERE 子句查询)，从而根据条件返回符合条件的结果集。

其语法格式如下所示：

```
SELECT [* | column]
FROM table_name
WHERE search_condition
```

在上面的语法格式中，search_conditions 表示为用户选取所需查询数据行的条件，即查询返回的行需要满足的条件。返回结果集中的行都满足 search_conditions 条件，不满足条件的行不会返回。

下面将对可以出现在 WHERE 子句中的各类条件进行详细介绍，如比较条件、范围条件以及列表条件等。

5.4.1 比较条件

WHERE 子句的比较运算符如表 5-1 所示。

表 5-1 比较运算符及含义

比较运算符	含 义	比较运算符	含 义
=	等于	<>、!=	不等于
<	小于	>	大于
<=	小于等于	>=	大于等于

使用这些比较运算符，可以对查询语句进行限制。具体语法如下：

```
WHERE expression1 comparison_operator expression2
```

语法说明如下。

- expression：表示要比较的表达式。
- comparison_operator：表示比较运算符。

下面用几个简单的例子，介绍比较运算符的具体用法。

【例 5.8】

使用简单的比较运算符，从 sscore 表中查询出成绩大于 85 的信息，如下所示：

```
SQL> SELECT sno "学号",cno "课程编号",sscore "成绩"
  2  FROM scores
  3  WHERE sscore>85;
    学号      课程编号      成绩
-------- ---------- ------------
20100094    1094          90
20100094    1098          92
20100099    1098          86
20110002    1102          86
20110012    1102          87
```

【例 5.9】

查询 sscore 表中性别为"女"的学生信息，如下所示：

```
SQL> SELECT sno,sname,ssex,sadrs
  2  FROM student
  3  WHERE ssex='女';
```

```
    SNO      SNAME    SSEX     SADRS
--------   ------   ------   --------------------
20100094   刘瑞      女       北京
20100099   张宁      女       天津
20110001   张伟      女       武汉
20110002   周会      女       深圳
```

由于性别列只有"男"和"女"两个值，因此也可以通过查询性别不等于"男"的信息返回上面的结果集：

```
SQL> SELECT sno,sname,ssex,sadrs
  2  FROM student
  3  WHERE ssex<>'男';
```

5.4.2 范围条件

在 WHERE 子句中，还可以使用范围条件查询指定范围内的数据。范围条件主要有两个：BETWEEN 与 NOT BETWEEN，具体的语法格式如下：

```
WHERE expression [NOT] BETWEEN value1 AND value2
```

参数说明如下。
- value1：表示范围的下限。
- value2：表示范围的上限。

注意 WHERE 子句中 value2 的值必须大于 value1 的值，否则将无法返回要查询的信息。

【例 5.10】

查询 scores 表成绩在 80 分和 90 分之间的学生信息，如下所示：

```
SQL> SELECT sno "学号",cno "课程编号",sscore "成绩"
  2  FROM scores
  3  WHERE sscore BETWEEN 80 AND 90;
    学号         课程编号    成绩
----------   ---------   ----
 20100092       1102       80
 20100094       1094       90
 20100099       1098       86
 20100099       1102       83
 20110002       1102       86
 20110012       1102       87
```

【例 5.11】

查询 scores 表成绩不在 80 分和 90 分之间的学生信息，如下所示：

```
SQL> SELECT sno "学号",cno "课程编号",sscore "成绩"
  2  FROM scores
  3  WHERE sscore NOT BETWEEN 80 AND 90;
    学号         课程编号    成绩
----------   ---------   -------
 20100092       1094       75
 20100094       1098       92
 20110001       1101       46
 20110001       1104       79
```

```
20110002            1104     71
20110003            1102     77
20110003            1103     60
20110012            1104     69
```

5.4.3 逻辑条件

当需要制定多个查询条件的时候，就要用到逻辑运算符。逻辑运算符有三个，分别是 AND、OR 和 NOT，它们可以连接多个查询条件，当条件成立时返回结果集。

下面具体给出这些逻辑运算符的含义。

- AND：用于合并简单条件和包括 NOT 的条件，并且只有当该运算符两边的所有条件都为 TRUE 时，才会返回该行数据的结果。否则返回 FALSE。
- OR：表示只要该运算符两边的条件中有一个条件为 TRUE 就返回 TRUE，即返回该行数据结果；否则就返回 FALSE。
- NOT：表示否认一个表达式，将一个表达式的结果取反。如果条件是 FALSE，则返回 TRUE；如果条件是 TRUE，则返回 FALSE。

逻辑条件的语法格式如下：

```
WHERE NOT expression|expression1 [AND|OR] expression2;
```

逻辑操作符 AND、OR、NOT 的优先级低于任何一种比较操作符，在这三个操作符中，NOT 优先级最高，AND 其次，OR 最低。如果要改变优先级，则需要使用括号。

下面几个例子，分别使用了不同的逻辑运算符，讲解具体的用法。

【例 5.12】

查询 student 表中性别为"女"，并且籍贯是"北京"的学生信息，如下所示：

```
SQL> SELECT SNO   "学号",SNAME "学生姓名",SSEX "性别",SBIRTH "出生日期",SADRS
"籍贯"
  2  FROM student
  3  WHERE ssex='女' AND sadrs='北京';
    学号      学生姓名     性别    出生日期       籍贯
--------  --------  ------  ----------  --------
 20100094    刘瑞       女    1992/12/13   北京
```

从上面的结果可以看出，查询出来的数据既满足"ssex='女'"条件又满足"sadrs='北京'"条件。

【例 5.13】

查询 student 表中性别为"女"，或者籍贯是"北京"的学生信息，如下所示：

```
SQL> SELECT SNO   "学号",SNAME "学生姓名",SSEX "性别",SBIRTH "出生日期",SADRS
"籍贯"
  2  FROM student
  3  WHERE ssex='女' OR sadrs='北京';
    学号      学生姓名     性别    出生日期       籍贯
--------  --------  ------  ----------  -------
 20100094    刘瑞       女    1992/12/13   北京
```

```
20100099      张宁      女      1993/5/9      天津
20110001      张伟      女      1993/9/25     武汉
20110002      周会      女      1993/9/30     深圳
20110003      魏晨      男      1992/6/14     北京
```

从输出中可以看出，有一个性别为"男"的也出现在结果中，因为该记录满足"sadrs='北京'"条件。

【例 5.14】

使用 NOT 逻辑操作符查询出 student 表中籍贯不在"天津"，且性别是"男"的学生信息，如下所示：

```
SQL> SELECT SNO "学号",SNAME "学生姓名",SSEX "性别",SBIRTH "出生日期",SADRS
"籍贯"
  2  FROM student
  3  WHERE NOT sadrs='天津' AND ssex='男';
    学号      学生姓名    性别     出生日期     籍贯
-------- -------- ------- ---------- ------
20100092      李兵      男      1992/9/15     上海
20110003      魏晨      男      1992/6/14     北京
20110012      张鹏      男      1992/3/19     南京
```

可以看出，"NOT sadrs='天津'"返回的是 sadrs 列不等于"天津"的情况。

5.4.4 模糊条件

在进行 SELECT 查询的时候，如果不能完全确定某些信息的查询条件，但这些信息又具有某些特征，Oracle 提供了模糊条件来解决这个问题。

在 WHERE 子句中使用字符匹配符 LIKE 或 NOT LIKE 可以把表达式与字符串进行比较，从而实现对字符串的模糊查询。字符匹配符的语法格式如下：

```
WHERE expression [NOT] LIKE 'string'
```

其中，string 表示进行比较的字符串。

WHERE 子句可以实现对字符串的模糊匹配。进行模糊匹配时，可以在 string 字符串中使用通配符。使用通配符时，必须将字符串和通配符都用单引号括起来。

下边是两种常用的通配符。

- %(百分号)：用于表示 0 个或者多个字符。
- _(下划线)：用于表示单个字符。

注意：在 Oracle 中，字符串是严格区分大小写的，例如'%a'和'%A'表示不同的两个字符串，应该格外注意。

【例 5.15】

查询 student 表中张姓同学的信息，如下所示：

```
SQL> SELECT SNO "学号",SNAME "学生姓名",SSEX "性别",SBIRTH "出生日期",SADRS
"籍贯"
  2  FROM student
```

```
  3  WHERE sname LIKE '张%';
     学号        学生姓名   性别    出生日期      籍贯
  ----------   --------  -----  ---------   --------
   20100099     张宁       女    1993/5/9     天津
   20110001     张伟       女    1993/9/25    武汉
   20110012     张鹏       男    1992/3/19    南京
```

【例 5.16】

从考试成绩表 sscore 中查询出分数第 2 位是零的成绩信息，如下所示：

```
SQL> SELECT sno "学号",cno "课程编号",sscore "成绩"
  2  FROM scores
  3  WHERE sscore LIKE '_0%';
     学号        课程编号   成绩
  ----------   --------  ------
   20100092     1102      80
   20100094     1094      90
   20110003     1103      60
```

其中单引号里面为 1 个下划线，因为已经确定了第几个数字是确定值，因此前面的未知字符的数量也可以确定。有几个字符，就需要几个下划线。这里，不确定第 3 个数字之后是什么数值，因此条件最后使用"%"通配符。

5.4.5 列表运算符

列表运算符包括关键字 IN 和 NOT IN，主要用于查询属性值是否属于指定集合的元素。当列或者表达式结果与列表中的任一值匹配时返回 TRUE。具体的语法格式如下：

```
WHERE expression [NOT] IN value_list
```

其中，value_list 表示值列表，列表可以有一个或多个数据值，放在小括号()内，并用半角逗号隔开。

> **注意**：在 IN 或者 NOT IN 之后的 value_list 不允许为空值，也就是 value_list 不为 null。

【例 5.17】

查询 student 表中籍贯为"北京"和"天津"的学生信息，如下所示：

```
SQL> SELECT SNO "学号",SNAME "学生姓名",SSEX "性别",SBIRTH "出生日期",SADRS
"籍贯"
  2  FROM student
  3  WHERE sadrs IN ('北京','天津');
     学号        学生姓名   性别    出生日期       籍贯
  ----------   --------  -----  ----------   --------
   20110064     宋帅       男    1993/8/12     天津
   20100094     刘瑞       女    1992/12/13    北京
   20100099     张宁       女    1993/5/9      天津
   20110003     魏晨       男    1992/6/14     北京
```

【例 5.18】

查询 student 表中籍贯不是"北京"和"天津"的学生信息，如下所示：

```
SQL> SELECT SNO "学号",SNAME "学生姓名",SSEX "性别",SBIRTH "出生日期",SADRS
"籍贯"
  2  FROM student
  3  WHERE sadrs NOT IN ('北京','天津');

   学号      学生姓名   性别    出生日期       籍贯
---------- -------- ------ ---------- ------
  20100092   李兵      男     1992/9/15      上海
  20110001   张伟      女     1993/9/25      武汉
  20110002   周会      女     1993/9/30      深圳
  20110012   张鹏      男     1992/3/19      南京
```

5.4.6 未知值条件

在 WHERE 子句中运用 IS NULL 关键字可以查询到数据表中为 NULL 的字段；反之，使用 IS NOT NULL 可以查询不为 NULL 的值，语法格式如下：

```
WHERE column IS NULL|IS NOT NULL
```

【例 5.19】

查询 student 表性别为空的学生信息，语句如下：

```
SQL> SELECT SNO "学号",SNAME "学生姓名",SSEX "性别",SBIRTH "出生日期",SADRS
"籍贯"
  2  FROM student
  3  WHERE ssex IS NULL;

   学号      学生姓名   性别    出生日期       籍贯
---------- -------- -------- ---------- ------
  20110058   刘丽            1991/8/1       南京
  20110065   陈斌            1992/4/12      上海
```

下面的语句从 student 表中查询出性别不为空的学生信息：

```
SQL> SELECT SNO "学号",SNAME "学生姓名",SSEX "性别",SBIRTH "出生日期",SADRS
"籍贯"
  2  FROM student
  3  WHERE ssex IS NOT NULL;
```

5.5 规范查询结果

WHERE 子句只能对数据表进行筛选，以获得满足条件的数据。如果要对 SELECT 的查询结果进行规范，就需要借助于其他子语句，例如，用 ORDER BY 子句进行排序、用 GROUP BY 子句进行分组，以及用 HAVING 子句进行统计等。

5.5.1 排序

对结果集进行排序，使得返回的结果集按照需求升序或者降序排列，语法格式如下：

```
SELECT <column1,column2,column3,...> FROM table_name
WHERE expression
ORDER BY column1[,column2,column3,...][ASC|DESC]
```

其中各个参数的含义如下。

- ORDER BY column：表示按列名 column 进行排序。
- ASC：指定升序排列。
- DESC：指定降序排列。

> 提示：默认的情况下，当使用 ORDER BY 执行排序操作的时候，数据以升序方式排列。

【例 5.20】

对 scores 表按照成绩进行升序排列显示，如下所示：

```
SQL> SELECT sno "学号",cno "课程编号",sscore "成绩"
  2  FROM scores
  3  ORDER BY sscore;
     学号         课程编号      成绩
---------- ---------- ------
  20110001       1101     46
  20110003       1103     60
  20110012       1104     69
  20110002       1104     71
  20100092       1094     75
  20110003       1102     77
  20110001       1104     79
  20100092       1102     80
  20100099       1102     83
  20110002       1102     86
  20100099       1098     86
  20110012       1102     87
  20100094       1094     90
  20100094       1098     92
```

【例 5.21】

在 student 表中先按性别进行排序，再按出生日期降序排列显示，如下所示：

```
SQL> SELECT SNO  "学号",SNAME "学生姓名",SSEX "性别",SBIRTH "出生日期",SADRS
"籍贯"
  2  FROM student
  3  ORDER BY ssex,sbirth DESC;
     学号       学生姓名    性别     出生日期        籍贯
---------- ------ ----- ---------- -------
  20110064    宋帅       男      1993/8/12     天津
  20100092    李兵       男      1992/9/15     上海
```

20110003	魏晨	男	1992/6/14	北京
20110012	张鹏	男	1992/3/19	南京
20110002	周会	女	1993/9/30	深圳
20110001	张伟	女	1993/9/25	武汉
20100099	张宁	女	1993/5/9	天津
20100094	刘瑞	女	1992/12/13	北京
20110065	陈斌		1992/4/12	上海
20110058	刘丽		1991/8/1	南京

由上述结果可以看出，在使用多列进行排序时，Oracle 会先按第一列进行排序，然后使用第二列对前面的排序结果中相同的值再进行排序。

5.5.2 分组

有时候，要把一个表中的行分为多个组，然后获取每个行组的信息。Oracle 提供了关键字 GROUP BY。GROUP BY 用于对查询结果进行分组统计。具体语法如下：

```
SELECT <column1,column2,column3,...> FROM table_name
GROUP BY column1[,column2,column3,...]
```

GROUP BY 子句通常与统计函数一起使用，常见的统计函数如表 5-2 所示。

表 5-2　常用的统计函数

函数名称	功　　能
COUNT()	求组中项目数，返回整数
SUM()	求和，返回表达式中所有值的和
AVG()	求平均值，返回表达式中所有值的平均值
MAX()	求最大值，返回表达式中所有值的最大值
MIN()	求最小值，返回表达式中所有值的最小值

使用 GROUP BY 有单列分组和多列分组的情况。
- 单列分组：指在 GROUP BY 子句中使用单个列生成分组统计结果。当进行单列分组时，会基于列的每个不同值生成一个数据统计结果。
- 多列分组：指在 GROUP BY 子句中使用两个或两个以上的列生成分组统计结果。当进行多列分组时，会基于多个列的不同值生成数据统计结果。

【例 5.22】

统计 student 表中每种性别的人数，如下所示：

```
SQL> SELECT ssex "性别",COUNT(*) "人数"
  2  FROM student
  3  GROUP BY ssex;
性别       人数
--------- ---------
NULL       2
男         4
女         4
```

【例 5.23】

从 scores 表中根据课程编号统计出最高分、最低分、总分和平均分,如下所示:

```
SQL> select cno "课程编号",MAX(sscore) "最高分",MIN(sscore) "最低分",SUM(sscore) "总分", AVG(sscore) "平均分"
  2  FROM scores
  3  GROUP BY cno;

课程编号      最高分      最低分       总分      平均分
----------  --------  --------  --------  --------
   1098         92         86       178        89
   1103         60         60        60        60
   1094         90         75       165      82.5
   1101         46         46        46        46
   1104         79         69       219        73
   1102         87         77       413      82.6
```

5.5.3 筛选

使用 GROUP BY 语句和统计函数结合,可以完成结果集的粗略统计,本节使用 HAVING 实现结果集的筛选。

使用 HAVING 语句查询与使用 WHERE 关键字类似,在关键字后面插入条件表达式来规范查询结果,两者的不同体现在如下几点:

- WHERE 关键字针对的是列的数据,HAVING 针对结果组。
- WHERE 关键字不能与统计函数一起使用,而 HAVING 语句可以,且一般都与统计函数结合使用。
- WHERE 关键字在分组前对数据进行过滤,HAVING 语句只过滤分组后的数据。

【例 5.24】

在前面的例 5.23 中,显示了所有课程编号,假设希望在该结果集的基础上再筛选出最高分在 80 分以上的信息,就需要使用 HAVING 语句,实现语句如下:

```
SQL> select cno "课程编号",MAX(sscore) "最高分",MIN(sscore) "最低分",SUM(sscore) "总分", AVG(sscore) "平均分"
  2  FROM scores
  3  GROUP BY cno
  4  HAVING MAX(sscore)>80;

课程编号      最高分      最低分       总分      平均分
--------  ----------  --------  --------  ---------
   1098         92         86       178        89
   1094         90         75       165      82.5
   1102         87         77       413      82.6
```

5.6 实践案例:查询药品信息

在本章首先介绍了 SELECT 语句的语法,然后详细介绍了如何使用 SELECT 语句按照用户的需求从数据表中查询数据,并将查询结果格式化后输出。

本节以一个药品信息表为例,使用 SELECT 语句进行各种数据的查询。表 5-3 为图书信息 MedicineDetail 表的结构定义。

表 5-3 MedicineDetail 表的结构

列 名	数据类型	是否允许为空	备 注
ProviderName	varchar2(50)	否	生产厂家
MedicineId	int	否	药品编号
MedicineCode	varchar2(10)	否	药品编码
MedicineName	varchar2(50)	否	药品名称
MultPrice	int	否	批发价格
ShowPrice	int	否	零售价格
ReBuyStandard	int	否	批发标准
MultAmount	varchar2(50)	否	单位

对 MedicineDetail 表完成如下查询。

(1) 查询 MedicineDetail 表中的所有内容:

```
SELECT * FROM MedicineDetail
```

(2) 仅查询出 MedicineId 字段、MedicineName 字段、ShowPrice 字段、MultiAmount 字段和 ProviderName 字段:

```
SELECT MedicineId,MedicineName,ShowPrice,MultiAmount,ProviderName
FROM MedicineDetail
```

(3) 同样查询 MedicineId 字段、MedicineName 字段、ShowPrice 字段、MultiAmount 字段和 ProviderName 字段。这里要求将字段依次重命名为"编号"、"药品名称"、"零售价格"、"单位"和"生产厂家":

```
SELECT MedicineId "编号",MedicineName "药品名称",ShowPrice "零售价格
",MultiAmount "单位",ProviderName "生产厂家"
FROM MedicineDetail
```

(4) 查询 MultiAmout 字段的所有数据,要求筛选重复的值,用"药品单位"作为别名:

```
SELECT DISTINCT MultiAmount AS "药品单位"
FROM MedicineDetail
```

(5) 查询价格在 43 元以上的药品的编号、药品名称和药品价格:

```
SELECT MedicineId "编号",MedicineName "药品名称",ShowPrice "价格"
FROM MedicineDetail
WHERE ShowPrice>43
```

(6) 查找价格小于 20 元的药品信息,或者规格为"每箱 10 盒"的药品信息:

```
SELECT MedicineId "编号",MedicineName "药品名称",ShowPrice "价格",
MultiAmount "规格"
```

```
FROM MedicineDetail
WHERE MultiAmount='每箱10盒' OR ShowPrice<20
```

(7) 查询出所有药品名称包含"素"的数据，结果包括编号、药品名称、价格和规格信息：

```
SELECT MedicineId "编号",MedicineName "药品名称",ShowPrice "价格",
MultiAmount "规格"
FROM MedicineDetail
WHERE MedicineName LIKE '%素%'
```

(8) 查询出所有药品信息的编号、药品名称、生产厂家和价格，要求按价格降序排序，按编号升序排序显示：

```
SELECT MedicineId "编号",MedicineName "药品名称",ProviderName "生产厂家",
ShowPrice "价格"
FROM MedicineDetail
ORDER BY ShowPrice DESC,MedicineID
```

(9) 统计每个厂家生产药品的数量：

```
SELECT ProviderName "生产厂家",COUNT(*) "药品数量"
FROM MedicineDetail
GROUP BY ProviderName
```

5.7 思考与练习

1. 填空题

(1) 在为列名指定别名的时候，为了方便，可以省略_____关键字。

(2) 在 SELECT 查询语句中，使用_____关键字可以消除重复行。

(3) 使用 GROUP BY 进行排序的时候，使用 ASC 关键字升序，使用_____关键字降序。

(4) 在 WHERE 子句中，通配符_____可以表示任意多个字符。

(5) 逻辑运算符有 OR、_____和 AND。

(6) HACING 通常都与_____子句一起使用，用来显示分组查询的结果。

2. 选择题

(1) WHERE 子句的作用是用来指定_____。
  A. 查询结果的分组条件   B. 结果集的排序方式
  C. 组或聚合的搜索条件   D. 限定返回行的搜索条件

(2) GROUP BY 分组查询中可以使用的函数是_____。
  A. COUNT   B. SUM
  C. MAX   D. 上述都可以

(3) 当利用 IN 关键字进行子查询时，能在 SELECT 子句中指定_____列名。

    A．1 个   B．2 个

    C．3 个   D．任意多个

（4）使用_____关键字可以将返回的结果集数据按照指定的条件进行分组。

    A．GROUP BY   B．HAVING

    C．ORDER BY   D．DISTINCT

（5）使用_____函数可以返回表达式中所有值的平均值。

    A．AVG()   B．MAX()

    C．MIN()   D．COUNT()

3．简答题

（1）简述 SELECT 语句的基本用法。

（2）DISTINCT 子句的作用是什么？

（3）简述 WHERE 子句可以使用的搜索条件及意义。

（4）简述 HAVING 子句的作用及意义。

5.8 练 一 练

作业：查询商品管理系统的数据信息

假设存在商场商品管理系统，数据库中包含了如下几个表。

- 货架信息表 helf：包含货架编号 Sno、货架名称 Sname、货架分类性质 Stype。
- 商品信息表 Product：包含商品编号 Pno、商品名称 Pname、商品分类性质 Ptype、商品价格 Pprice、商品进货日期 Ptime、商品过期时间 Pdate。
- 分类信息表 Part：包含商品编号 Pno、货架编号 Sno。

根据具体功能，创建需要的表，查询需要的表数据，具体要求如下。

（1）查询商品信息表，并且为列名增加别名。

（2）查询商品价格信息，并且按商品价格降序排列。

（3）查询出每件商品的保质期。

（4）将货架信息表和商品信息表连接，查询出每个商品所属的货架信息。

（5）删除商品信息表中已经过期的商品信息。

第 6 章

高级查询

在实际查询应用中,用户所需要的数据并不全部都在一个表中,而是存放在多个表中,这时就要使用多表查询。即查询时使用多个表中的数据来组合,再从中获取出所需要的数据信息。多表查询实际上是通过各个表之间共同列的相关性来查询数据,是数据库查询最主要的特征。

本章将详细介绍多表之间复杂数据查询的方法,如使用子查询、多表连接、内连接和外连接等。

本章学习目标:

- ➥ 了解子查询的类型
- ➥ 熟练掌握单行、多行和嵌套子查询的使用
- ➥ 熟练掌握在 UPDATE 和 DELETE 语句中使用子查询
- ➥ 了解多表连接
- ➥ 熟练掌握内连接
- ➥ 熟练掌握左外连接和右外连接
- ➥ 熟悉交叉连接
- ➥ 掌握 UNION 操作的使用
- ➥ 熟悉差查询和交查询

6.1 子查询

子查询是指插入在其他 SQL 语句中的 SELECT 语句,也称为嵌套查询。使用子查询主要是将结果作为外部主查询的查询条件来使用的查询。根据子查询返回的结果不同,可以分为单行子查询、多行子查询和多列子查询。

6.1.1 子查询的注意事项

在一个顶级的查询中,Oracle 数据库对 FROM 子句的嵌套层数没有限制,但是在一个 WHERE 子句中,可以嵌套 255 层子查询。

使用子查询时,要注意如下问题:

- 要将子查询放入圆括号内。
- 子查询可出现在 WHERE 子句、FROM 子句、SELECT 列表(此处只能是一个单行子查询)和 HAVING 子句中。
- 子查询不能出现在主查询的 GROUP BY 语句中。
- 子查询和主查询可以使用不同表,只要子查询返回的结果能够被主查询使用即可。
- 单行子查询只能使用单行操作符,多行子查询只能使用多行操作符。
- 在多行子查询中,ALL 和 ANY 操作符不能单独使用,而只能与单行比较符(=、<、>、<=、>=、<>)结合使用。
- 要注意子查询中的空值问题。如果子查询返回了一个空值,则主查询将不会查到任何结果。
- 在 WHERE 子句和 SET 子句中进行子查询的时候,不能带有 GROUP BY 子句。

6.1.2 在 WHERE 子句中的单行子查询

单行子查询是指不向外部的 SQL 语句返回结果,或者只返回一行。单行子查询的一种特殊情况是精确包含一行,这种查询称为标量子查询。

通常将子查询放入另一个查询的 WHERE 语句中,也就是将查询返回的结果作为外部 WHERE 查询的条件。语法格式如下:

```
SELECT select_list
FROM table_name
WHERE search_condition
(SELECT select_list FROM table_name)
```

【例 6.1】

在 studentsys 模式中查询出学生李兵的考试成绩信息,包括学号、课程编号和分数,如下所示:

```
SQL> SELECT SNO "学号",CNO "课程编号",SSCORE "分数"
```

```
  2  FROM scores
  3  WHERE SNO=
  4  (SELECT sno FROM student WHERE sname='李兵');
    学号        课程编号      分数
---------- ---------- --------
 20100092      1094       75
 20100092      1102       80
```

对上面的子查询进行分解，首先运行 WHERE 子句中的 SELECT 语句：

```
SQL> SELECT sno FROM student WHERE sname='李兵';
    SNO
---------------
 20100092
```

上述 WHERE 子句中，括号里面的查询子句返回学生为李兵的 sno 列(学号)值。该行的 sno 为 20100092，它又被传递给外部查询的 WHERE 子句。然后再执行外部 WHERE 子句。因此外部查询就可以等价为查询 sno 为 20100092 行的 sno、cno 和 sscore 列信息：

```
SQL> SELECT SNO "学号",CNO "课程编号",SSCORE "分数"
  2  FROM scores
  3  WHERE SNO='20100092';
    学号        课程编号      分数
---------- ---------- --------
 20100092      1094       75
 20100092      1102       80
```

上述例子使用的是比较运算符(=)，在单行子查询中也可以使用其他的比较运算符，例如>、<、>=、<=、<>和!=。

【例 6.2】

从 scores 表中查询出高于平均分的考试成绩信息，包括学号、课程编号和分数：

```
SQL> SELECT SNO "学号",CNO "课程编号",SSCORE "分数"
  2  FROM scores
  3  WHERE sscore>(
  4     SELECT AVG(sscore) FROM scores);
    学号      课程编号    分数
----------- -------- -------
 20100092     1102      80
 20100094     1094      90
 20100094     1098      92
 20100099     1098      86
 20100099     1102      83
 20110001     1104      79
 20110002     1102      86
 20110012     1102      87
```

上述语句中，首先执行 WHERE 的子查询，计算出所有成绩的平均值，然后将查询出的结果返回到外部查询中进行查询，最终查询出大于该平均值的成绩信息。

 注意：查询语句先执行 WHERE 子句中括号里面的查询子句，并且只执行一次。

6.1.3 在 HAVING 子句中的单行子查询

HAVING 子句的作用是对行组进行过滤，在外部查询的 HAVING 子句中也可以使用子查询，这样就可以基于子查询返回的结果对行组进行过滤。

【例 6.3】

从 scores 表中查询出课程平均成绩低于课程最高平均值的课程编号和平均成绩，如下所示：

```
SQL> SELECT CNO "课程编号",AVG(sscore) "平均成绩" FROM scores
  2  GROUP BY cno
  3  HAVING AVG(sscore)<
  4  (
  5  SELECT MAX(AVG(sscore))FROM scores
  6  GROUP BY CNO
  7  );

课程编号    平均成绩
--------   ------------------
   1103         60
   1094         82.5
   1101         46
   1104         73
   1102         82.6
```

分析上述例子，这个例子首先使用 AVG()函数计算每个课程的平均成绩，AVG()所返回的结果再传递给 MAX()函数，由 MAX()函数返回平均成绩中的最大值。

下面是子查询单独运行时的查询结果：

```
SQL> SELECT MAX(AVG(sscore))FROM scores
  2  GROUP BY CNO ;
MAX(AVG(SSCORE))
------------------------
            89
```

此查询返回的最大平均值为 89，因此外部的子查询等价于查询课程平均成绩低于 89 的信息。如下所示：

```
SQL> SELECT CNO "课程编号",AVG(sscore) "平均成绩" FROM scores
  2  GROUP BY cno
  3  HAVING AVG(sscore)<89;
课程编号    平均成绩
--------   ------------------
   1103         60
   1094         82.5
   1101         46
   1104         73
   1102         82.6
```

6.1.4 单行子查询经常遇到的错误

在使用单行子查询的时候，经常会由于子查询的限定条件不规范而引起错误。例如，单行子查询最多返回一行和子查询不包含 GROUP BY 子句等错误。

【例 6.4】

如果子查询中因为 WHERE 条件限定不规范而返回多行，就会出现单行子查询返回多行的错误。

例如，要从 student 表中查询出课程编号为 1102 的学生学号和姓名，语句如下：

```
SQL> SELECT SNO "学号",SNAME "学生姓名"
  2  FROM student
  3  WHERE SNO=(
  4  SELECT SNO FROM scores WHERE cno='1102')
  5  ;

SELECT SNO "学号",SNAME "学生姓名"
FROM student
WHERE SNO=(
SELECT SNO FROM scores WHERE cno='1102')

ORA-01427: 单行子查询返回多个行
```

子查询从 scores 表中查询的结果有 5 条，再将这 5 条全部传递给外部查询与等号运算符进行比较。由于等于操作符只能处理一行数据，因此这个查询是无效的，就会出现"ORA-01427: 单行子查询返回多个行"错误。

【例 6.5】

子查询中不能包含 ORDER BY 子句，相反任何排序都必须在外部查询中完成。例如，要从 scores 表中查询出平均成绩，并按成绩排序。语句如下：

```
SQL> SELECT AVG(sscore) FROM scores ORDER BY sscore;

AVG(SSCORE)
--------------------------
77.21428571
```

上述包含 ORDER BY 子句的查询结果为单值。接下来将该值作为条件，查询 scores 表中大于该值的成绩信息。最终语句如下：

```
SQL> SELECT SNO "学号",CNO "课程编号",SSCORE "分数"
  2  FROM scores
  3  WHERE sscore>
  4  (
  5    SELECT AVG(sscore) FROM scores ORDER BY sscore
  6  );

SELECT SNO "学号",CNO "课程编号",SSCORE "分数"
FROM scores
WHERE sscore>
(
```

```
    SELECT AVG(sscore) FROM scores ORDER BY sscore
)
ORA-00907: 缺失右括号
```

上面的查询结果会因为子句中带有 ORDER BY 排序而出现错误。而将 ORDER BY 子句放到括号外面，即可正确查询出结果。修改后的语句如下：

```
SQL> SELECT SNO "学号",CNO "课程编号",SSCORE "分数"
  2 FROM scores
  3 WHERE sscore>
  4 (
  5    SELECT AVG(sscore) FROM scores
  6 )
  7 ORDER BY sscore;
     学号        课程编号    分数
---------- ---------- ------
20110001      1104     79
20100092      1102     80
20100099      1102     83
20100099      1098     86
20110002      1102     86
20110012      1102     87
20100094      1094     90
20100094      1098     92
```

6.1.5 子查询中的 IN 操作符

多行子查询是指返回多行数据的子查询语句。当在 WHERE 子句中使用多行子查询时，可以使用多行比较符 IN。当多行子查询中使用 IN 操作符时，会处理匹配子查询中任一个值的行。

【例 6.6】

从考试成绩表 scores 中查询出课程编号为 1102 的学生编号，如下所示：

```
SQL>SELECT sno FROM SCORES WHERE cno='1102';
    SNO
---------------
 20100092
 20100099
 20110002
 20110003
 20110012
```

再依据上述学生编号，从 student 表中查询出学生信息。由于上述语句的查询结果为多列，因此需要在 WHERE 子句中使用 IN 关联子查询。最终语句如下：

```
SQL> SELECT SNO AS "学号",SNAME AS "姓名",SSEX AS "性别",
SBIRTH AS "出生日期",SADRS AS "籍贯"
  2 FROM student
  3 WHERE SNO IN
  4 (
  5 SELECT sno FROM SCORES WHERE cno='1102'
  6 );
```

执行结果如下：

```
学号        学生姓名    性别    出生日期       籍贯
--------   --------   -----   -----------   -------
20100092   李兵       男      1992/9/15     上海
20100099   张宁       女      1993/5/9      天津
20110002   周会       女      1993/9/30     深圳
20110003   魏晨       男      1992/6/14     北京
20110012   张鹏       男      1992/3/19     南京
```

【例 6.7】

从 scores 表中查询性别为"女"的学生成绩信息，并按成绩升序排列，如下所示：

```
SQL> SELECT SNO "学号",CNO "课程编号",SSCORE "分数"
  2  FROM scores
  3  WHERE SNO IN
  4  (
  5  SELECT sno FROM student WHERE ssex='女'
  6  )
  7  ORDER BY sscore;
```

上述语句的子查询实现了查询性别为"女"的学生编号列表，外部查询依据该列表，在 scores 表中查询，最后进行排序。执行结果如下：

```
    学号      课程编号    分数
----------   --------   --------
20110001      1101       46
20110002      1104       71
20110001      1104       79
20100099      1102       83
20110002      1102       86
20100099      1098       86
20100094      1094       90
20100094      1098       92
```

6.1.6 子查询中的 ANY 操作符

当多行子查询中使用 ANY 操作符时，ANY 操作符必须与单行操作符结合使用，它会匹配只要符合子查询结果的任一个值的行。

【例 6.8】

查询大于课程编号为 1102 中任意一个成绩的其他成绩信息，如下所示：

```
SQL> SELECT SNO "学号",CNO "课程编号",SSCORE "分数"
  2  FROM scores
  3  WHERE sscore> ANY(
  4  SELECT sscore FROM scores WHERE cno='1102'
  5  );
    学号      课程编号    分数
----------   --------   --------
20100094      1098       92
20100094      1094       90
```

```
20110012        1102      87
20110002        1102      86
20100099        1098      86
20100099        1102      83
20100092        1102      80
20110001        1104      79
```

上面的子查询查询出课程编号为 1102 的成绩。单独执行子查询的结果如下：

```
SQL> SELECT sscore FROM scores WHERE cno='1102';
SSCORE
-------------
   80
   83
   86
   77
   87
```

从上面子查询的结果中可以得知，最小成绩为 77，最大成绩为 87，ANY 操作符只要符合一个条件就可以，所以外部查询的 WHERE 条件其实就是成绩大于 77。

如下所示是简化后的查询语句：

```
SQL> SELECT SNO "学号",CNO "课程编号",SSCORE "分数"
  2  FROM scores
  3  WHERE sscore> 77
  4  ORDER BY sscore DESC;
```

6.1.7 子查询中的 ALL 操作符

当多行子查询中使用 ALL 操作符时，ALL 操作符必须与单行操作符结合使用，它会处理匹配所有子查询结果的行。

【例 6.9】

查询大于课程编号为 1102 中所有成绩的其他成绩信息，如下所示：

```
SQL> SELECT SNO "学号",CNO "课程编号",SSCORE "分数"
  2  FROM scores
  3  WHERE sscore> ALL(
  4  SELECT sscore FROM scores WHERE cno='1102'
  5  );
    学号         课程编号    分数
----------   --------   -------
 20100094      1094       90
 20100094      1098       92
```

子查询的最小成绩为 77，最大成绩为 87，ALL 操作符要求符合全部条件才可以，所以外部查询的 WHERE 条件其实就是成绩大于 87。

如下所示是简化后的查询语句：

```
SQL> SELECT SNO "学号",CNO "课程编号",SSCORE "分数"
  2  FROM scores
  3  WHERE sscore> 87
  4  ORDER BY sscore DESC;
```

6.1.8 子查询中的 EXISTS 操作符

EXISTS 操作符用于检查子查询返回行的存在性。如果子查询返回一行或者多行，EXSITS 返回 TRUE；如果子查询未返回行，EXSITS 则返回 FALSE。

虽然 EXISTS 也可以在非关联子查询中使用，但是 EXISTS 通常用于关联子查询。NOT EXISTS 执行的操作在逻辑上刚好与 EXISTS 相反。

【例 6.10】

查询授课老师为"欧阳"的所有同学的信息，如下所示：

```
SQL> SELECT stuname,score,claid FROM student
  2  WHERE EXISTS
  3  (SELECT CLAID FROM class
  4  WHERE class.claid=student.claid
  5  AND class.clateacher='欧阳老师');

STUNAME      SCORE    CLAID
-------     ------   --------
张天中         86        2
赵均           72        2
周腾           52        2
```

由于 EXISTS 只是检查子查询返回的行的存在性，因此子查询不必返回一列，可以只返回一个常量值，这样可以提高查询的性能，如下所示：

```
SQL> SELECT stuname,score,claid FROM student
  2  WHERE EXISTS
  3  (SELECT 1 FROM class
  4  WHERE class.claid=student.claid
  5  AND class.clateacher='欧阳老师');

STUNAME      SCORE    CLAID
-------     ------   --------
张天中         86        2
赵均           72        2
周腾           52        2
```

6.1.9 在 UPDATE 中使用子查询

在 UPDATE 语句中使用子查询时，既可以在 WHERE 子句中引用子查询(返回未知条件值)，也可以在 SET 子句中使用子查询(修改列数据的值)。

【例 6.11】

假设要将课程"java 编程基础"中的所有成绩上调 5 分。首先要查询出"java 编程基础"课程的编号，语句如下：

```
SELECT cno FROM course WHERE cname='java 编程基础'
```

再使用查询出的编号作为条件，在 scores 表更新 sscore 列的值，语句如下：

```
SQL> UPDATE scores SET sscore=sscore+5
  2  WHERE cno=(
  3  SELECT cno FROM course
  4  WHERE cname='java编程基础'
  5  );

2 rows updated
```

【例 6.12】

假设要将所有女生的考试成绩下降 5 分。首先要查询出女生的学生编号，语句如下：

```
SELECT SNO FROM STUDENT WHERE SSEX='女'
```

由于上述查询返回的是多行结果，所以在子查询中作为条件时，必须使用 IN 操作符。下面依据返回的女生编号列表对 scores 表的 sscore 列进行批量更新。最终语句如下：

```
SQL> UPDATE scores SET sscore=sscore-5
  2  WHERE sno IN(
  3  SELECT SNO FROM STUDENT
  4  WHERE SSEX='女'
  5  );

8 rows updated
```

【例 6.13】

假设要将姓名"刘丽"的学生籍贯更新为与"宋帅"学生籍贯一致。语句如下：

```
SQL> UPDATE student
  2  SET sadrs=(
  3  SELECT sadrs FROM student WHERE sname='宋帅'
  4  )
  5  WHERE sname='刘丽';

1 row updated
```

> 提示：在 SET 语句中需要更新多个列的数据时，可以在多个列名之间用逗号隔开，注意 SET 子句中的子查询返回的数据类型要与 SET 中的保持一致。

6.1.10 在 DELETE 中使用子查询

在 DELETE 语句中使用子查询时，可以在 WHERE 子句中引用子查询返回的未知条件值，即用返回的结果集作为条件，删除满足条件的数据。

【例 6.14】

假设要删除成绩在 60 以下的学生信息，语句如下：

```
SQL> DELETE FROM student
  2  WHERE SNO IN
  3  (SELECT SNO FROM scores WHERE sscore<60;);
4 rows deleted
```

6.1.11 多层嵌套子查询

在子查询的内部还可以使用嵌套子查询，嵌套层次最多为 255。在实际应用中，应该注意尽量不要使用过多的嵌套，因为嵌套层次过多会使结构不明显，可以使用表连接提高查询的性能。

【例 6.15】

使用多层嵌套查询，查询指定条件的班级平均成绩和班级编号，如下所示：

```
SQL> SELECT claid,AVG(score) FROM student
  2  GROUP BY claid
  3  HAVING AVG(score)>
  4  (
  5    SELECT MAX(AVG(score)) FROM student
  6    WHERE claid IN
  7    (
  8      SELECT claid FROM class WHERE claid>2
  9    )
 10    GROUP BY claid
 11  ) ;
CLAID   AVG(SCORE)
-----   ----------
1       79
```

上述查询包括 3 个 SELECT 语句，共嵌套了两层，非常复杂。现在对查询进行分解，检查每一个 SELECT 语句的返回结果。最内层查询如下：

```
SQL> SELECT claid FROM class WHERE claid>2
CLAID
---------
3
4
```

下面的这个子查询根据前面查询所返回的班级编号，计算这些班级平均成绩的最大值，并返回该值：

```
SQL> SELECT MAX(AVG(score)) FROM student
  2  WHERE claid in (3,4)
  3  GROUP BY claid;
MAX(AVG(SCORE))
-------------------------
72
```

再把上面查询的结果返回给最外部的 SELECT 查询，实现返回平均成绩大于 72 的班级编号和平均成绩。结果如下：

```
SQL> SELECT claid,AVG(score) FROM student
  2  GROUP BY claid
  3  HAVING AVG(score) > 72;
CLAID   AVG(SCORE)
-----   ----------
1       79
```

6.2 多表查询

在查询时，需要涉及到两个以上表的查询，称为多表查询。多表查询在实际应用中应该注意查询之前要先清晰地理解表之间的关联，这是多表查询的基础。

通过连接可以建立多表查询，多表查询的数据可以来自多个表，但是表之间必须有适当的连接条件。为了从多张表中查询，必须识别连接多张表的公共列。一般是在 WHERE 子句中用比较运算符指明连接的条件。

本节将讲解多表查询时的简单应用，像如何指定连接，在连接时定义别名以及连接多个表等。

6.2.1 笛卡儿积

笛卡儿积，就是把表中的所有记录做乘积运算而生成的冗余结果集，而通常的查询中返回的结果集数据有限。笛卡儿积出现的原因有很多，大多数情况下是因为连接条件缺失或者连接条件不足造成的。

【例 6.16】

查询出 scores 表中的 sno 列和 course 表中的 cname 列，语句如下：

```
SQL> SELECT s.sno,c.cname FROM scores s,course c;
```

scores 表中返回 14 列，course 表中返回 6 列，由于没有指定连接条件，所以产生的笛卡儿积会有 84 行记录。也就是每一个 sno 列都与所有 cname 列进行匹配，显然这不符合我们的查询要求。

为了避免上述情况，可以使用 WHERE 子句添加关联条件。修改后的语句如下：

```
SQL> SELECT s.sno "学号",c.cname "课程名称"
  2  FROM scores s,course c
  3  WHERE s.cno=c.cno;

    学号     课程名称
--------  --------------------------
20100092   java 编程基础
20100092   JSP 课程设计
20100094   java 编程基础
20100094   C#编程基础
20100099   C#编程基础
20100099   JSP 课程设计
20110001   oracle 数据库
20110001   三大框架
20110002   JSP 课程设计
20110002   三大框架
20110003   JSP 课程设计
20110003   PHP 课程
20110012   三大框架
20110012   JSP 课程设计
```

```
12 rows selected
```

查询结果返回 14 行数据,消除了笛卡儿积。

注意: 在进行多表连接的时候,一定要注意使用 WHERE 子句消除笛卡儿积。

6.2.2 基本连接

最简单的连接方式是通过在 SELECT 语句中的 FROM 子句中用逗号将不同的基表隔开。如果仅仅通过 SELECT 子句和 FROM 子句建立连接,那么查询的结果将是一个通过笛卡儿积所生成的表。所谓笛卡儿积所生成的表,就是该表是由一个基表的每一行与另一个基表的每一行连接在一起所生成的,即该表的行数是两个基表的行数的乘积。但是,这样的查询结果并没有多大的用处。

如果使用 WHERE 子句创建一个同等连接,可以生成更多有意义的结果,同等连接是使第一个基表中一个或多个列中的值与第二个基表中相应的一个或多个列的值相等的连接。这样在查询结果中只显示两个基表中列的值相匹配的行。但是要注意的是,无论不同表中的列是否有相同的列名,都应当通过增加表名来限定列名。

使用 SELECT 多表查询的语法如下:

```
SELECT 列名
FROM 表名
WHERE 同等连接表达式
```

在创建多表查询时应遵循下述基本原则:

- 在列名中多个列之间使用逗号分隔。
- 如果列名为多表共有时,应该使用"表名.字段列"形式进行限制。
- FROM 子句应当包括所有的表名,多个表名之间同样使用逗号分隔。
- WHERE 子句应定义一个同等连接。如果需要对列值进行限定,也可以使用条件表达式将条件表达式放在 WHERE 后面,使用 AND 与同等连接表达式结合在一起。

只要遵循了上述原则,在表与表之间存在逻辑上的联系时,便可以自由创建任何形式的 SELECT 查询语句,从多个表中提取需要的信息。

【例 6.17】

创建一个查询,连接 student 表和 scores 表,查询出学生的姓名及对应的成绩:

```
SQL> SELECT s.sname "姓名",sc.sscore "成绩"
  2  FROM student s,scores sc
  3  WHERE s.sno=sc.sno;
姓名            成绩
-------    ------------
李兵            75
李兵            80
刘瑞            90
刘瑞            92
张宁            86
张宁            83
张伟            46
```

张伟	79
周会	86
周会	71
魏晨	77
魏晨	60
张鹏	69
张鹏	87

上述查询连接 student 表和 scores 表，按两个表中的 sno 列进行关联，如果能够匹配，则返回，否则不显示。

在上面的查询结果集中，相同的姓名出现了多次，说明该学生参加多门课程的考试。下面统计出每个学生的总成绩，语句如下：

```
SQL> SELECT s.sname "姓名",SUM(sscore) "总成绩"
  2  FROM student s,scores sc
  3  WHERE s.sno=sc.sno
  4  GROUP BY s.sname;
姓名          总成绩
----------  ----------
刘瑞           182
张伟           125
李兵           155
张宁           169
魏晨           137
周会           157
张鹏           156
```

提示：为了避免产生冲突，两个表中有相同的字段应采用"表名.列名"的形式来引用。

【例 6.18】

使用多表连接查询出学生考试的所有课程名称，如下所示：

```
SQL> SELECT  DISTINCT s.sname "姓名",c.cname "课程名称"
  2  FROM student s,scores sc,course c
  3  WHERE s.sno=sc.sno AND sc.cno=c.cno;
姓名     课程名称
-----  --------------------
魏晨     JSP 课程设计
刘瑞     C#编程基础
张宁     C#编程基础
刘瑞     java 编程基础
张宁     JSP 课程设计
张伟     oracle 数据库
周会     三大框架
魏晨     PHP 课程
张伟     三大框架
周会     JSP 课程设计
张鹏     三大框架
李兵     java 编程基础
张鹏     JSP 课程设计
李兵     JSP 课程设计
```

在这个查询中使用了三个表,其中 scores 表保存了学生学号和考试的课程编号,它作为纽带,连接学生信息表 student 和课程信息表 course。在这里要注意,必须在 WHERE 子句中指定所有表之间的匹配规则,否则将产生笛卡尔积。

6.3 内 连 接

内连接是将两个表中满足连接条件的记录组合在一起。连接条件的一般格式为:
ON 表名1.列名 比较运算符 表名2.列名

它所使用的比较运算符主要有=、>、<、>=、<=、!=、<>等。根据所使用的比较方式不同,内连接又可分为等值连接、不等值连接和自然连接三种。

内连接的完整语法格式有两种。

第一种格式:

SELECT 列名列表 FROM 表名1 [INNER] JOIN 表名2 ON 表名1.列名=表名2.列名

第二种格式:

SELECT 列名列表 FROM 表名1,表名2 WHERE 表名1.列名=表名2.列名

第一种格式使用 JOIN 关键字与 ON 关键字结合,将两个表的字段联系在一起,实现多表数据的连接查询;第二种格式先前使用过,是基本的两个表的连接。

6.3.1 等值内连接

所谓等值连接,就是在连接条件中使用等于(=)运算符比较被连接列的列值,其查询结果中列出被连接表中的所有列,包括其中的重复列。换句话说,基表之间的连接是通过相等的列值连接起来的查询,就是等值连接查询。

【例 6.19】

等值连接查询可以用两种表示方式来指定连接条件。例如,在学生信息表 student 和考试成绩表 scores 间创建一个查询。限定查询条件为两个表中的学生编号(sno 列)相等时返回,并要求返回学生信息表中的学生编号和姓名,成绩信息表中的分数。

使用等值连接的实现语句如下:

```
SQL> SELECT s.sno "学号",s.sname "姓名",sc.sscore "分数"
  2  FROM student s,scores sc
  3  WHERE s.sno=sc.sno;
```

在上述语句的 WHERE 子句中用等号"="指定查询为等值连接查询。将上述语句运行后,其查询结果如下:

```
学号          姓名      分数
----------  ------  --------
20100092    李兵      75
20100092    李兵      80
20100094    刘瑞      90
```

20100094	刘瑞	92
20100099	张宁	86
20100099	张宁	83
20110001	张伟	46
20110001	张伟	79
20110002	周会	86
20110002	周会	71
20110003	魏晨	77
20110003	魏晨	60
20110012	张鹏	69
20110012	张鹏	87

还可以在查询语句的 FROM 子句中使用 INNER JOIN 关键字来指定查询是等值连接查询：

```
SELECT s.sno "学号",s.sname "姓名",sc.sscore "分数"
FROM student s INNER JOIN scores sc
ON s.sno=sc.sno;
```

执行该语句后，其查询结果与上述查询结果完全相同。

还可以对连接查询所得的查询结果利用 ORDER BY 子句进行排序。例如，将上述的等值连接查询的查询按"分数"列的降序进行排序：

```
SELECT s.sno "学号",s.sname "姓名",sc.sscore "分数"
FROM student s INNER JOIN scores sc
ON s.sno=sc.sno
ORDER BY sc.sscore DESC;
```

注意：连接条件中，各连接列的类型必须是可比较的，但没有必要是相同的。例如，可以都是字符型，或都是日期型；也可以一个是整型，另一个是实型，整型和实型都是数值型，因此是可比较的。但若一个是字符型，另一个是整数型就不允许了，因为他们是不可比较的类型。

6.3.2 非等值内连接

非等值连接查询的是在连接条件中使用除了等于运算符以外的其他比较运算符比较被连接列的值。在非等值连接查询中，可以使用的比较运算符有>、>=、<、<=、!=，还可以使用 BETWEEN AND 之类的关键字。

【例 6.20】

查询成绩大于 85 分的学生学号、姓名和分数。语句如下：

```
SQL> SELECT s.sno "学号",s.sname "姓名",sc.sscore "分数"
  2  FROM student s INNER JOIN scores sc
  3  ON s.sno=sc.sno
  4  WHERE sc.sscore>85;
    学号       姓名    分数
---------- ------ ------
20100094   刘瑞     87
20110012   张鹏     87
```

【例 6.21】

查询成绩大于 85 分的学生学号和课程名称。语句如下:

```
SQL> SELECT s.sno "学号",c.cname "课程名称"
  2  FROM scores s INNER JOIN course c
  3  ON s.cno=c.cno
  4  WHERE s.sscore>85;
学号       课程名称
---------- ----------------------------
20100094   C#编程基础
20110012   JSP 课程设计
```

【例 6.22】

综合上面的两个查询,查询出成绩大于 85 分的学生学号、姓名、分数和课程名称。语句如下:

```
SQL> SELECT s.sno "学号",s.sname "姓名",sc.sscore "分数",c.cname "课程名称"
  2  FROM student s INNER JOIN scores sc ON s.sno=sc.sno
  3  INNER JOIN course c ON sc.cno=c.cno
  4  WHERE sc.sscore>85;
学号       姓名     分数    课程名称
--------   ------   -----   --------------------------
20100094   刘瑞     87      C#编程基础
20110012   张鹏     87      JSP 课程设计
```

6.3.3 自然连接

自然连接是在连接条件中使用等于(=)运算符比较被连接列的列值,但它使用选择列表指出查询结果集合中所包括的列,并删除连接表中的重复列。简单地说,在等值连接中去掉重复的属性列,即为自然连接。

自然连接为具有相同名称的列自动进行记录匹配。自然连接不必指定在任何同等连接的条件。SQL 实现方式判断出具有相同名称列然后形成匹配。然而,自然连接虽然可以指定查询结果包括的列,但是不能指定被匹配的列。

【例 6.23】

查询出 student 表中同学的信息,并且显示出每个同学所在的班级名称,如下所示:

```
SQL> SELECT c.claname,s.*
  2  FROM student s
  3  INNER JOIN class c
  4  ON s.claid=c.claid;
CLANAME   STUID    STUNAME   STUSEX    STUBIRTH      SCORE    CLAID
------    -----    --------  -------   --------      ------   --------
JAVA 班   200401   李云      女                      78
JAVA 班   200402   宋佳      女        1984-9-7      80       1
.NET 班   200403   张天中    男        1983-2-21     86       2
.NET 班   200404   赵均      男        1985-11-13    72       2
.NET 班   200405   周腾      男        1984-12-18    52       2
PHP 班    200406   马瑞      女                      59       3
安卓班    200407   张华      女        1983-12-6     89       4
PHP 班    200408   安宁      男        1984-9-8      78       3
```

PHP班	200409	李兵	男	1984-6-28	52	3
安卓班	200410	魏征	男	1984-4-2	62	4
安卓班	200411	刘楠	女	1984-5-5	65	4
PHP班	200412	李娜	女	1983-9-10	76	3

12 rows selected

上述查询为 student 表和 class 表建立内连接，使 student 表中的 claid 字段对应 class 表中的 claid 字段，然后输出 class 中的 claname 字段信息和 student 表中的全部信息。

6.4 外 连 接

当至少有一个同属于两个表的行符合连接条件时，内连接才返回行。内连接消除与另一个表中的任何行不匹配的行，而外连接会返回 FROM 子句中提到的至少一个表或视图的所有行，只要这些行符合任何搜索条件。因为在外连接中参与连接的表有主从之分，以主表的每行数据去匹配从表的数据行，如果符合连接条件，则直接返回到查询结果中；如果主表中的行在从表中没有找到匹配的行，与内连接不同的是，在内连接中将丢弃不匹配的行，而在外连接中主表的行仍然保留，并且返回到查询结果中，相应地从表中的行中被填上空值后，也返回到查询结果中。

外连接返回所有的匹配行和一些或全部不匹配行，这主要取决于所建立的外连接的类型。SQL 支持 3 种类型的外连接。

- 左外连接(LEFT OUTER JOIN)：返回所有的匹配行，并从关键字 JOIN 左边的表中返回所有不匹配的行。
- 右外连接(RIGHT OUTER JOIN)：返回所有的匹配行并从关键字 JOIN 右边的表中返回所有不匹配的行。
- 完全连接(FULL OUTER JOIN)：返回两个表中所有匹配的行和不匹配的行。

在 6.3 节中介绍过，进行内连接查询时，返回的查询结果集中的仅是符合查询条件(WHERE 搜索条件或 HAVING 条件)和连接条件的行。而采用外连接查询时，返回到查询结果集中的不仅包含符合连接条件的行，而且还包括左表(左外连接时)、右表(右外连接时)或两个边接表(完全连接时)中的所有数据行。

在 Oracle 外连接查询中，提供了一个特殊操作符"+"，在查询时，可以使用该操作符进行外连接查询。下面详细介绍每种外连接以及该操作符的使用方法。

6.4.1 左外连接

在左外连接查询中，左表就是主表，右表就是从表。左外连接返回关键字 JOIN 左边的表中的所有行，但是这些行必须符合查询条件。如果左表的某数据行没有在右表中找到相应的匹配的数据行，则结果集中右表对应位置使用空值。语法如下：

```
SELECT table1.column,table2.column FROM table1
LEFT OUTER JOIN table2
ON table1.column1=table.column2;
```

其中，各个参数的含义如下。
- OUTER JOIN：表示外连接。
- LEFT：表示左外连接。
- ON：表示查询条件。

【例 6.24】

使用 student 作为主表，连接 scores 表，查询出学生学号、姓名和课程编号，如下所示：

```
SQL> SELECT S.SNO "学号",S.SNAME "姓名",C.CNO "课程编号"
  2  FROM STUDENT S
  3  LEFT OUTER JOIN SCORES C
  4  ON S.SNO=C.SNO;
    学号       姓名          课程编号
--------- ----------- ---------------
 20100092  李兵         1094
 20100092  李兵         1102
 20100094  刘瑞         1094
 20100094  刘瑞         1098
 20100099  张宁         1098
 20100099  张宁         1102
 20110001  张伟         1101
 20110001  张伟         1104
 20110002  周会         1102
 20110002  周会         1104
 20110003  魏晨         1102
 20110003  魏晨         1103
 20110012  张鹏         1104
 20110012  张鹏         1102
 20110065  陈斌
 20110058  刘丽
 20110064  宋帅
```

上述查询中，student 表作为左外连接的主表，scores 作为左外连接的从表。student 表中有几条数据没有匹配的 cno 列，因此结果集中右表对应的数据为空值。

也可以使用 Oracle 外连接查询中特有的操作符"+"进行外连接查询，如下所示：

```
SQL> SELECT S.SNO "学号",S.SNAME "姓名",C.CNO "班级编号"
  2  FROM STUDENT s,SCORES c
  3  WHERE s.sno=c.sno(+);
```

查询结果与例 6.24 中的左外连接查询结果相同。

6.4.2 右外连接

在右外连接查询中，右表是主表，左表是从表。右外连接返回 JOIN 关键字右边表中的所有行，但是这些行必须符合查询条件。如果右表的某数据行没有在左表中找到相应的匹配的数据行，则结果集中左表对应位置使用空值。语法如下：

```
SELECT table1.column,table2.column FROM table1
RIGHT OUTER JOIN table2
ON table1.column1=table.column2;
```

其中，各个参数的含义如下。
- OUTER JOIN：表示外连接。
- RIGHT：表示右外连接。
- ON：表示查询条件。

【例 6.25】

使用右外连接查询 scores 表和 course 表，查询出学生学号、分数和课程名称，如下所示：

```
SQL> SELECT S.SNO "学号",S.SSCORE "分数",C.CNAME "课程名称"
  2  FROM SCORES S
  3  RIGHT OUTER JOIN COURSE C
  4  ON S.cno=C.cno;

   学号     分数   课程名称
---------- ----  --------------------
20100092    75   java 编程基础
20100092    80   JSP 课程设计
20100094    90   java 编程基础
20100094    92   C#编程基础
20100099    86   C#编程基础
20100099    83   JSP 课程设计
20110001    46   oracle 数据库
20110001    79   三大框架
20110002    86   JSP 课程设计
20110002    71   三大框架
20110003    77   JSP 课程设计
20110003    60   PHP 课程
20110012    69   三大框架
20110012    87   JSP 课程设计
                 Web 设计
```

从上述查询中可以看出，course 表作为右外连接的主表，scores 作为右外连接的从表。结果将 course 表中的所有内容和与之对应的 scores 表中的数据显示出来，如果没有匹配的数据，则显示为空。

也可以使用 Oracle 外连接查询中特有的操作符"+"进行外连接查询，如下所示：

```
SQL> SELECT S.SNO "学号",S.SSCORE "分数",C.CNAME "课程名称"
  2  FROM SCORES S,COURSE C
  3  WHERE S.cno(+)=C.cno;
```

6.4.3 完全连接

全外连接的结果集中包括了左表和右表的所有记录。当某记录在另一个表中没有匹配记录时，则另一个表的相应列值为空。

全外连接的语法格式为：

```
SELECT 列名列表
FROM 表名1 FULL [OUTER] JOIN 表名2
ON 表名1.列名=表名2.列名
```

【例 6.26】

使用完全连接查询 scores 表和 course 表中的内容，查询学生的学号、分数和课程名称，如下所示：

```
SQL> SELECT S.SNO "学号",S.SSCORE "分数",C.CNAME "课程名称"
  2  FROM SCORES S
  3  FULL OUTER JOIN COURSE C
  4  ON S.cno=C.cno;
学号       分数    课程名称
--------  ------  -------------------
20100092   75     java 编程基础
20100092   80     JSP 课程设计
20100094   90     java 编程基础
20100094   92
20100099   86     C#编程基础
20100099   83     JSP 课程设计
20110001   46     oracle 数据库
20110001   79     三大框架
20110002   86     JSP 课程设计
20110002   71
20110003   77
20110003   60     PHP 课程
20110012   69     三大框架
20110012   87     JSP 课程设计
                  Web 设计
```

从上述查询中可以看出，使用完全连接查询这两个表，会将这两个表中任意一条记录与另外一条表中的记录进行匹配。如果匹配，就在一行输出，不匹配则在另一个表的位置使用空值。

6.5 交 叉 连 接

交叉连接与普通的连接查询非常相似，唯一不同的是交叉连接使用 CROSS JOIN 关键字，语句中不需要使用 ON 关键字，使用 WHERE 子句即可。

如果交叉连接不带 WHERE 子句，它返回被连接的两个表所有数据行的笛卡尔积，返回到结果集合中的数据行数等于第一个表中符合查询条件的数据行数乘以第二个表中符合查询条件的数据行数。

【例 6.27】

假设要连接 student 表和 scores 表，并查询出学生的学号、姓名和分数。如果使用内连接来实现，如下所示：

```
SQL> SELECT s.sno "学号",s.sname "姓名",sc.sscore "分数"
  2  FROM student s INNER JOIN scores sc
  3  ON s.sno=sc.sno;
```

现在要使用交叉连接来实现，首先需要将 INNER 关键字换成 CORSS 关键字，然后去掉 ON 关键字，并使用 WHERE 连接匹配条件。最终语句如下：

```
SQL> SELECT s.sno "学号",s.sname "姓名",sc.sscore "分数"
  2  FROM student s CROSS JOIN scores sc
  3  WHERE s.sno=sc.sno;
```

执行结果如下所示：

```
    学号        姓名      分数
----------   -------   ----------
20100092     李兵        75
20100092     李兵        80
20100094     刘瑞        90
20100094     刘瑞        92
20100099     张宁        86
20100099     张宁        83
20110001     张伟        46
20110001     张伟        79
20110002     周会        86
20110002     周会        71
20110003     魏晨        77
20110003     魏晨        60
20110012     张鹏        69
20110012     张鹏        87
```

6.6 使用 UNION 操作符

UNION 运算符可以将两个或两个以上 SELECT 语句的查询结果集合并成一个结果集显示，即联合查询。根据结果集处理方式的不同，可以获得结果集的并集或交集。

6.6.1 获取并集

UNION ALL 关键字可以获取两个结果的并集，包括重复的行。

【例 6.28】

从 scores 表中查询出分数在 85 以上的学号、课程编号和分数。语句如下：

```
SQL> SELECT sno "学号",cno "课程编号",sscore "分数"
  2  FROM scores
  3  WHERE sscore>85;
```

```
    学号        课程编号    分数
----------   --------   --------
20100094     1094        90
20100094     1150        92
20100099     1098        86
20110002     1102        86
20110012     1102        87
```

上述查询返回了 5 条数据。再次查询 scores 表，查询出课程编号为 1094 的考试信息，如下所示：

```
SQL> SELECT sno "学号",cno "课程编号",sscore "分数"
```

```
  2  FROM scores
  3  WHERE cno='1094';

   学号       课程编号    分数
---------- --------- ---------
 20100092    1094      75
 20100094    1094      90
```

上述查询返回了两条数据。

现在使用 UNION ALL 关键字查询分数在 85 以上和课程编号为 1094 的学号、课程编号和分数，如下所示：

```
SQL> SELECT sno "学号",cno "课程编号",sscore "分数" FROM scores WHERE sscore>85
  2  UNION ALL
  3  SELECT sno "学号",cno "课程编号",sscore "分数" FROM scores WHERE cno='1094';
   学号      课程编号    分数
---------- -------- ---------
 20100094    1094      90
 20100094    1150      92
 20100099    1098      86
 20110002    1102      86
 20110012    1102      87
 20100092    1094      75
 20100094    1094      90
```

使用 UNION ALL 获取两个结果集的并集时，会将两个结果集中的结果都显示出来，包括重复行。所以，上面查询的结果集包含 7 条数据。

6.6.2 获取交集

单独使用 UNION 关键字可以获取两个结果的交集，并且自动去掉重复的行。

【例 6.29】

使用 UNION 查询分数在 85 以上和课程编号为 1094 的学号、课程编号和分数，如下所示：

```
SQL> SELECT sno "学号",cno "课程编号",sscore "分数" FROM scores WHERE sscore>85
  2  UNION ALL
  3  SELECT sno "学号",cno "课程编号",sscore "分数" FROM scores WHERE cno='1094';
   学号      课程编号    分数
---------- -------- ---------
 20100094    1094      90
 20100094    1150      92
 20100099    1098      86
 20110002    1102      86
 20110012    1102      87
 20100092    1094      75
```

与 UNION ALL 查询出来的数据相比，少了一条重复记录。

6.7 差查询

MINUS 操作符用于获取两个结果集的差集。当使用该操作符时，只会显示在第一个结果集中存在、但是在第二个结果集中不存在的数据，并且会以第一列进行排序。

【例 6.30】

假设要查询 scores 表中成绩大于 85 分，并且课程编号不为 1102 的成绩信息。使用单个 SELECT 语句的实现如下：

```
SQL>SELECT sno "学号",cno "课程编号",sscore "分数"
  2  FROM scores
  3  WHERE sscore>85 AND cno<>'1102';
    学号       课程编号    分数
---------- -------- --------
  20100094     1094      90
  20100094     1150      92
  20100099     1098      86
```

下面首先获取成绩大于 85 分的所有成绩信息，再使用 MINUS 操作符减去课程编号为 2 的成绩信息，最终实现相同的功能。语句如下：

```
SQL> SELECT sno "学号",cno "课程编号",sscore "分数" FROM scores WHERE sscore>85
  2  MINUS
  3  SELECT sno "学号",cno "课程编号",sscore "分数" FROM scores WHERE cno='1102';
```

 注意：使用差查询返回数据结果集，要注意两个查询语句所要查询的列相同。

6.8 交查询

INTERSECT 操作符用于获取两个结果集的交集。当使用该操作符时，只会显示同时存在于两个结果集中的数据，并且会按第一列进行排序。

【例 6.31】

使用 INTERSECT 操作符，查询 scores 表中成绩大于 85 分并且课程编号为 1102 的成绩信息，如下所示：

```
SQL> SELECT sno "学号",cno "课程编号",sscore "分数" FROM scores WHERE
sscore>85
  2  INTERSECT
  3  SELECT sno "学号",cno "课程编号",sscore "分数" FROM scores WHERE
cno='1102';
    学号       课程编号    分数
---------- -------- --------
  20110002     1102      86
  20110012     1102      87
```

上面的查询也可以使用如下单个 SELECT 语句来实现：

```
SQL> SELECT sno "学号",cno "课程编号",sscore "分数"
  2  FROM scores
  3  WHERE sscore>85 AND cno='1102';
```

6.9 实践案例：查询图书借阅信息

假设有如下三个与图书借阅信息有关的数据表。

- BorrowerInfo：包含 CardNumber、BookNumber、BorrowerDate、ReturnDate、RenewDate 和 BorrowerState 列。
- CardInfo：包含 CardNumber、UserId、CreateTime、Scope 和 MaxNumber 列。
- UserInfo：包含 ID、UserName、Sex、Age、IdCard、Phone 和 Address 列。

现在要求使用 SELECT 语句查询各种所需的数据。

(1) 使用子查询实现查询没有办理借书卡的用户信息：

```
SELECT *
FROM UserInfo
WHERE ID NOT IN (
    SELECT UserID
    FROM CardInfo
    )
```

(2) 使用子查询实现查询已经办理过借书卡的用户信息：

```
SELECT *
FROM UserInfo AS UI
WHERE EXISTS (
    SELECT UserID
    FROM CardInfo AS CI
    WHERE UI.ID = CI.UserID
    )
```

(3) 查询卡号为 B002 的借书卡对应的用户信息：

```
SELECT *
FROM UserInfo AS UI
WHERE ID = (
    SELECT UserID
    FROM CardInfo
    WHERE CardNumber = 'B002'
    )
```

(4) 使用左外连接查询 UserInfo 表和 CardInfo 表中的内容，并将表 UserInfo 作为左外连接的主表，CardInfo 作为左外连接的从表：

```
SELECT UI.*, CI.*
FROM UserInfo UI
LEFT OUTER JOIN CardInfo CI
ON CI.UserID = UI.ID
```

(5) 使用 ANY 查询图书管理系统数据库 db_books 中的已经办理过借书卡的用户信息：

```
SELECT *
FROM UserInfo AS UI
WHERE ID = ANY(
    SELECT UserID
    FROM CardInfo
    )
```

(6) 使用 UNION 查询出用户信息表 UserInfo 中的所有男性用户和年龄大于 22 岁的用户的集合：

```
SELECT *
FROM UserInfo
WHERE Sex = '男'
UNION
SELECT *
FROM UserInfo
WHERE Age > 22
```

(7) 查询借书卡表 CardInfo 中的所有信息，但要求同时列出每一张借书卡对应的用户信息：

```
SELECT UI.*, CI.*
FROM CardInfo CI
INNER JOIN UserInfo UI
ON CI.UserID = UI.ID
```

6.10 思考与练习

1. 填空题

(1) 在进行多行查询的时候，_____操作符表示匹配任一值即可。

(2) 在关联子查询中_____操作符用于检查子查询返回行的存在性。

(3) 内连接中使用_____将两个表连接起来进行查询。

(4) 使用_____关键字进行交叉连接。

2. 选择题

(1) 使用简单连接查询两个表，其中一个表有 10 条记录，另外一个表有 8 条记录，如果未使用 WHERE 子句进行条件限定，那么将会返回_____条记录。

    A. 18   B. 8

    C. 80   D. 10

(2) 使用差查询进行查询的时候，下面说法正确的是_____。

    A. 只会显示在第一个结果集中存在、在第二个结果集中不存在的数据，并且会按第一列进行排序

    B. 显示两个结果集中都存在的数据，并且按第一列进行排序

    C. 显示两个结果集中都不存在的数据，并且按第一列进行排序
    D. 只会显示在第二个结果集中存在、第一个结果集中不存在数据，并且显示重复行的数据
(3) 下面关于完全连接的说法正确的是_____。
    A. 完全外连接查询返回左表和右表中所有行的数据
    B. 在完全连接查询中，当一个基表中某行在另一个基表中没有匹配行时，则另一个基表与之相对应的列值设为 NULL 值
    C. 在完全连接查询中，当一个基表中某行在另一个基表中没有匹配行时，则另一个基表与之相对应的列值设为 0
    D. 在完全连接查询中，当一个基表中某行在另一个基表中没有匹配行时，将不返回这些行
(4) 下列选项中，不属于内连接的是_____。
    A. 等值内连接   B. 非等值内连接
    C. 交叉查询   D. 自然连接

3. 简答题
(1) 简述左外连接和右外连接的主从表位置。
(2) 多表连接查询的时候，要注意什么，来消除两个表之间的笛卡儿积？
(3) 根据子查询返回的结果不同可以分为哪几种查询？
(4) 多行子查询使用的三种不同的操作符，有哪些不同之处？
(5) 交查询和差查询的相同点和不同点是什么？

6.11 练 一 练

作业：求工资最高的第 6 位到第 10 位的员工姓名和工资信息

使用子查询获取按工资降序排列后的员工姓名和工资，并将 ROWNUM 作为查询结果中的一列。再将获取的排序后的员工信息作为视图，在 WHERE 子句中使用 ROWNUM 来过滤第 6 位到第 10 位的员工信息，从而输出过滤后的结果。输出的结果如下：

```
FIRST_NAME           SALARY
----------------     -----------------------
Michael              13000
Shelley              12008
Nancy                12008
Alberto              12000
Lisa                 11500
```

第 7 章

修改表数据

对数据表中数据的操作主要有两种,一种是查询操作,一种是修改操作。在第 5 章和第 6 章详细介绍了如何使用 SELECT 语句查询数据。本章将介绍修改表中数据的方法。

Oracle 提供了 DML 命令来修改表数据,该命令包含 INSERT 语句、UPDATE 语句、DELETE 语句和 MERGE 语句,本章将详细介绍这些语句的语法及应用示例。

本章学习目标:

- 熟悉 INSERT 语句的语法
- 掌握 INSERT 语句插入单行和多行数据的用法
- 熟悉 UPDATE 语句的语法
- 掌握 UPDATE 语句更新单行、多行和部分数据的用法
- 熟悉 DELETE 语句的语法
- 掌握 DELETE 语句删除数据的用法
- 掌握如何用 MERGE 语句做基本的数据更新插入
- 掌握 MERGE 语句中省略 INSERT、UPDATE 的用法
- 熟悉 MERGE 语句中 DELETE 子句的用法

7.1 插入数据

所谓插入数据，指的是向数据库中已经创建成功的表中插入(添加)新数据(记录)。这些数据可以是从其他来源得来，需要被转存或引入表中；也可能是新数据要被添加到新创建的表中或已存在的表中。

DML 中的 INSERT 语句用于向数据表中插入数据，下面介绍该语句的语法及具体应用。

7.1.1 INSERT 语句简介

INSERT 语句是最常用的用于向数据表中插入数据的方法。使用 INSERT 语句可向表中添加一个或多个新行。INSERT 语句的最简单形式如下：

```
INSERT [INTO] table_or_view [(column_list)] data_values
```

作用是将 data_values 作为一行或多行插入到已命名的表或视图中。其中，column_list 是用逗号分隔的一些列名称，可用来指定为其提供数据的列。如果未指定 column_list，表或视图中的所有列都将接收到数据。

如果 column_list 未列出表或视图中所有列的名称，将在列表中未列出的所有列中插入默认值(如果为列定义了默认值)或 NULL 值。列的列表中未指定的所有列必须允许插入空值或指定的默认值。

> **注意**：在使用 INSERT 语句时，无论是插入单条记录还是插入多条记录，都要让提供的插入数据与表中列的字段相对应。

7.1.2 插入单行数据

使用 INSERT 语句向数据表中插入数据最简单的方法是：一次插入一行数据，并且每次插入数据时都必须指定表名以及要插入数据的列名，这种情况适用于插入的列不多时。

【例 7.1】

假设要向 course 表中增加一门课程。course 表中包括 3 列，分别是 cno、cname 和 credit，其中 credit 列允许为空。

INSERT 语句插入数据的实现如下：

```
SQL> INSERT INTO course(cno,cname,credit)
  2  VALUES(1152,'SQL 数据库',90);
```

在这里需要注意的是，VALUES 子句中所有字符串类型的数据都被放在单引号中，且按 INSERT INTO 子句指定列的次序为每个列提供值，这个 INSERT INTO 子句中列的次序允许与表中列定义的次序不相同。

也就是说，上述语句可以写成：

```
SQL> INSERT INTO course(cname, cno,credit)
  2  VALUES('SQL 数据库', 1152,90);
```

或者：

```
SQL> INSERT INTO course(credit, cname, cno)
  2  VALUES(90,'SQL 数据库', 1152);
```

使用这种方式插入数据时，可以指定哪些列接受新值，而不必为每个列都输入一个新值。但是，如果在 INSERT 语句中省略了一个 NOT NULL 列或没有用默认值定义的列，那么在执行时就会发生错误。

【例 7.2】

从 INSERT 语句的语法结构中可看出，INSERT INTO 子句后可不带列名。如果在 INSERT INTO 子句中只包括表名，而没有指定任何一列，则默认为向该表中所有列赋值。这种情况下，VALUES 子句中所提供的值的顺序、数据类型、数量必须与列在表中定义的顺序、数据类型、数量相同。

因此例 7.1 的 INSERT 语句也可以简化成如下形式：

```
SQL> INSERT INTO course VALUES(90,'SQL 数据库', 1152);
```

在 INSERT 语句的 INTO 子句中，如果遗漏了列表和数值表中的一列，那么当该列有默认值存在时，将使用默认值。如果默认值不存在，Oracle 会尝试使用 NULL 值。如果列声明了 NOT NULL，尝试的 NULL 值会导致错误。

而如果在 VALUES 子句的列表中明确指定了 NULL，那么即使默认值存在，列仍会设置为 NULL(假设它允许为 NULL)。当在一个允许 NULL 且没有声明默认值的列中使用 DEFAULT 关键字时，NULL 会被插入到该列中。如果在一个声明 NOT NULL 且没有默认值的列中指定 NULL 或 DEFAULT，或者完全省略了该值，都会导致错误。

【例 7.3】

不指定 credit 列向 course 表中插入一行数据：

```
SQL> INSERT INTO course(cno,cname) VALUES(1152,'SQL 数据库');
```

由于 credit 列允许为空，所以上述语句可以正确执行。也可以写成如下形式：

```
SQL> INSERT INTO course(cno,cname) VALUES(1152,'SQL 数据库',NULL);
```

7.1.3 插入多行数据

前面介绍了一次只插入一行记录的 INSERT 语句，但如何一次插入很多数据呢？在实际应用中，很多情况下会要求一次插入多行数据。

使用 INSERT SELECT 语句可以将一个数据表中的数据插入到另一个新数据表中。插入时要注意以下几点：

- 必须保证插入行数据的表已经存在。
- 对于插入新数据的表，各个需要插入数据的列的类型必须与源数据表中各列数据类型保持一致。
- 必须明确是否存在默认值,是否允许为 NULL 值。如果不允许为空,则必须在插入的时候,为这些列提供列值。

【例 7.4】

新建一个 new_student 表,该表与 student 表具有相同的结构。new_student 表的创建语句如下:

```
CREATE TABLE new_student
(
sno number(8) NOT NULL,
sname varchar2(8),
ssex char(2),
sbirth date,
sadrs varchar2(30)
);
```

下面通过 INSERT SELECT 语句将 student 表的所有数据都插入到 new_student 表中:

```
SQL>INSERT INTO new_student SELECT * FROM student
```

因为这里 SELECT 语句中查询的是 student 表中的所有数据,而 new_student 与 student 表结构是一样的,所以会将查询出来的信息全部插入到 new_student 表中。此时,查看两个表的时候会发现,student 与 NEW_EMP 的记录完全相同。

提示:在把值从一列复制到另一列时,值所在列不必具有相同的数据类型,只要插入目标表的值符合该表的数据限制即可。

【例 7.5】

与其他 SELECT 语句一样,在 INSERT 语句中使用的 SELECT 语句中也可以包含 WHERE 子句。

例如,要将 student 表中 sadrs 为北京、天津和南京的数据添加到 new_student 表中,实现语句如下:

```
SQL> INSERT INTO new_student
  2  SELECT * FROM student
  3  WHERE sadrs IN('北京','天津','南京');
```

上述语句执行后,new_student 表的内容如下所示:

```
SQL> SELECT * FROM new_student;
    SNO    SNAME    SSEX    SBIRTH         SADRS
---------  -------  -----   ------------   ---------------
20110064   宋帅     男      1993/8/12      天津
20100094   刘瑞     女      1992/12/13     北京
20100099   张宁     女      1993/5/9       天津
20110003   魏晨     男      1992/6/14      北京
20110012   张鹏     男      1992/3/19      南京
20110058   刘丽             1991/8/1       南京
```

可以看出，在 new_student 中只添加了 6 行数据，而不是全部。因为这里 WHERE 子句的功能与任何 SELECT 语句中的 WHERE 子句一样，因此经过筛选后，只将符合查询条件的数据导入到客户信息表中。

7.2 更新数据

最初在表中添加的数据并不总是正确、无须修改的和不会变化的。当现实需求有改变时，必须在数据库中也有相应的响应，这样才能保证数据的及时性和准确性。

例如，在一个购物系统的数据库中，由于某种原因，一种商品的价格下调了 20%，这就要求数据库管理员对相应的所有商品价格进行更新。创建表并添加数据之后，更改或更新表中的数据也是日常维护数据库的操作之一。

7.2.1 UPDATE 语句简介

更新数据的方法有很多，最常用的是使用 DML 的 UPDATE 语句。UPDATE 语句的语法如下：

```
UPDATE table_name SET column1=value1[,column2=value2]...WHERE expression;
```

其中各项参数的含义如下。
- table_name：指定要更新的表。
- SET：指定要更新的字段以及相应的值。
- expression：表示更新条件。
- WHERE：指定更新条件，如果没有指定更新条件，则会对表中所有的记录更新。

> 注意：使用 UPDATE 更新表数据的时候，WHERE 限定句要谨慎使用，如果不使用 WHERE 语句限定，则表示修改整个表中的数据。

当使用 UPDATE 语句更新数据时，应该注意以下事项和规则：
- 用 WHERE 子句指定需要更新的行，用 SET 子句指定新值。
- UPDATE 无法更新标识列。
- 如果行的更新违反了约束或规则，比如违反了列 NULL 设置，或者新值是不兼容的数据类型，则将取消该语句，并返回错误提示，不会更新任何记录。
- 每次只能修改一个表中的数据。
- 可以同时把一列或多列、一个变量或多个变量放在一个表达式中。

7.2.2 UPDATE 语句的应用

假设要将 students 表中学号为 20110064 的学生姓名修改为"侯军"，语句如下：

```
SQL> UPDATE student SET sname='侯军' WHERE sno='20110064';
```

上述语句的 WHERE 子句筛选出只有一行数据，UPDATE 语句对这一行的 sname 列进行修改。

将 scores 表中编号为 1102 的考试成绩上调 5 分，语句如下：

```
SQL> UPDATE scores SET sscore=sscore+5 WHERE cno='1102';
```

上述语句执行后，会更新所有满足 WHERE 子句的数据，将 sscore 列在原来基础上增加 5。

假设要同时更新学号为 20110065 的学生姓名、性别和籍贯，可用如下语句：

```
SQL> UPDATE student
  2  SET sname='牛燕',ssex='女',sadrs='北京'
  3  WHERE sno='20110065';
```

7.3 删除数据

在使用数据库的过程中，数据表中会有一些已经过期或者是错误的数据，为了保持数据的准确性，在 Oracle 中使用 DELETE 语句进行删除，使用 DELETE 语句进行删除的时候，要注意 DELETE 的用法。

在使用 DELETE 语句删除表数据的时候，如果该表中的某个字段有外键关系，需要先删除外键表的数据，然后再删除该表中的数据，否则将会出现删除异常。

本节将详细讲解 DELETE 语句的语法以及应用，如：删除满足某种限定条件的数据，以及删除整个表中的数据。

7.3.1 DELETE 语句简介

DELETE 语句的基本格式为：

```
DELETE table_or_view FROM table_sources WHERE search_condition
```

下面来说明语句中各参数的具体含义。

- table_or_view：是从中删除数据的表或者视图的名称。表或者视图中的所有满足 WHERE 子句的记录都将被删除。通过使用 DELETE 语句中的 WHERE 子句，SQL 可以删除表或者视图中的单行数据、多行数据及所有行数据。如果 DELETE 语句中没有 WHERE 子句的限制，表或者视图中的所有记录都将被删除。
- FROM table_sources：该子句用来确定需要删除数据的表名称。它使 DELETE 可以先从其他表查询出一个结果集，然后删除 table_sources 中与该查询结果相关的数据。

提示：在 DELETE 语句中没有指定列名，这是由于 DELETE 语句不能从表中删除单个列的值。它只能删除行。如果要删除特定列的值，可以使用 UPDATE 语句把该列值设为 NULL，当然该列必须支持 NULL 值。

DELETE 语句只能从表中删除数据，不能删除表本身，要删除表的定义，可以使用 DROP TABLE 语句。

使用 DELETE 语句时应该注意以下几点：

- DELETE 语句不能删除单个列的值，只能删除整行数据。要删除单个列的值，可以采用上节介绍的 UPDATE 语句，将其更新为 NULL。
- 使用 DELETE 语句仅能删除记录，即表中的数据，不能删除表本身。要删除表，需要使用前面介绍的 DROP TABLE 语句。
- 与 INSERT 和 UPDATE 语句一样，从一个表中删除记录将引起其他表的参照完整性问题。这是一个潜在的问题，需要时刻注意。

7.3.2 DELETE 语句的应用

DELETE 语句可以删除数据库表中的单行数据、多行数据以及所有行数据，同时在 WHERE 子句中也可以通过子查询删除数据。

例如，使用 DELETE 语句删除 new_student 表中编号为 20110065 的学生信息，实现语句如下：

```
SQL> DELETE new_student WHERE sno='20110065';
```

执行上述语句后 1 行受影响。

不但可以删除单行数据，而且可以删除多行数据。将 new_student 表中籍贯为北京的学生信息都删除。语句如下：

```
SQL> DELETE new_student WHERE sadrs='北京'
```

执行上述语句后多行受影响，可以使用"SELECT * FROM new_student"语句查看删除后的表结果。

如果 DELETE 语句中没有 WHERE 子句，则表中所有记录将全部被删除，例如，删除 new_student 表里的所有学生信息，语句如下：

```
SQL> DELETE FROM new_student
```

执行上述语句，然后再查看 new_student 表的数据，可见所有记录都已被删除。

 提示：DELETE 语句只能删除表中某一行的数据，不能删除表中某一列的数据。

7.3.3 清空表

对于表中已经过期，或者错误的数据，可以使用 TRUNCATE 关键字进行删除，也可以使用 DELETE 语句，这里讲解如何使用 TRUNCATE 子句。语法如下：

```
TRUNCATE TABLE table_name;
```

使用 TRUNCATE 清空表中数据的时候，要注意以下几点：

- TRUNCATE 语句将删除表中所有的数据。

- 会释放表的存储空间。
- TRUNCATE 语句不能回滚。

【例 7.6】

在使用 TRUNCATE TABLE 语句清空 new_student 表前后执行 SELECT 语句查看数据发生的变化。语句如下：

```
SQL> SELECT * FROM new_student;
    SNO    SNAME   SSEX    SBIRTH      SADRS
--------- ------- ----- ---------- ----------
 20110064  宋帅     男      1993/8/12   天津
 20100094  刘瑞     女      1992/12/13  北京
 20100099  张宁     女      1993/5/9    天津
 20110003  魏晨     男      1992/6/14   北京
SQL> TRUNCATE TABLE new_student;
Table truncated
SQL> SELECT * FROM new_student;
    SNO    SNAME   SSEX    SBIRTH      SADRS
--------- ------- ----- --------- ----------------
```

如上述结果所示，TRUNCATE TABLE 语句清空了 new_student 表的所有数据，但保留了表的结构。

7.4 MERGE 语句

在早期，如果需要对两个表中的数据进行合并，会十分麻烦，首先需要查询该表中的数据是否在另外一个表中存在，如果存在，则执行 UPDATE 进行修改，如果不存在，则执行插入，从而将该表中数据查询出来并插入到另外一个表中。而现在则可以使用 DML 的 MERGE 语句对两个表进行合并操作，大大减少了代码量，而且可以减轻服务器的压力。

7.4.1 MERGE 语句简介

MERGE 语句的语法如下：

```
MERGE INTO table1
USING table2
ON expression
WHEN MATCHED THEN UPDATE ...
WHEN NOT MATCHED THEN INSERT ...;
```

其中需要注意的是：

- UPDATE 或 INSERT 子句是可选的。
- UPDATE 和 INSERT 子句可以加 WHERE 子句。
- 在 ON 条件中使用常量过滤谓词来 Insert 所有的行到目标表中，不需要连接源表和目标表。
- UPDATE 子句后面可以跟 DELETE 子句，来删除一些不需要的行。

> **提示**：在使用 MERGE 语句时，INSERT 可以将源表符合条件的数据合并到另外一个表中，而如果使用 UPDATE 语句，可以将源表不符合条件的数据合并到另外一个表中。

使用 MERGE 语句时，在 UPDATE 子句和 INSERT 子句中都可以使用 WHERE 子句来指定操作的条件。这时对于 MERGE 语句来说，就有了两次条件过滤，第一次是 MERGE 语句中的 ON 子句指定，而第二次则是由 UPDATE 和 INSERT 子句中的 WHERE 指定。

7.4.2 省略 INSERT 子句

在使用 MERGE 语句之前，首先要确保需要合并的表结构完全相同。在本示例中，student1 表和 student2 表具有相同的结构。

student1 表中的数据如下：

```
SQL> SELECT * FROM student1;

    SNO    SNAME    SSEX    SBIRTH        SADRS
---------- -------- ------  ------------  --------
 20110064  魏晨     男      1993/8/12     天津
 20100092  刘丽     男      1992/9/15     上海
 20100094  刘瑞     女      1992/12/13    北京
 20100099  牛燕     女      1993/5/9      天津
 20110001  张蕾     女      1993/9/25     武汉
```

student2 表中的数据如下：

```
SQL> SELECT * FROM student2;

    SNO    SNAME    SSEX    SBIRTH        SADRS
---------- -------- -----   ----------    --------
 20110064  宋帅     男      1993/8/12     天津
 20100092  李兵     男      1992/9/15     上海
 20100028  刘瑞     女      1992/12/13    北京
 20100039  张宁     女      1993/5/9      天津
 20110061  张伟     女      1993/9/25     武汉
```

下面使用省略 INSERT 子句的 MERGE 语句实现以 student1 为基准，对 student2 表以 sno 列作为关联更新 sname 列，即只更新匹配的数据而不添加新数据。语句如下：

```
SQL> MERGE INTO student2 s2
  2  USING student1 s1
  3  ON (s2.sno=s1.sno)
  4  WHEN MATCHED THEN
  5    UPDATE SET s2.sname=s1.sname;

2 rows merged
```

从输出中可以看到，MERGE 语句更新了两行数据，再次查看 student2 表数据如下：

```
SQL> SELECT * FROM student2;
```

```
     SNO   SNAME   SSEX   SBIRTH       SADRS
---------- ------- ------ ---------- ---------
20110064   魏晨     男     1993/8/12   天津
20100092   刘丽     男     1992/9/15   上海
20100028   刘瑞     女     1992/12/13  北京
20100039   张宁     女     1993/5/9    天津
20110061   张伟     女     1993/9/25   武汉
```

可以看到，编号为 20110064 和 20100092 的 sname 列被更新，使用的是 student1 表中对应的 sname 列。

7.4.3 省略 UPDATE 子句

如果在 MERGE 语句中省略 UPDATE 子句，即 MERGE 语句中只有 NOT MATCHED 语句，表示只插入新数据而不更新旧数据。

以前面的 student1 表和 student2 表为例，实现将 student1 表的数据添加到 student2 表中，添加条件是 sno 列不相同。语句如下：

```
SQL> MERGE INTO student2 s2
  2  USING student1 s1
  3  ON (s2.sno=s1.sno)
  4  WHEN NOT MATCHED THEN
  5    INSERT VALUES(s1.sno,s1.sname,s1.ssex,s1.sbirth,s1.sadrs);

3 rows merged
```

从输出中可以看到，MERGE 语句插入了 3 行数据，再次查看 student2 表数据如下：

```
SQL> SELECT * FROM student2;

     SNO   SNAME   SSEX   SBIRTH       SADRS
---------- ------- ------ ---------- ---------
20110064   魏晨     男     1993/8/12   天津
20100092   刘丽     男     1992/9/15   上海
20100028   刘瑞     女     1992/12/13  北京
20100039   张宁     女     1993/5/9    天津
20110061   张伟     女     1993/9/25   武汉
20100099   牛燕     女     1993/5/9    天津
20100094   刘瑞     女     1992/12/13  北京
20110001   张蕾     女     1993/9/25   武汉
```

> 提示：在 MERGE 语句中，当然也可以同时使用 INSERT 和 UPDATE 语句，进行添加和更新操作。

7.4.4 带条件的 UPDATE 和 INSERT 子句

在 INSERT 和 UPDATE 子句中添加 WHERE 语句可以对要更新和插入的条件进行限制，即筛选出满足 WHERE 条件的数据，再执行 INSERT 或者 UPDATE 操作。

student1 表中的数据如下：

```
SQL> SELECT * FROM student1;
    SNO   SNAME   SSEX    SBIRTH      SADRS
 --------  -------  ----  ----------  --------
 20110064   魏晨     男    1993/8/12    天津
 20100092   刘丽     女    1992/9/15    上海
 20110001   张蕾     女    1993/9/25    武汉
 20100099   张宁     女    1992/12/13   北京
 20110001   张伟     女    1993/5/9     北京
 20110012   张鹏     男    1992/6/14    北京
```

student2 表中的数据如下：

```
SQL> SELECT * FROM student2;
    SNO   SNAME   SSEX    SBIRTH      SADRS
 --------  -------  ------  ----------  ------
 20110064   魏晨     男     1993/8/12    天津
 20100092   刘杰     男     1992/9/15    上海
 20100028   刘瑞     女     1992/12/13   南京
```

现在要对 student2 执行如下操作：

- 将 student1 表中性别为"女"的学生姓名更新到 student2 表。
- 将 student1 表中籍贯为"北京"的学生信息插入到 student2 表。

要实现上述要求，普通的 MERGE 语句将无法实现，这就需要添加 WHERE 语句限制条件。最终语句如下：

```
SQL> MERGE INTO student2 s2
  2  USING student1 s1
  3  ON (s2.sno=s1.sno)
  4  WHEN MATCHED THEN
  5    UPDATE SET s2.sname=s1.sname
  6    WHERE s1.ssex='女'
  7  WHEN NOT MATCHED THEN
  8    INSERT VALUES(s1.sno,s1.sname,s1.ssex,s1.sbirth,s1.sadrs)
  9    WHERE s1.sadrs='北京';

4 rows merged
```

从输出中可以看到，MERGE 语句更新了 4 行数据，再次查看 student2 表数据如下：

```
SQL> SELECT * FROM student2;
    SNO   SNAME   SSEX    SBIRTH      SADRS
 --------  -------  -----  ----------  ------------
 20110012   张鹏     男     1992/6/14    北京
 20100099   张宁     女     1992/12/13   北京
 20110001   张伟     女     1993/5/9     北京
 20110064   魏晨     男     1993/8/12    天津
 20100092   刘丽     男     1992/9/15    上海
 20100028   刘瑞     女     1992/12/13   南京
```

对比 student2 表，会发现，编号为 20100092 的 sname 列由"刘杰"被更新为"刘丽"，同时添加了 4 行 student1 表中籍贯为"北京"的学生信息。

> **注意**：在 INSERT 和 UPDATE 语句中添加了 WHERE 语句，所以，并没有更新插入所有满足 ON 条件的行到表中。

7.4.5 使用常量表达式

如果希望不设置关联条件，一次性将源表中的所有数据添加到目标表，可以在 MERGE 语句的 ON 条件中使用常量表达式。例如 ON(1=0)。

member 表中的数据如下：

```
SQL> SELECT * FROM member;
    ID  NAME
------  ---------------
     2  somboy
     3  qqbay
     6  abcdate
     1  xiake
```

member1 表中的数据如下：

```
SQL> SELECT * FROM member1;
    ID  NAME
------  ---------------
     2  zhht
     4  computer
```

现在要将 member 表的数据添加到 member1 表中，而不检查数据是否已经存在，如下所示：

```
SQL> MERGE INTO member1 m1
  2  USING member m
  3  ON(1=0)
  4  WHEN NOT MATCHED THEN
  5    INSERT VALUES(m.id,m.name);

4 rows merged
```

从输出中可以看到，MERGE 语句更新了 4 行数据，再次查看 member1 表数据如下：

```
SQL> SELECT * FROM member1;
    ID  NAME
-----   ---------------
     2  somboy
     3  qqbay
     6  abcdate
     1  xiake
     2  zhht
     4  computer
```

经过对比，可以发现，执行了含有常量表达式的 MERGE 语句后，所有在 member 表中的数据都插入到了 member1 中，尽管在 member1 中已经存在了 ID 为 2 的数据。

> **提示**：ON(1=0)返回 false，等同于 member1 与 member 没有匹配的数据，于是把 member 的新信息插入到 member1。常量表达式不仅仅是 1=0，还可以是其他的，例如 2=5，1=3 等。

7.4.6 使用 DELETE 语句

在 MERGE 的 WHEN MATCHED THEN 子句使用 DELETE 语句，可以删除同时满足 ON 条件和 DELETE 语句的数据。

member 表中的数据如下：

```
SQL> SELECT * FROM member;
 ID   NAME
---- ---------------
  2   somboy
  3   qqbay
  6   abcdate
  1   xiake
```

member1 表中的数据如下：

```
SQL> SELECT * FROM member1;
 ID   NAME
---- ---------------
  2   zhht
  5   computer
  6   higirl
```

现在要使用 member 表作为源表来更新 member1 表，同时删除 member1 表中 id 大于 2 的数据，如下所示：

```
SQL> MERGE INTO member1 m1
  2  USING member m
  3  ON(m1.id=m.id)
  4  WHEN MATCHED THEN
  5    UPDATE SET m1.name=m.name
  6    DELETE WHERE m1.id>2;

2 rows merged
```

从输出中可以看到，MERGE 语句更新了两行数据，再次查看 member1 表数据如下：

```
SQL> SELECT * FROM member1;
 ID   NAME
---- ---------------
  2   somboy
  5   computer
```

对比更新前后 member1 表中的数据，会发现 id 为 2 的 name 列由 zhht 被修改为 somboy，同时删除了 id 为 6 的数据。因为 id=6 既满足 ON 中的条件，又满足 DELETE 中 WHERE 的限定条件(m1.id>2)。

> **注意**：DELETE 子句必须有一个 WHERE 条件来删除匹配 WHERE 条件的行，而且必须同时满足 ON 后的条件和 DELETE WHERE 后的条件才有效，匹配 DELETE WHERE 条件但不匹配 ON 条件的行不会被删除。

7.5 思考与练习

1. 填空题

(1) 在 Oracle 中通过使用_____语句实现对数据的更新操作。

(2) 假设要将 client 表中 name 为 ying 的 email 列修改为 "ying@163.com"，应该使用_____语句。

(3) 使用_____语句，可以将某一个表中的数据插入到另一个新数据表中。

(4) 使用 UPDATE 语句进行数据修改时，用 WHERE 子句指定需要更新的行，用_____子句指定新值。

(5) 要快速删除表中的所有记录，最好使用_____语句。

2. 选择题

(1) 应该使用下列哪个语句把数据从表中删除？_____
  A．SELECT
  B．INSERT
  C．UPDATE
  D．DELETE

(2) 假设 type 表包含 T_ID 列和 T_Name 列，下面可以插入一行数据的是_____。
  A．INSERT INTO type Values(100,'FRUIT');
  B．SELECT * FROM type WHERE T_ID=100 AND T_NAME='RUIT';
  C．UPDATE SET T_ID=100 FROM type WHERE T_Name='FRUIT';
  D．DELET * FROM type WHERE T_ID=100 AND T_Name='FRUIT';

(3) 下面关于 INSERT 语句，表达正确的是_____。
  A．向表中添加数据的时候，若遗漏字段列表中的某一个字段，那么该列将使用默认值填充。如果不存在默认值，则该列将设置为 NULL。如果该列声明了 NOT NULL 属性，在插入时就会出错
  B．进行插入的时候，如果数据表中的类型与源数据不同，则会自动更改为与数据内容相匹配的类型
  C．使用 INSERT 语句的时候，如果没有指明要插入的列，那么就根据 VALUES 中的数据进行分配
  D．使用 INSERT SELECT 语句将源表中的数据插入到新的数据表中的时候，仅仅需要考虑源表中是否有空值，不需要考虑新表中的列属性

(4) 下面几个关键词中，哪一个是 MERGE 语句中必须使用的？_____
　　A．UPDATE
　　B．ON
　　C．DELETE
　　D．INSERT

3. 简答题

(1) 简述在进行 UPDATE 更新操作的时候，应该注意哪些问题。

(2) INSERT 有几种不同的操作，简述其用法。

(3) 简述在进行 DELETE 操作时，带有 WHERE 条件和不带 WHERE 条件的区别。

(4) 简述在使用 MERGE 语句时，新增加的 DELETE 语句中满足哪些条件才可以进行 DELETE 操作。

(5) 简述在 MERGE 语句中，什么情况下只存在 INSERT 语句，什么情况下只存在 UPDATE 语句。

(6) 简述使用 MERGE 语句进行更新插入的优点。

7.6　练　一　练

作业：操作会员表中的数据

假设会员表的名称为 users，保存的信息包括用户 ID、用户名、密码、邮箱、申请时间、登录累计天数、会员等级编号、用户分组等。对应字段分别是 Uid、Uname、Upassword、Uemail、UaddTime、Udays、Unum、Ugroup。

对会员表完成如下操作。

(1) 创建数据表之后添加 10 个会员。

(2) 将原表中 Uid 字段小于 8 的记录 Udays 字段改为 2。

(3) 删除原表中第 2 条、第 5 条记录。

(4) 将表中 Uname 列中姓王的用户的 Upassword 字段改为"wang"。

(5) 删除会员表中所有数据。

第 8 章

Oracle 表空间的管理

Oracle 数据库被划分为称作表空间的逻辑区域，它组成了 Oracle 数据库的逻辑结构，即数据库是由多个表空间构成的。在物理结构上，数据信息存储在数据文件中，而在逻辑结构上，数据库中的数据存储在表空间中。表空间与数据文件存在紧密的对应关系，一个表空间至少包含一个数据文件，而一个数据文件只能属于一个表空间。

在 Oracle 中，除了基本表空间以外，还有临时表空间以及还原表空间等。本章将详细介绍 Oracle 中的各种表空间，学习表空间的创建、修改、切换和管理等操作。

本章学习目标：

- 理解表空间的逻辑结构和物理结构
- 熟练掌握如何创建表空间
- 掌握如何设置表空间的状态
- 了解如何重命名表空间
- 掌握表空间中数据文件的管理
- 了解临时表空间
- 理解还原表空间的作用
- 掌握如何创建与管理还原表空间

8.1 认识 Oracle 表空间

表空间是 Oracle 数据库中最主要的逻辑存储结构，与操作系统中的数据文件相对应，主要用于存储数据库中用户创建的所有内容。下面详细介绍 Oracle 中表空间在逻辑和物理结构中的位置，表空间的分类及状态。

8.1.1 Oracle 的逻辑和物理结构

我们知道，Oracle 数据库系统具有跨平台特性，因此在一个数据库平台上开发的数据库可以不用修改地移植到另一个操作系统平台上。这是因为 Oracle 不会直接操作底层操作系统的数据文件，而是提供了一个中间层，这个中间层就是 Oracle 的逻辑结构，它与操作系统无关，而中间层到数据文件的映射通过 DBMS 来完成。图 8-1 展示了 Oracle 中间件的这种跨平台特性，从图中可以看到，Oracle 数据库应用系统通过操作中间件实现逻辑操作，而逻辑操作到数据文件操作之间是通过 DBMS 来映射完成的。这样，数据文件对 Oracle 数据库应用系统而言就是透明的了。

Oracle 为了管理数据文件而引入了逻辑结构，图 8-2 展示了数据文件管理的逻辑结构和物理结构，其中左边是逻辑结构，右边是物理结构。

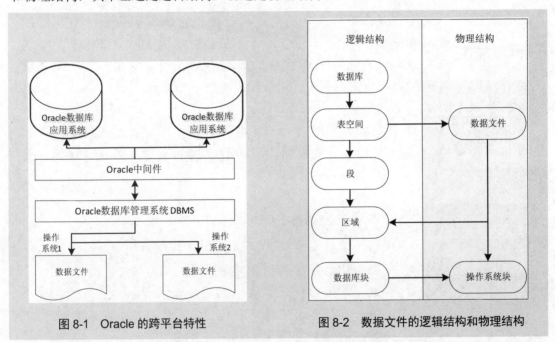

图 8-1　Oracle 的跨平台特性　　　　　图 8-2　数据文件的逻辑结构和物理结构

1．物理结构

在物理结构中，一个表空间由一个或者多个数据文件组成，一个数据文件在物理上由操作系统块组成。

物理结构的各组成部分含义如下。

(1) 数据文件(Data File)

数据文件是 Oracle 格式的操作系统文件,例如扩展名为.dbf 的文件。数据文件的大小决定了表空间的大小,当表空间不足时,就需要增加新的数据文件,或者重新设置当前数据文件的大小,以满足表空间的增长需求。

(2) 操作系统块(OS Block)

操作系统块依赖于不同的操作系统平台,它是操作系统操作数据文件的最小单位。一个或者多个操作系统块组成了一个数据库块。

2. 逻辑结构

逻辑结构从上到下是包含关系,也是一对多的关系,即一个数据库有一个或者多个表空间;一个表空间有一个或者多个段;一个段由一个或者多个区段组成;一个区段由多个数据库块组成;一个数据库块由多个操作系统数据库块组成。

下面来了解图 8-2 中逻辑结构的各个组成部分。

(1) 表空间(Table Space)

在逻辑上,一个数据库由表空间组成,一个表空间只能属于个数据库;一个表空间包含一个或者多个操作系统文件,这些系统文件称为数据文件。

(2) 段(Segment)

段是表空间内的一个逻辑存储空间,一个表空间包含一个或者多个段,一个段不能跨越表空间,即一个段只能在一个表空间中,但是段可以跨越数据文件,即一个段可以分布在同一个表空间的不同数据文件上。

(3) 区段(Extent)

区段是段中分配的逻辑存储空间,一个区段由连续的 Oracle 数据库块组成,一个区段只能存在于一个数据文件中。

在创建一个段时,需要至少包含一个区段,段增长时将分配更多的区段给该段,同时 DBA 可以手动地向段中添加区段。

(4) 数据库块(Oracle Block)

数据库块是 Oracle 数据库服务器管理存储空间中的数据文件的最小单位,也是 Oracle 数据库系统输入、输出的最小单位。

一个数据库块由一个或者多个操作系统块组成。Oracle 提供了标准的数据库块尺寸,该尺寸通过初始化参数 DB_BLOCK_SIZE 来设置,在初始化创建数据库时指定,一般大小为 4KB 或者 8KB。

> 提示:一个数据库块的大小应该是操作系统块的整数倍,这样就可以避免不必要的 I/O 操作。

【例 8.1】

假设要查看 Oracle 数据库块的大小,可用如下语句:

```
SQL> select tablespace_name,block_size,contents
```

```
  2  from dba_tablespaces;
TABLESPACE_NAME            BLOCK_SIZE         CONTENTS
------------------         --------------     ----------------
SYSTEM                     8192               PERMANENT
SYSAUX                     8192               PERMANENT
UNDOTBS1                   8192               UNDO
TEMP                       8192               TEMPORARY
USERS                      8192               PERMANENT
EXAMPLE                    8192               PERMANENT

6 rows selected
```

从运行结果中可见，当前 Oracle 数据库中表空间的数据库大小为 8KB(8192 字节)。

8.1.2 表空间的分类

通过上面的介绍，我们知道表空间在 Oracle 中的重要性。Oracle 启动时会使用大量表空间，像 SYSTEM 表空间、临时表空间和还原表空间等，这些都被称为 Oracle 的系统表空间，除此之外，还有非系统表空间。下面对这两种类型进行介绍。

(1) 系统表空间

系统表空间是 Oracle 数据库系统创建时需要的表空间，这些表空间在数据库创建时自动创建，是每个数据库必需的表空间，也是满足数据库系统运行的最低要求。例如，系统表空间 SYSTEM 中存储数据字典或者存储还原段。

> **注意**：在用户没有创建非系统表空间时，系统表空间可以存放用户数据或者索引，但是这样做会增加系统表空间的 I/O 操作，影响系统性能。

(2) 非系统表空间

非系统表空间是指用户创建的表空间，可以按照数据多少、使用频率、需求数量等情况进行灵活设置。这样，一个表空间的功能就相对独立，在特定的数据库应用环境下可以很好地提高系统的效率。

通过创建用户自定义的表空间，如还原空间、临时表空间、数据表空间或者索引表空间，使得数据库的管理更加灵活、方便。

8.1.3 表空间的状态

在 Oracle 中，每个表空间都有一个状态属性，通过该状态属性，可以对表空间的使用进行管理。表空间状态属性有 4 种，分别是在线(ONLINE)、离线(OFFLINE)、只读(READ ONLY)和读写(READ WRITE)。下面对这 4 种状态进行详细说明。

1. 在线(ONLINE)

当表空间的状态为 ONLINE 时，允许访问该表空间中的数据。如果要将表空间修改为 ONLINE 状态，可以使用如下语法的 ALTER TABLESPACE 语句：

```
ALTER TABLESPACE tablespace_name ONLINE;
```

2. 离线(OFFLINE)

当表空间的状态为 OFFLINE 时，不允许访问该表空间中的数据。例如向表空间中创建表或者读取表空间中表的数据等操作都将无法进行。这时可以对表空间进行脱机备份；也可以对应用程序进行升级和维护等操作。

如果要将表空间修改为 OFFLINE 状态，可以使用如下语法的 ALTER TABLESPACE 语句：

```
ALTER TABLESPACE tablespace_name OFFLINE parameter;
```

其中，parameter 表示将表空间切换为 OFFLINE 状态时可以使用的参数，参数有如下几个选项。

(1) NORMAL

指定表空间以正常方式切换到 OFFLINE 状态。以这种方式切换，Oracle 会执行一次检查点，将 SGA 区中与该表空间相关的脏缓存块全部写入数据文件中，最后关闭与该表空间相关联的所有数据文件。默认情况下使用此方式。

(2) TEMPORARY

指定表空间以临时方式切换到 OFFLINE 状态。以这种方式切换 Oracle 在执行检查点时不会检查数据文件是否可用，这会使得将该表空间的状态切换为 ONLINE 状态时，可能需要对数据库进行恢复。

(3) IMMEDIATE

指定表空间立即切换到 OFFLINE 状态。以这种方式切换，Oracle 不会执行检查点，而是直接将表空间设置为 OFFLINE 状态，这会使得将该表空间的状态切换为 ONLINE 状态时，必须对数据库进行恢复。

(4) FOR RECOVER

指定表空间以恢复方式切换到 OFFLINE 状态。如果以这种方式切换，数据库管理员可以使用备份的数据文件覆盖原有的数据文件，然后再根据归档重做日志，将表空间恢复到某个时间点的状态。所以，此方式经常用于对表空间进行基于时间的恢复。

3. 只读(READ ONLY)

当表空间的状态为 READ ONLY 时，虽然可以访问表空间中的数据，但访问仅仅限于阅读，而不能进行任何更新或删除操作，目的是为了保证表空间的数据安全。

如果要将表空间修改为 READ ONLY 状态，可以使用如下语法的 ALTER TABLESPACE 语句：

```
ALTER TABLESPACE tablespace_name READ ONLY;
```

在将表空间的状态修改为 READ ONLY 之前，需要注意如下事项：
- 表空间必须处于 ONLINE 状态。
- 表空间不能包含任何事务的还原段。
- 表空间不能正处于在线数据库备份期间。

4. 读写(READ WRITE)

当表空间的状态为 READ WRITE 时，可以对表空间进行正常访问，包括对表空间中的数据进行查询、更新和删除等操作。

如果要将表空间修改为 READ WRITE 状态，可以使用如下语法的 ALTER TABLESPACE 语句：

```
ALTER TABLESPACE tablespace_name READ WRITE;
```

修改表空间的状态为 READ WRITE 时，也需要保证表空间处于 ONLINE 状态。

> **注意**：除 users 表空间之外，不允许将 Oracle 的其他系统表空间设置为 OFFLINE 或 READ ONLY。

【例 8.2】

假设要将 myspace 表空间的状态修改为 READ ONLY，可用如下语句：

```
SQL> ALTER TABLESPACE myspace READ ONLY;
```

表空间已更改。

修改后，通过数据字典 dba_tablespaces 查看当前数据库中表空间的状态。语句如下：

```
SQL> SELECT tablespace_name, status FROM dba_tablespaces;

TABLESPACE_NAME                STATUS
------------------------------ ------------------------
SYSTEM                         ONLINE
SYSAUX                         ONLINE
UNDOTBS1                       ONLINE
TEMP                           ONLINE
USERS                          ONLINE
MYSPACE                        READ ONLY

已选择 6 行。
```

其中，STATUS 列的值可能是 ONLINE、OFFLINE 或者 READ ONLY，分别对应在线且处于读写状态、离线状态、在线且处于只读状态。

8.2 实践案例：创建一个表空间

在了解 Oracle 中有关表空间的类型以及状态属性之后，下面通过一个案例，讲解创建 Oracle 表空间的方法。

创建表空间需要使用 CREATE TABLESPACE 语句，基本的语法格式如下：

```
CREATE [TEMPORARY | UNDO] TABLESPACE tablespace_name
[
    DATAFILE | TEMPFILE 'file_name' SIZE size K | M [REUSE]
    [
```

```
        AUTOEXTEND OFF | ON
        [NEXT number K | M MAXSIZE UNLIMITED | number K | M]
    ]
    [ , ...]
]
[MININUM EXTENT number K | M]
[BLOCKSIZE number K]
[ONLINE | OFFLINE]
[LOGGING | NOLOGGING]
[FORCE LOGGING]
[DEFAULT STORAGE storage]
[COMPRESS | NOCOMPRESS]
[PERMANENT | TEMPORARY]
[
    EXTENT MANAGEMENT DICTIONARY | LOCAL
    [AUTOALLOCATE | UNIFORM SIZE number K | M]
]
[SEGMENT SPACE MANAGEMENT AUTO | MANUAL];
```

以上语法格式中各参数的说明如下。

- TEMPORARY | UNDO：指定表空间的类型。TEMPORARY 表示创建临时表空间；UNDO 表示创建还原表空间；不指定类型，则表示创建的表空间为永久性表空间。
- tablespace_name：指定新表空间的名称。
- DATAFILE | TEMPFILE 'file_name'：指定与表空间相关联的数据文件。一般使用 DATAFILE，如果是创建临时表空间，则需要使用 TEMPFILE；file_name 指定文件名与路径。可以为一个表空间指定多个数据文件。
- SIZE size：指定数据文件的大小。
- REUSE：如果指定的数据文件已经存在，则使用 REUSE 关键字可以清除并重新创建该数据文件。如果文件已存在，但是又没有指定 REUSE 关键字，则创建表空间时会报错。
- AUTOEXTEND OFF | ON：指定数据文件是否自动扩展。OFF 表示不自动扩展；ON 表示自动扩展。默认情况下为 OFF。
- NEXT number：如果指定数据文件为自动扩展，则 NEXT 子句用于指定数据文件每次扩展的大小。
- MAXSIZE UNLIMITED | number：如果指定数据文件为自动扩展，则 MAXSIZE 子句用于指定数据文件的最大容量。如果指定 UNLIMITED，则表示文件大小无限制，默认为此选项。
- MININUM EXTENT number：指定表空间中的盘区可以分配到的最小的尺寸。
- BLOCKSIZE number：如果创建的表空间需要另外设置其数据块大小，而不是采用初始化参数 db_block_size 指定的数据块大小，则可以使用此子句进行设置。此子句仅适用于永久性表空间。
- ONLINE | OFFLINE：指定表空间的状态为在线(ONLINE)或离线(OFFLINE)。如果为 ONLINE，则表空间可以使用；如果为 OFFLINE，则表空间不可使用。默认

为 ONLINE。
- LOGGING | NOLOGGING：指定存储在表空间中的数据库对象的任何操作是否产生日志。LOGGING 表示产生；NOLOGGING 表示不产生。默认为 LOGGING。
- FORCE LOGGING：此选项用于强制表空间中的数据库对象的任何操作都产生日志，将忽略 LOGGING 或 NOLOGGING 子句。
- DEFAULT STORAGE storage：指定保存在表空间中的数据库对象的默认存储参数。当然，数据库对象也可以指定自己的存储参数。

> 提示：此子句所设置的存储参数仅适用于数据字典管理的表空间。Oracle 的管理形式主要分为数据字典管理形式与本地化管理形式。不过，Oracle 11g 已经不再支持数据字典的管理形式。所以这里不展开介绍该子句。

- COMPRESS | NOCOMPRESS：指定是否压缩数据段中的数据。COMPRESS 表示压缩；NOCOMPRESS 表示不压缩。数据压缩发生在数据块层次中，以便压缩数据块内的行，消除列中的重复值。默认为 COMPRESS。

> 提示：对数据段中的数据进行压缩后，在检索数据时，Oracle 会自动对数据进行解压缩。这个过程不会影响数据的检索，但是会影响数据的更新和删除。

- PERMANENT | TEMPORARY：指定表空间中数据对象的保存形式。其中，PERMANENT 表示持久保存；TEMPORARY 表示临时保存。
- EXTENT MANAGEMENT DICTIONARY | LOCAL：指定表空间的管理方式。DICTIONARY 表示采用数据字典的形式管理；LOCAL 表示采用本地化的形式管理。默认为 LOCAL。
- AUTOALLOCATE | UNIFORM SIZE number：指定表空间中的盘区大小。AUTOALLOCATE 表示盘区大小由 Oracle 自动分配，此时不能指定大小；UNIFORM SIZE number 表示表空间中的所有盘区大小相同，都为指定值。默认为 AUTOALLOCATE。
- SEGMENT SPACE MANAGEMENT AUTO | MANUAL：指定表空间中段的管理方式。AUTO 表示自动管理；MANUAL 表示手动管理。默认为 AUTO。

（1）创建一个名称为 orclspace 的表空间，并设置表空间使用数据文件的初始大小为 20MB，每次自动增长 5MB，最大容量为 100MB，如下所示：

```
SQL> CREATE TABLESPACE orclspace
  2  DATAFILE 'D:\oracle\files\orclspace.dbf'
  3  SIZE 20M
  4  AUTOEXTEND ON NEXT 5M
  5  MAXSIZE 100M;
```

表空间已创建。

上述语句在创建 orclspace 表空间时，忽略了许多属性的设置，也就是采用了许多默认设置。Oracle 在创建一个表空间时需要完成两个步骤，第一步是在数据字典和控制文件中记录新建的表空间信息；另一步是在操作系统中创建指定大小的操作系统文件，并作为与表空间对应的数据文件。

> **提示**：如果为数据文件设置了自动扩展属性，则最好同时为该文件设置最大容量的限制。否则，数据文件的容量将会无限增大。

(2) 通过数据字典 dba_tablespaces 查看 oraclspace 表空间的属性，如下所示：

```
SQL> select tablespace_name,logging,allocation_type,extent_management,
segment_space_management
  2  from dba_tablespaces
  3  where tablespace_name='ORCLSPACE';

TABLESPACE_NAME   LOGGING    ALLOCATION    EXTENT...   SEGMENT_SPACE...
---------------   --------   -----------   ---------   ------------------
ORCLSPACE         LOGGING    SYSTEM        LOCAL       AUTO
```

下面对 dba_tablespaces 数据字典的字段进行简单说明。
- logging：表示是否为表空间创建日志记录。
- allocation_type：表示表空间的盘区大小的分配方式。字段值为 system，则表示由 Oracle 系统自动分配，即为 AUTOALLOCATE。
- extent_management：表示表空间盘区的管理方式。
- segment_space_management：表示表空间中段的管理方式。

8.3 维护表空间

当 Oracle 中存在大量表空间时，如何管理和维护这些表空间是数据库管理员的首要任务。例如，向表空间中增加一个数据文件或者删除表空间等。

下面首先介绍 Oracle 提供的表空间本地化管理方式，然后介绍日常维护操作的实现方法。

8.3.1 本地化管理

根据表空间对区段管理方式的不同，表空间有两种管理方式，分别是数据字典管理的表空间和本地化管理的表空间。Oracle 11g 中，默认表空间都采用本地化管理方式，下面也仅介绍本地化管理表空间的方式。

本地化管理的表空间之所以能提高存储效率，其原因主要有以下几个方面：
- 采用位图的方式查询空闲的表空间、处理表空间中的数据块，从而避免使用 SQL 语句造成系统性能下降。
- 系统通过位图的方式，将相邻的空闲空间作为一个大的空间块，实现自动合并磁盘碎片。
- 区的大小可以设置为相同，即使产生了磁盘碎片，由于碎片是均匀统一的，也可以被其他实体重新使用。

> **提示**：数据字典管理表空间时，会遇到存储效率低、存储参数难以管理，以及磁盘碎片等问题，因此该方式在 Oracle 11g 中已经被淘汰。

通过数据字典视图 DBA_TABLESPACES 中的 EXTENT_MANAGEMENT 字段可以查看表空间的管理方式，如下所示：

```
SQL> SELECT TABLESPACE_NAME,EXTENT_MANAGEMENT
  2  FROM DBA_TABLESPACES;

TABLESPACE_NAME                EXTENT_MANAGEMENT
------------------------------ ---------------------------------
SYSTEM                         LOCAL
SYSAUX                         LOCAL
UNDOTBS1                       LOCAL
TEMP                           LOCAL
USERS                          LOCAL
EXAMPLE                        LOCAL
STUDENT                        LOCAL
MYSPACE                        LOCAL
TEMTEST                        LOCAL
TEMTESTGROUP001                LOCAL
BIGFILESPACE                   LOCAL
TABLESPACE_NAME                EXTENT_MANAGEMENT
```

8.3.2 增加数据文件

向表空间中增加数据文件需要使用 ALTER TABLESPACE 语句，并指定 ADD DATAFILE 子句。其语法格式如下：

```
ALTER TABLESPACE tablespace_name
ADD DATAFILE
file_name SIZE number K | M
    [
        AUTOEXTEND OFF | ON
        [NEXT number K | M MAXSIZE UNLIMITED | number K | M]
    ]
[, …];
```

【例 8.3】

对 8.2 节创建的 orclespace 表空间增加两个新的数据文件，如下所示：

```
SQL> ALTER TABLESPACE orclespace
  2  ADD DATAFILE
  3  'D:\oracle\files\orclspace1.dbf'
  4  SIZE 10M
  5  AUTOEXTEND ON NEXT 5M MAXSIZE 40M,
  6  'D:\oracle\files\orclspace2.dbf'
  7  SIZE 10M
  8  AUTOEXTEND ON NEXT 5M MAXSIZE 40M;
```

表空间已更改。

上述语句为 oraclespace 表空间在 D:\oracle\files 目录下增加了名为 orclspace1.dbf 和 orclspace2.dbf 的两个数据文件。

8.3.3 修改数据文件

修改表空间其实就是对表空间中数据文件的参数进行修改，这包括修改数据文件的大小、状态以及自动扩展性。

1. 修改表空间中数据文件的大小

如果表空间所对应的数据文件都被写满，则无法再向该表空间中添加数据。这时，可以通过修改表空间中数据文件的大小来增加表空间的大小。在修改之前，可通过数据库 dba_free_space 和数据字典 dba_data_files 查看表空间和数据文件的空间和大小信息。

修改数据文件需要使用 ALTER DATABASE 语句，语法如下：

```
ALTER DATABASE DATAFILE file_name RESIZE newsize K | M;
```

参数说明如下。

- file_name：数据文件的名称与路径。
- RESIZE newsize：修改数据文件的大小为 newsize。

【例 8.4】

修改 orclspace 表空间中数据文件的大小，如下所示：

```
SQL> ALTER DATABASE
  2  DATAFILE 'D:\oracle\files\orclspace1.dbf'
  3  RESIZE 10M;
```

数据库已更改。

上述语句将数据文件 D:\oracle\files\orclspace1.dbf 的大小修改为 10MB。

2. 修改表空间中数据文件的状态

设置数据文件状态的语法如下：

```
ALTER DATABASE
DATAFILE file_name ONLINE | OFFLINE | OFFLINE DROP
```

其中，ONLINE 表示联机状态，此时数据文件可以使用；OFFLINE 表示脱机状态，此时数据文件不可使用，用于数据库运行在归档模式下的情况；OFFLINE DROP 与 OFFLINE 一样，用于设置数据文件不可用，但它用于数据库运行在非归档模式下的情况。

> 提示：如果将数据文件切换成 OFFLINE DROP 状态，则不能直接将其重新切换回 ONLINE 状态。

【例 8.5】

将 orclspace 表空间的 orclspace1.dbf 文件设置为 OFFLINE DROP 状态，如下所示：

```
SQL> ALTER DATABASE
```

```
    2  DATAFILE 'D:\oracle\files\orclspace1.dbf'
    3  OFFLINE DROP;
```

数据库已更改。

3. 修改表空间中数据文件的自动扩展性

将表空间的数据文件设置为自动扩展后,Oracle 会在表空间被填满时自动为表空间扩展存储空间,而不需要管理员手动修改。

修改数据文件的扩展性需要使用 ALTER DATABASE 语句,其语法格式如下:

```
ALTER DATABASE
DATAFILE file_name
AUTOEXTEND OFF | ON
    [NEXT number K | M MAXSIZE UNLIMITED | number K | M]
```

【例 8.6】

禁用 orclspace 表空间中 orclspace1.dbf 数据文件的自动扩展,如下所示:

```
SQL> ALTER DATABASE
   2  DATAFILE 'D:\oracle\files\orclspace1.dbf'
   3  AUTOEXTEND OFF;
```

8.3.4 移动数据文件

数据文件是存储于磁盘中的物理文件,它的大小受到磁盘大小的限制。如果数据文件所在的磁盘空间不够,则需要将该文件移动到新的磁盘中保存。

【例 8.7】

假设要移动 orclspace 表空间中的数据文件 orclspace1.dbf。具体步骤如下。

步骤 01 首先将 orclspace 表空间状态修改为 OFFLINE,如下所示:

```
SQL> ALTER TABLESPACE orclspace OFFLINE;
```

步骤 02 在操作系统中,将磁盘中的 orclspace1.dbf 文件移动到新的目录中,例如移动到 E:\oraclefile 目录。文件的名称也可修改,例如修改为 myoraclespace.dbf。

步骤 03 使用 ALTER TABLESPACE 语句将 orclspace 表空间中 orclspace1.dbf 文件的原名称与路径修改为新名称与路径,如下所示:

```
SQL> ALTER TABLESPACE orclspace
   2  RENAME DATAFILE 'D:\oracle\files\orclspace1.dbf'
   3  TO
   4  'E:\oraclefile\myoraclespace.dbf';
```

步骤 04 将 orclspace 表空间状态恢复为 ONLINE,如下所示:

```
SQL> ALTER TABLESPACE orclspace ONLINE;
```

步骤 05 检查文件是否移动成功,也就是检查 orclspace 表空间的数据文件中是否包含了新的数据文件。使用数据字典 dba_data_files 查询 orclspace 表空间的数据文件信息,如下所示:

```
SQL> SELECT tablespace_name, file_name
  2  FROM dba_data_files
  3  WHERE tablespace_name = 'MYSPACE';
```

8.3.5 删除表空间

当不再需要某个表空间时，可以删除该表空间，这要求用户具有 DROP TABLESPACE 系统权限。

删除表空间需要使用 DROP TABLESPACE 语句，语法如下：

```
DROP TABLESPACE tablespace_name
[INCLUDING CONTENTS [AND DATAFILES]]
```

其中的参数说明如下。

- INCLUDING CONTENTS：表示删除表空间的同时删除包含的所有数据库对象。如果表空间中有数据库对象，则必须使用此选项。
- AND DATAFILES：表示删除表空间的同时删除所对应的数据文件。如果不使用此选项，则删除表空间实际上仅是从数据字典和控制文件中将该表空间的有关信息删除，而不会删除操作系统中与该表空间对应的数据文件。

【例 8.8】

删除 orclspace 表空间，并同时删除该表空间中的所有数据库对象，以及操作系统中与之相对应的数据文件，如下所示：

```
SQL> DROP TABLESPACE orclspace
  2  INCLUDING CONTENTS AND DATAFILES;
```

表空间已删除。

8.4 实践案例：设置默认表空间

我们知道，Oracle 的系统表空间有很多，它们都有特殊作用。例如，users 表空间是新用户的默认永久性空间，temp 是新用户的临时表空间。如果所有用户都使用默认的表空间，无疑会增加 users 与 temp 表空间的负载压力并影响其响应速度。这时，就可以修改用户的默认永久表空间和临时表空间。具体步骤如下。

步骤 01 修改之前，通过数据字典 database_properties 查看当前用户所使用的永久性表空间和临时表空间的名称，如下所示：

```
SQL> SELECT property_name, property_value, description
  2  FROM database_properties
  3  WHERE property_name
  4  IN ('DEFAULT_PERMANENT_TABLESPACE' , 'DEFAULT_TEMP_TABLESPACE');
PROPERTY_NAME                  PROPERTY_VALUE       DESCRIPTION
----------------------------   ---------------      --------------------------
DEFAULT_TEMP_TABLESPACE        TEMP   Name of default temporary tablespace
DEFAULT_PERMANENT_TABLESPACE   USERS  Name of default permanent tablespace
```

其中，default_permanent_tablespace 表示默认永久性表空间；default_temp_tablespace 表示默认临时表空间。它们的值即为对应的表空间名。

步骤 02 使用 ALTER DATABASE 语句的如下语法形式修改用户的默认永久性表空间和默认临时表空间：

```
ALTER DATABASE DEFAULT [TEMPORARY] TABLESPACE tablespace_name;
```

如果使用 TEMPORARY 关键字，则表示设置默认临时表空间；如果不使用该关键字，则表示设置默认永久性表空间。

假设要将 myspace 表空间设置为默认永久性表空间，将 mytemp 表空间设置为默认临时表空间，语句如下：

```
SQL> ALTER DATABASE DEFAULT TABLESPACE myspace;
数据库已更改。

SQL> ALTER DATABASE DEFAULT TEMPORARY TABLESPACE mytemp;
数据库已更改。
```

步骤 03 再次使用数据字典 database_properties 检查默认表空间是否设置成功，如下所示：

```
SQL> SELECT property_name, property_value, description
  2  FROM database_properties
  3  WHERE property_name
  4  IN ('DEFAULT_PERMANENT_TABLESPACE', 'DEFAULT_TEMP_TABLESPACE');

PROPERTY_NAME                    PROPERTY_VALUE    DESCRIPTION
------------------------------   --------------    -----------------------------
DEFAULT_TEMP_TABLESPACE          MYTEMP   Name of default temporary tablespace
DEFAULT_PERMANENT_TABLESPACE MYSPACE Name of default permanent tablespace
```

步骤 04 使用类似的语法将数据库实例的临时表空间组设置为 group1，如下所示：

```
SQL>ALTER DATABASE DEFAULT TEMPORARY TABLESPACE group1;
```

8.5 临时表空间

临时表空间适用于特定的会话活动，例如用户会话中的排序操作。排序的中间结果需要存储在某个区域，这个区域就是临时表空间。临时表空间的排序段是在实例启动后第一个排序操作时创建的。

默认情况下，所有用户都使用 temp 作为临时表空间。但是也允许使用其他表空间作为临时表空间，这需要在创建用户时进行指定。

8.5.1 理解临时表空间

临时表空间是当前数据库的多个用户共享使用的，临时表空间中的区段会在需要时按照创建临时表空间时的参数或者管理方式进行扩展。

(1) 使用临时表空间需要注意以下事项：
- 临时表空间只能用于存储临时数据，不能够存储永久性数据。如果在临时表空间中存储永久性数据，将会出现错误。
- 临时表空间中的文件为临时文件，所以数据字典 dba_data_files 不再记录有关临时文件的信息。可以通过 dba_temp_files 数据字典查看临时表空间的信息。
- 临时表空间的管理方式都是 UNIFORM，所以在创建临时表空间时，不能使用 AUTOALLOCATE 关键字指定管理方式。

(2) 临时表空间中的临时数据文件也是 DBF 格式的数据文件，但是这个数据文件与普通表空间或者索引的数据文件有很大的不同，主要体现在如下几个方面：
- 临时数据文件总是处于 NOLOGGING 模式，因为临时表空间中的数据都是中间数据，只是临时存放的。它们的变化不需要记录在日志文件中，因为这些变化本身也不需要恢复。
- 临时数据文件不能设置为只读(READ ONLY)状态。
- 临时数据文件不能重命名。
- 临时数据文件不能通过 ALTER DATABASE 语句创建。
- 数据库恢复时不需要临时数据文件。
- 使用 BACKUP CONTROLFILE 语句时并不产生任何关于临时数据文件的信息。
- 使用 CREATE CONTROLFILE 语句不能设置临时数据文件的任何信息。
- 在初始化参数文件中，有一个名为 SORT_AREA_SIZE 的参数，这是排序区的容量大小。为了优化临时表空间中排序操作的性能，最好设置 UNIFORM SIZE 为该参数的整数倍。

8.5.2 创建临时表空间

创建临时表空间时，需要使用 TEMPORARY 关键字，并且与临时表空间对应的是临时数据文件，由 TEMPFILE 关键字指定，也就是说，临时表空间中不再使用数据文件，而使用临时数据文件。

【例 8.9】

创建一个名称为 tempspace 的临时表空间，并设置临时表空间使用临时数据文件的初始大小为 10MB，每次自动增长 2MB，最大容量为 20MB，如下所示：

```
SQL> CREATE TEMPORARY TABLESPACE tempspace
  2  TEMPFILE 'D:\oracle\files\tempspace.dbf'
  3  SIZE 10M
  4  AUTOEXTEND ON NEXT 2M MAXSIZE 20M;

表空间已创建。
```

【例 8.10】

通过数据字典 dba_temp_files 查看临时表空间 tempspace 的信息，如下所示：

```
SQL> SELECT TABLESPACE_NAME,FILE_NAME,BYTES
  2  FROM DBA_TEMP_FILES
```

```
  3  WHERE TABLESPACE_NAME='TEMPSPACE';
TABLESPACE_NAME      FILE_NAME                              BYTES
-----------------    ---------------------------------      ----------------
TEMPSPACE            D:\ORACLE\FILES\TEMPSPACE.DBF          10485760
```

8.5.3 实践案例：管理临时表空间

创建临时表空间后，便可以对它进行各种管理，下面介绍临时表空间日常操作的具体实现。

(1) 增加临时数据文件

如果需要增加临时数据文件，可以使用 ADD TEMPFILE 子句。下面的示例为临时表空间 tempspace 增加一个临时数据文件：

```
SQL> alter tablespace tempspace
  2  add tempfile 'D:\oracle\files\tempfile01.dbf' size 10m;
表空间已更改。
```

(2) 修改临时数据文件的大小

假设要修改临时表空间 tempspace 中 tempfile01.dbf 文件大小为 20MB，语句如下：

```
SQL> alter database tempspace
  2  'D:\oracle\files\tempfile01.dbf' resize 20m;
数据库已更改。
```

技巧：由于临时文件中只存储临时数据，并且在用户操作结束后系统将删除临时文件中存储的数据。所以一般情况下，不需要修改临时表空间的大小。

(3) 修改临时数据文件的状态

假设要把临时表空间 tempspace 中 tempfile01.dbf 文件状态更改为 ONLINE。使用的语句如下：

```
SQL> alter database tempspace
  2  'D:\oracle\files\tempfile01.dbf' online;
数据库已更改。
```

(4) 切换临时表空间

将当前 Oracle 使用的默认临时表空间切换为 tempspace，语句如下：

```
SQL> alter database default temporary tablespace tempspace;
```

(5) 删除临时表空间

假设要删除 tempspace 临时表空间，语句如下：

```
SQL> drop tablespace tempspace;
```

在删除前，必须确保当前的临时表空间不在使用状态。因此删除默认的临时表空间之前，必须先创建一个临时表空间，并切换至新的临时表空间。

8.5.4 临时表空间组

Oracle 11g 引入临时表空间组来管理临时表空间，一个临时表空间组中可以包含一个或者多个临时表空间。

(1) 临时表空间组具有如下特点：
- 一个临时表空间组必须由至少一个临时表空间组成，并且无明确的最大数量限制。
- 如果删除一个临时表空间组的所有成员，该组也自动被删除。
- 临时表空间的名字不能与临时表空间组的名字相同。
- 在给用户分配一个临时表空间时，可以使用临时表空间组的名字代替实际的临时表空间名；在给数据库分配默认临时表空间时，也可以使用临时表空间组的名字。

(2) 使用临时表空间组有如下优点：
- 由于 SQL 查询可以并发使用几个临时表空间进行排序操作，因此 SQL 查询很少会出现排序空间超出，可避免临时表空间不足所引起的磁盘排序问题。
- 可以在数据库级指定多个默认临时表空间。
- 一个并行操作的并行服务器将有效地利用多个临时表空间。
- 一个用户在不同会话中可以同时使用多个临时表空间。

【例 8.11】

创建临时表空间组需要使用 GROUP 关键字。例如，创建一个临时表空间组：

```
SQL> create temporary tablespace tempgroup1
  2  tempfile 'D:\Oracle\files\tempgroup1.dbf' size 10m
  3  tablespace group testtempgroup;
表空间已创建。
```

创建临时表空间组后，可以进行以下几个操作。

步骤 01 使用 DBA_TABLESPACE_GROUPS 数据字典查询临时表空间组的信息：

```
SQL> select * from dba_tablespace_groups;
GROUP_NAME               TABLESPACE_NAME
------------------       ------------------------------------------------
TESTTEMPGROUP            TEMPGROUP1
```

步骤 02 向临时表空间组 testtempgroup 中增加一个临时表空间 tempgroup2：

```
SQL> create temporary tablespace tempgroup2
  2  tempfile 'D:\Oracle\files\tempgroup2.dbf' size 10m
  3  tablespace group testtempgroup;
表空间已创建。
```

步骤 03 将一个临时表空间组设置为默认的临时表空间，可以使用 DEFAULT 关键字，如下所示：

```
SQL> alter database default temporary tablespace testtempgroup;
数据库已更改。
```

步骤 04 将一个已经存在的临时表空间 ORCLSPACE 移动到一个临时表空间组 testtempgroup 中，如下所示：

```
SQL> alter tablespace orclspace
  2  tablespace group testtempgroup;
表空间已更改。
```

执行移动操作后，使用 DBA_TABLESPACE_GROUPS 数据字典查询移动结果：

```
SQL> select * from dba_tablespace_groups;
GROUP_NAME                     TABLESPACE_NAME
------------------------------ ------------------------------
TESTTEMPGROUP                  TEMPGROUP1
TESTTEMPGROUP                  TEMPGROUP 2
TESTTEMPGROUP                  ORCLSPACE
```

步骤 05 删除临时表空间组，也就是删除组成临时表空间组的所有临时表空间。

例如，删除表空间组 TESTTEMPGROUP 中的表空间文件 ORCLSPACE，如下所示：

```
SQL> drop tablespace orclspace including contents and datafiles;
表空间已删除。
```

使用 DROP TABLESPACE 语句删除表空间组中的 TEMPGROUP1 和 TEMPGROUP2。然后查看数据字典 DBA_TABLESPACE_GROUPS，如下所示：

```
SQL> select * from dba_tablespace_groups;
未选定行。
```

由于表空间组不存在任何成员，表空间组也随之被 Oracle 系统清理。

8.6 还原表空间

还原表空间在 Oracle 中主要用于存放还原段。例如，如果一个用户要修改某个列的值，将值从"男"修改为"女"，在更改的过程中，其他用户要查看该数据时，看到的应该是"男"，因为数据还没有提交。所以，为了保证这种读取数据的一致性，Oracle 使用了还原段，在还原段中存放更改前的数据。

8.6.1 创建还原表空间

在 Oracle 中可以使用 CREATE UNDO TABLESPACE 语句创建还原表空间。创建之前首先了解 Oracle 对还原表空间的如下几点限制：

- 还原表空间只能使用本地化管理表空间类型，即 EXTENT MANAGEMENT 子句只能指定 LOCAL(默认值)。
- 还原表空间的盘区管理方式只能使用 AUTOALLOCATE(默认值)，即由 Oracle 系统自动分配盘区大小。
- 还原表空间的段的管理方式只能为手动管理方式，即 SEGMENT SPACE MANAGEMENT 只能指定为 MANUAL。如果是创建普通表空间，则此选项默认为 AUTO，而如果是创建还原表空间，则此选项默认为 MANUAL。

【例 8.12】

CREATE UNDO TABLESPACE 语句的语法跟其他表空间的创建类似。例如，如下语句创建一个名为 undospace 的还原表空间：

```
SQL> CREATE UNDO TABLESPACE undospace
  2  DATAFILE 'D:\oracle\files\undospace.dbf'
  3  SIZE 10M;
```

表空间已创建。

8.6.2 管理还原表空间

还原表空间的管理与其他表空间的管理一样，都涉及修改其中的数据文件、切换表空间以及删除表空间等操作。

1. 修改还原表空间的数据文件

由于还原表空间主要由 Oracle 系统自动管理，所以对还原表空间的数据文件的修改也主要限于以下几种形式：

- 为还原表空间添加新的数据文件。
- 移动还原表空间的数据文件。
- 设置还原表空间的数据文件的状态为 ONLINE 或 OFFLINE。

> 提示：以上几种修改同样通过 ALTER TABLESPACE 语句实现，与普通表空间的修改一样，这里不重复介绍。

2. 切换还原表空间

一个数据库中可以有多个还原表空间，但数据库一次只能使用一个还原表空间。默认情况下，数据库使用的是系统自动创建的 undotbs1 还原表空间。如果要将数据库使用的还原表空间切换成其他表空间，需要使用 ALTER SYSTEM 语句修改参数 undo_tablespace 的值。切换还原表空间后，数据库中新事务的还原数据将保存在新的还原表空间中。

【例 8.13】

使用 ALTER SYSTEM 语句将数据库所使用的还原表空间切换为 undospace：

```
SQL> ALTER SYSTEM SET undo_tablespace = 'UNDOSPACE';
系统已更改。
```

接下来使用 SHOW PARAMETER 语句查看 undo_tablespace 参数的值，检查还原表空间是否切换成功：

```
SQL> SHOW PARAMETER undo_tablespace;

NAME                    TYPE        VALUE
----------------------- ----------- --------------------
undo_tablespace         string      UNDOSPACE
```

注意：如果切换时指定的表空间不是一个还原表空间，或者该还原表空间正在被其他数据库实例使用，将切换失败。

3. 修改撤销记录的保留时间

在 Oracle 中，还原表空间中还原记录的保留时间由 undo_retention 参数来决定，默认为 900 秒。900 秒之后，还原记录将从还原表空间中清除，这样可以防止还原表空间的迅速膨胀。

【例 8.14】

使用 ALTER SYSTEM 语句修改 undo_retention 参数的值，设置为 1200，即还原数据保留 1200 秒：

```
SQL> ALTER SYSTEM SET undo_retention = 1200;
```

系统已更改。

接下来使用 SHOW PARAMETER 语句查看修改后的 undo_retention 参数值：

```
SQL> SHOW PARAMETER undo_retention;

NAME                                 TYPE        VALUE
------------------------------------ ----------- ----------
undo_retention                       integer     1200
```

注意：undo_retention 参数的设置不仅仅只对当前使用的还原表空间有效，而是应用于数据库中所有的还原表空间。

4. 删除还原表空间

删除还原表空间同样需要使用 DROP TABLESPACE 语句，但删除的前提是该还原表空间此时没有被数据库使用。如果需要删除正在被使用的还原表空间，则应该先进行还原表空间的切换操作。

【例 8.15】

将数据库所使用的还原表空间切换为 undotbs1，然后删除还原表空间 undospace：

```
SQL> ALTER SYSTEM SET undo_tablespace = 'UNDOTBS1';
系统已更改。
SQL> DROP TABLESPACE undospace INCLUDING CONTENTS AND DATAFILES;
表空间已删除。
```

8.6.3 更改还原表空间的方式

Oracle 11g 支持两种管理还原表空间的方式：还原段撤销管理(Rollback Segments Undo，RSU)和自动撤销管理(System Managed Undo，SMU)。其中，还原段撤销管理是 Oracle 的传统管理方式，要求数据库管理员通过创建还原段为撤销操作提供存储空间，这种管理方式不仅麻烦，而且效率也低；自动撤销管理是 Oracle 在 Oracle 9i 之后引入的管理方式，使用这种方式将由 Oracle 系统自动管理还原表空间。

一个数据库实例只能采用一种撤销管理方式，该方式由 undo_management 参数决定，可以使用 SHOW PARAMETER 语句查看该参数的信息：

```
SQL> SHOW PARAMETER undo_management;
NAME                                 TYPE           VALUE
------------------------------------ -------------- ----------------
undo_management                      string         AUTO
```

如果参数 undo_management 的值为 AUTO，则表示还原表空间的管理方式为自动撤销管理；如果为 MANUAL，则表示为还原段撤销管理。

1. 自动撤销管理

如果选择使用自动撤销管理方式，则应将参数 undo_management 的值设置为 AUTO，并且需要在数据库中创建一个还原表空间。默认情况下，Oracle 系统在安装时会自动创建一个还原表空间 undotbs1。系统当前所使用的还原表空间由参数 undo_tablespace 决定。

除此之外，还可以设置还原表空间中撤销数据的保留时间，即用户事务结束后，在还原表空间中保留撤销记录的时间。保留时间由参数 undo_retention 来决定，其参数值的单位为秒。

使用 SHOW PARAMETER undo 语句，可以查看当前数据库的还原表空间的设置：

```
SQL> SHOW PARAMETER undo;
NAME                                 TYPE           VALUE
------------------------------------ -------------- ----------------
undo_management                      string         AUTO
undo_retention                       integer        900
undo_tablespace                      string         UNDOTBS1
```

提示：如果一个事务的撤销数据所需的存储空间大于还原表空间中的空闲空间，则系统会使用未到期的撤销空间，这会导致部分撤销数据被提前从还原表空间中清除。

2. 还原段撤销管理

如果选择使用还原段撤销管理方式，则应将参数 undo_management 的值设置为 MANUAL，并且需要设置下列参数。

- rollback_segments：设置数据库所使用的还原段名称。
- transactions：设置系统中的事务总数。
- transactions_per_rollback_segment：指定还原段可以服务的事务个数。
- max_rollback_segments：设置还原段的最大个数。

8.7 实践案例：创建图书管理系统的表空间

在本节之前，已经通过大量的示例讲解了基本表空间、临时表空间以及还原表空间的使用。本节将综合运用这些知识，来为图书管理系统创建不同类型的表空间。

(1) 在该图书管理系统中，首先需要创建一个名称为 bookSpace 的基本表空间：

```
SQL> CREATE TABLESPACE bookSpace
  2  DATAFILE 'F:\app\bookSpace.DBF'
  3  SIZE 50M
  4  AUTOEXTEND ON NEXT 5M
  5  MAXSIZE 100M;
表空间已创建。
```

(2) 为图书管理系统创建一个名为 bookLInShi 的临时表空间：

```
SQL> CREATE TEMPORARY TABLESPACE bookLInShi
  2  TEMPFILE 'F:\app\bookLInShi.DBF'
  3  SIZE 10M
  4  AUTOEXTEND ON
  5  NEXT 2M
  6  MAXSIZE 20M;
表空间已创建。
```

(3) 为图书管理系统创建一个名为 bookUndo 的还原表空间：

```
SQL> CREATE UNDO TABLESPACE bookUndo
  2  DATAFILE 'F:\app\bookUndo.DBF'
  3  SIZE 50M
  4  AUTOEXTEND ON NEXT 5M
  5  MAXSIZE 100M;
表空间已创建。
```

8.8 思考与练习

1. 填空题

(1) Oracle 数据文件的逻辑结构中_____是表空间内的一个逻辑存储空间。
(2) 在创建临时表空间时，应该使用_____关键字为其指定临时文件。
(3) 创建撤消表空间需要使用_____关键字。
(4) Oracle 中用户默认的永久性表空间为_____，默认的临时表空间为 temp。
(5) 在空白处填写合适语句，使其可以创建一个临时表空间 temp：

```
CREATE _____ TABLESPACE temp
       _____ 'F:\oraclefile\temp.dbf'
SIZE 10M
AUTOEXTEND ON
```

```
NEXT 2M
MAXSIZE 20M;
```

(6) Oracle 11g 管理还原表空间的方式有_____和自动撤消管理。

2．选择题

(1) 下列不属于 Oracle 中数据文件逻辑结构组成部分的是_____。

   A．数据库块

   B．操作系统块

   C．数据块

   D．区段

(2) 下面不属于表空间的状态属性的是_____。

   A．ONLINE

   B．OFFLINE

   C．OFFLINE DROP

   D．READ ONLY

(3) 将表空间的状态切换为 OFFLINE 时，不可以指定下面哪个参数？_____

   A．TEMP

   B．IMMEDIATE

   C．NORMAL

   D．FOR RECOVER

(4) 假设要删除表空间 space，并同时删除其对应的数据文件，可以使用下列哪条语句？_____

   A．DROP TABLESPACE space;

   B．DROP TABLESPACE space AND DATAFILES;

   C．DROP TABLESPACE space INCLUDING DATAFILES;

   D．DROP TABLESPACE space INCLUDING CONTENTS AND DATAFILES;

(5) 下列将临时表空间 temp 设置为默认临时表空间的语句正确的是_____。

   A．ALTER DATABASE DEFAULT TEMPORARY TABLESPACE temp;

   B．ALTER DEFAULT TEMPORARY TABLESPACE TO temp;

   C．ALTER DATABASE DEFAULT TABLESPACE temp;

   D．ALTER DEFAULT TABLESPACE TO temp;

(6) 假设有一个临时表空间 temp1 存放在临时表空间组 group1 中，现在修改 temp1 表空间所在组为 group2。下面对修改后的结果叙述正确的是_____。

   A．由于数据库实例中并不存在 group2 组，所以上述操作将执行失败

   B．修改后 temp1 表空间将被删除

   C．修改后数据库实例中将存在两个临时表空间组：group1 和 group2

   D．修改后数据库实例中将只存在一个临时表空间组：group2

3. 简答题

(1) 分析表空间在逻辑结构中的位置及其作用。
(2) 罗列表空间的状态值，它们分别表示什么意思？
(3) 如何查看当前正在使用的表空间、切换表空间和设置默认表空间？
(4) 简述创建大文件表空间的几种方法。
(5) 创建临时表空间时，需要注意哪些问题？创建方法是什么？
(6) 在实际应用中，需要临时创建一个表来使用，那么是否可以将该表创建在临时表空间中？
(7) Oracle 11g 支持哪些方式的还原表空间，它们之间有什么区别？

8.9 练 一 练

作业：操作 Oracle 表空间

本章讨论了表空间的逻辑结构和物理结构之间的关系，然后讲解了各种类型表空间的创建及管理操作。本次训练要求读者完成如下表空间的操作。

(1) 查看当前 Oracle 数据库都使用了哪些表空间。
(2) 创建一个名称为 schoolspace 的表空间，并设置表空间使用数据文件的初始大小为 10MB，每次自动增长 2MB，最大容量为 50MB。
(3) 向 schoolspace 表空间中添加一个名为 schooldf2 的数据文件。
(4) 设置第 2 步创建的数据文件为自动扩展。
(5) 将 schoolspace 设置为默认表空间。
(6) 创建一个名为 schooltempspace 的临时表空间。
(7) 将 schooltempsapce 设置为默认临时表空间。
(8) 创建一个名为 schoolundospace 的还原表空间。

第 9 章

管理 Oracle 控制文件和日志文件

　　控制文件和日志文件存储着 Oracle 数据库中的核心信息，所以它在 Oracle 的物理存储结构中占据着很重要的位置。其中，控制文件关系到数据库的正常运行，而如果数据库出现问题，则需要使用日志文件进行恢复。

　　本章将详细介绍 Oracle 中控制文件和日志文件的管理，包括这两种文件的创建、信息查看以及删除等操作，最后简单介绍归档日志的作用。

本章学习目标：

- 了解控制文件的作用
- 掌握创建控制文件的步骤
- 了解控制文件的备份与恢复
- 掌握如何移动与删除控制文件
- 了解日志文件的作用
- 掌握日志文件组及其成员的创建与管理
- 了解归档模式与非归档模式的区别
- 掌握如何设置数据库归档模式和归档目标

9.1 Oracle 控制文件简介

在 Oracle 数据库启动过程中，需要打开控制文件，因为它保存了 Oracle 系统需要的其他文件的存储目录和与物理数据库相关的状态信息。Oracle 系统利用控制文件打开数据库文件、日志文件等，从而最终打开数据库。

控制文件是 Oracle 数据库最重要的物理文件，它以一个非常小的二进制文件存在，其中主要保存了如下内容：

- 数据库名和标识。
- 数据库创建时的时间戳。
- 表空间名。
- 数据文件和日志文件的名称和位置。
- 当前日志文件的序列号。
- 最近检查点信息。
- 恢复管理器信息。

控制文件在数据库启动的 MOUNT 阶段被读取，一个控制文件只能与一个数据库相关联，即控制文件与数据库是一对一关系。由此可以看出控制文件的重要性，所以需要将控制文件放在不同的硬盘上，以防止控制文件的失效造成数据库无法启动，控制文件的大小在 CREATE DATABASE 语句中被初始化。

图 9-1 展示了数据库启动时与控制文件的关系，也说明了数据库启动时读取文件的顺序。在数据库启动时，会首先使用默认的规则找到并打开参数文件，在参数文件中保存了控制文件的位置信息(也包含内存配置等信息)，通过参数，Oracle 可以找到控制文件的位置；再打开控制文件，然后通过控制文件中记录的各种数据库文件的位置打开数据库，从而启动数据库到可用状态。

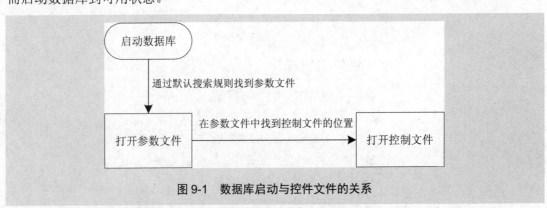

图 9-1　数据库启动与控件文件的关系

当成功启动数据库后，在数据库的运行过程中，数据库服务器可以不断地修改控制文件中的内容。所以在数据库被打开阶段，控制文件必须是可读写的。但是其他任何用户都无法修改控制文件，只有数据库服务器可以修改控制文件中的信息。

由于控制文件关系到数据库的正常运行，所以控制文件的管理非常重要。控制文件的管理策略主要有：使用多路复用控制文件和备份控制文件。

1. 使用多路复用控制文件

所谓多路复用控制文件，实际上就是为一个数据库创建多个控制文件，一般将这些控制文件存放在不同的磁盘中，进行多路复用。

Oracle 一般会默认创建 3 个包含相同信息的控制文件，目的是为了当其中一个受损时，可以调用其他控制文件继续工作。

2. 备份控制文件

备份控制文件比较容易理解，就是每次对数据库的结构做出修改后，重新备份控制文件。例如对数据库的结构进行如下修改操作之后，备份控制文件：

- 添加、删除或者重命名数据文件。
- 添加、删除表空间或者修改表空间的状态。
- 添加、删除日志文件。

9.2 管理控制文件

通过上节的介绍，我们已经知道控制文件对 Oracle 数据库的重要性了。正因为如此，对控制文件的管理也非常有必要，例如查询控制文件中的信息，对它进行备份、恢复和移动等。下面详细介绍这些管理操作的具体实现。

9.2.1 创建控制文件

在 Oracle 中，可以使用 CREATE CONTROLFILE 语句创建控制文件，其语法如下：

```
CREATE CONTROLFILE
REUSE DATABASE " database_name "
[RESETLOGS | NORESETLOGS]
[ARCHIVELOG | NOARCHIVELOG]
MAXLOGFILES number
MAXLOGMEMBERS number
MAXDATAFILES number
MAXINSTANCES number
MAXLOGHISTORY number
LOGFILE
    GROUP group_number logfile_name [SIZE number K | M]
    [, ...]
DATAFILE
    datafile_name [, ...];
```

语法说明如下。

- database_name：数据库名。
- RESETLOGS | NORESETLOGS：表示是否清空日志。
- ARCHIVELOG | NOARCHIVELOG：表示日志是否归档。

- MAXLOGFILES:表示最大的日志文件个数。
- MAXLOGMEMBERS:表示日志文件组中最大的成员个数。
- MAXDATAFILES:表示最大的数据文件个数。
- MAXINSTANCES:表示最大的实例个数。
- MAXLOGHISTORY:表示最大的历史日志文件个数。
- LOGFILE:为控制文件指定日志文件组。
- GROUP group_number:表示日志文件组编号。日志文件一般以组的形式存在。可以有多个日志文件组。
- DATAFILE:为控制文件指定数据文件。

Oracle 数据库在启动时需要访问控制文件,这是因为控制文件中包含了数据库的数据文件与日志文件信息。也因此,在创建控制文件时,需要指定与数据库相关的日志文件与数据文件。

【例 9.1】

创建新的控制文件时,除了需要了解创建的语法以外,还需要做一系列准备工作。因为在创建控制文件时,有可能会在指定数据文件或日志文件时出现错误或遗漏,所以需要先对数据库中的数据文件和日志文件等有一个认识。

创建一个控制文件的具体步骤如下。

步骤 01 首先查询数据库中的数据文件和日志文件信息,了解文件的路径和名称。

可以通过 V$DATAFILE 数据字典查询数据文件的信息,如下所示:

```
SQL> select name from v$datafile;
NAME
--------------------------------------------------------------------------------
E:\ORACLE\ORADATA\MYORACLE\SYSTEM01.DBF
E:\ORACLE\ORADATA\MYORACLE\SYSAUX01.DBF
E:\ORACLE\ORADATA\MYORACLE\UNDOTBS01.DBF
E:\ORACLE\ORADATA\MYORACLE\USERS01.DBF
E:\ORACLE\ORADATA\MYORACLE\EXAMPLE01.DBF
已选择 5 行。
```

可以通过 V$LOGFILE 数据字典查询日志文件的信息,如下所示:

```
SQL> select member from v$logfile;
MEMBER
--------------------------------------------------------------------------------
E:\ORACLE\ORADATA\MYORACLE\REDO03.LOG
E:\ORACLE\ORADATA\MYORACLE\REDO02.LOG
E:\ORACLE\ORADATA\MYORACLE\REDO01.LOG
```

步骤 02 关闭数据库。操作如下所示:

```
SQL> connect as sysdba
请输入用户名: sys
输入口令:
已连接。
SQL> shutdown immediate;
数据库已经关闭。
已经卸载数据库。
```

ORACLE 例程已经关闭。

步骤 03 备份前面查询出来的所有数据文件和日志文件。备份的方式有很多种，建议采用操作系统的冷备份方式。

> **提示**：前面已经介绍过，在创建新的控制文件时，可能会在指定数据文件或日志文件时出现错误或遗漏。所以，应该对数据文件和日志文件加以备份。有关备份的具体内容，在本书备份与恢复章节中介绍。

步骤 04 使用 STARTUP NOMOUNT 命令启动数据库实例，但不打开数据库：

```
SQL> startup nomount;
ORACLE 例程已经启动。
Total System Global Area   535662592 bytes
Fixed Size                   1334380 bytes
Variable Size              184550292 bytes
Database Buffers           343932928 bytes
Redo Buffers                 5844992 bytes
数据库装载完毕。
```

步骤 05 创建新的控制文件。在创建时指定前面查询出来的所有数据文件和日志文件，如下所示：

```
SQL> create controlfile
  2    reuse database "myoracle"
  3    noresetlogs
  4    noarchivelog
  5    maxlogfiles 50
  6    maxlogmembers 3
  7    maxdatafiles 50
  8    maxinstances 5
  9    maxloghistory 449
 10  logfile
 11    group 1 'E:\ORACLE\ORADATA\MYORACLE\REDO01.LOG' size 50m,
 12    group 2 'E:\ORACLE\ORADATA\MYORACLE\REDO02.LOG' size 50m,
 13    group 3 'E:\ORACLE\ORADATA\MYORACLE\REDO03.LOG' size 50m
 14  datafile
 15    'E:\ORACLE\ORADATA\MYORACLE\SYSTEM01.DBF',
 16    'E:\ORACLE\ORADATA\MYORACLE\SYSAUX01.DBF',
 17    'E:\ORACLE\ORADATA\MYORACLE\UNDOTBS01.DBF',
 18    'E:\ORACLE\ORADATA\MYORACLE\USERS01.DBF',
 19    'E:\ORACLE\ORADATA\MYORACLE\EXAMPLE01.DBF'
 20  ;
控制文件已创建。
```

> **提示**：上述控制文件创建语句中的 myoracle 是作者的数据库实例名称。

步骤 06 修改服务器参数文件 SPFILE 中参数 CONTROL_FILES 的值，让新创建的控制文件生效。

首先通过 V$CONTROLFILE 数据字典了解控制文件的信息，如下所示：

```
SQL> select name from v$controlfile;
NAME
--------------------------------------------------------------------
E:\ORACLE\ORADATA\MYORACLE\CONTROL01.CTL
E:\ORACLE\ORADATA\MYORACLE\CONTROL02.CTL
E:\ORACLE\ORADATA\MYORACLE\CONTROL03.CTL
```

然后修改参数 CONTROL_FILES 的值,让它指向上述几个控制文件,如下所示:

```
SQL> alter system set control_files=
  2  'E:\ORACLE\ORADATA\MYORACLE\CONTROL01.CTL',
  3  'E:\ORACLE\ORADATA\MYORACLE\CONTROL02.CTL',
  4  'E:\ORACLE\ORADATA\MYORACLE\CONTROL03.CTL'
  5  scope = spfile;
系统已更改。
```

步骤 07 最后使用 ALTER DATABASE OPEN 命令打开数据库,如下所示:

```
SQL> alter database open;
数据库已更改。
```

注意:如果在创建控制文件时使用了 RESETLOGS 选项,则应该使用如下命令打开数据库: ALTER DATABASE OPEN RESETLOGS。

9.2.2 查询控制文件信息

Oracle 提供了 3 个数据字典来查看不同的控制文件信息,分别是 V$CONTROLFILE、V$PARAMETER 和 V$CONTROL_RECORD_SECTION,它们分别包含的信息如下。

- V$CONTROLFILE:包含所有控制文件的名称和状态(STATUS)信息。
- V$PARAMETER:包含系统的所有初始化参数,其中包括与控制文件相关的参数 CONTROL_FILES。
- V$CONTROL_RECORD_SECTION:包含控制文件中各个记录文档段的信息。

【例 9.2】

使用 V$CONTROLFILE 数据字典查看控制文件信息的语句如下:

```
SQL> column name format a40;
SQL> select name,status from v$controlfile;

NAME                                     STATUS
---------------------------------------- -------------
E:\ORACLE\ORADATA\MYORACLE\CONTROL01.CTL
E:\ORACLE\ORADATA\MYORACLE\CONTROL02.CTL
E:\ORACLE\ORADATA\MYORACLE\CONTROL03.CTL
```

可见通过 V$CONTROLFILE 数据字典可以了解所有控制文件的名称。

提示:虽然在 V$CONTROLFILE 数据字典中包含了控制文件的状态信息,但查询时,STATUS 列一般为空。

【例 9.3】

使用 V$PARAMETER 数据字典查看控制文件信息的语句如下：

```
SQL> column name format a20;
SQL> column value format a40;
SQL> select name,value from v$parameter where name='control_files';
NAME                 VALUE
-----------          --------------------------------------------------
control_files        E:\ORACLE\ORADATA\MYORACLE\CONTROL01.CTL
                   , E:\ORACLE\ORADATA\MYORACLE\CONTROL02.CTL
                   , E:\ORACLE\ORADATA\MYORACLE\CONTROL03.CTL
```

可见通过 V$PARAMETER 数据字典的 CONTROL_FILES 参数，同样可以了解所有控制文件的名称。

【例 9.4】

使用 V$CONTROL_RECORD_SECTION 数据字典查看控制文件信息的语句如下：

```
SQL> select type,record_size,records_total,records_used
  2  from v$controlfile_record_section;
TYPE                 RECORD_SIZE    RECORDS_TOTAL    RECORDS_USED
-----------------    -----------    -------------    ------------
DATABASE             316            1                1
CKPT PROGRESS        8180           8                0
REDO THREAD          256            5                1
REDO LOG             72             50               3
DATAFILE             520            50               7
FILENAME             524            2300             10
...
```

可见，通过 V$CONTROL_RECORD_SECTION 数据字典，可以了解控制文件中记录文档的类型(TYPE)、文档段中每条记录的大小(RECORD_SIZE)、记录段中可以存储的记录条数(RECORDS_TOTAL)以及记录段中已经存储的记录条数(RECORDS_USED)等。

9.2.3 备份控制文件

为了进一步降低因控制文件受损而影响数据库正常运行的可能性，确保数据库的安全，DBA 需要在数据库结构发生改变时，立即备份控制文件。Oracle 允许将控制文件备份为二进制文件或者脚本文件，下面分别介绍这两种方式。

1. 备份为二进制文件

备份为二进制文件，实际上就是复制控制文件。这需要使用 ALTER DATABASE BACKUP CONTROLFILE 语句，并指定目标文件的位置。

【例 9.5】

将 orcl 数据库的控制文件备份为二进制文件，语句如下：

```
SQL> ALTER DATABASE BACKUP CONTROLFILE
  2  TO 'E:\myoracle\controlfile\orcl_control_0825.bkp';
```

数据库已更改。

上述语句执行后，将在 E:\myoracle\controlfile 目录下生成 orcl 数据库的备份文件 orcl_control_0825.bkp。

2．备份为脚本文件

备份为脚本文件，实际上也就是生成创建控制文件的 SQL 脚本。

【例 9.6】

将 orcl 数据库的控制文件备份为二进制文件，语句如下：

```
SQL> ALTER DATABASE BACKUP CONTROLFILE TO TRACE;
数据库已更改。
```

生成的脚本文件将自动存放到系统定义的目录中，并由系统自动命名。该目录由 user_dump_dest 参数指定，可以使用 SHOW PARAMETER 语句查询该参数的值：

```
SQL> SHOW PARAMETER user_dump_dest;

NAME                 TYPE      VALUE
-----------          --------  --------------------------------------------
user_dump_dest       string    E:\app\admin\diag\rdbms\orcl\orcl\trace
```

系统自动为脚本文件命名的格式为"<sid>_ora_<spid>.trc"，其中<sid>表示当前会话的标识号，<spid>表示操作系统进程标识号。例如，上述示例生成的脚本文件名称为 orcl_ora_1105.trc。

9.2.4 恢复控制文件

在数据库中，如果有一个或者多个控制文件丢失或者出错，就可以根据不同的情况进行处理。

1．部分控制文件损坏的情况

如果数据库正在运行，我们应先关闭数据库，再将完整的控制文件复制到已经丢失或者出错的控制文件的位置，但是要更改该丢失或者出错控制文件的名字。如果存储丢失控制文件的目录也被破坏，则需要重新创建一个新的目录用于存储新的控制文件，并为该控件文件命名。此时需要修改数据库初始化参数中控制文件的位置信息。

2．控制文件全部丢失或者损坏的情况

此时应该使用备份的控制文件重建控制文件，这也是为什么 Oracle 强调在数据库结构发生变化后要进行控制文件备份的原因。恢复的步骤如下：

步骤 01 以 SYSDBA 身份连接到 Oracle，使用 SHUTDOWN IMMEDIATE 命令关闭数据库。

步骤 02 在操作系统中使用完好的控制文件副本覆盖损坏的控制文件。

步骤 03 使用 STARTUP 命令启动并打开数据库。执行 STARTUP 命令时，数据库以正常方式启动数据库实例，加载数据库文件，并且打开数据库。

3. 手动重建控制文件

在使用备份的脚本文件重建控制文件时，通过 TRACE 文件重新定义数据库的日志文件、数据文件、数据库名及其他一些参数信息。然后执行该脚本，重新建立一个可用的控制文件。

9.2.5 移动控制文件

在特殊情况下，需要移动控制文件，例如磁盘出现故障，导致应用中的控制文件所在物理位置无法访问。移动控制文件，实际上就是改变服务器参数文件 SPFILE 中的参数 CONTROL_FILES 的值，让该参数指向一个新的控制文件路径。当然，首先需要有一个完好的控制文件副本。

【例 9.7】

移动控制文件的具体步骤如下。

步骤 01 查询当前的控制文件所在的位置：

```
SQL> SELECT NAME,VALUE FROM V$SPPARAMETER
  2  WHERE NAME='control_files';

NAME                   VALUE
---------------------- --------------------------------------------------
control_files          D:\app\Administrator\oradata\orcl\CONTROL01.CTL
control_files          D:\app\Administrator\oradata\orcl\CONTROL02.CTL
control_files          D:\app\Administrator\oradata\orcl\CONTROL03.CTL
```

步骤 02 用 ALTER SYSTEM 语句修改服务器参数文件 SPFILE 中的 control_files 参数的值为新路径下的控制文件：

```
SQL> ALTER SYSTEM SET control_files=
  2  'E:\oracle\controlfile\CONTROL01.CTL',
  3  'E:\oracle\controlfile\CONTROL02.CTL',
  4  'E:\oracle\controlfile\CONTROL03.CTL' SCOPE=SPFILE;

系统已更改。
```

这里将参数 control_files 的值从原来的 D:\app\Administrator\oradata\orcl\CONTROL01.CTL 等，修改为 E:\oracle\controlfile\CONTROL01.CTL 等。

步骤 03 使用 SHUTDOWN IMMEDIATE 命令关闭数据库：

```
SQL> SHUTDOWN IMMEDIATE
数据库已经关闭。
已经卸载数据库。
ORACLE 例程已经关闭。
```

步骤 04 使用 STARTUP 命令启动并打开数据库，控制文件移动成功。

步骤 05 再次查看移动后的控制文件所在的位置：

```
SQL> SELECT NAME,VALUE FROM V$SPPARAMETER
  2  WHERE NAME='control_files';
```

```
NAME                    VALUE
----------------        --------------------------------------------------
control_files           E:\oracle\controlfile\CONTROL01.CTL
control_files           E:\oracle\controlfile\CONTROL02.CTL
control_files           E:\oracle\controlfile\CONTROL03.CTL
```

9.2.6 删除控制文件

删除控制文件的过程与移动控制文件很相似，过程如下。

步骤 01 修改参数 control_files 的值：

```
SQL> ALTER SYSTEM SET control_files=
  2  'E:\oracle\controlfile\CONTROL02.CTL',
  3  'E:\oracle\controlfile\CONTROL03.CTL'
  4  SCOPE=SPFILE;

系统已更改。
```

这里将参数 control_files 所指向的控制文件由原来的 3 个减少到了两个，删除了对 E:\oracle\controlfile\CONTROL01.CTL 的引用。

步骤 02 使用 SHUTDOWN IMMEDIATE 命令关闭数据库。

步骤 03 使用 STARTUP 命令打开数据库，从磁盘上物理地删除该控制文件。

步骤 04 查看当前的控制文件信息：

```
SQL>  SELECT NAME,VALUE FROM V$SPPARAMETER
  2    WHERE NAME='control_files';

NAME                    VALUE
----------------        --------------------------------------------------
control_files           E:\oracle\controlfile\CONTROL02.CTL
control_files           E:\oracle\controlfile\CONTROL03.CTL
```

9.3 Oracle 日志文件简介

Oracle 中的日志文件(又称为重做日志文件)记录了数据库的所有修改信息，如果没有日志文件，数据库的恢复操作将无法完成。

在数据库运行过程中，用户更改的数据会暂时存放在数据库调整缓冲区中，而为了提高写数据库的速度，不是一旦有变化就立即把数据写到数据文件中，频繁读写磁盘文件会使得数据库系统效率降低。所以，要等到数据库调整缓冲区中的数据达到一定的量或者满足一定条件时，DBWR 进程才会将变化了数据提交到数据库，也就是 DBWR 将变化的数据保存在数据文件中。在这种情况下，如果在 DBWR 把数据更改写到数据文件之前发生了宕机，那么数据库高速缓冲区中的数据就会全部丢失，如果在数据库重新启动后无法恢复用户更改的数据，将造成数据不完整和丢失，这显然也是不合适的。

而日志文件就是把用户变化的数据首先保存起来，其中 LGWR 进程负责把用户更改的数据先写到日志文件中(术语为日志写优先)。这样在数据库重新启动时，Oracle 系统会从日志中读取这些变化了数据,将用户更改的数据提交到数据库中,并写入数据文件。

为了提高磁盘效率,防止日志文件的损坏,Oracle 数据库实例在创建完后就会自动创建 3 组日志文件。默认每个日志文件组中只有一个成员,但建议在实际应用中应该每个日志文件组至少有两个成员,而且最好将它们放在不同的物理磁盘上,以防止一个成员损坏了,所有的日志信息就不见了的情况发生。

Oracle 中的日志文件组是循环使用的,当所有日志文件组的空间都填满后,系统将转换到第一个日志文件组。而第一个日志文件组中已有的日志信息是否被覆盖,取决于数据库的运行模式。

如图 9-2 所示为 Oracle 数据库的 3 个日志组及日志成员。

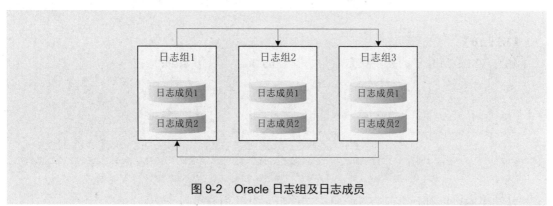

图 9-2　Oracle 日志组及日志成员

9.4　管理日志文件

Oracle 中的日志文件记录了数据库的所有修改信息,如果没有日志文件,数据库的恢复操作将无法实现。所以,日志文件的管理也相当重要。

9.4.1　查看日志组信息

我们通过 3 个数据字典查看日志组的信息,分别是 V$LOG、V$LOGFILE 和 V$LOG_HISTORY,它们包含的信息分别如下。

- V$LOG:包含控制文件中的日志文件信息。
- V$LOGFILE:包含日志文件组及其成员信息。
- V$LOG_HISTORY:包含日志历史信息。

【例 9.8】

使用 V$LOG 数据字典查询日志文件组的编号、大小、成员数目和当前状态:

```
SQL> select group#,bytes,members,status from v$log;
   GROUP#     BYTES      MEMBERS    STATUS
---------- ---------- ---------- --------------------
        1   52428800           1  INACTIVE
        2   52428800           1  INACTIVE
        3   52428800           1  CURRENT
```

从结果中可以看出，当前共有 3 个日志组，与每个日志文件对应的日志序列号是全局唯一的，同一个日志组中的日志序列号相同，用户数据库恢复时使用每个日志组的成员数量及日志组的当前状态。日志组 3 为当前正在使用的日志组。

【例 9.9】

通过 V$LOG 数据字典查询日志文件组的编号、成员数目、当前状态和上一次写入的时间，语句如下：

```
    GROUP#    MEMBERS    STATUS         FIRST_TIME
   --------  ---------- ------------   ----------------------
        1          1       INACTIVE      2013-5-14 2
        2          1       INACTIVE      2013-5-14 2
        3          1       CURRENT       2013-5-16 1
```

【例 9.10】

通过 V$LOGFILE 数据字典查看日志文件的信息，语句如下：

```
SQL> select group#,status,type,member from v$logfile;

    GROUP#   STATUS    TYPE     MEMBER
   -------  -------  ------   ----------------------------------------
        3             ONLINE    E:\APP\ADMINISTRATOR\ORADATA\ORCL\REDO03.LOG
        2             ONLINE    E:\APP\ADMINISTRATOR\ORADATA\ORCL\REDO02.LOG
        1             ONLINE    E:\APP\ADMINISTRATOR\ORADATA\ORCL\REDO01.LOG
```

从结果中可以看到当前有 3 个日志文件组，且都为联机日志文件。

SATAUS 列可以有如下 4 个值。

- STALE：说明该文件内容为不完整的。
- 空白：说明该日志正在使用。
- INVALID：说明该文件不能被访问。
- DELETED：说明该文件已经不再使用。

9.4.2 创建日志组

Oracle 建议一个数据库实例一般需要两个以上的日志文件组，如果日志文件组太少，可能会导致系统的事务切换频繁，影响系统性能。创建日志文件组的语法如下：

```
ALTER DATABASE database_name
ADD LOGFILE [GROUP group_number]
(file_name [, file_name [, ...]])
[SIZE size] [REUSE];
```

上述语法中，主要参数的含义如下。

- database_name：数据库实例名称。
- group_number：日志文件组编号。
- file_name：日志文件名称。
- size：日志文件大小，单位为 KB 或 MB。
- REUSE：如果创建的日志文件已经存在，则使用该关键字可以覆盖已有文件。

【例 9.11】

向 Oracle 中添加一个日志文件组，语句如下：

```
SQL> alter database add logfile group 4
  2  (
  3  'E:\oraclefile\logfile\redo01.log',
  4  'E:\oraclefile\logfile\redo02.log'
  5  )
  6  size 10m;
数据库已更改。
```

上述语句创建了一个日志文件组 GROUP 4，该组中有两个日志成员，分别是 redo01.log 文件和 redo02.log 文件，它们都在 E:\oraclefile\logfile 目录下，且它们的大小都是 10MB。

> **注意**：日志文件组的编号应尽量避免出现跳号情况，例如，日志文件组的编号为 1、3、5…，这会造成控制文件的空间浪费。

如果在创建日志文件组时，组中的日志成员已经存在，则 Oracle 会提示错误信息。例如，系统中已经存在一个日志文件 E:\oraclefile\logfile\redo02.log，此时创建一个日志文件组，并在组中创建该文件，如下所示：

```
SQL> alter database add logfile group 5
  2  (
  3  'E:\oraclefile\logfile\redo02.log',
  4  'E:\oraclefile\logfile\redo03.log'
  5  )
  6  size 10m;
alter database add logfile group 5
*
第 1 行出现错误:
ORA-00301: 添加日志文件 'E:\oraclefile\logfile\redo02.log' 时出错 -
无法创建文件
ORA-27038: 所创建的文件已存在
OSD-04010: 指定了 <create> 选项，但文件已经存在
```

上面在创建一个新的日志文件组 GROUP 5 时，包含了已经存在的日志文件 E:\oraclefile\logfile\redo02.log，所以创建失败。这时，可以在创建语句后面使用 REUSE 关键字：

```
SQL> alter database add logfile group 5
  2  (
  3  'E:\oraclefile\logfile\redo02.log',
  4  'E:\oraclefile\logfile\redo03.log'
  5  )
  6  size 10m reuse;
数据库已更改。
```

> **注意**：使用 REUSE 关键字可以替换已经存在的日志文件，但是该文件不能已经属于其他日志文件组，否则无法替换。

【例 9.12】

假设当前有 3 个日志组，下面使用不带 GROUP 关键字的 ALTER DATABASE 语句创建日志组，语句如下：

```
SQL> alter database add logfile
  2  (
  3  'e:\oraclefile\logfile\redo05.log',
  4  'e:\oraclefile\logfile\redo06.log',
  5  'e:\oraclefile\logfile\redo07.log'
  6  )
  7  size 10m;
```

上述语句执行后，将创建一个新的日志组，虽然语句中没有指定编号，Oracle 会自动为这个新日志组生成一个编号，即在原来日志组编号的基础上加 1，所以新建的日志组编号为 4。通过 V$log 数据字典验证上面的结果，语句如下：

```
SQL> select group#,bytes,members,status from v$log;

    GROUP#    BYTES    MEMBERS  STATUS
---------- --------- ---------- ----------------
         1  52428800          1 INACTIVE
         2  52428800          1 INACTIVE
         3  52428800          1 CURRENT
         4  10485760          3 UNUSED
```

从执行结果可以看到，多出了编号为 4 的日志组，且该日志组中包含了 3 个日志文件，UNUSED 表示该日志组处于未使用状态。

9.4.3 删除日志组

如果一个日志组不再需要，可以将其删除，在删除日志组时，需要注意如下几点：
- 一个数据库至少需要两个日志文件组。
- 日志文件组不能处于使用状态。
- 如果数据库运行在归档模式下，应该确定该日志文件组已经被归档。

删除日志文件组的语法格式如下：

```
ALTER DATABASE [database_name]
DROP LOGFILE GROUP group_number;
```

【例 9.13】

将例 9.12 中创建的日志组 GROUP 4 删除，可以使用如下语句：

```
SQL> ALTER DATABASE orcl
  2  DROP LOGFILE
  3  GROUP 4;
```

提示：使用这种方式删除日志组之后，仅仅是从 Oracle 中移除对该日志组的关联信息。而日志组包含的日志文件仍然存在，需要手动删除这些文件。

9.4.4 手动切换组

我们知道，Oracle 的日志文件组是循环使用的，当一组日志文件被写满时，会自动切换到下一组日志文件。当然，数据库管理员也可以手动切换日志文件组。

切换日志组的语法如下：

```
ALTER SYSTEM SWITCH LOGFILE;
```

【例 9.14】

假设现在要手动切换当前数据库的日志文件组。在切换之前，应该先通过 v$log 数据字典查询当前数据库正在使用哪个日志文件组：

```
SQL> SELECT group# , status FROM v$log ;

    GROUP#       STATUS
-------------    ----------------
         1       CURRENT
         2       INACTIVE
         3       INACTIVE
         4       UNUSED
```

其中，status 表示日志文件组的当前使用状态，其值可为 ACTIVE(活动状态，归档未完成)、CURRENT(正在使用)、INACTIVE(非活动状态)和 UNUSED(从未使用)。

从查询结果可以看出，数据库当前正在使用日志文件组 1。下面通过语句切换日志文件组：

```
SQL> ALTER SYSTEM SWITCH LOGFILE;

系统已更改。
```

再次查询 v$log 数据字典，查看切换后当前数据库正在使用的日志文件组：

```
SQL> SELECT group#, status FROM v$log;

    GROUP#       STATUS
-------------    ----------------
         1       ACTIVE
         2       CURRENT
         3       INACTIVE
         4       UNUSED
```

从结果可以看到，Oracle 现在使用的是编号为 2 的日志组。

9.4.5 清空日志组

如果日志文件组中的日志文件受损，将导致数据库无法将受损的日志文件进行归档，这会最终导致数据库停止运行。此时，在不关闭数据库的情况下，可以选择清空日志文件组中的内容。

清空日志文件组的语法如下：

```
ALTER DATABASE CLEAR LOGFILE GROUP group_number;
```

另外,清空日志文件组时,需要注意如下两点:
- 被清空的日志文件组不能处于 CURRENT 状态,也就是说,不能清空数据库当前正在使用的日志文件组。
- 当数据库中只有两个日志文件组时,不能清空日志文件组。

【例 9.15】

假设要清空日志文件组 4,语句如下:

```
SQL> ALTER DATABASE CLEAR LOGFILE GROUP 4;
```

数据库已更改。

如果日志文件组正处于 ACTIVE 状态,则说明该日志文件组尚未归档,此时如果想清空该日志文件组,应该在清空语句中添加 UNARCHIVED 关键字,语句形式如下:

```
ALTER DATABASE CLEAR UNARCHIVED LOGFILE GROUP group_number ;
```

9.5 日志组成员

日志组成员(日志文件)是与日志组相对应的一个概念,在一个日志组中,至少有一个日志文件,并且同一日志组的不同日志文件可以分布在不同的磁盘目录下。在同一个日志组中的所有日志文件大小都相同。

本节将讲解如何添加日志组成员、删除及重新定义日志组参数。

9.5.1 添加成员

日志组成员在创建日志组时就指定了,当然,也可以向已存在的日志组中添加日志文件成员。

添加时同样需要使用 ALTER DATABASE 语句,其语法如下:

```
ALTER DATABASE [database_name]
ADD LOGFILE MEMBER
file_name [, ...] TO GROUP group_number;
```

新加的日志文件与该组其他成员的大小一致。

【例 9.16】

向创建的日志文件组 4 中添加一个新的日志文件成员,如下所示:

```
SQL> ALTER DATABASE orcl
  2  ADD LOGFILE MEMBER
  3  'D:\APP\ADMINISTRATOR\ORADATA\ORCL\REDO04.LOG'
  4  TO GROUP 4;
```

数据库已更改。

使用 V$LOGFILE 数据字典查询日志文件组是否创建成功,以及日志文件组中是否添加了新的日志文件成员，如下所示：

```
SQL> SELECT GROUP#,MEMBER FROM V$LOGFILE
  2  WHERE GROUP#=4;
GROUP#           MEMBER
--------------   --------------------------------------------------
4                E:\ORACLEFILE\LOGIFLE\REDO05.log
4                E:\ORACLEFILE\LOGIFLE\REDO 06.log
4                E:\ORACLEFILE\LOGIFLE\REDO 07.log
4                D:\APP\ADMINISTRATOR\ORADATA\ORCL\REDO04.LOG
已选择 4 行。
```

从查询的结果中可以看出，在日志文件组 4 中，目前总共有 4 个成员，包括先前已经定义的 3 个日志文件成员和本节中添加的一个日志文件成员。

> **提示**：使用这种方式删除日志组之后，仅仅是从 Oracle 中移除了对该日志组的关联信息。而日志组包含的日志文件仍然存在，需要手动删除这些文件。

9.5.2 删除成员

如果不需要一个日志成员，可以将其删除。通常我们所做的日志维护就是删除和重建日志成员的过程。对于一个损坏的日志，即使没有发现日志切换时无法成功，数据库最终也会挂起。当然如果读者对于日志成员做了很好的分布式存储，出现这种情况的可能性很小。但是，一旦出现日志文件受损的情况，就要及时修复，即删除掉该文件，再重建。

删除日志文件成员的语法如下：

```
ALTER DATABASE [database_name]
DROP LOGFILE MEMBER file_name [, ...]
```

【例 9.17】

删除 GROUP 4 中的 D:\APP\ADMINISTRATOR\ORADATA\ORCL\REDO05.LOG 日志文件成员，如下所示：

```
SQL> ALTER DATABASE orcl
  2  DROP LOGFILE MEMBER
  3  'D:\APP\ADMINISTRATOR\ORADATA\ORCL\REDO05.LOG';
```

在删除日志成员时要注意，并不是所有的日志成员都可以删除。Oracle 对删除操作有如下限制：

- 如果要删除的日志成员是日志组中最后一个有效的成员，则不能删除。
- 如果日志组正在使用，则在日志切换之前，不能删除日志组中的成员。
- 如果数据库正运行在 ACHIVELOG 模式下，并且要删除的日志成员所属的日志组没有被归档，则该组的日志成员不能被删除。

9.5.3 重定义成员

重新定义日志文件成员，是指为日志成员组重新指定一个日志文件成员，语法格式如下：

```
ALTER DATABASE [database_name]
RENAME FILE
old_file_name TO new_file_name;
```

其中，old_file_name 表示日志文件组中原有的日志文件成员；new_file_name 表示要替换成的日志文件成员。

【例 9.18】

GROUP 4 文件组中包含一个 D:\APP\ADMINISTRATOR\ORADATA\ORCL\REDO04.LOG 文件，现在移除该文件，改为包含 D:\APP\ADMINISTRATOR\ORADATA\ORCL\REDO05.LOG。

具体操作如下。

步骤 01 使用 SHUTDOWN 命令关闭数据库。

步骤 02 在 D:\app\Administrator\oradata\orcl 目录下，创建一个日志文件，并命名为 REDO05.LOG。

步骤 03 使用 STARTUP MOUNT 重新启动数据库，但不打开。

步骤 04 使用 ALTER DATABASE database_name RENAME FILE 的子句修改日志文件的路径和名称，如下所示：

```
SQL> ALTER DATABASE orcl
  2  RENAME FILE
  3  'D:\APP\ADMINISTRATOR\ORADATA\ORCL\REDO04.LOG'
  4  TO
  5  'D:\APP\ADMINISTRATOR\ORADATA\ORCL\REDO05.LOG';

数据库已更改。
```

上面使用 TO 关键字，将原来的日志成员 D:\APP\ADMINISTRATOR\ORADATA\ORCL\REDO04.LOG 更换为 D:\APP\ADMINISTRATOR\ORADATA\ORCL\REDO05.LOG。

步骤 05 使用 ALTER DATABASE OPEN 命令打开数据库。

步骤 06 检测日志文件成员是否替换成功。使用 V$LOGFILE 数据字典，查询现在 GROUP 4 日志文件组中的日志成员信息，如下所示：

```
SQL> SELECT GROUP#,MEMBER FROM V$LOGFILE
  2  WHERE GROUP#=4;

GROUP#              MEMBER
----------------    ----------------------------------------
     4              E:\ORACLEFILE\LOGIFLE\REDO05.log
     4              E:\ORACLEFILE\LOGIFLE\REDO 06.log
     4              E:\ORACLEFILE\LOGIFLE\REDO 07.log
     4              D:\APP\ADMINISTRATOR\ORADATA\ORCL\REDO05.LOG
```

从查询结果可以看出，GROUP 4 中的日志成员中不再包含 D:\APP\ADMINISTRATOR\ORADATA\ORCL\REDO04.LOG 文件，而变为包含 D:\APP\ADMINISTRATOR\ORADATA\ORCL\REDO05.LOG 文件。

9.6 归档日志

Oracle 数据库有两种日志模式：非归档日志模式(NOARCHIVELOG)和归档日志模式(ARCHIVELOG)。在非归档日志模式下，如果发生日志切换，则日志文件中原有的内容将被新的内容覆盖；在归档日志模式下，如果发生日志切换，则 Oracle 系统会将日志文件通过复制，保存到指定的地方，这个过程称为"归档"，复制保存下来的日志文件称为"归档日志"，然后才允许向文件中写入新的日志内容。

9.6.1 设置数据库模式

在安装 Oracle Database 11g 时，默认设置数据库运行于非归档模式，这样可以避免对创建数据库的过程中生成的日志进行归档，从而缩短数据库的创建时间。在数据库成功运行后，数据库管理员可以根据需要修改数据库的运行模式。

如果要修改数据库的运行模式，可以使用如下语句：

```
ALTER DATABASE ARCHIVELOG | NOARCHIVELOG;
```

其中，ARCHIVELOG 表示归档模式；NOARCHIVELOG 表示非归档模式。

【例 9.19】

使用 SYSDBA 身份修改当前数据库的运行模式，修改前先通过 ARCHIVE LOG LIST 命令查看当前数据库的运行模式：

```
SQL> CONNECT sys/admin AS SYSDBA
已连接。
SQL> ARCHIVE LOG LIST;

数据库日志模式            非存档模式
自动存档                 禁用
存档终点                 USE_DB_RECOVERY_FILE_DEST
最早的联机日志序列         7
当前日志序列              10
```

从查询结果可以看出，数据库当前运行在非归档模式下。通过下面的步骤可以修改数据库的运行模式。

步骤 01 使用 SHUTDOWN 命令关闭数据库。

步骤 02 使用 STARTUP MOUNT 命令启动数据库。

步骤 03 修改数据库的运行模式：

```
SQL> ALTER DATABASE ARCHIVELOG;
```

步骤 04 使用 ALTER DATABASE OPEN 命令打开数据库。

再次使用 ARCHIVE LOG LIST 命令查看当前数据库的运行模式，观察是否修改成功，如下所示：

```
SQL> ARCHIVE LOG LIST;
```

```
数据库日志模式                   存档模式
自动存档                        启用
存档终点                        USE_DB_RECOVERY_FILE_DEST
最早的联机日志序列               7
下一个存档日志序列               10
当前日志序列                    10
```

9.6.2 设置归档目标

归档目标就是指存放归档日志文件的目录。一个数据库可以有多个归档目标。在创建数据库时，默认设置了归档目标，可以通过 db_recovery_file_dest 参数查看：

```
SQL> SHOW PARAMETER db_recovery_file_dest;

NAME                           TYPE        VALUE
------------------------------ ----------- ------------------------------------
db_recovery_file_dest          string      E:\app\Administrator\flash_recovery_area
db_recovery_file_dest_size     big integer 2G
```

其中，db_recovery_file_dest 表示归档目录；db_recovery_file_dest_size 表示目录大小。

数据库管理员也可以通过 log_archive_dest_N 参数设置归档目标，其中 N 表示 1 到 10 的整数，也就是说，可以设置 10 个归档目标。

> **提示**：为了保证数据的安全性，一般将归档目标设置为不同的目录。Oracle 在进行归档时，会将日志文件组以相同的方式归档到每个归档目标中。

设置归档目标的语法形式如下：

```
ALTER SYSTEM SET
log_archive_dest_N = '{ LOCATION | SERVER } = directory';
```

其中，directory 表示磁盘目录；LOCATION 表示归档目标为本地系统的目录；SERVER 表示归档目标为远程数据库的目录。

【例 9.20】

设置参数 log_archive_dest_1 的值：

```
SQL> ALTER SYSTEM SET
  2  log_archive_dest_1='LOCATION=E:\app\Administrator\oradata\myachive';
系统已更改。
```

同样，可以通过 SHOW PARAMETER 命令查看 log_archive_dest_1 的值。

通过参数 log_archive_format，可以设置归档日志名称格式。其语法形式如下：

```
ALTER SYSTEM SET log_archive_format = 'fix_name%S_%R.%T'
SCOPE = scope_type;
```

语法说明如下。

- fix_name%S_%R.%T：其中，fix_name 是自定义的命名前缀；%S 表示日志序列号；%R 表示联机重做日志(RESETLOGS)的 ID 值；%T 表示归档线程编号。

注意：log_archive_format 参数的值必须包含%S、%R 和%T 匹配符。

- SCOPE = scope_type：SCOPE 有 3 个参数值，即 MEMORY、SPFILE 和 BOTH。其中，MEMORY 表示只改变当前实例运行参数；SPFILE 表示只改变服务器参数文件 SPFILE 中的设置；BOTH 则表示两者都改变。

【例 9.21】

设置归档日志名称格式，并指定只改变服务器参数文件 SPFILE 中的设置：

```
SQL> ALTER SYSTEM SET log_archive_format = 'MYARCHIVE%S_%R.%T'
  2  SCOPE = SPFILE;

系统已更改。
```

9.7 实践案例：查看数据文件、控制文件和日志文件

在前面的章节中，介绍了数据文件的相关知识，本章又进一步地介绍了控制文件和日志文件的相关信息。在实际的开发应用中，数据文件、控制文件和日志文件的管理对于数据库管理员来说是非常重要的，而在对这些文件进行管理之前，都需要通过 Oracle 数据字典来查看相关的文件信息。

下面通过一个综合案例，完成使用不同的数据字典来查看相对应的文件信息。使用 SYSTEM 用户以管理员的身份连接数据库，并使用 V$DATAFILE、V$CONTROLFILE 和 V$LOGFILE 这 3 个数据字典来查看 orcl 数据库中的数据文件、控制文件和日志文件信息。步骤如下。

步骤 01 使用 SYSTEM 用户以管理员的身份连接数据库：

```
SQL> CONNECT SYSTEM/123 AS SYSDBA
已连接。
```

步骤 02 使用 V$DATAFILE 数据字典来查看 orcl 数据库的数据文件信息：

```
SQL> SELECT NAME FROM V$DATAFILE;

NAME
--------------------------------------------------------------------------------
D:\APP\ADMINISTRATOR\ORADATA\ORCL\SYSTEM01.DBF
D:\APP\ADMINISTRATOR\ORADATA\ORCL\SYSAUX01.DBF
D:\APP\ADMINISTRATOR\ORADATA\ORCL\UNDOTBS01.DBF
D:\APP\ADMINISTRATOR\ORADATA\ORCL\USERS01.DBF
D:\APP\ADMINISTRATOR\PRODUCT\11.1.0\DB_2\DATABASE\MISSING00005
```

步骤 03 使用 V$CONTROLFILE 数据字典查看 orcl 数据库的控制文件信息：

```
SQL> SELECT NAME FROM V$CONTROLFILE;
NAME
--------------------------------------------------------------------------------
E:\ORACLE\CONTROLFILE\CONTROL02.CTL
E:\ORACLE\CONTROLFILE\CONTROL03.CTL
```

步骤 04 使用 V$LOGFILE 数据字典查看 orcl 数据库的日志文件信息：

```
SQL> SELECT MEMBER FROM V$LOGFILE;

MEMBER
--------------------------------------------------------------------
D:\APP\ADMINISTRATOR\ORADATA\ORCL\REDO02.LOG
D:\APP\ADMINISTRATOR\ORADATA\ORCL\REDO01.LOG
D:\APP\ADMINISTRATOR\ORADATA\ORCL\REDO03.LOG
D:\APP\ADMINISTRATOR\ORADATA\ORCL\REDO0401.LOG
D:\APP\ADMINISTRATOR\ORADATA\ORCL\REDO0402.LOG
D:\APP\ADMINISTRATOR\ORADATA\ORCL\REDO0403.LOG
```

通过 V$DATAFILE、V$CONTROLFILE 和 V$LOGFILE 这 3 个数据字典，可以查询出当前的数据库中所有的数据文件、控制文件和日志文件信息，从而对该数据库中的一些文件信息一目了然，便于数据库的操作。

9.8 思考与练习

1. 填空题

(1) 在 Oracle 数据库启动时的_____阶段，控制文件被读取。

(2) 备份控制文件主要有两种方式：_____和备份成脚本文件。

(3) 通过_____数据字典，可以了解控制文件中每条记录的大小(RECORD_SIZE)。

(4) 如果在创建控制文件时使用了 RESETLOGS 选项，则应该执行_____语句打开数据库。

(5) 使用 CREATE CONTROLFILE 创建控制文件时，可通过_____参数设置最大的日志文件数量。

2. 选择题

(1) 假设要查询控制文件的名称和状态信息，应该使用下列_____数据字典。

　　A．V$CONTROLFILE

　　B．V$PARAMETER

　　C．V$LOG

　　D．V$CONTROLFILE_HISTORY

(2) 下面对日志文件组及其成员叙述正确的是_____。

　　A．日志文件组中可以没有日志成员

　　B．日志文件组中的日志成员大小一致

　　C．在创建日志文件组时，其日志成员可以是已经存在的日志文件

　　D．在创建日志文件组时，如果日志成员已经存在，则使用 REUSE 关键字就一定可以成功替换该文件

(3) Oracle 的 LGWR 进程负责把用户更改的数据先写到_____。

A. 控制文件 B. 日志文件
C. 数据文件 D. 归档文件

(4) 日志文件的 SATAUS 列为_____表示该文件内容不完整。

A. NULL B. STALE
C. DELETED D. INVALID

(5) 当日志文件组处于下列哪种情况时,无法清空该日志文件组? _____

A. ACTIVE B. INACTIVE
C. CURRENT D. UNUSED

(6) 下面哪条语句用于切换日志文件组? _____

A. ALTER DATABASE SWITCH LOGFILE;

B. ALTER SYSTEM SWITCH LOGFILE;

C. ALTER SYSTEM ARCHIVELOG;

D. ALTER DATABASE ARCHIVELOG;

(7) 假设要删除日志文件组 4 中的 E:\orcl\datafile\redo01.log 成员,正确的语句是_____。

A. ALTER DATABASE DROP LOGFILE 'E:\orcl\datafile\redo01.log';

B. ALTER DATABASE DROP LOGFILE GROUP 4 'E:\orcl\datafile\redo01.log';

C. ALTER DATABASE DROP LOGFILE MEMBER 'E:\orcl\datafile\redo01.log';

D. ALTER GROUP 4 DROP LOGFILE 'E:\orcl\datafile\redo01.log';

3. 简答题

(1) 简述控制文件在 Oracle 中的重要性。

(2) 创建控制文件的步骤是什么?有哪些注意事项?

(3) 简述控制文件的备份与恢复过程。

(4) 简述日志文件在 Oracle 中的重要性。

(5) 日志文件组中的日志成员大小一致吗?为什么?

(6) 简述清空和删除日志文件组时应该注意哪些问题。

9.9 练 一 练

作业:操作控制文件

Oracle 数据库启动时,需要通过控制文件找到数据文件、日志文件的位置。因此如果控制文件损坏,数据库将无法启动。本次训练要求读者先将 orcl 数据库中的控制文件备份为二进制文件,然后以脚本文件的形式再次备份控制文件,最后查看脚本文件的存放位置,并打开该文件,查看其生成的控制文件脚本。

第 10 章

Oracle 编程 PL/SQL 基础

Oracle 在标准 SQL 规范上进行扩展，形成了一种新的数据库设计语言，并命名为 Procedure Language / Structured Query Language，简称 PL/SQL。所以，PL/SQL 语言是专门用于在各种环境下对 Oracle 数据库进行访问的。它集成在 Oracle 数据库服务器中，可以对数据进行快速高效的处理。除此之外，还可以在 Oracle 数据库的某些客户端工具中使用 PL/SQL 语言，这也是该语言的一个特点。

本章将详细介绍 PL/SQL 语言中的常量、变量、数据类型、运算符和注释的使用，以及各种流程控制语句的应用，最后介绍出现异常时的处理方法。

本章学习目标：

- 熟悉 PL/SQL 的编写规则
- 熟悉 PL/SQL 的数据类型
- 掌握 PL/SQL 中变量与常量的应用
- 掌握 PL/SQL 中运算符的应用
- 掌握 PL/SQL 中注释的使用
- 熟悉 PL/SQL 程序块的创建
- 掌握 IF 和 CASE 条件语句的应用
- 掌握 LOOP、WHILE 和 FOR 循环语句的应用
- 掌握异常处理机制
- 了解常见的 Oracle 异常以及自定义异常

10.1　PL/SQL 简介

PL/SQL 支持 SQL 的所有数据操作，包括数据类型、函数和事务控制等，同时适用于所有 Oracle 对象类型。PL/SQL 可以被命名和存储在 Oracle 服务器中，同时也能被其他的 PL/SQL 程序或 SQL 命令调用，任何客户/服务器工具都能访问 PL/SQL 程序，所以它具有很好的可重用性。下面详细介绍 PL/SQL 的特点、编写规则和程序结构。

10.1.1　认识 PL/SQL 语言

PL/SQL 是 Oracle 系统的核心语言。使用 PL/SQL 可以编写具有很多高级功能的程序，虽然通过多个 SQL 语句可能也会实现同样的功能，但是相比而言，PL/SQL 具有更为明显的一些特点：

- 能够使一组 SQL 语句的功能更具模块化程序特点。
- 采用了过程性语言控制程序的结构。
- 可以对程序中的错误进行自动处理，使程序能够在遇到错误的时候不会被中断。
- 具有较好的可移植性，可以移植到另一个 Oracle 数据库中。
- 集成在数据库中，调用更快捷。
- 减少了网络的交互，有助于提高程序性能。

以往通过多条 SQL 语句实现功能时，每条语句都需要在客户端和服务端传递，而且每条语句的执行结果也需要在网络中进行交互，占用了大量的网络带宽，消耗了大量网络传递的时间，在网络中传输的那些结果，往往都是中间结果，并不是我们所关心的。

而使用 PL/SQL 程序时，因为程序代码存储在数据库中，程序的分析和执行完全在数据库内部进行，用户所需要做的就是在客户端发出调用 PL/SQL 的执行命令，数据库接收到执行命令后，在数据库内部完成整个 PL/SQL 程序的执行，并将最终的执行结果反馈给用户。在整个过程中，网络里只传输了很少的数据，减少了网络传输占用的时间，所以整体程序的执行性能会有明显的提高。

10.1.2　PL/SQL 编写规则

为了编写正确、高效的 PL/SQL 块，PL/SQL 应用开发人员必须遵从特定的 PL/SQL 代码编写规则，否则会导致编译错误或运行错误。在编写 PL/SQL 代码时，应该遵从以下一些规则。

1. 标识符命名规则

当在 PL/SQL 中使用标识符定义变量、常量时，标识符名称必须以字符开始，并且长度不能超过 30 个字符。另外，为了提高程序的可读性，Oracle 建议用户按照以下规则定义各种标识符：

- 当定义变量时，建议使用 v_ 作为前缀，例如 v_sal、v_job 等。

- 当定义常量时，建议使用 c_ 作为前缀，例如 c_rate。
- 当定义游标时，建议使用_cursor 作为后缀，例如 emp_cursor。
- 当定义异常时，建议使用 e_ 作为前缀，例如 e_integrity_error。
- 当定义 PL/SQL 表类型时，建议使用_table_type 作为后缀，例如 sal_table_type。
- 当定义 PL/SQL 表变量时，建议使用_table 作为后缀，例如 sal_table。
- 当定义 PL/SQL 记录类型时，建议使用_record_type 作为后缀，例如 emp_record_type。
- 当定义 PL/SQL 记录变量时，建议使用_record 作为后缀，例如 emp_record。

2. 大小写规则

当在 PL/SQL 块中编写 SQL 语句和 PL/SQL 语句时，语句既可以使用大写格式，也可以使用小写格式。但是，为了提高程序的可读性和性能，Oracle 建议用户按照以下大小写规则编写代码：

- SQL 关键字采用大写格式，例如 SELECT、UPDATE、SET、WHERE 等。
- PL/SQL 关键字采用大写格式，例如 DECLARE、BEGIN、END 等。
- 数据类型采用大写格式，例如 INT、VARCHAR2、DATE 等。
- 标识符和参数采用小写格式，例如 v_sal、c_rate 等。
- 数据库对象和列采用小写格式，例如 emp、sal、ename 等。

10.2 PL/SQL 的基本结构

在开始学习 PL/SQL 编程之前，必须先掌握 PL/SQL 程序的基本结构。这主要包括数据类型、变量和常量、运算符，以及注释。下面将详细介绍这些基本知识。

10.2.1 数据类型

对于 PL/SQL 程序来说，它的数据类型除了可以使用与 SQL 中相同的数据类型外，Oracle 还为它们内置了一些常用的数据类型。表 10-1 列出适用于 PL/SQL 程序块的特定数据类型。

表 10-1 PL/SQL 程序块的数据类型

类 型	说 明
BOOLEAN	布尔类型，它的取值是 TRUE、FALSE 或 NULL
BINARY_INTEGER	带符号数值类型，取值范围是 $-2^{31} \sim 2^{31}$
NATURAL	BINARY_INTEGER 的子类型，表示非负整数
NATURALN	BINARY_INTEGER 的子类型，表示不为 NULL 的非负整数
POSITIVE	BINARY_INTEGER 的子类型，表示正整数
POSITIVEN	BINARY_INTEGER 的子类型，表示不为 NULL 的正整数
SIGNTYPE	BINARY_INTEGER 的子类型，取值为-1、0 或 1

续表

类 型	说 明
SIMPLE_INTEGER	BINARY_INTEGER 的子类型，取值范围与 BINARY_INTEGER 相同，但是不可以为 NULL
PLS_INTEGER	带符号整数类型。取值范围为 $-2^{31} \sim 2^{31}$
STRING	与 VARCHAR2 相同
RECORD	一组其他类型组合
REF CURSOR	指向一个行集的指针

10.2.2 变量和常量

PL/SQL 中的变量和常量与其他编程语言中的变量和常量概念相同。常量是声明一个不可改变的值，变量可以在程序块中根据需要存储不同的值。

常量通常都是在 PL/SQL 块中的声明部分声明的。PL/SQL 与其他编程语言相似，也要遵循先声明再使用的原则，常量在赋值完毕后是不可以进行修改的，常量的值在定义时赋予，PL/SQL 声明常量的语法格式如下：

```
variable_name[CONSTANT] databyte [DEFAULT | := value]
```

各个参数的含义如下。

- variable_name：表示常量名称。
- CONSTANT：表示固定不变的值，即常量。
- databyte：是数据类型，例如 CHAR、NUMBER。
- DEFAULT：默认值。

变量与常量类似，都是要先定义声明才能使用。在声明时，不需要使用关键字，而且也可以不为新声明的变量赋值，PL/SQL 声明变量的语法格式如下：

```
variable_name databyte NOT NULL [DEFAULT | := value]
```

注意变量命名要遵循的规则：

- 变量名以字母开头，不区分大小写。
- 变量名由字母、数字以及$、#或_和特殊字符组成。
- 变量长度不应该超过 30 个字符。
- 变量名中不能包含有空格。
- 尽可能地避免出现 Oracle 的关键字。

 注意：其中 NOT NULL 表示非空值，必须要指定默认值。

【例 10.1】

声明几个变量和几个基本类型的变量，如下：

```
stuid CONSTANT INTEGER DEFAULT 101;
claid CONSTANT NUMBER(4) := 1022;
```

```
stuname VARCHAR2(6) DEFAULT 'name';
stusex CHAR(2) NOT NULL := '男';
time DATE;
isfinished BOOLEAN DEFAULT TRUE;
```

10.2.3 运算符

在 PL/SQL 程序中，为了满足各项处理要求，PL/SQL 程序块允许在表达式中使用关系运算符与逻辑运算符。Oracle 中常见的运算符如表 10-2 所示。

表 10-2 PL/SQL 的运算符

关系运算符		一般运算符		逻辑运算符	
=	等于	+	加号	IS NULL	是空值
<>、!=、~=、^=	不等于	-	减号	BETWEEN	介于两者之间
<	小于	*	乘号	IN	在一列值中间
>	大于	/	除号	AND	逻辑与
<=	小于或等于	:=	赋值号	OR	逻辑或
		=>	关系号	NOT	取反
		..	范围运算符		
		||	字符连接符		

10.2.4 注释

程序注释用于解释单行代码和多行代码，而不被程序执行，从而提高 PL/SQL 程序的可读性。当编译 PL/SQL 代码时，PL/SQL 编译器会忽略注释。注释分为单行注释和多行注释两种。

在 PL/SQL 中，使用"--"添加单行注释，并且单行注释主要应用于说明单行代码的作用，它的有效范围是从注释符号开始到该行结束。

【例 10.2】

在一个查询语句中使用单行注释：

```
SQL> select score from student    --查询学生成绩
  2  where stuid=101;              --限定查询条件
```

多行注释是指分布到多行上的注释文本，并且其主要作用是说明一段代码的作用。在 PL/SQL 中使用/*...*/添加多行注释，它的范围是从注释符号开始到注释符号结束。

【例 10.3】

使用多行注释的示例代码如下：

```
SQL> set serveroutput on
SQL> DECLARE
  2      avg_score student.score%TYPE;
  3  BEGIN
  4  /*
```

```
 5   以下代码是查询出班级编号为1的学生的平均成绩
 6   */
 7      SELECT avg(sal) INTO avg_score FROM student
 8      WHERE claid=1;
 9      DBMS_OUTPUT.put_line(avg_score);
10   END;
11   /
```

10.3 控制语句

除了上节介绍的语法之外，PL/SQL 也具有流程控制语句，用于完成条件判断和循环功能。要了解这些流程控制语句，我们首先介绍一下程序块。

10.3.1 PL/SQL 程序块

块是 PL/SQL 的基本程序单元，编写 PL/SQL 语言程序也就相当于编写 PL/SQL 块。要完成相应简单的应用功能，可能只需要编写一个 PL/SQL 块；而如果要实现复杂的应用功能，可能就需要几个 PL/SQL 块的嵌套。PL/SQL 块又分为无名块和命名块两种。无名块是指未命名的程序块，命名块是指过程、函数、包和触发器等。

PL/SQL 程序由三个块组成，即定义部分(DECLARE)、执行部分(BEGIN END)、异常处理部分(EXCEPTION)。

其中，每个部分的作用如下。

- 定义部分：用于声明常量、变量、游标、异常、复合数据类型等；一般在程序中使用到的变量都要在这里声明。
- 执行部分：用于实现应用模块功能，包含了要执行的 PL/SQL 语句和 SQL 语句，并且还可以嵌套其他的 PL/SQL 块。
- 异常处理部分：用于处理 PL/SQL 块执行过程中可能出现的运行错误。

PL/SQL 程序的块语法格式如下：

```
[DECLARE
...   --定义部分]
BEGIN
...   --执行部分
[EXCEPTION
...   --异常处理部分]
END;
```

其中，定义部分以 DECLARE 开始，该部分是可选的；执行部分以 BEGIN 开始，该部分是必需的；异常处理部分以 EXCEPTION 开始，该部分是可选的；而 END 则是 PL/SQL 块的结束标记，该部分也是必需的。

注意：DECLARE、BEGIN、EXCEPTION 后边都没有分号(;)，而 END 后边必须带上分号(;)。

在 PL/SQL 程序中，语句都是以分号(;)结束的，因此分号不会被 Oracle 解析器作为执行 PL/SQL 程序块的符号，所以就需要使用正斜杠(/)作为 PL/SQL 程序的结束。

【例 10.4】

举例说明 PL/SQL 块各个部分的作用：

```
SQL> set serveroutput on
SQL> DECLARE
  2      v_num  NUMBER;     --定义变量
  3  BEGIN
  4      v_num:=1+2;        --为变量赋值
  5      DBMS_OUTPUT.PUT_LINE('1+2='||v_num);    --输出变量
  6  EXCEPTION    --异常处理
  7      WHEN OTHERS THEN
  8      DBMS_OUTPUT.PUT_LINE('出现异常');
  9  END;
 10  /

1+2=3
PL/SQL procedure successfully completed
```

其中，DBMS_OUTPUT 是 Oracle 所提供的系统包，PUT_LINE 是该包所包含的过程，用于输出字符串信息。当使用 DBMS_OUTPUT 包输出数据或者消息时，必须将 SQL Plus 的环境变量 serveroutput 设置为 on。

10.3.2 IF 语句

IF 条件选择语句需要用户提供一个布尔表达式，Oracle 将根据布尔表达式的返回值来判断程序的执行流程。IF 条件选择语句可以包含 IF、ELSIF、ELSE、THEN 以及 END IF 等关键字。

根据执行分支操作的复杂程度，可以将 IF 条件选择语句分为两类：简单条件选择语句和多重条件选择语句。

1. 简单条件选择语句

简单条件选择语句由 IF-ELSE 两部分组成。通常表现为"如果满足某种条件，就进行某种处理，否则就进行另一种处理"。

其最基本的语法结构如下：

```
IF condition THEN
    statements1
ELSE
    statements2;
END IF;
```

以上语句的执行过程是：首先判断 IF 语句后面的 condition 条件表达式，如果该表达式的返回值为 TRUE，则执行 statements1 语句块；否则执行 ELSE 后面的 statements2 语句块。其运行流程如图 10-1 所示。

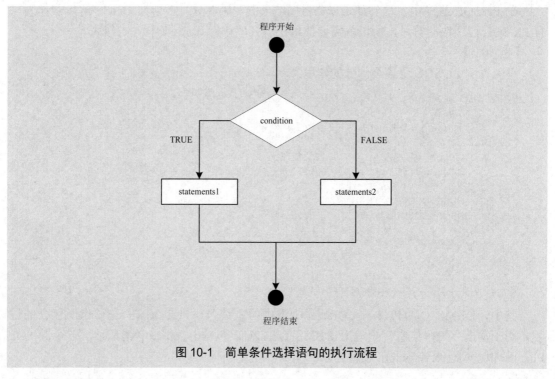

图 10-1 简单条件选择语句的执行流程

【例 10.5】

定义两个常量，赋值为两个不同的值，比较两个数值的大小：

```
SQL> set serveroutput on
SQL> DECLARE
  2  c_num1 NUMBER DEFAULT 10;
  3  c_num2 NUMBER DEFAULT 5;
  4  BEGIN
  5  IF c_num1> c_num2 THEN
  6  DBMS_OUTPUT.PUT_LINE('c_num1 比 c_num2 数值大');
  7  ELSE
  8  DBMS_OUTPUT.PUT_LINE('c_num1 比 c_num2 数值小');
  9  END IF;
 10  END;
 11  /
c_num1 比 c_num2 数值大
PL/SQL procedure successfully completed
```

上述条件句中，赋值的两个值不同，因此在比较的时候，只能有大于和小于两种情况，因此使用简单条件分支中的二重条件分支即可。

【例 10.6】

下面使用 IF-ELSE 条件选择语句统计表 employees 中部门编号为 60 的员工人数。具体如下：

```
SQL> SET SERVEROUT ON
SQL> DECLARE
  2  v_count NUMBER(4);
  3  BEGIN
```

```
 4      SELECT COUNT(*) INTO v_count FROM EMPLOYEES
 5      WHERE department_id = 60;
 6  IF v_count>0 THEN
 7      DBMS_OUTPUT.PUT_LINE('部门编号为60的员工人数：'||v_count||'人');
 8  ELSE
 9      DBMS_OUTPUT.PUT_LINE('不存在部门编号为60的员工信息');
10  END IF;
11  END;
12  /
部门编号为60的员工人数：5人
PL/SQL 过程已成功完成。
```

在本案例中，首先定义了一个名称为 v_count 的变量，接着将查询的部门编号为 60 的员工人数赋值给变量 v_count，然后使用 IF 条件语句判断 v_count 变量值是否大于 0，如果大于 0，则输出 v_count 的值，从而获得部门编号为 60 的员工人数；否则表示不存在部门编号为 60 的员工信息。

> **注意**：IF 语句是基本的选择结构语句。每一个 IF 语句都有 THEN，以 IF 开头的语句行不能包含语句结束符——分号(;)，每一个 IF 语句以 END IF 结束；每一个 IF 语句有且只能有一个 ELSE 语句相对应。

2．多条件选择语句

多条件选择语句是由 IF ELSIF ELSE 组成的，用于针对某一事件的多种情况进行处理。通常表现为"如果满足某种条件，就进行某种处理"。其最基本的语法结构如下：

```
IF condition1 THEN
    statements1
ELSIF condition2 THEN
    statements2
...
ELSE
    statements n+1
END IF;
```

以上语句的执行过程是：依次判断表达式的值，当某个选择的条件表达式的值为 TRUE 时，则执行该选择对应的语句块。如果所有的表达式均为 FALSE，则执行语句块 n+1。其运行流程如图 10-2 所示。

【例 10.7】

下面使用多条件选择语句对员工的平均工资进行等级判断：当平均工资大于 10000 时，输出"很高"；当平均工资大于 6000，且低于或等于 10000 时，输出"较高"；当平均工资在 2000 到 6000 之间时，输出"中等"；否则，输出"较低"。具体如下：

```
SQL> SET SERVEROUT ON
SQL> DECLARE
 2  v_avgsal employees.salary%TYPE;
 3  BEGIN
 4      SELECT AVG(salary) INTO v_avgsal FROM employees;
 5      IF v_avgsal>10000 THEN
 6          DBMS_OUTPUT.PUT_LINE('很高');
```

```
  7      ELSIF v_avgsal>6000 THEN
  8           DBMS_OUTPUT.PUT_LINE('较高');
  9      ELSIF v_avgsal>2000 THEN
 10           DBMS_OUTPUT.PUT_LINE('中等');
 11      ELSE
 12           DBMS_OUTPUT.PUT_LINE('较低');
 13      END IF;
 14   END;
 15   /

较高
PL/SQL 过程已成功完成。
```

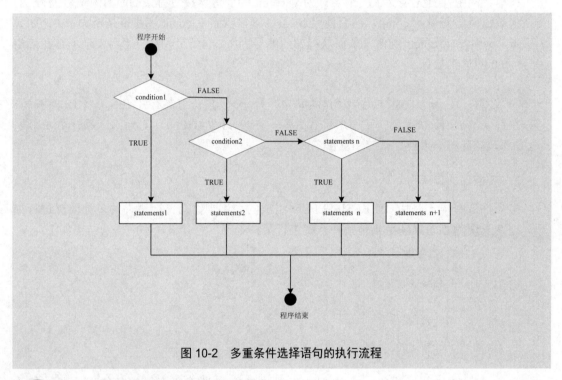

图 10-2　多重条件选择语句的执行流程

10.3.3　CASE 语句

当程序中的选择过多时，使用 IF 条件选择语句会相当繁琐，这时，我们可以使用 Oracle 提供的 CASE 语句来实现。

Oracle 中 CASE 语句可以分为两种：简单 CASE 语句和搜索 CASE 语句。其中简单 CASE 语句的作用是使用表达式来确定返回值，而搜索 CASE 语句的作用是使用条件确定返回值。

注意：在功能上，CASE 表达式和 IF 条件语句很相似，可以说 CASE 表达式基本上可以实现 IF 条件语句能够实现的所有功能。从代码结构上来讲，CASE 表达式具有很好的阅读性，因此，建议读者尽量使用 CASE 表达式代替 IF 语句。

1. 简单 CASE 语句

简单 CASE 语句使用嵌入式的表达式来确定返回值，其语法形式如下：

```
CASE search_expression
    WHEN expression1 THEN result1;
    WHEN expression2 THEN result2;
    ...
    WHEN expressionn THEN resultn;
    [ELSE default_result;]
END CASE;
```

语法说明如下。

- search_expression：表示待求值的表达式。
- expression1：表示要与 search_expression 进行比较的表达式，如果二者的值相等，则返回 result1，否则进入下一次比较。
- default_result：表示如果所有的 WHEN 子句中的表达式的值都与 search_expression 不匹配，则返回 default_result，即默认值；如果不设置此选项，而又没有找到匹配的表达式，则 Oracle 将报错。

以上语句的执行过程是：首先计算 search_expression 表达式的值，然后将该表达式的值与每个 WHEN 后的表达式进行比较。如果含有匹配值，就执行对应的语句块，然后不再进行判断，继续执行该 CASE 后面的所有语句块。如果没有匹配值，则执行 ELSE 语句后面的语句块。其执行流程如图 10-3 所示。

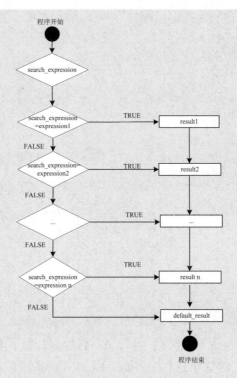

图 10-3　简单 CASE 语句的执行流程

【例 10.8】

在 PL/SQL 中，使用简单 CASE 表达式判断"良好"所对应的分数段：

```
SQL> SET SERVEROUTPUT ON
SQL> DECLARE
  2   grade VARCHAR2(4) := '良好';
  3   BEGIN
  4     CASE grade
  5     WHEN '优秀' THEN DBMS_OUTPUT.PUT_LINE('大于等于90分');
  6     WHEN '良好' THEN DBMS_OUTPUT.PUT_LINE('大于等于80分,但小于90分');
  7     WHEN '及格' THEN DBMS_OUTPUT.PUT_LINE('大于等于60分,但小于80分');
  8     WHEN '不及格' THEN DBMS_OUTPUT.PUT_LINE('小于60分');
  9     ELSE DBMS_OUTPUT.PUT_LINE('此等级不对应任何分数段');
 10     END CASE;
 11  END;
SQL> /

大于等于80分,但小于90分

PL/SQL 过程已成功完成。
```

提示：如果上述示例中没有 ELSE 子句，而 grade 变量的值又与任何 WHEN 子句中的表达式的值都不匹配，例如 grade 变量值为"补考"，则 Oracle 会返回错误信息。

【例 10.9】

下面使用简单 CASE 语句统计部门编号为 60 的员工人数：

```
SQL> SET SERVEROUT ON
SQL> DECLARE
  2   v_count NUMBER(4);
  3   BEGIN
  4     SELECT COUNT(*) INTO v_count FROM employees
  5      WHERE department_id = 60;
  6   CASE v_count
  7     WHEN 0 THEN
  8         DBMS_OUTPUT.PUT_LINE('本公司没有部门编号为60的员工信息');
  9     WHEN 1 THEN
 10         DBMS_OUTPUT.PUT_LINE('本公司仅有一名部门编号为60的员工');
 11     ELSE
 12         DBMS_OUTPUT.PUT_LINE('本公司部门编号为60的员工人数有：'
                    ||v_count||'人');
 13   END CASE;
 14  END;
 15  /

本公司部门编号为60的员工人数有：5人
PL/SQL 过程已成功完成。
```

在该案例中，将 v_count 变量值分别与 0、1 进行比较，检测其是否相等。当变量 v_count 的值既不等于 0，也不等于 1 时，执行 ELSE 语句后的语句块，输出本公司部门编号为 100 的员工人数。

> **提示**：如果上述实例中没有 ELSE 子句，而 v_count 变量的值又与任何 WHEN 子句中的表达式的值都不匹配，例如 v_count 变量值大于 1，则 Oracle 会返回错误信息。

2. 搜索 CASE 语句

搜索 CASE 语句使用条件表达式来确定返回值，其语法形式如下：

```
CASE
    WHEN condition1 THEN result1;
    WHEN condition2 THEN result2;
    ...
    WHEN conditionn THEN resultn;
    [ELSE default_result;]
END CASE;
```

与简单 CASE 表达式相比较，可以发现 CASE 关键字后面不再跟随待求表达式，而 WHEN 子句中的表达式也换成了条件语句(condition)，其实搜索 CASE 表达式就是将待求表达式放在条件语句中进行范围比较，而不再像简单 CASE 表达式那样只能与单个的值进行比较。其执行流程如图 10-4 所示。

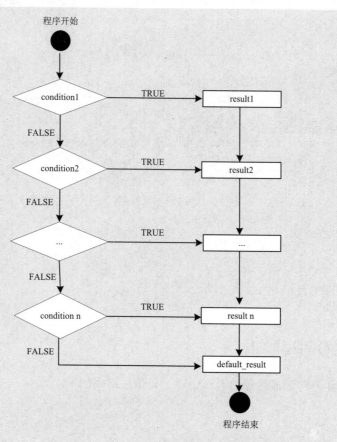

图 10-4　搜索 CASE 语句的执行流程

【例 10.10】

在 PL/SQL 中，使用 CASE 条件语句判断成绩 61 分所处的等级：

```
SQL> SET SERVEROUTPUT ON
SQL> DECLARE
  2    score BINARY_INTEGER := 61;
  3  BEGIN
  4     CASE
  5     WHEN score >= 90 THEN DBMS_OUTPUT.PUT_LINE('优秀');
  6     WHEN score >= 80 THEN DBMS_OUTPUT.PUT_LINE('良好');
  7     WHEN score >= 60 THEN DBMS_OUTPUT.PUT_LINE('及格');
  8     ELSE DBMS_OUTPUT.PUT_LINE('不及格');
  9     END CASE;
 10  END;
SQL> /

及格

PL/SQL 过程已成功完成。
```

【例 10.11】

下面使用搜索 CASE 语句统计部门编号为 60 的员工人数，改写后的代码如下：

```
SQL> SET SERVEROUT ON
SQL>  DECLARE
  2    v_count NUMBER(4);
  3    BEGIN
  4      SELECT COUNT(*) INTO v_count FROM employees
  5       WHERE department_id = 60;
  6    CASE
  7      WHEN v_count = 0 THEN
  8        DBMS_OUTPUT.PUT_LINE('本公司没有部门编号为 60 的员工信息');
  9      WHEN v_count = 1 THEN
 10        DBMS_OUTPUT.PUT_LINE('本公司仅有一名部门编号为 60 的员工');
 11      ELSE
 12        DBMS_OUTPUT.PUT_LINE('本公司部门编号为 60 的员工人数有：'
              ||v_count||'人');
 13    END CASE;
 14    END;
 15    /

本公司部门编号为 60 的员工人数有：5 人
PL/SQL 过程已成功完成。
```

10.3.4 LOOP 语句

LOOP 循环语句是最简单的循环语句，其语法格式如下：

```
LOOP
    statements
    EXIT [WHEN condition]
END LOOP;
```

其中，statements 是 LOOP 循环体中的语句块。无论是否满足条件，statements 至少会被执行一次。当 condition 为 TRUE 时，退出循环，并执行 END LOOP 后的相应操作。其执行流程如图 10-5 所示。

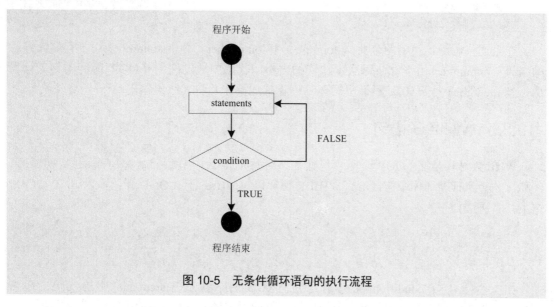

图 10-5 无条件循环语句的执行流程

要退出 LOOP 循环，必须在语句块中显式地使用 EXIT 关键字，否则循环会一直执行，也就是陷入死循环。使用 WHEN 子句可以实现有条件退出，如果不使用 WHEN 子句，则会无条件退出循环。

【例 10.12】

使用简单 LOOP 循环语句，输出数值 1~10，语句如下：

```
SQL> DECLARE
  2   i BINARY_INTEGER := 1;
  3   BEGIN
  4     LOOP
  5           DBMS_OUTPUT.PUT_LINE(i);
  6           i := i+1;
  7           EXIT WHEN i > 10;
  8     END LOOP;
  9   END;
```

【例 10.13】

以下代码则是使用 LOOP 循环对一个变量进行累加的操作：

```
SQL> set serveroutput on;
SQL> DECLARE
  2  tonumber number :=0;
  3  onnumber number :=16;
  4 BEGIN
  5  LOOP
  6     tonumber :=tonumber+onnumber;
  7     EXIT WHEN tonumber>50;
  8  END LOOP;
```

```
 9 DBMS_OUTPUT.PUT_LINE('最后结果:'||tonumber);
10 END
11 /
```

最后结果:64
PL/SQL 过程已经完成。

在上述代码中,声明两个变量 tonumber 和 onnumber。其中 tonumber 用于存储计算后的结果,onnumber 用于存储每次累加值的大小。代码中通过使用 LOOP 循环语句进行累加,当 tonumber 大于 50 时则跳出循环,停止累加操作并将其结果输出。

10.3.5 WHILE 语句

WHILE 循环是在 LOOP 循环的基础上添加循环条件,也就是说,只有满足 WHILE 条件后,才会执行循环体中的内容。WHILE 循环以 WHILE … LOOP 开始,以 END LOOP 结束,其语法如下:

```
WHILE condition LOOP
    statements
END LOOP;
```

如上所示,当 condition 条件语句为 TRUE 时,执行 statements 中的代码;而当 condition 为 FALSE 或 NULL 时,退出循环,并执行 END LOOP 后的语句。其执行流程如图 10-6 所示。

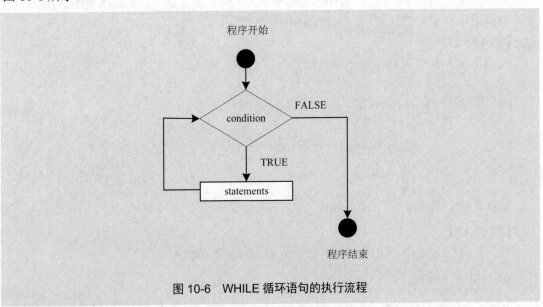

图 10-6 WHILE 循环语句的执行流程

【例 10.14】

使用 WHILE 循环语句输出数值 1~10,语句如下:

```
SQL> DECLARE
  2  i BINARY_INTEGER := 1;
  3  BEGIN
```

```
4    WHILE i <= 10
5    LOOP
6        DBMS_OUTPUT.PUT_LINE(i);
7        i := i+1;
8    END LOOP;
9  END;
```

> **注意**：当使用 WHILE 循环时，应该定义循环控制变量，并在循环体内改变循环控制变量的值。

【例 10.15】

同样是实现对一个变量进行累加操作，使用 WHILE 语句的实现代码如下：

```
SQL>DECLARE
  2    tonumber number :=0;
  3  BEGIN
  4      WHILE tonumber<=50
  5      LOOP
  6          tonumber := tonumber+16
  7          DBMS_OUTPUT.PUT_LINE('结果: '||tonumber);
  8      END LOOP;
  9  END;

结果: 16
结果: 32
结果: 48
结果: 64
PL/SQL 过程已经完成。
```

【例 10.16】

下面使用 WHILE 循环语句实现编号为 50~100 之间部门信息的查看功能：

```
SQL> SET SERVEROUT ON
SQL> DECLARE
  2    v_deptno NUMBER(4):=50;           --定义变量 v_deptno，并赋予初始值 50
  3    v_deptname VARCHAR2(20);
  4  BEGIN
  5    WHILE v_deptno<=100
  6    LOOP
  7        SELECT department_name INTO v_deptname FROM departments
  8        WHERE department_id=v_deptno;
  9        DBMS_OUTPUT.PUT_LINE(v_deptno||'—'||v_deptname);
 10        v_deptno:=v_deptno+10;
 11    END LOOP;
 12  END;
 13  /
50—Shipping
60—IT
70—Public Relations
80—Sales
90—Executive
100—Finance
PL/SQL 过程已成功完成。
```

如上述代码所示,在 WHILE 循环语句中指定循环条件为 v_deptno 变量值小于或等于 100,只要满足该条件,则执行循环体的代码。在循环体中,使用 SELECT ... INTO 语句为 v_deptname 变量赋值,并输出 v_deptno 和 v_depatname 变量的值,之后指定 v_deptno 的值累加 10。也就是说,每循环一次,v_deptno 变量的值都会增加 10,直到增加至大于 100 时,退出循环。

10.3.6 FOR 语句

FOR 循环是在 LOOP 循环的基础上添加循环次数,其语法形式如下:

```
FOR loop_variable IN [REVERSE] lower_bound..upper_bound LOOP
    statements
END LOOP;
```

语法说明如下。
- loop_variable:指定循环变量,该变量不需要事先创建。该变量的作用域仅限于循环内部,也就是说,只可以在循环内部使用或修改该变量的值。
- IN:为 loop_variable 指定取值范围。
- REVERSE:表示"逆向",实际上就是从 loop_variable 变量的取值范围中逆向取值,指定在每一次循环中循环变量都会递减。循环变量先被初始化为其终止值,然后在每一次循环中递减 1,直到达到其起始值。
- lower_bound:指定循环的起始值,每循环一次,loop_variable 变量的值加 1。在没有使用 REVERSE 的情况下,循环变量初始化为这个起始值。
- upper_bound:指定循环的终止值,如果使用 REVERSE,循环变量就初始化为这个终止值。

【例 10.17】
使用 FOR 循环语句,输出数值 1~10,语句如下:

```
SQL> BEGIN
  2    FOR i IN 1 .. 10
  3    LOOP
  4        DBMS_OUTPUT.PUT_LINE(i);
  5    END LOOP;
  6  END;
```

由于 FOR 循环中的循环变量可以由循环语句自动创建并赋值,并且循环变量的值在循环过程中会自动递增或递减,所以使用 FOR 循环语句时,不需要再使用 DECLARE 语句定义循环变量,也不需要在循环体中手动控制循环变量的值。

10.3.7 实践案例:打印九九乘法口诀表

Oracle 中的循环语句与其他编程类语言中的循环语句一样,都可以嵌套实现。本案例将使用 FOR 循环打印九九乘法口诀表。具体如下:

```
SQL> SET SERVEROUT ON
```

```
SQL> DECLARE
  2    m NUMBER;
  3  BEGIN
  4    FOR i IN 1..9 LOOP
  5      FOR j IN 1..i LOOP
  6        m := i*j;
  7        IF j!=1 THEN
  8            DBMS_OUTPUT.PUT('  ');
  9        END IF;
 10        DBMS_OUTPUT.PUT (i||'*'||j||'='||m);
 11      END LOOP;
 12      DBMS_OUTPUT.PUT_LINE(NULL);
 13    END LOOP;
 14  END;
 15  /

1*1=1
2*1=2    2*2=4
3*1=3    3*2=6    3*3=9
4*1=4    4*2=8    4*3=12   4*4=16
5*1=5    5*2=10   5*3=15   5*4=20   5*5=25
6*1=6    6*2=12   6*3=18   6*4=24   6*5=30   6*6=36
7*1=7    7*2=14   7*3=21   7*4=28   7*5=35   7*6=42   7*7=49
8*1=8    8*2=16   8*3=24   8*4=32   8*5=40   8*6=48   8*7=56   8*8=64
9*1=9    9*2=18   9*3=27   9*4=36   9*5=45   9*6=54   9*7=63   9*8=72
9*9=81

PL/SQL 过程已成功完成。
```

在本案例中，使用了嵌套 FOR 循环来实现九九乘法口诀表的输出，其中，i 用于控制行的输出(当前行等于 i 时进行换行操作)，j 用于控制列的输出(当第二个乘数等于 i 时进行换行操作，即两个乘数相同)。

10.4 异常处理

在操作 PL/SQL 时，可能会遇到一些程序出现的错误信息，这种情况被称为异常。在 PL/SQL 程序中，导致出现异常的原因有很多，例如程序业务逻辑错误、关键字拼写错误或者在设计程序时故意设置的自定义异常等。本节将为读者介绍异常的处理语句、Oracle 系统异常、非系统异常和自定义异常等内容。

10.4.1 异常处理语句

在运行 PL/SQL 程序时，如果出现程序异常，而且没有对该异常做出处理，那么整个程序将会终止运行。

为了能够让程序正常地运行，即便是遇到异常也可以正常运行程序，就需要对可能会引发异常的部分进行异常处理。在处理异常时，一般使用 EXCEPTION 语句块进行操作，以下代码是该语句块的语法结构：

```
EXCEPTION
    WHEN exception1 THEN
    statements1;
WHEN exception2 THEN
    statements2;
    [...]
WHEN OTHERS THEN
    statementsN;
```

在语法中,exception1 用来定义可能出现的异常名称;WHEN OTHERS 则表示其他情况,与 IF 语句中的 ELSE 关键字的作用相同,是当上述条件都不成立的情况下所执行的语句块。

10.4.2 系统异常

系统异常是指 Oracle 系统为一些经常出现的错误定义好的异常,如被零除或内存溢出等。系统异常无须声明,当系统预定义异常发生时,Oracle 系统会自动触发,只需添加相应的异常处理即可。

常见的 Oracle 系统异常如表 10-3 所示。

表 10-3 常见的 Oracle 系统异常

错误信息	异常错误名称	错误号	说明
ORA-00001	DUP_VAL_ON_INDEX	−1	试图破坏一个唯一性限制
ORA-00051	TIMEOUT-ON-RESOURCE	−51	在等待资源时发生超时
ORA-00061	TRANSACTION-BACKED-OUT	−61	由于发生死锁事务被撤消
ORA-01001	INVALID-CURSOR	−1001	试图使用一个无效的游标
ORA-01012	NOT-LOGGED-ON	−1012	没有连接到 Oracle
ORA-01017	LOGIN-DENIED	−1017	无效的用户名/口令
ORA-01403	NO_DATA_FOUND	+100	SELECT INTO 没有找到数据
ORA-01422	TOO_MANY_ROWS	−1422	SELECT INTO 返回多行
ORA-01476	ZERO-DIVIDE	−1476	试图被零除
ORA-01722	INVALID-NUMBER	−1722	转换一个数值失败
ORA-06500	STORAGE-ERROR	−6500	内存不够引发的内部错误
ORA-06501	PROGRAM-ERROR	−6501	内部错误
ORA-06502	VALUE-ERROR	−6502	转换或截断错误
ORA-06504	ROWTYPE-MISMATCH	−6504	主变量和游标的类型不兼容
ORA-06511	CURSOR-ALERADY-OPEN	−6511	试图打开一个已经打开的游标时,将产生这种异常
ORA-06530	ACCESS-INTO-NULL	−6530	试图为 null 对象的属性赋值

【例 10.18】

使用 Oracle 的 SQLCODE()函数可以获取异常错误号,使用 SQLERRM()函数则可以获取异常的具体描述信息。

例如，以下代码中，将字符串类型数据转换为数值类型时出现了异常信息：

```
SQL>SET SERVEROUTPUT ON
SQL>DECLARE
  2      numbers VARCHAR2(7) :=10000-1;
  3  BEGIN
  4      DBMS_OUTPUT.PUT_LINE('发生异常前');
  5      DBMS_OUTPUT.PUT_LINE(CAST(numbers AS NUMBER));
  6      DBMS_OUTPUT.PUT_LINE('发生异常后');
  7  END;
/

发生异常前
DECLARE
*
第 1 行出现错误:
ORA-06502: PL/SQL: 数字或值错误：字符到数字的转换错误
ORA-06512: 在 line 5
```

上述代码中，通过运行结果可以看出，在代码执行遇到错误时，Oracle 抛出了 ORA-06502 异常，出现"字符到数字的转换错误"的提示信息。而且异常发生后程序就终止了运行，在转换语句后的提示信息没有打印出来。

接下来就通过使用 Oracle 预定义的异常来拦截错误信息，让程序抛出的异常更加友好，而且不会终止程序的运行，详细代码如下所示：

```
SQL>SET SERVEROUTPUT ON
SQL>DECLARE
  2      numbers VARCHAR2(7) :=10000-1;
  3  BEGIN
  4      DBMS_OUTPUT.PUT_LINE('发生异常前');
  5      DBMS_OUTPUT.PUT_LINE(CAST(numbers AS NUMBER));
  6      EXCEPTION
  7          WHEN VALUE_ERROR THEN
  8          DBMS_OUTPUT.PUT_LINE('出现字符转换异常');
  9      DBMS_OUTPUT.PUT_LINE('发生异常后');
 10  END;
/

发生异常前
出现字符转换异常
发生异常后
PL/SQL 过程已成功完成。
```

通过运行结果可以看得出，使用拦截预定义异常，能够让异常错误提示信息更加友好，而且便于开发人员更加准确地查找出错误的原因。

10.4.3 非系统异常

在 PL/SQL 中还有一类会经常遇到的错误。每个错误都会有相应的错误代码和错误原因，但是由于 Oracle 没有为这样的错误定义一个名称，因而不能直接进行异常处理。在一一般情况下，只能在 PL/SQL 块执行出错时查看其出错信息。

编写 PL/SQL 程序时，应该充分考虑到各种可能出现的异常，并且都做出适当的处理，这样的程序才是健壮的。对于这类非预定义的异常，由于它也是被自动抛出的，因而需要定义一个异常，把这个异常的名称与错误的代码关联起来，然后就可以像处理预定义异常那样处理这样的异常了。非预定义异常的处理过程如图 10-7 所示。

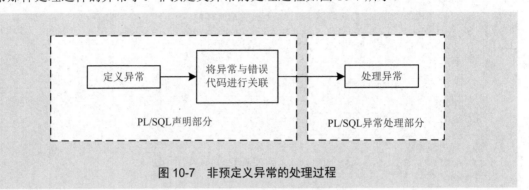

图 10-7　非预定义异常的处理过程

异常的定义在 PL/SQL 块的声明部分进行，定义的格式为：

```
exception_name EXCEPTION
```

其中，exception_name 表示用户自定义的异常名称，它仅仅是一个符号，没有任何意义。只有将这个名称与某个错误代码关联起来以后，这个异常才代表这个错误。将异常名称与错误代码进行关联的格式如下：

```
PRAGMA EXCEPTION_INIT(exception_name,exception_no)
```

其中，exception_name 表示异常名称，与声明的异常名称相对应；exception_no 表示错误代码，比如-2292，该错误代码的含义是违反了完整性约束。这种关联也是在 PL/SQL 声明部分进行。这样这个异常名称就代表特定的错误了，当 PL/SQL 程序在执行的过程中发生该错误时，这个异常将被自动抛出，这时就可以对其进行处理了。

【例 10.19】

employees 表中引用了 departments 表中的 department_id 列，因此，删除 departments 表中的数据时，可能会违反完整约束条件，这就表明在执行 DELETE 删除操作时可能会出现异常。因此，我们需要对该操作进行异常处理，如下所示：

```
SQL> DECLARE
  2     v_deptno departments.department_id%type:=&deptno;
  3     deptno_remaining EXCEPTION;
  4     PRAGMA EXCEPTION_INIT(deptno_remaining,-2292);    ---2292 是违反数
据完整性约束的错误代码
  5  BEGIN
  6     DELETE FROM departments WHERE department_id = v_deptno;
  7  EXCEPTION
  8     WHEN deptno_remaining THEN
  9         DBMS_OUTPUT.PUT_LINE('违反数据完整性约束');
 10     WHEN OTHERS THEN
 11         DBMS_OUTPUT.PUT_LINE(sqlcode||'----'||sqlerrm);
 12  END;
```

```
 13   /
```

输入 deptno 的值: 100
原值   2:   v_deptno departments.department_id%type:=&deptno;
新值   2:   v_deptno departments.department_id%type:=100;
违反数据完整性约束
PL/SQL 过程已成功完成。

该例中，由于 employees 表引用了 department_id 为 100 的部门信息，因此在删除该信息时会产生异常。从而 EXCEPTION 语句将捕获该异常，输出异常提示信息。

10.4.4 自定义异常

前面提到的异常主要是程序本身的逻辑错误，而在实际应用中，程序员还可以根据需求，为实现具体的业务逻辑自定义相关的异常，因为这些业务逻辑是 Oracle 系统无法判断的，例如不允许删除管理员表中的最高管理员等。

创建自定义异常需要使用 RAISE_APPLICATION_ERROR 语句，其语法如下：

```
RAISE_APPLICATION_ERROR(error_number,error_message,[keep_errors])
```

语法说明如下。

- error_number：表示错误号。可以使用-20000 到-20999 之间的整数。
- error_message：表示相应的提示信息(<2048 字节)。
- keep_errors：可选，如果 keep_errors 为 TRUE，则新错误将被添加到已经引发的错误列表中。如果 keep_errors=FALSE，则新错误将替换当前的错误列表。

【例 10.20】

编写一个 PL/SQL 程序，计算 1+2+3+...+50 的值。在求和的过程中，如果发现结果超出了 100，则抛出异常，并停止求和。示例代码如下：

```
SQL> SET SERVEROUT ON
SQL> DECLARE
  2     result INTEGER:=0;
  3     out_of_range EXCEPTION;
  4     PRAGMA EXCEPTION_INIT(out_of_range,-20001);
  5  BEGIN
  6     FOR i IN 1..50 LOOP
  7          result:=result+i;
  8     IF result>100 THEN
  9          RAISE_APPLICATION_ERROR(-20001,'当前的计算结果为'||result||', 已经超出范围！');
 10     END IF;
 11    END LOOP;
 12  EXCEPTION
 13    WHEN out_of_range THEN
 14         DBMS_OUTPUT.PUT_LINE('错误代码: '||sqlcode);
 15         DBMS_OUTPUT.PUT_LINE('错误信息: '||sqlerrm);
 16  END;
 17  /

错误代码: -20001
```

错误信息：ORA-20001：当前的计算结果为105，已经超出范围！
PL/SQL 过程已成功完成。

从上述 PL/SQL 块可以看出，我们首先在声明部分定义了一个异常 out_of_range，然后将这个异常与错误代码-20001 关联起来，一旦程序在运行过程中发生了这个错误，就会抛出 out_of_range 异常。在块的可执行部分，如果在累加的过程中变量 result 的值超过了 100，则返回错误代码-20001 以及相应的错误信息。这样在异常处理部分就可以捕捉并处理 out_of_range 异常了。

10.5 实践案例：获取指定部门下的所有员工信息

当用户输入一个部门编号时，如果该部门下存在员工信息，则循环输出所有员工的姓名和部门编号信息；否则提示"员工不存在"。该案例要求使用游标来封装指定部门的所有员工信息；使用条件分支语句来判断游标中是否存在数据，如果存在，则使用 WHILE 循环输出所有的员工姓名和部门编号，否则抛出异常，并对异常进行处理。具体如下：

```
SQL> SET SERVEROUT ON
SQL> DECLARE
  2     CURSOR cursor_emp(deptno NUMBER) IS
  3         SELECT * FROM employees WHERE department_id = deptno;
  4     v_deptno employees.department_id%TYPE :=&deptno;   --声明变量，接收用户输入的数据
  5     v_emp employees%rowtype;                --声明变量，存储员工信息
  6     no_result  EXCEPTION;                    --声明异常，异常名称为no_result
  7  BEGIN
  8     OPEN cursor_emp(v_deptno);                        --打开游标
  9     FETCH cursor_emp INTO v_emp;                      --使用游标
 10     IF cursor_emp%FOUND THEN                  --判断是否能检索到数据
 11         WHILE cursor_emp%FOUND LOOP           --打印出所有员工的信息
 12             DBMS_OUTPUT.PUT_LINE('工号为'||v_emp.employee_id
                ||'的员工信息：姓名'||v_emp.first_name
                ||'，部门编号'||v_emp.department_id);
 13             FETCH cursor_emp INTO v_emp;
 14         END LOOP;
 15     ELSE
 16         RAISE no_result;                              --抛出异常
 17     END IF;
 18     EXCEPTION                                /*处理异常*/
 19         WHEN no_result THEN
 20             DBMS_OUTPUT.PUT_LINE('员工不存在!');
 21         WHEN OTHERS THEN
 22             DBMS_OUTPUT.PUT_LINE(SQLCODE||'---'||SQLERRM);
 23  END;
 24  /

输入 deptno 的值： 100
原值  4: v_deptno employees.department_id%TYPE :=&deptno;--声明变量，接收用户输入的数据
新值  4: v_deptno employees.department_id%TYPE :=100;       --声明变量，接收用户输入的数据
```

```
工号为 108 的员工信息：姓名 Nancy，部门编号 100
工号为 109 的员工信息：姓名 Daniel，部门编号 100
工号为 110 的员工信息：姓名 John，部门编号 100
工号为 111 的员工信息：姓名 Ismael，部门编号 100
工号为 112 的员工信息：姓名 Jose Manuel，部门编号 100
工号为 113 的员工信息：姓名 Luis，部门编号 100
PL/SQL 过程已成功完成。
```

当用户指定的部门中不存在员工时，则提示"员工不存在"的错误信息，执行结果如下：

```
输入 deptno 的值： 120
原值  4： v_deptno employees.department_id%TYPE :=&deptno;  --声明变量，接收
用户输入的数据
新值  4： v_deptno employees.department_id%TYPE :=120;          --声明变量，接收
用户输入的数据
员工不存在！
PL/SQL 过程已成功完成。
```

10.6　思考与练习

1．填空题

(1) 在 PL/SQL 编程中，注释的种类分为_____和多行注释。

(2) PL/SQL 程序块一般包括 DECLARE 部分、BEGIN … END 部分和_____部分。

(3) PL/SQL 程序块中的赋值符号为_____。

(4) 循环语句可以分为 LOOP 循环语句、_____循环语句和 FOR 循环语句三种。

(5) 如果程序的执行部分出现异常，那么程序将跳转到_____部分对异常进行处理。

2．选择题

(1) 下面哪些是合法的变量名？_____

　　A．_number01　　　　　　　　　　B．number01

　　C．number-01　　　　　　　　　　D．number

(2) 使用下列哪条语句可以正确地声明一个常量？_____

　　A．name CONSTANT VARCHAR2(8);

　　B．name VARCHAR2(8) := 'CANDY';

　　C．name VARCHAR2(8) DEFAULT 'CANDY';

　　D．name CONSTANT VARCHAR2(8) := 'CANDY';

(3) 以下代码中属于单行注释的是_____。

　　A．SELECT * FROM STUDENT　　--查询 STUDENT 表中的数据

　　B．SELECT * FROM STUDENT　　//查询 STUDENT 表中的数据

　　C．SELECT * FROM STUDENT　　/*查询 STUDENT 表中的数据

　　D．SELECT * FROM STUDENT　　/*查询 STUDENT 表中的数据*/

(4) 下列属于 IF 条件语句中的关键字的是_____。
    A. ELSEIF   B. ELSE IF
    C. OTHERS   D. THEN

(5) 有如下 PL/SQL 程序块：

```
SQL> DECLARE
  2  a NUMBER := 10;
  3  b NUMBER := 0;
  4  BEGIN
  5     IF a > 2 THEN
  6          b := 1;
  7     ELSIF a > 4 THEN
  8          b := 2;
  9     ELSE
 10          b := 3;
 11     END IF;
 12     DBMS_OUTPUT.PUT_LINE(b);
 13  END;
```

执行上述 PL/SQL 块后的输出结果为_____。

   A. 0
   B. 1
   C. 2
   D. 3

(6) 有如下 PL/SQL 程序块：

```
SQL> DECLARE
  2  i BINARY_INTEGER := 1;
  3  BEGIN
  4     WHILE i >= 1
  5     LOOP
  6          i := i+1;
  7          DBMS_OUTPUT.PUT_LINE(i);
  8     END LOOP;
  9  END;
```

执行上述 PL/SQL 块，结果为_____。

   A. 输出从 1 开始，每次递增 1 的数
   B. 输出从 2 开始，每次递增 1 的数
   C. 输出 2
   D. 该程序将陷入死循环

3. 简答题

(1) 简单说出 PL/SQL 的编写规范。
(2) 对于变量命名的规则有哪些？
(3) 常量的特点是什么？
(4) 对于异常的处理机制有哪三种？

(5) PL/SQL 中经常使用到的三种循环结构是哪些，其区别是什么？

10.7 练 一 练

作业：输出图形

PL/SQL 中的条件语句和循环语句都可以多层嵌套，根据本章所学内容，编写一段程序，实现输出如下所示的图形效果：

```
*
***
*****
*******
*********
```

第 11 章

PL/SQL 编程高级应用

第 10 章为读者介绍了 PL/SQL 语言的编程基础知识，它们都是不需要存储的，因此系统每次运行时都需要编译后再执行。为了提高系统的应用性能，Oracle 为 PL/SQL 语言增加了很多高级特性，例如使用 PL/SQL 中的可变数组，调用系统函数执行计算，使用游标遍历结果集以及使用事务增强数据的完整性等。

本章将从 6 个方面介绍 PL/SQL 编程的高级应用，分别是 PL/SQL 的集合类型、系统函数、自定义函数、游标、程序包和数据库事务。

本章学习目标：

- 熟悉索引表、嵌套表、可变数组和集合方法的使用
- 了解 PL/SQL 记录表的概念
- 掌握使用游标查询数据的方法
- 了解在游标中更新和删除数据的方法
- 熟悉常用数学函数、字符函数、日期函数和聚合函数
- 掌握使用转换函数转换类型的方法
- 掌握自定义函数的调用及参数的使用
- 掌握程序包的创建和删除
- 了解事务的特性及隔离性级别
- 掌握事务的提交、回滚以及保存点的使用

11.1 使用 PL/SQL 集合

在 PL/SQL 中，为了处理单行单列的数据，可以使用变量；为了处理单行多列的数据，可以使用 PL/SQL 记录；而为了处理单列多行的数据，则需要使用 PL/SQL 集合。例如，为了存放单个商品的姓名，可以使用变量；而为了存放多个商品的名称，应该使用 PL/SQL 集合。

PL/SQL 的集合类型是类似于高级语言数组的一种复合数据类型，集合类型包括索引表(PL/SQL 表)、嵌套表(Nested Table)和可变数组(VARRAY)等 3 种类型。当使用这些集合类型时，必须注意三者之间的区别，以便选择最合适的数据类型。

11.1.1 索引表

索引表也称为 PL/SQL 表，用于处理 PL/SQL 数组的数据类型。但是索引表与高级语言的数组是有区别的：高级语言数组的元素个数是有限制的，并且下标不能为负值；而索引表的元素个数没有限制，并且下标可以为负值。

定义索引表的语法如下：

```
TYPE type_name IS TABLE OF element_type
[NOT NULL]INDEX BY key_type;
identifier type_name;
```

其中的各个参数说明如下。

- type_name：用于指定用户自定义数据类型的名称(IS TABLE..INDEX 表示索引表)。
- element_type：用于指定索引表元素的数据类型。
- NOT NULL：表示不允许引用 NULL 元素。
- key_type：用于指定索引表元素下标的数据类型(BINARY_INTEGER、PLS_INTEGER 或 VARCHAR2)。
- identifier：用于定义索引表变量。

注意：索引表只能作为 PL/SQL 复合数据类型使用，而不能作为表列的数据类型使用。

【例 11.1】

定义一个索引表类型，其中指定索引表元素下标的数据类型为 BINARY_INTEGER，然后定义一个索引表类型的变量，用于存储 STUDENT 表中 STUNAME 的列值：

```
SQL> DECLARE
  2     TYPE stuname_table_type IS TABLE OF student.stuname%TYPE
  3       INDEX BY BINARY_INTEGER;     --指定索引表元素下标的数据类型
  4     stuname_table stuname_table_type;
  5   BEGIN
  6     SELECT stuname INTO stuname_table(1) FROM student
  7       WHERE stuid=200402;
```

```
  8        DBMS_OUTPUT.PUT_LINE('学生编号为 200402 的学生为'
                                  ||stuname_table(1));
  9        SELECT stuname INTO stuname_table(2) FROM student
 10          WHERE stuid=200404;
 11        DBMS_OUTPUT.PUT_LINE('学生编号为 200404 的学生为'||stuname_table(2));
 12     END;
 13   /

学生编号为 200402 的学生为宋佳
学生编号为 200404 的学生为赵均
PL/SQL procedure successfully completed
```

当定义索引表时，不仅允许使用 BINARY_INTEGER 和 PLS_INTEGER 作为元素下标的数据类型，而且也允许使用 VARCHAR2 作为元素的数据类型。通过使用 VARCHAR2 下标，可以在元素下标和元素值之间建立关联。

【例 11.2】

通过对元素下标的定义，得出不同下标所对应的不同数据：

```
SQL>  DECLARE
  2      TYPE student_table_type IS TABLE OF NUMBER
  3        INDEX BY VARCHAR2(10);   --指定索引表元素下标的数据类型为VARCHAR2
  4      student_table student_table_type;
  5    BEGIN
  6      student_table('李明') :=1;
  7      student_table('郑兴') :=2;
  8      student_table('魏斌') :=3;
  9      student_table('张鹏') :=4;
 10      DBMS_OUTPUT.PUT_LINE('第一个元素：'||student_table.first);
 11      DBMS_OUTPUT.PUT_LINE('最后一个元素：'||student_table.last);
 12      DBMS_OUTPUT.PUT_LINE('李明下一个元素：'
                              ||student_table.next('李明'));
 13    END;
 14   /

第一个元素：李明
最后一个元素：郑兴
李明下一个元素：魏斌
PL/SQL procedure successfully completed
```

如上所示，在执行了以上 PL/SQL 块后，会返回第一个元素的下标和最后一个元素的下标以及指定下标的下一个元素的下标。因为元素下标的数据类型为字符串(数值为汉字)，所以确定元素以汉语拼音格式进行排序。

11.1.2 嵌套表

嵌套表也是一种用于处理 PL/SQL 数组的数据类型。同样嵌套表和高级语言的数组也是有区别的：高级语言数组的元素下标从 0 或 1 开始，并且元素个数是有限制的；而嵌套表的元素下标从 1 开始，并且元素个数没有限制；另外，高级语言的数组元素值是有顺序的，而嵌套表元素的数组元素值可以是无序的。索引表类型不能作为表列的数据类型使用，但嵌套表类型可以作为表列的数据类型使用。定义嵌套表的语法如下：

```
TYPE type_name IS TABLE OF element_type;
identifier type_name;
```

其中各个参数的说明如下。
- type_name：用于指定嵌套表的类型名。
- element_type：用于指定嵌套表元素的数据类型。
- identifier：用于定义嵌套表变量。

 注意：当使用嵌套表元素之前，必须首先使用其构造方法初始化嵌套表。

1. 在 PL/SQL 块中使用嵌套表

当在 PL/SQL 块中使用嵌套表变量时，必须首先使用构造方法初始化嵌套表变量，然后才能在 PL/SQL 块内引用嵌套表元素。

【例 11.3】

先对嵌套表变量进行初始化，然后查询学生表 student 中学生编号为 200407 的学生姓名，如下所示：

```
SQL>  DECLARE
  2     TYPE stuname_table_type IS TABLE OF student.stuname%TYPE;
  3      stuname_table stuname_table_type;
  4   BEGIN
  5      stuname_table:=stuname_table_type
  6       ('李明','郑兴','魏斌','张鹏');   --使用构造方法初始化嵌套表变量
  7      SELECT stuname INTO stuname_table(2) FROM student
  8        WHERE stuid=200407;
  9      DBMS_OUTPUT.PUT_LINE('编号为200407学生姓名：'||stuname_table(2));
 10    END;
 11  /

学生姓名：张华
PL/SQL procedure successfully completed
```

如上所示，当执行了以上 PL/SQL 块之后，会根据学生编号返回学生姓名。其中，stuname_table_type 为嵌套表类型；而 stuname_table_type()是其构造方法。

2. 在表列中使用嵌套表

嵌套表类型不仅可以在 PL/SQL 块中直接引用，也可以作为表列的数据类型使用。但如果在表列中使用嵌套表类型，必须首先使用 CREATE TYPE 命令建立嵌套表类型。另外，当使用嵌套表类型作为表列的数据类型时，必须要为嵌套表列指定专门的存储表。

【例 11.4】

创建一个学生嵌套表类型，用来存放学生在学校的表现情况，将这个学生嵌套类型嵌套在学生表 stu_table 的 stu_type 列中，如下所示：

```
SQL> CREATE TYPE student_type IS TABLE OF VARCHAR2(20);
  2  /
Type created
SQL>  CREATE TABLE stu_table(
```

```
  2      stu_id NUMBER(4),
  3      stu_name VARCHAR2(10),
  4      stu_score NUMBER(6,2),
  5      stu_type student_type)
  6      NESTED TABLE stu_type STORE AS student_table;
Table created
```

如上所示，在使用 CREATE TYPE 命令建立了嵌套表类型 student_type 之后，就可在建立表 stu_table 时使用该嵌套表类型。

3．在 PL/SQL 块中为嵌套表列插入数据

当定义嵌套表类型时，Oracle 自动为该类型生成相应的构造方法。当为嵌套表列插入数据时，需要使用嵌套表的构造方法。

【例 11.5】

向 stu_table 表添加数据，需要使用嵌套表的构造方法，如下所示：

```
SQL> BEGIN
  2      INSERT INTO stu_table VALUES
  3          (1,'李华',80,student_type('JAVA班','表现优异'));
  4      END;
  5  /
PL/SQL procedure successfully completed
```

4．在 PL/SQL 块中检索嵌套表列的数据

当在 PL/SQL 块中检索嵌套表列的数据时，需要定义嵌套表类型的变量接收其数据。

【例 11.6】

查询 stu_table 中的数据，得到在嵌套表中的数据，如下所示：

```
SQL> DECLARE
  2      student_table student_type;    --定义 student_type 类型的变量
  3   BEGIN
  4     SELECT stu_type INTO student_table
  5       FROM stu_table WHERE stu_id=1;  --查询数据赋值给 stu_table_table
  6     FOR i IN 1..student_table.COUNT LOOP  --循环取 student_table 的值
  7        DBMS_OUTPUT.PUT_LINE('学生在校情况：'||student_table(i));
  8     END LOOP;
  9   END;
 10  /

学生在校情况：JAVA班
学生在校情况：表现优异
PL/SQL procedure successfully completed
```

5．在 PL/SQL 块中更新嵌套表列的数据

当在 PL/SQL 块中更新嵌套表列的数据时，首先需要定义嵌套表变量，并使用构造方法初始化该变量，然后才可在执行部分使用 UPDATE 语句更新其数据。

【例 11.7】

修改表 stu_table 中的 stu_id 为 1 的数据，需要先定义嵌套表变量：

```
SQL> DECLARE
  2      student_table student_type:=student_type(  --使用构造方法初始化变量
  3        'WEB班','表现一般','C#班','表现优异');
  4    BEGIN
  5      UPDATE stu_table SET stu_type=student_table
  6        WHERE stu_id=1;
  7    END;
  8  /
PL/SQL procedure successfully completed
```

11.1.3 可变数组

可变数组(VARRAY)也是一种用于处理 PL/SQL 数组的数据类型，它也可以作为表列的数据类型使用。该数据类型与高级语言数组非常相似，其元素下标从 1 开始，并且元素的最大个数是有限制的。定义 VARRAY 的语法格式如下：

```
TYPE type_name IS VARRAY(size_limit) OF element_type [NOT NULL];
identifier type_name;
```

其中的参数说明如下。
- type_name：用于指定 VARRAY 类型名。
- size_limit：用于指定 VARRAY 元素的最大个数。
- element_type：用于指定元素的数据类型。
- identifier：用于定义 VARRAY 变量。

注意：当使用 VARRAY 元素时，必须使用其构造方法初始化 VARRAY 元素。

1. 在 PL/SQL 块中使用 VARRAY

当在 PL/SQL 块中使用 VARRAY 变量时，必须首先使用其构造方法来初始化 VARRAY 变量，然后才能在 PL/SQL 块内引用 VARRAY 元素。

【例 11.8】

查询表 student 中的学生姓名数据，要求用到 VARRAY 变量，如下所示：

```
SQL> DECLARE
  2    TYPE stuname_table_type IS VARRAY(20) OF student.stuname%TYPE;
  3    stuname_table stuname_table_type;   --定义 VARRAY 类型的变量
  4    BEGIN
  5      stuname_table:=stuname_table_type
  6         ('李伟','易晨','周晔');  --使用其构造方法来初始化 VARRAY 变量
  7      SELECT stuname INTO stuname_table(2) FROM student
  8         WHERE stuid=200410;  --查询结果赋值给 stuname_table(2)
  9      DBMS_OUTPUT.PUT_LINE('学生姓名：'||stuname_table(2));
 10    END;
 11  /

学生姓名：魏征
PL/SQL procedure successfully completed
```

如上所示，当执行了以上 PL/SQL 块之后，会根据学生编号返回学生姓名。其中，stuname_table_type 为 VARRAY 类型，而 stuname_table_type()是其构造方法。

2. 在表列中使用 VARRAY

VARRAY 类型不仅可以在 PL/SQL 块中直接引用，也可以作为表列的数据类型使用。但如果在表列中使用该数据类型，必须首先使用 CREATE TYPE 命令建立 VARRAY 类型。另外，当使用 VARRAY 类型作为表列的数据类型时，必须为 VARRAY 列指定专门的存储表。

【例 11.9】

创建一个表 stu_type_table，表列中使用 VARRAY 类型，如下所示：

```
SQL> CREATE TYPE stu_type IS VARRAY(20) OF VARCHAR2(20);
  2  /
Type created
SQL> CREATE TABLE stu_type_table(
  2      stu_id NUMBER(4),
  3      stu_name VARCHAR2(10),
  4      stu_score NUMBER(6,2),
  5     student stu_type)
  6  ;
Table created
```

如上所示，在使用 CREATE TYPE 命令建立了嵌套表类型 stu_type 之后，就可在建立表 stu_type_table 时使用该 VARRAY 类型。

3. 在 PL/SQL 块中为 VARRAY 列插入数据

当定义 VARRAY 类型时，Oracle 自动为该类型生成相应的构造方法。当为 VARRAY 列插入数据时，需要使用 VARRAY 的构造方法。

【例 11.10】

在表 stu_type_table 中添加数据，如下所示：

```
SQL> BEGIN
  2      INSERT INTO stu_type_table VALUES
  3        (2,'高雪',80,stu_type('WEB班','表现良好'));
  4  END;
  5  /
PL/SQL procedure successfully completed
```

4. 在 PL/SQL 块中检索 VARRAY 列的数据

当在 PL/SQL 块中检索 VARRAY 列的数据时，需要定义 VARRAY 类型的变量接收其数据。示例如下：

```
SQL> set serveroutput on
SQL> DECLARE
  2    student_table stu_type;   --定义VARRAY类型的变量student_table
  3    BEGIN
  4     SELECT student INTO student_table
  5      FROM stu_type_table WHERE stu_id=2;  --查询结果赋值给student_table
```

```
     6         FOR i IN 1..student_table.COUNT LOOP   --循环取 student_table 的值
     7           DBMS_OUTPUT.PUT_LINE('学生表现情况: '||student_table(i));
     8         END LOOP;
     9     END;
    10  /

学生表现情况: WEB 班
学生表现情况: 表现良好
PL/SQL procedure successfully completed
```

从上面的例子可以看出，在 PL/SQL 块中操纵 VARRAY 列的方法与操纵嵌套表列的方法完全相同，但注意，嵌套表列的元素个数没有限制，而 VARRAY 列的元素个数是有限制的。

11.1.4 集合方法

集合方法是 Oracle 所提供的用于操作集合变量的内置函数或过程，其中 EXISTS()、COUNT()、LIMIT()、FIRST()、NEXT()、PRIOR() 和 LAST() 是函数，而 EXTEND()、TRIM() 和 DELETE() 则是过程。集合方法的调用语法如下所示：

```
collection_name.method_name[(parameters)]
```

注意：集合方法只能在 PL/SQL 语句中使用，而不能在 SQL 语句中调用。另外，集合方法 EXTEND 和 TRIM 只适用于嵌套表和 VARRAY，而不适用于索引表。

11.1.5 PL/SQL 记录表

PL/SQL 变量用于处理单行单列数据，PL/SQL 记录用于处理单行多列数据，PL/SQL 集合用于处理多行单列数据。为了在 PL/SQL 块中处理多行多列数据，开发人员可以使用 PL/SQL 记录表。PL/SQL 记录表结合了 PL/SQL 记录和 PL/SQL 集合的优点，从而可以有效地处理多行多列的数据。

【例 11.11】

使用 PL/SQL 记录表处理多行多列数据，如下所示：

```
SQL> DECLARE
    2     TYPE student_table_type IS TABLE OF student%ROWTYPE
    3       INDEX BY BINARY_INTEGER;   --定义索引表类型
    4     student_table student_table_type;   --定义索引表类型变量
    5   BEGIN
    6     SELECT * INTO student_table(1) FROM student
    7       WHERE stuid=200408;   --查询学生编号为 200408 的列存储在索引表变量中
    8     DBMS_OUTPUT.PUT_LINE('学生姓名: '
           ||student_table(1).stuname);  --取变量中的列值
    9     DBMS_OUTPUT.PUT_LINE('学生成绩: '||student_table(1).score);
   10   END;
   11  /
学生姓名: 安宁
学生成绩: 78
PL/SQL procedure successfully completed
```

在执行了以上的 PL/SQL 块之后，会将数据检索到 PL/SQL 记录表元素 student_table(1) 中，并最终显示学生名及其成绩。

11.2 游　　标

SELECT 语句返回的是一个结果集，而如果需要对结果集中单独的行进行操作，则需要使用游标。使用游标主要遵循 4 个基本步骤：声明游标、打开游标、检索游标和关闭游标。

11.2.1 声明游标

声明游标，主要是指定义一个游标名称来对应一条查询语句，从而可以利用该游标对此查询语句返回的结果集进行操作。声明游标的语法格式如下：

```
CURSOR cursor_name
    [(
        parameter_name [IN] data_type [{:= | DEFAULT} value]
        [ , ...]
    )]
IS select_statement
[FOR UPDATE [OF column [ , ...]] [NOWAIT]];
```

语法说明如下。

- CURSOR：游标关键字。
- cursor_name：表示要定义的游标的名称。
- parameter_name [IN]：为游标定义输入参数，IN 关键字可以省略。使用输入参数可以使游标的应用变得更灵活。用户需要在打开游标时为输入参数赋值，也可使用参数的默认值。输入参数可以有多个，多个参数的设置之间使用逗号隔开。
- data_type：为输入参数指定数据类型，但不能指定精度或长度。例如字符串类型可以使用 VARCHAR2，而不能使用 VARCHAR2(10)之类的精确类型。
- select_statement：查询语句。
- FOR UPDATE：用于在使用游标中的数据时，锁定游标结果集与表中对应数据行的所有或部分列。
- OF：如果不使用 OF 子句，则表示锁定游标结果集与表中对应数据行的所有列。如果指定了 OF 子句，则只锁定指定的列。
- NOWAIT：如果表中的数据行被某用户锁定，那么其他用户的 FOR UPDATE 操作将会一直等到该用户释放这些数据行的锁定后才会执行。而如果使用了 NOWAIT 关键字，则其他用户在使用 OPEN 命令打开游标时，会立即返回错误信息。

【例 11.12】

在表 employees 中存储了员工信息，可以声明一个游标将表中所有记录封装到该游标中。SQL 语句如下：

```
DECLARE
  CURSOR cursor_emp
```

```
IS SELECT * FROM employees;
BEGIN
   ...;
END;
```

同时，也可以使用带有参数的游标封装 SELECT 查询的员工信息，如下所示：

```
DECLARE
   CURSOR cursor_emp(deptno NUMBER)
IS SELECT first_name FROM employees
   WHERE department_id=deptno;
BEGIN
   ...;
END;
```

注意：游标的声明与使用等都需要在 PL/SQL 块中进行，其中声明游标需要在 DECLARE 子句中进行。

11.2.2 打开游标

在声明游标时为游标指定了查询语句，但此时该查询语句并不会被 Oracle 执行。只有打开游标后，Oracle 才会执行查询语句。在打开游标时，如果游标有输入参数，用户还需要为这些参数赋值，否则将会报错(除非参数设置了默认值)。

打开游标需要使用 OPEN 语句，其语法格式如下：

```
OPEN cursor_name [(value [, ...])];
```

注意：应该按定义游标时的参数顺序为参数赋值。

【例 11.13】

使用 OPEN 语句打开前面声明的游标 cursor_emp，并将输入参数 deptno 赋值为 100，指定检索部门编号为 100 的所有员工信息。相关语句如下：

```
DECLARE
   CURSOR cursor_emp(deptno NUMBER)
IS SELECT first_name FROM employees
   WHERE department_id=deptno;
BEGIN
   OPEN cursor_emp(100);
END;
```

11.2.3 检索游标

打开游标后，游标所对应的 SELECT 语句也就被执行了。为了处理结果集中的数据，需要检索游标。检索游标，实际上就是从结果集中获取单行数据并保存到定义的变量中，这需要使用 FETCH 语句，其语法格式如下：

```
FETCH cursor_name INTO variable1 [, variable2 [, ...]];
```

其中，variable1 和 variable2 是用来存储结果集中单行数据的从属量，要注意变量的个数、顺序及类型要与游标中的相应字段保持一致。

【例 11.14】

使用 FETCH 语句检索 cursor_emp 游标中的数据。首先定义一个%ROWTYPE 类型的变量 row_emp，再通过 FETCH 把检索的数据存放到 row_emp 中。相关语句如下：

```
DECLARE
  CURSOR cursor_emp IS
  SELECT * FROM employees WHERE employee_id=200;    --声明游标
  row_emp employees%ROWTYPE;
BEGIN
  OPEN cursor_emp;                                  --打开游标
  FETCH cursor_emp INTO row_emp;                    --检索游标
END;
```

11.2.4 关闭游标

关闭游标需要使用 CLOSE 语句。游标被关闭后，Oracle 将释放游标中 SELECT 语句的查询结果所占用的系统资源。其语法如下：

```
CLOSE cursor_name;
```

例如，关闭 cursor_emp 游标的语句如下：

```
CLOSE cursor_emp;
```

11.2.5 游标属性

游标作为一个临时表，可以通过游标的属性来获取游标状态。下面将介绍游标的 4 个常用属性。

1. 使用%ISOPEN 属性

%ISOPEN 属性主要用于判断游标是否打开，在使用游标时，如果不能确定游标是否已经打开，可以使用该属性。使用该属性的示例代码如下：

```
DECLARE
    CURSOR cursor_emp IS SELECT * FROM employees;
BEGIN
 /*对游标 cursor_emp 的操作*/
  IF cursor_emp%ISOPEN THEN   --如果游标已经打开，即关闭游标
    CLOSE cursor_emp;
  END IF;
END;
```

2. 使用%FOUND 属性

%FOUND 属性主要用于判断游标是否找到记录，如果找到记录，用 FETCH 语句提取

游标数据,否则关闭游标。使用该属性的示例代码如下:

```
DECLARE
  CURSOR cursor_emp IS SELECT * FROM employees;
  row_emp employees%ROWTYPE;
BEGIN
  OPEN cursor_emp;    --打开游标
  WHILE cursor_emp%FOUND LOOP      --如果找到记录,开始循环检索数据
    FETCH cursor_emp INTO row_emp;
    /*对游标cursor_emp的操作*/
  END LOOP;
  CLOSE cursor_emp;   --关闭游标
END;
```

3. 使用%NOTFOUND 属性

%NOTFOUND 与%FOUND 属性恰好相反,如果检索到数据,则返回值为 FALSE;如果没有检索到数据,则返回值为 TRUE。使用该属性的示例代码如下:

```
DECLARE
  CURSOR cursor_emp IS SELECT * FROM employees;
  row_emp employees%ROWTYPE;
BEGIN
  OPEN cursor_emp;                  --打开游标
  LOOP
    FETCH cursor_emp INTO row_emp;
    /*对游标cursor_emp的操作*/
    EXIT WHEN cursor_emp%NOTFOUND;   --如果没有找到下一条记录,退出LOOP
  END LOOP;
  CLOSE cursor_emp;   --关闭游标
END;
```

4. 使用%ROWCOUNT 属性

%ROWCOUNT 属性用于返回到当前为止已经检索到的实际行数。使用该属性的示例代码如下:

```
DECLARE
  CURSOR cursor_emp IS SELECT * FROM employees;
  row_emp employees%ROWTYPE;
BEGIN
  OPEN cursor_emp;                  --打开游标
  LOOP
    FETCH cursor_emp INTO row_emp;         --检索数据
    EXIT WHEN cursor_emp%NOTFOUND;
  END LOOP;
  DBMS_OUTPUT.PUT_LINE('检索到的行数: '||cursor_emp%ROWCOUNT);
  CLOSE cursor_emp;   --关闭游标
END;
```

11.2.6 LOOP 语句循环游标

当游标中的查询语句返回的是一个结果集时,则需要循环读取游标中的数据记录,每

循环一次，读取一行记录。

【例 11.15】

为了了解游标的完整使用步骤，以及如何从游标中循环读取记录，下面使用 LOOP 循环语句实现简单的游标循环。具体如下：

```
SQL> SET SERVEROUT ON
SQL> DECLARE
  2     CURSOR cursor_emp (deptno NUMBER:=100)        --声明游标
  3     IS
  4     SELECT * FROM employees WHERE department_id=deptno;
  5     row_emp employees%ROWTYPE;
  6  BEGIN
  7     OPEN cursor_emp(100);                         --打开游标
  8     LOOP
  9         FETCH cursor_emp INTO row_emp;            --检索游标
 10         EXIT WHEN cursor_emp%NOTFOUND;            --当游标无返回记录时退出循环
 11         DBMS_OUTPUT.PUT_LINE('当前检索第'||cursor_emp%ROWCOUNT
                ||'行: 员工号——'||row_emp.employee_id
                ||', 姓名——'||row_emp.first_name||', 工资——'
                ||row_emp.salary||', 部门编号——'||row_emp.department_id);
 12     END LOOP;
 13     CLOSE cursor_emp;                             --关闭游标
 14  END;
 15  /

当前检索第 1 行: 员工号——108, 姓名——Nancy, 工资——12008, 部门编号——100
当前检索第 2 行: 员工号——109, 姓名——Daniel, 工资——9000, 部门编号——100
当前检索第 3 行: 员工号——110, 姓名——John, 工资——8200, 部门编号——100
当前检索第 4 行: 员工号——111, 姓名——Ismael, 工资——7700, 部门编号——100
当前检索第 5 行: 员工号——112, 姓名——Jose Manuel, 工资——7800, 部门编号——100
当前检索第 6 行: 员工号——113, 姓名——Luis, 工资——6900, 部门编号——100
PL/SQL 过程已成功完成。
```

11.2.7 FOR 语句循环游标

使用 FOR 语句也可以循环游标，而且在这种情况下不需要手动打开和关闭游标，也不需要手动判断游标是否还有返回记录，而且在 FOR 语句中设置的循环变量本身就存储了当前检索记录的所有列值，因此也不再需要定义变量存储记录值。其语法格式如下：

```
FOR record_name IN cursor_name LOOP
    statement1;
    statement2;
END LOOP;
```

语法说明如下。

- cursor_name：表示已经定义的游标名。
- record_name：表示 Oracle 隐式定义的记录变量名。

当使用游标 FOR 循环时，在执行循环体内容之前，Oracle 会隐式地打开游标，并且每循环一次检索一次数据，在检索了所有数据之后，会自动退出循环并隐式地关闭游标。

注意：使用 FOR 循环时，不能对游标进行 OPEN、FETCH 和 CLOSE 操作。如果游标包含输入参数，则只能使用该参数的默认值。

【例 11.16】

下面以显示 employees 表中部门编号为 100 的所有员工为例，说明使用游标 FOR 循环的方法。相关语句及执行结果如下：

```
SQL> DECLARE
  2     CURSOR cursor_emp(deptno NUMBER:=100)
  3     IS
  4     SELECT * FROM employees WHERE department_id=deptno;
  5  BEGIN
  6     FOR row_emp IN cursor_emp LOOP           --使用 FOR 循环检索数据
  7        DBMS_OUTPUT.PUT_LINE('员工号：'||row_emp.employee_id
             ||'，姓名：'||row_emp.first_name||'，工资：'
             ||row_emp.salary||'，部门编号：'||row_emp.department_id);
  8     END LOOP;
  9  END;
 10  /
员工号：108，姓名：Nancy，工资：12008，部门编号：100
员工号：109，姓名：Daniel，工资：9000，部门编号：100
员工号：110，姓名：John，工资：8200，部门编号：100
员工号：111，姓名：Ismael，工资：7700，部门编号：100
员工号：112，姓名：Jose Manuel，工资：7800，部门编号：100
员工号：113，姓名：Luis，工资：6900，部门编号：100
PL/SQL 过程已成功完成。
```

11.3 实践案例：使用游标更新和删除数据

使用游标不仅可以逐行地遍历 SELECT 的结果集，而且还可以更新或删除当前游标行的数据。注意，如果要通过游标更新或删除数据，定义游标时，必须要带有 FOR UPDATE 子句，语法如下：

```
CURSOR cursor_name IS SELECT ... FOR UPDATE;
```

在检索了游标数据之后，为了更新或删除当前游标行数据，必须在 UPDATE 或 DELETE 语句中引用 WHERE CURRENT OF 子句。语法如下：

```
UPDATE table_name SET column=... WHERE CURRENT OF cursor_name;
DELETE table_name WHERE CURRENT OF cursor_name;
```

（1）下面以为工资低于 2000 元的员工增加 100 元工资为例，说明使用显式游标更新数据的方式：

```
SQL> DECLARE
  2     CURSOR cursor_emp IS
  3     SELECT salary FROM employees WHERE salary<2000
  4     FOR UPDATE;
```

```
 5      v_sal employees.salary%TYPE;              --定义变量
 6    BEGIN
 7      OPEN cursor_emp;                          --打开游标
 8      LOOP
 9          FETCH cursor_emp INTO v_sal;          --检索游标
10          EXIT WHEN cursor_emp%NOTFOUND;
11          UPDATE employees SET salary=salary+100
              WHERE CURRENT OF cursor_emp;
12      END LOOP;
13      CLOSE cursor_emp;                         --关闭游标
14    END;
15    /
PL/SQL 过程已成功完成。
```

本例中，第 2 行到第 4 行定义了一个游标 cursor_emp，存储了工资低于 2000 的所有员工的工资记录；第 5 行定义了一个名称为 v_sal 的变量；第 9 行检索游标数据，赋值给 v_sal 变量；第 11 行对工资低于 2000 的员工工资执行更新操作。

(2) 下面以删除部门号为 40 的所有员工为例，说明使用游标删除数据的方法：

```
SQL> DECLARE
  2    CURSOR cursor_emp IS SELECT * FROM employees WHERE department_id=40
  3    FOR UPDATE;
  4    row_emp employees%ROWTYPE;                 --定义变量
  5  BEGIN
  6    OPEN cursor_emp;                           --打开游标
  7    LOOP
  8        FETCH cursor_emp INTO row_emp;   --检索游标
  9        EXIT WHEN cursor_emp%NOTFOUND;
 10        DELETE FROM employees WHERE CURRENT OF cursor_emp;
 11    END LOOP;
 12    CLOSE cursor_emp;                          --关闭游标
 13  END;
 14  /
PL/SQL 过程已成功完成。
```

11.4 系统函数

为了方便用户的使用，Oracle 数据库提供了很多种类的系统函数，使用这些函数，可以有效地增强 SQL 语句的操作数据库的功能。

下面从常用的 5 个分类中介绍 Oracle 系统函数，分别是数学函数、字符函数、日期函数、聚合函数和转换函数。

11.4.1 数学函数

使用 SQL 语句查询的返回值是数字型或者是整数型时，可以使用数学函数。数学函数不仅可以在 SQL 语句中使用，也可以在 PL/SQL 程序块中使用。常用数学函数如表 11-1 所示。

表 11-1 常用的数学函数

数学函数	说　明
ABS(value)	获取 value 数值的绝对值
CEIL(value)	返回大于或者等于 value 的最小整数值
FLOOR(value)	返回小于或者等于 value 的最大整数值
SIN(value)	获取 value 的正弦值
COS(value)	获取 value 的余弦值
ASIN(value)	获取 value 的反正弦值
ACOS(value)	获取 value 的反余弦值
SINH(value)	获取 value 的双曲正弦值
COSH(value)	获取 value 的双曲余弦值
LN(value)	返回 value 的自然对数
LOG(value)	返回 value 以 10 为底的对数
POWER(value1,value2)	返回 value1 的 value2 次幂
ROUND(value)	返回 value 的 precision 精度，四舍五入
MOD(value1,value2)	取余
SORT(value)	返回 value 的平方根，如果 value 为负数，那么该函数就没有意义
SIGN(value)	用于判断数值的正负。负值返回-1，正值返回 1
SQRT(value)	用于返回 value 的平方根，其中 value 必须大于 0

注意：注意，在 SIN(value)、COS(value)、ASIN(value)、ACOS(value)、SINH(value)、COSH(value)这几个关于三角函数的数值函数中，value 的值是数值(以弧度表示的角度值)，而并不是直接的角度值。

【例 11.17】

使用 ABS()函数计算-25 的绝对值，并且分别使用 CEIL()函数和 FLOOR()函数返回 25.1 的相对应结果。相关语句及执行结果如下：

```
SQL> select abs(-25),ceil(25.1),floor(25.1) from dual;
ABS(-25)    CEIL(25.1)   FLOOR(25.1)
--------    ----------   -----------
25          26           25
```

【例 11.18】

分别使用 CEIL()函数和 FLOOR()函数进行对比，查看两个函数的不同用法：

```
SQL> select ceil(25.1),floor(25.7) from dual;
CEIL(25.1)    FLOOR(25.7)
----------    -----------
26            25
```

【例 11.19】

使用 SIN()、COS()、ASIN()、ACOS()、SINH()和 COSH()函数分别求出 0.5 的各个三

角函数值，如下所示：

```
SQL> select sin(0.5),cos(0.5),asin(0.5),acos(0.5),sinh(0.5),cosh(0.5)
from dual;
SIN(0.5)      COS(0.5)     ASIN(0.5)    ACOS(0.5)    SINH(0.5)   COSH(0.5)
--------      ---------    ---------    ---------    ---------   ---------
0.47942553    0.87758256   0.52359877   1.04719755   0.52109530  1.12762596
```

【例 11.20】

分别使用 MOD()、POWER()、SQRT()和 ROUND()函数返回相应的结果集：

```
SQL> select mod(10,2),power(2,3),sqrt(4),round(12.345,2)from dual;
MOD(10,2)    POWER(2,3)   SQRT(4)   ROUND(12.345,2)
---------    ----------   -------   ---------------
0            8            2         12.35
```

11.4.2 字符函数

字符函数是比较常用的函数之一。字符函数的输入参数为字符类型，它的返回值是字符或者数值类型。该函数既可以直接在 SQL 语句中引用，也可以在 PL/SQL 语句块中使用。Oracle 中常用的字符函数如表 11-2 所示。

表 11-2 常用的字符函数

字符函数	说　明
ASCII(string)	用于返回 string 字符的 ASCII 码值
CHR(integer)	用于返回 integer 字符的 ASCII 码值
CONCAT(string1,string2)	用于拼接 string1 和 string2 字符串
INITCAP(string)	将 string 字符串中每个单词的首字母都转换成大写，并且返回得到的字符串
INSTR(string1,string2[,start] [,occurrence])	该函数在 string1 中查找字符串 string2，然后返回 string2 所在的位置，可以提供一个可选的 start 位置来指定该函数从这个位置开始查找。同样，也可以指定一个可选的 occurrence 参数，来说明应该返回 find_string 第几次出现的位置
NVL(string,value)	如果 string 为空，就返回 value，否则返回 string
NVL2(string,value1,value2)	如果 string 为空，就返回 value1，否则返回 value2
LOWER(string)	将 string 的全部字母转化为小写
UPPER(string)	将 string 的全部字母转化为大写
RPAD(string,width[,pad_string])	使用指定的字符串在字符串 string 的右边填充
REPLACE(string,char1[,char2])	用于替换字符串，string 表示被操作的字符串，char1 表示要查找的字母，char2 表示要替换的字符串。如果没有设置 char2，那么默认是替换为空
LENGTH(string)	返回字符串 string 的长度

【例 11.21】

使用 ASCII()函数和 CHR()函数分别查询字母 a 与 A 的 ASCII 码值、数值 100 和 69 的 ASCII 码值，并且使用 LENGTH()函数查询出字符串"NIHAO"中含有的字符个数：

```
SQL> select ascii('a')"a",ascii('A')"A",chr(100)"100",chr(69)"69",
length('NIHAO') from dual;
a          A        100     69    LENGTH('NIHAO')
-----    -------   ------  -----  ---------------
97         65 d      d      E          5
```

【例 11.22】

使用 CONCAT()函数把"world"字符串追加到"hello"后边，实现字符串的拼接；使用 INITCAP()函数将"hello world"中每个单词的首字母转换为大写。如下所示：

```
SQL> select concat('hello','world'),initcap('hello world') from dual;
CONCAT('HELLO','WORLD')           INITCAP('HELLOWORLD')
-----------------------           --------------------
helloworld                        Hello World
```

【例 11.23】

使用 INSTR()函数在字符串"hello world"中查找字符"o"出现的位置和从第二个字符开始第二次出现的位置，相关语句及执行结果如下：

```
SQL> select instr('hello world','o'),instr('hello world','o',2,2)
from dual;
INSTR('HELLOWORLD','O')           INSTR('HELLOWORLD','O',2,2)
-----------------------           ---------------------------
5                                 8
```

 注意：在 Oracle 中空格也是一个字符串。

【例 11.24】

使用 LOWER()函数查询班级表 class，将表中的课程名称 claname 列数据中的字母转化为小写，然后使用 RPAD()函数将 class 表中 claname 列设置为 10 个字符，并且在右边的空位上补齐"#"，如下所示：

```
SQL> select claid,lower(claname),clateacher,rpad(claname,10,'#')
from class;
CLAID   LOWER(CLANAME)    CLATEACHER    RPAD(CLANAME,10,'#')
-----   --------------    ----------    --------------------
1       java 班           陈明老师       JAVA 班####
2       .net 班           欧阳老师       .NET 班####
3       php 班            东方老师       PHP 班#####
4       安卓班            杜宇老师       安卓班####
5       3d 班             叶开老师       3D 班######
6       web 班            东艺老师       WEB 班#####
6 rows selected
```

提示：UPPER()函数的使用方法与 LOWER()函数相同，作用与 LOWER()函数相反，UPPER()函数可以将字符串转换为大写形式，读者可以试试。

【例 11.25】

使用 REPLACE()函数将"ABCDEFGFEDCBA"中的"CD"替换为"34",如果没有指定要替换的参数,就替换为默认空值:

```
SQL> select replace('ABCDEFGFEDCBA','CD','34') FROM DUAL;
REPLACE('ABCDEFGFEDCBA','CD','
-----------------------------------------------
AB34EFGFEDCBA
SQL> select replace('ABCDEFGFEDCBA','CD') FROM DUAL;
REPLACE('ABCDEFGFEDCBA','CD')
-----------------------------------------------
ABEFGFEDCBA
```

从上述结果中可以看出,在没有为 replace()函数指定第 3 个参数的时候,系统会默认地将要替换的字符串替换为空值。

11.4.3 日期函数

时间和日期函数主要用于处理数据库中的时间类型数据,Oracle 默认是 7 位数字格式来存放日期数据的,包括世纪、年、月、日、小时、分钟、秒,默认日期显示格式为"DD-MON-YY"。常用的日期函数如表 11-3 所示。

表 11-3 常用的日期函数

日期函数	说明
SYSDATE()	返回当前的系统时间
MONTHS_BETWEEN(date1,date2)	返回 date1 与 date2 之间的月份数量
ADD_MONTHS(date,count)	用于计算在 date 上加 count 月之后的结果
NEXT_DAY(date,day)	返回第二个参数 day 指出的星期几第一次出现的日期
LAST_DAY(date)	返回日期 date 所在月份的最后一天
ROUND(date,[unit])	返回距 date 最近的日、月或者年的时间,unit 是用来指明要获取的单元
TRUNC(date,[unit])	返回截止时间,date 用于指定要做截取处理的日期值,unit 用于指明要截断的单元
TO_DATE(date,[format])	用于将字符串 value 转换为 format 参数

【例 11.26】

使用 SYSDATE()函数查询系统当前的时间:

```
SQL> select sysdate from dual;
SYSDATE
--------------
20-8月 -14
```

【例 11.27】

使用 MONTHS_BETWEEN()计算出 1999 年 1 月 31 日和 1998 年 12 月 31 日之间的月

份数量差，同时使用 TO_DATE()函数将结果格式化：

```
SQL> select months_between(to_date('01-31-1999','MM-DD-YYYY'),
  2  to_date('12-31-1998','MM-DD-YYYY')) "时间差",
  3  to_date('2004-05-07 13:23:44','yyyy-mm-dd hh24:mi:ss')
  4  from dual;
时间差      TO_DATE('2004-05-0713:23:44','
-----      -----------------------------
  1        2004-5-7 13:23:44
```

 注意：如果 date1 早于 date2，则返回值是负数。

【例 11.28】

使用 TRUNC()函数，将时间进行截取处理：

```
SQL> select Days, A,
  2  TRUNC(A*24) Hours,
  3  TRUNC(A*24*60 - 60*TRUNC(A*24)) Minutes,
  4  TRUNC(A*24*60*60 - 60*TRUNC(A*24*60)) Seconds,
  5  TRUNC(A*24*60*60*100 - 100*TRUNC(A*24*60*60)) mSeconds
  6  from
  7  (select trunc(sysdate) Days,sysdate - trunc(sysdate) A from dual);
DAYS        A           HOURS   MINUTES   SECONDS   MSECONDS
-----       ----------  ------- --------  -------   --------
2014-8-20   0.62179398    14       55        23        0
```

11.4.4 聚合函数

在查询数据的时候，不仅仅是从表中简单地提取数据，还有可能需要对数据进行各种计算，这时可以使用 Oracle 的聚合函数。聚合函数可以进行统计计算，包括求平均值、求和、求最大值以及获取总数量等。常用的聚合函数如表 11-4 所示。

表 11-4 常用的聚合函数

聚合函数	说 明
AVG(value)	返回平均值
COUNT(value)	返回统计条数
MAX(value)	返回记录中的最大值
MIN(value)	返回记录中的最小值
SUM(value)	返回 value 中所有值的和
VARIANCE(value)	返回 value 的方差
STDDEV(value)	返回 value 的标准差

【例 11.29】

使用 AVG()和 COUNT()函数，分别查询出表 student 中的成绩列信息的平局值以及表中的所有数据总条数：

```
SQL> select avg(score),count(*),count(claid) from student;
AVG(SCORE)      COUNT(*)     COUNT(CLAID)
----------    -----------    ------------
72.6666666         15             12
```

> **注意**：如果表中存在空值的列，那么使用 COUNT()函数的时候，可能会造成数据的不一致性，因此要根据需要选择使用 COUNT(*)还是 COUNT(column)。

【例 11.30】

分别使用 MAX()、MIN()和 SUM()函数查询学生表 student 中的最高成绩、最低成绩以及成绩的总和：

```
SQL> select max(score),min(score),sum(score) from student;
MAX(SCORE)    MIN(SCORE)    SUM(SCORE)
----------    ----------    ----------
    97            52           1090
```

【例 11.31】

使用 VARIANCE()和 STDDEV()函数分别计算出学生表 student 中的 score 列的方差和标准差：

```
SQL> select variance(score),stddev(score) from student;
VARIANCE(SCORE)         STDDEV(SCORE)
---------------         --------------
170.80952380952         13.0694117621
```

11.4.5 转换函数

在编写应用程序的时候，为了防止出现编译错误，如果数据类型不同的时候，就要使用转换函数进行类型转换。常用的转换函数如表 11-5 所示。

表 11-5 常用的转换函数

转换函数	说 明
TO_CHAR(value[,format])	将 value 转换为字符串
TO_NUMBER(value[,format])	将 value 转换为数字
CAST(value AS type)	将 value 转换为 type 指定的兼容数据类型
ASCIISTR(string)	将 string 类型转换为数据库字符集的 ASCII 字符串
BIN_TO_NUM(value)	将二进制数字 value 转换为 number 类型

【例 11.32】

分别使用 TO_CHAR()和 TO_NUMBER()函数进行数据类型的转换：

```
SQL> select '12.5'+11, to_char(123456789.58,'99,999.99'),
  to_number('25')*2 from dual;
'12.5'+11     TO_CHAR(123456789.58,'99,999.9    TO_NUMBER('25')*2
---------     ------------------------------    -----------------
   23.5             ##########                          50
```

> **注意**：在 Oracle 中，可以自动转换字符型数据到数值型。并且，若要处理的数值中包含的数字格式多于格式中指定的数字个数，那么，进行格式转换时就会返回由"#"号组成的字符串。

【例 11.33】

使用 CAST()函数将数值转换到其他类型：

```
SQL> select
  2  cast(123 as varchar2(10))||'abc' as"转换为字符",
  3  cast('123' as number(10))+123as"转换为数值"
  4  from dual;
转换为字符        转换为数值
----------       --------------------
123abc             246
```

11.5 自定义函数

如果在应用程序中经常需要通过执行 SQL 语句来返回特定数据，那么可以基于这些操作创建一个函数。函数与存储过程的结构很相似，它们都可以接受输入值并向应用程序返回值。区别在于，过程用来完成一项任务，可能不返回值，也可能返回多个值，过程的调用是一条 PL/SQL 语句；函数包含 RETURN 子句，用来进行数据操作，并返回一个单独的函数值，函数的调用只能在一个表达式中。

11.5.1 创建函数

创建函数的语法格式如下：

```
CREATE [OR REPLACE] FUNCTION function_name
[
    (parameter1 [IN | OUT | IN OUT] data_type)
    (parameter2 [IN | OUT | IN OUT] data_type
...
]
RETURN data_type
{ IS | AS }
    [declaration_section;]
BEGIN
    function_body;
END[function_name];
```

其中各个参数的含义如下。

- **RETURN data_type**：表示返回类型，返回类型是必需的，因为调用函数是作为表达式的一部分。
- **function_body**：是一个含有声明部分、执行部分和异常处理部分的 PL/SQL 代码块，是构成函数的代码块。

注意：在创建函数时，使用 OR REPLACE 关键字可以替换掉原来的同名函数。

【例 11.34】

创建一个名为 get_claname 的函数，该函数可以根据学生所在班级编号获取班级名称。实现此功能的代码如下：

```
SQL> CREATE  FUNCTION get_claname(c_id NUMBER)       --定义函数名称和参数
  2    RETURN VARCHAR2 AS
  3     cla_name class.claname%TYPE;                 --定义变量
  4    BEGIN
  5      SELECT claname INTO cla_name FROM class
  6      WHERE claid=c_id;
  7      RETURN cla_name;                            --返回变量值
  8    END;
  9  /
Function created
```

11.5.2 调用函数

前面创建了 get_claname()函数，函数必须在调用时才能执行。调用函数时可以直接使用 SELECT 语句，它类似于一个表达式。

【例 11.35】

调用上面创建的 get_claname()函数获得班级编号为 3 的班级名称：

```
SQL> SELECT get_claname(3)FROM dual;
GET_CLANAME(3)
------------------------
PHP 班
```

当然，函数也可以在 PL/SQL 程序块中调用，因此上面的代码可以修改为：

```
SQL>  DECLARE
  2      str VARCHAR2(10);
  3    BEGIN
  4      str :=get_claname('3');   --调用函数 get_name()并给参数传值
  5      DBMS_OUTPUT.PUT_LINE('班级编号为 3 的班级名为:'||str);
  6    END;
  7  /
班级编号为 3 的班级名为:PHP 班
PL/SQL procedure successfully completed
```

11.5.3 删除函数

删除函数的语法如下：

```
DROP FUNCTION function_name;
```

【例 11.36】

删除前面创建的 get_claname()函数，如下所示：

```
SQL> DROP FUNCTION get_claname;
Function dropped
```

11.5.4 输入和输出参数

当创建函数时,通过使用输入参数可以将应用程序的数据传递到函数中,最终通过执行函数,可以将结果返回到应用程序中。

1. 建立带有 IN 参数的函数

当定义参数时,如果不指定参数模式,则默认为是输入参数,所以 IN 关键字既可以指定,也可以不指定。

【例 11.37】

创建一个带有 IN 参数的 get_score()函数,该函数可以根据学生姓名获取学生的成绩:

```
SQL> CREATE FUNCTION get_score(name IN VARCHAR2)
  2    RETURN NUMBER
  3    AS
  4    v_score student.score%TYPE;   --定义变量
  5    BEGIN
  6      SELECT score INTO v_score FROM student
  7        WHERE stuname=name;   --查询数据并赋值给变量
  8      RETURN v_score;   --返回变量值
  9    EXCEPTION
 10      WHEN NO_DATA_FOUND THEN
 11        raise_application_error(-20003,'该学生不存在');
 12    END;
 13  /

Function created
```

【例 11.38】

调用 get_score()函数获得学生姓名为"张华"的成绩:

```
SQL> DECLARE
  2      score NUMBER;
  3    BEGIN
  4      score :=get_score('张华');           --调用函数并赋值给变量
  5      DBMS_OUTPUT.PUT_LINE('该学生成绩为: '||score);
  6    END;
  7  /

该学生成绩为: 89
PL/SQL procedure successfully completed
```

2. 建立带有 OUT 参数的函数

一般情况下,函数只会返回单个数据。如果希望使用函数同时返回多个数据,例如同时返回学生姓名和成绩,那么就需要使用输出参数了。为了在函数中使用输出参数,必须指定 OUT 参数。

【例 11.39】

创建一个带有 OUT 参数的 get_birth_claname()函数，该函数具有返回学生出生日期和所在班级名称的功能，如下所示：

```
SQL> CREATE OR REPLACE FUNCTION get_birth_claname
  2      (name VARCHAR2,birth OUT VARCHAR2)
  3      RETURN VARCHAR2
  4      AS
  5      classname class.claname%TYPE;   --定义变量
  6    BEGIN
  7     SELECT a.stubirth,b.claname INTO birth,classname
  8       FROM student a,class b
  9      WHERE a.claid=b.claid AND upper(a.stuname)=upper(name);
 10     RETURN classname;   --返回变量
 11    EXCEPTION
 12     WHEN NO_DATA_FOUND THEN
 13       raise_application_error(-20000,'该学生不存在');
 14    END;
 15  /
Function created
```

在创建 get_birth_claname()函数之后，就可以在应用程序中调用该函数了。注意，因为该函数带有 OUT 参数，所以不能在 SQL 语句中调用该函数，而必须定义变量接收 OUT 参数和函数的返回值。

【例 11.40】

在 SQL Plus 中调用 get_birth_claname()函数：

```
SQL> DECLARE
  2      stubirth VARCHAR2(20) ;
  3      claname VARCHAR2(20);
  4    BEGIN
  5     stubirth:=stubirth;
  6     claname:= get_birth_claname('张华',stubirth);
  7     DBMS_OUTPUT.PUT_LINE(claname);
  8     DBMS_OUTPUT.PUT_LINE(stubirth);
  9    END;
 10  /
安卓班
06-12 月-83
PL/SQL procedure successfully completed
```

3. 同时指定 IN 和 OUT 参数

在创建函数时，不仅可以单独指定 IN 和 OUT 参数，也可以同时指定 IN 和 OUT 参数。同时指定时的参数也被称为输入输出参数。使用这种参数时，在调用函数之前，需要通过变量给该参数传递数据，在调用结束之后 Oracle 会将函数的部分结果通过该变量传递给应用程序。

【例 11.41】

定义一个计算两个数值相除结果的 RESULT()函数，并在该函数中同时使用 IN 和 OUT 参数，如下所示：

```
SQL> CREATE OR REPLACE FUNCTION result
  2      (num1 NUMBER,num2 IN OUT NUMBER)
  3    RETURN NUMBER
  4    AS
  5    v_result NUMBER(6);
  6    v_remainder NUMBER;
  7   BEGIN
  8    v_result:=num1/num2;
  9    v_remainder:=MOD(num1,num2);
 10   num2:=v_remainder;
 11    RETURN v_result;
 12    EXCEPTION
 13     WHEN ZERO_DIVIDE THEN
 14       raise_application_error(-20000,'不能除0');
 15    END;
 16  /
Function created
```

因为该函数带有 IN 和 OUT 参数，所以不能在 SQL 语句中调用该函数，而必须使用变量为 IN 和 OUT 参数传递数值并接收数据，另外，还需要定义变量接收函数返回值。

【例 11.42】

调用上面的 RESULT()函数：

```
SQL> set serveroutput on;
SQL> DECLARE
  2       result1 NUMBER;
  3       result2 NUMBER;
  4    BEGIN
  5    result2:=3;
  6    result1:=result(20,result2);
  7    DBMS_OUTPUT.PUT_LINE(result1);
  8    DBMS_OUTPUT.PUT_LINE(result2);
  9    END;
 10  /
7
2
PL/SQL procedure successfully completed
```

上面例子中，在 DECLARE 块中定义两个 NUMBER 类型的变量，分别命名为 result1 和 result2。在 BEGIN 块中初始化变量 result2 为 3，然后调用 RESULT()函数并传递参数值，第 6 行等价于"result1=20/3,result2=mod(20,3)"。

11.6 实践案例：计算部门的员工平均工资

创建一个函数，在函数中使用游标封装指定部门编号的所有员工信息，并在函数体中循环遍历该游标，输出游标中所封装的员工信息，最终将员工的平均工资返回。

具体实现步骤如下。

步骤 01 创建一个 emp 表，用于存储员工信息。具体语句如下：

```
SQL> CREATE TABLE emp(
```

```
  2      empno NUMBER(4),
  3      empname VARCHAR2(20),
  4      empsal NUMBER(6),
  5      CONSTRAINT pk_empno PRIMARY KEY(empno)    --设置主键
  6  );
表已创建。
```

其中，empno 表示员工号，为主键列；empname 表示员工姓名；empsal 表示员工工资。

 提示：使用 INSERT 语句向 emp 表中插入多条记录，以便于对工资进行计算。

步骤 02 创建函数 fun_avg_sal，计算所有员工的平均工资。其代码如下：

```
SQL> CREATE OR REPLACE FUNCTION fun_avg_sal
  2    RETURN NUMBER
  3    IS
  4      CURSOR cursor_emp IS                --定义游标
  5         SELECT empno,empname,empsal FROM emp;
  6      v_total emp.empsal%TYPE:=0;         --记录员工的总工资
  7      v_count NUMBER;                     --记录员工人数
  8      v_empno emp.empno%TYPE;             --记录员工编号
  9      v_empname emp.empname%TYPE;         --记录员工姓名
 10      v_sal emp.empsal%TYPE;              --记录员工工资
 11    BEGIN
 12      FOR row_emp IN cursor_emp LOOP      --循环遍历游标
 13         EXIT WHEN cursor_emp%NOTFOUND;   --当检索不到记录时退出循环
 14         v_total:=v_total+row_emp.empsal;             --计算总工资
 15         v_count:=cursor_emp%ROWCOUNT;    --获取总记录，即总人数
 16         v_empno:=row_emp.empno;          --获取员工号
 17         v_empname:=row_emp.empname;      --获取员工姓名
 18         v_sal:=row_emp.empsal;           --获取员工工资
 19         DBMS_OUTPUT.PUT_LINE('编号: '||v_empno||', 姓名: '
            ||v_empname||', 工资: '||v_sal);
 20      END LOOP;
 21      RETURN (v_total/v_count);           --返回平均工资，即总工资/总人数
 22    END fun_avg_sal;
 23  /
函数已创建。
```

步骤 03 调用 fun_avg_sal()函数，输出计算结果：

```
SQL> SET SERVEROUT ON
SQL> DECLARE
  2     v_avgsal NUMBER(6);
  3  BEGIN
  4     v_avgsal:=fun_avg_sal;              --调用函数，获得平均工资
  5     DBMS_OUTPUT.PUT_LINE('平均工资: '||v_avgsal);
  6  END;
  7  /

编号: 2, 姓名: 祝红涛, 工资: 2000
编号: 3, 姓名: 王丽静, 工资: 2500
平均工资: 2250
PL/SQL 过程已成功完成。
```

11.7 程 序 包

程序包是一组相关过程、函数、变量、常量和游标等 PL/SQL 程序设计元素的组合，作为一个完整的单元存储在数据库中，用名称来标识包。包类似于面向对象中的类，其中变量相当于类中的成员变量，过程和函数相当于类的方法。

包中的程序元素也分为公有元素和私有元素两种，这两种元素的区别是它们允许访问的程序范围不同，即它们的作用域不同。公有元素不仅可以被包中的函数、过程所调用，也可以被包外的 PL/SQL 程序访问，而私有元素只能被包内的函数和过程所访问。

11.7.1 创建程序包

程序包的创建分为创建程序包声明和创建程序包主体两部分。其中，程序包声明用于定义包的公有组件，如变量、常量、自定义数据类型、异常、过程、函数、游标等；包体是包的具体实现细节，实现在包声明中定义的所有过程、函数、游标等，同时，也可以在包体中声明仅属于自己的私有过程、函数或游标等。

1. 创建程序包声明

创建程序包声明可以使用 CREATE PACKAGE 语句来定义，语法格式如下：

```
CREATE [OR REPLACE] PACKAGE package_name
{ IS | AS }
package_specification
END package_name;
```

其中的参数说明如下。

- package_name：指定包名。
- package_specification：列出了包可以使用的公共过程、函数、类型和游标等。

【例 11.43】

例如，定义一个名称为 demo_pkg 的包，在该包中包含一个记录变量 v_dept、两个函数和一个过程，创建程序包声明的具体语句如下：

```
SQL> CREATE OR REPLACE PACKAGE demo_pkg
  2  AS
  3     v_dept departments%ROWTYPE;
  4     FUNCTION add_dept(
  5            deptno NUMBER,
  6            deptname VARCHAR2
  7     )
  8     RETURN NUMBER;
  9     FUNCTION delete_dept(deptno NUMBER)
 10     RETURN NUMBER;
 11     PROCEDURE select_dept(deptno NUMBER);
 12  END demo_pkg;
 13  /
程序包已创建。
```

2. 创建程序包主体

创建程序包的主体需要使用 CREATE PACKAGE BODY 语句，其语法格式如下：

```
CREATE [OR REPLACE] PACKAGE BODY package_name
{IS | AS}
    package_definition
END package_name;
```

其中，package_definition 表示程序包声明中列出的公共过程、函数、游标等的定义。

【例 11.44】

下面我们来创建上面所定义的 demo_pkg 包的主体：

```
SQL> CREATE OR REPLACE PACKAGE BODY demo_pkg
  2  IS
  3    FUNCTION add_dept(                          --add_dept()函数的实现
  4      deptno NUMBER,
  5      deptname VARCHAR2
  6    )
  7    RETURN NUMBER
  8    AS
  9    BEGIN
 10       INSERT INTO departments(department_id,department_name)
 11       VALUES(deptno,deptname) ;
 12       RETURN 1;
 13    END add_dept;
 14    FUNCTION delete_dept(deptno NUMBER)         --delete_dept()函数的实现
 15    RETURN NUMBER
 16    AS
 17    BEGIN
 18       DELETE FROM departments WHERE department_id=deptno;
 19       RETURN 1;
 20    END delete_dept;
 21    PROCEDURE select_dept(deptno NUMBER)        --select_dept 存储过程的实现
 22    AS
 23    BEGIN
 24       SELECT * INTO v_dept FROM departments
 25       WHERE department_id=deptno;
 26    END select_dept;
 27  END demo_pkg;
 28  /
程序包体已创建。
```

如上述代码所示，在 demp_pkg 程序包的主体中分别实现了 add_dept()函数、delete_dept()函数和 select_dept 存储过程，并使用公有变量 v_dept 来存储根据部门编号查询的部门信息。

11.7.2 调用程序包中的元素

程序包内部的存储过程、函数及其他 PL/SQL 程序块，可以在包名后添加点(.)来调用。其语法格式如下：

```
package_name.[element_name];
```

其中，element_name 表示元素名称，可以是存储过程名、函数名、变量名和常量名等。

提示：在程序包中可以定义公有常量和变量。

例如，调用 demo_pkg 包中的 add_dept()函数实现部门的添加操作。具体如下：

```
SQL> SET SERVEROUT ON
SQL> DECLARE
  2      v_result NUMBER;
  3  BEGIN
  4      v_result:=demo_pkg.add_dept(300,'IT');
  5      IF v_result=1 THEN
  6          DBMS_OUTPUT.PUT_LINE('添加记录成功');
  7      ELSE
  8          DBMS_OUTPUT.PUT_LINE('温馨提示：添加记录失败');
  9      END IF;
 10  END;
 11  /

添加记录成功
PL/SQL 过程已成功完成。
```

11.7.3 删除程序包

在 Oracle 系统中，可以使用 DROP PACKAGE 语句删除程序包，在删除程序包时将声明与主体一起删除，其语法格式如下：

```
DROP PACKAGE package_name;
```

例如，删除上面所创建的 demp_pkg 程序包：

```
SQL> DROP PACKAGE demo_pkg;
程序包已删除。
```

11.7.4 系统预定义包

系统预定义包指 Oracle 系统内置的已经创建好的包，它扩展了 PL/SQL 的功能。所有的系统预定义包都以 DBMS 或 UTL_开头，可以在 PL/SQL、Java 或其他程序设计环境中调用。表 11-6 列举了一些常见的 Oracle 系统预定义包。

表 11-6 常见的 Oracle 系统预定义包

包 名 称	说 明
DBMS_ALERT	用于当数据改变时，使用触发器向应用发出警告
DBMS_DDL	用于访问 PL/SQL 中不允许直接访问的 DDL 语句
DBMS_Describe	用于描述存储过程与函数 API

续表

包 名 称	说 明
DBMS_Job	用于作业管理
DBMS_Lob	用于管理 BLOB、CLOB、NCLOB 和 BFILE 对象
DBMS_OUTPUT	用于 PL/SQL 程序终端输出
DBMS_PIPE	用于数据库会话使用管道通信
DBMS_SQL	用于在 PL/SQL 程序内部执行动态 SQL
UTL_FILE	用于 PL/SQL 程序处理服务器上的文本文件
UTL_HTTP	用于在 PL/SQL 程序中检索 HTML 页
UTL_SMTP	用于支持电子邮件特性
UTL_TCP	用于支持 TCP/IP 通信特性

11.8 数据库事务

事务(Transaction)是由一系列相关的 SQL 语句组成的最小逻辑工作单元。Oracle 系统以事务为单位来处理数据，用以保证数据的一致性。对于事务中的每一个操作，要么全部完成，要么全部不执行。

关于事务的一个典型案例，就是银行转账操作。例如，需要从 A 账户向 B 账户转账 100 元钱。转账操作主要分为两步：第一步，从 A 账户中减去 100 元；第二步，向 B 账户中添加 100 元。这里的减去和添加操作要么全部完成，要么全部不执行。否则会造成数据丢失，导致不一致性。

11.8.1 事务的 ACID 特性

为了便于从形式上说明银行转账问题，我们假定事务采用以下两种操作来访问数据。

- Read(x)：从数据库发送数据项 x 到事务工作区。
- Write(x)：从事务工作区把数据项 x 传回数据库。

假如现在要从账户 A 过户 100 元到账户 B，可用下列形式定义转账事务：

```
Read(A);
A=A-100;
Write(A);
Read(B);
B=B+100;
Write(B);
```

事务的主要作用就是保证数据库的完整性。因此，从保证数据库完整性出发，我们要求数据库管理系统维护事务的几个性质：原子性(Atomicity)、一致性(Consistency)、隔离性(Isolation)、持久性(Durability)，简称为 ACID。

1. 原子性

事务的原子性是指事务中包含的所有操作要么全做，要么全不做。只有在所有的语句都正确完成的情况下，事务才能完成并把结果应用于数据库。也就是说：事务的所有活动在数据库中要么全部反映，要么全部不反映，以保证数据库是一致的。

例如，转账事务在 Write(A)操作执行完之后、Write(B)操作执行之前，数据库反映出来的结果为：账户 A 少了 100 元，而账户 B 却未增加 100 元，此时账户 A 加账户 B 的总额少了 100 元。所以事务执行到某个时刻该数据库是不一致的，但是事务执行完成后，这个暂时的内部不一致状态就会被账户 B 增加 100 元所代替。

保证原子性的基本思路如下：对于事务要执行写操作的数据项，数据库系统中磁盘上记录其旧值，如果事务没有完成，旧值被恢复，好像事务从未执行过。

2. 一致性

事务开始之前，数据库处于一致性的状态；事务结束后，数据库必须仍处于一致性状态。以转账事务为例，尽管事务执行完成后账户 A、B 的状态多种多样，但一致性要求事务的执行不应改变账户 A 和 B 的总额，即转入和转出应该是平衡的。如果没有这种一致性要求，转账过程中就会发生钱无中生有或不翼而飞的现象。事务应该把数据库从一个一致状态转换到另一个一致状态。

3. 隔离性

在事务的处理过程中，暂时不一致的数据不能被其他事务应用，直到数据再次一致。换句话说，当事务使数据不一致时，其他事务将不能访问该事务中不一致的数据。例如，转账事务在执行完 Write(A)之后、执行 Write(B)之前，数据库中账户 A 中少了 100 元，账户 B 并没有增加 100 元，是不一致的。如果另外一事务基于此不一致状态开始为每个账户结算利息的话，那么显然银行会少支付由 100 元产生的利息。

4. 持久性

一个事务成功完成后，它对数据库的改变就被保护起来，即便是在系统遇到故障的情况下也不会丢失。例如，如果转账事务执行完毕，意味资金的流转已经发生了，那么用户无论何时都应该能够对此加以验证，系统就必须保证在任何系统故障的情况下都不会丢失与这次转账相关的数据。

事务一旦发生任何问题，整个事务就重新开始。数据库也返回到事务开始前的状态。所发生的任何行为都会被取消，数据也回复到其原始状态。事务要成功完成的话，所有的变化都在实行。在整个过程中，无论事务是否完成或者是否必须重新开始，事务总是确保数据库的完整性。

要完全符合 ACID 特性是很难做到的，但是这些准则的实现方式是很灵活的。SQL Server 利用冗余机制实现这些要求，在执行数据修改过程中会进行如下操作。

步骤01　所有的数据都在 8KB 的存储单元中进行管理。该存储单元称为数据页，在内存中定位并读取要修改记录的数据页，如果这些数据页不存在于内存中，就将它们从磁盘中读入内存。

步骤 02 在内存中,插入、更新或者删除适合的数据页。

步骤 03 将修改写入到事务日志中。

步骤 04 在服务器端设置一个检查点,把内存中已改变的页写回磁盘,然后删除内存中的页。如果提交了进行修改操作的事务,就释放这些页,其他请求或事务就可以对它们进行访问了。如果检查点在事务提交之前设置,则页面仍处于锁定状态,直到事务提交为止。

11.8.2 事务的隔离性级别

事务隔离性级别(Transaction Isolation Level)是一个事务对数据库的修改,与并行的另外一个事务的隔离程度。在详细了解各种事务隔离性级别之前,首先需要理解在当前事务试图访问表中的相同行时可能会出现哪些问题。

下面将给出几个例子,其中两个并发事务 T1 和 T2 正在访问相同的行,这几个例子可以展示出事务处理中可能存在的 3 种问题。

(1) 幻像读取(Phantom Read):事务 T1 读取一条指定的 WHERE 子句所返回的结果集。然后事务 T2 新插入一行记录,这行记录恰好可以满足 T1 所使用查询中的 WHERE 子句的条件。然后 T1 又使用相同的查询再次对表进行检索,但是此时却看到了事务 T2 刚才插入的新行。这个新行就称为"幻像",因为对于 T1 来说,这一行就像是变魔术似的突然出现了一样。

(2) 不可重复读取(Nonrepeatable Read):事务 T1 读取一行记录,紧接着事务 T2 修改了 T1 刚才读取的那一行记录的内容。然后 T1 又再次读取这一行记录,发现它与刚才读取的结果不同了。这种现象称为"不可重复"读,因为 T1 原来读取的那一行记录已经发生了变化。

(3) 脏读(Dirty Read):事务 T1 更新了一行记录的内容,但是并没有提交所做的修改。事务 T2 读取更新后的行。然后 T1 执行回滚操作,取消了刚才所做的修改。现在 T2 所读取的行就无效了(也称为"脏"数据),因为在 T2 读取这行记录时,T1 所做的修改并没有提交。

为了处理这些可能出现的问题,数据库实现了不同级别的事务隔离性,以防止并发事务会相互影响。SQL 标准定义了以下几种事务隔离级别,按照隔离性级别从低到高排列。

- READ UNCOMMITTED:幻像读、不可重复读和脏读都允许。
- READ COMMITTED:允许幻像读和不可重复读,但是不允许脏读。
- REPEATABLE READ:允许幻像读,但是不允许不可重复读和脏读。
- SERIALIZABLE:幻影读、不可重复读和脏读都不允许。

Oracle 数据库支持 READ COMMITTED 和 SERIALIZABLE 两种事务隔离性级别,不支持 READ UNCOMMITTED 和 REPEATABLE READ 这两种隔离性级别。隔离级需要使用 SET TRANSACTION 命令来设定,其语法格式如下:

```
SET TRANSACTION ISOLATION LEVEL
{READ COMMITTED
| READ UNCOMMITTED
```

```
| REPEATABLE READ
| SERIALIZABLE };
```

例如，下面这个语句就将事务隔离性级别设置为 SERIALIZABLE：

```
SET TRANSACTION ISOLATION LEVEL SERIALIZABLE;
```

> **注意**：Oracle 数据库默认使用的事务隔离性级别是 READ COMMITTED，在 Oracle 数据库中也可以使用 SERIALIZABLE 的事务隔离性级别，但是这会增加 SQL 语句执行所需要的时间，因此只有在必需的情况下才应该使用 SERIALIZABLE 级别。

11.8.3 事务的开始与结束

事务是用来分割 SQL 语句的逻辑工作单元。事务既有起点，也有终点。

(1) 当下列事件之一发生时，事务就开始了：
- 连接到数据库上，并执行一条 DML 语句(INSERT、UPDATE 或 DELETE)。
- 前一个事务结束后，又输入另外一条 DML 语句。

(2) 当下列事件之一发生时，事务就结束了：
- 执行 COMMIT 或 ROLLBACK 语句。
- 执行一条 DDL 语句，例如 CREATE TABLE 语句。在这种情况下，会自动执行 COMMIT 语句。
- 断开与数据库的连接。在退出 SQL Plus 时，通常会输入 EXIT 命令，此时会自动执行 COMMIT 语句。如果 SQL Plus 被意外终止了，例如运行 SQL Plus 的计算机崩溃了，那么就会自动执行 ROLLBACK 语句。
- 执行了一条 DML 语句，该语句却失败了。在这种情况下，会为这个无效的 DML 语句执行 ROLLBACK 语句。

> **注意**：事务可以是一组 SQL 命令，也可以是一条 SQL 语句，这些 SQL 语句只能是 DML 语句。而其他 SQL 语句，例如 DDL 语句和 DCL 语句等，一旦执行就立即提交给数据库，不能回滚。

11.8.4 事务的提交和回滚

要永久性地记录事务中 SQL 语句的结果，需要执行 COMMIT 语句，从而提交(Commit)事务。要取消 SQL 语句的结果，需执行 ROLLBACK 语句，从而回滚(Rollback)事务，将所有行重新设置为原始状态。

【例 11.45】
向 class 表中添加一行数据，再提交事务：

```
SQL> insert into class values
  2  (7,'3DMAX班','林海老师');
1 row inserted
```

```
SQL> commit;
Commit complete
```

【例 11.46】

更新班级编号为 3 的班级名称,使用查询语句进行对比,然后执行一条 ROLLBACK 语句,取消对表所进行的修改:

```
SQL> update class set claname='MAYA 班'
  2 where claid=3;
1 row updated
SQL> select * from class where claid=3;
CLAID     CLANAME       CLATEACHER
----      -------       ------------------
3         MAYA 班       东方老师
SQL> rollback;
Rollback complete
```

使用 SELECT 语句进行查询,查看上面两个例子所执行的 INSERT 和 UPDATE 语句所执行完之后的结果,如下所示:

```
SQL> select * from class;
CLAID     CLANAME       CLATEACHER
----      -------       ------------------
1         JAVA 班       陈明老师
2         .NET 班       欧阳老师
3         PHP 班        东方老师
4         安卓班        杜宇老师
5         3D 班         叶开老师
6         WEB 班        东艺老师
7         3DMAX 班      林海老师
7 rows selected
```

从上面的查询结果可知,班级编号为 7 的记录被 COMMIT 语句永久性地保存到数据库中,而对班级编号为 3 的记录所做的修改被 ROLLBACK 语句取消。

11.8.5 设置保存点

保存点是设置在事务中的标记,把一个较长的事务划分为若干个短事务。通过设置保存点,在事务需要回滚操作时,可以只回滚到某个保存点。

设置保存点的语法格式如下:

```
SAVEPOINT savepoint_name;
```

【例 11.47】

查询 student 表中所在班级为 4 的学生的信息:

```
SQL> select stuid,stuname,score,claid from student where claid=4;
STUID      STUNAME       SCORE     CLAID
------     -------       ----      --------
200407     张华          89        4
200410     魏征          62        4
200411     刘楠          65        4
```

从上面的查询可以看出，所在班级为 4 的同学中成绩最高的为 89，学生编号为 200407；成绩最低的为 62，学生编号为 200410。

【例 11.48】

将成绩最低的同学成绩增加 10%：

```
SQL> update student set score=score*1.1
  2  where stuid=200410;
1 row updated
```

下面这条语句设置一个保存点，并将其命名为 save_one：

```
SQL> savepoint save_one;
Savepoint created
```

【例 11.49】

使用 UPDATE 语句将成绩为 89 的同学的成绩降低 10%：

```
SQL> update student set score=score*0.9
  2  where stuid=200407;
1 row updated
```

下面这个查询得到更新后的两个同学的成绩：

```
SQL> select stuname,score from student
  2  where stuid in(200407,200410);
STUNAME    SCORE
-------    -----
张华         80
魏征         68
```

从上面的练习可以看出，学生的最高成绩降低了 10%，而最低成绩增加了 10%。下面这条语句将这个事务回滚到刚才设置的保存点 save_one 处：

```
SQL> rollback to savepoint save_one;
Rollback complete
```

这样可以取消对最高成绩所做的改变，但保留对最低成绩所做的改变。下面这个查询显示了这一点：

```
SQL> select stuname,score from student
  2  where stuid in(200407,200410);
STUNAME    SCORE
-------    -----
张华         89
魏征         68
```

11.8.6 并发事务

数据库软件支持多个用户同时与数据库进行交互，每个用户都可以同时运行自己的事务。这种事务就称为并发事务(Concurrent Transaction)。

如果用户同时运行多个事务，而这些事务都对同一个表产生影响，那么这些事务的影响都是独立的，直到执行一条 COMMIT 语句时才会彼此产生影响。下面这个例子启动两个独立的 SQL Plus，同时执行 DML 语句打开两个事务。

【例 11.50】

首先启动 SQL Plus，作为 SCOTT 用户连接到数据库，查询 class 表数据并且添加一条数据：

```
SQL> select * from class;

CLAID    CLANAME     CLATEACHER
----     --------    ------------------
1        JAVA 班      陈明老师
2        .NET 班      欧阳老师
3        PHP 班       东方老师
4        安卓班        杜宇老师
5        3D 班        叶开老师
6        WEB 班       东艺老师
7        3DMAX 班     林海老师
7 rows selected

SQL> insert into class values
  2  (9,'动漫班','张宏老师');

1 row inserted
```

使用下面的语句查询刚才插入的数据：

```
SQL> select * from class
  2  where claid=9;
CLAID    CLANAME     CLATEACHER
----     ------      ----------
9        动漫班       张宏老师
```

现在打开另一个 SQL Plus，保持第一个 SQL Plus 不被关闭。使用相同的用户 SCOTT 连接到数据库，查询刚才插入的数据：

```
SQL> select * from class
  2  where claid=9;
CLAID    CLANAME     CLATEACHER
-----    -------     ------------------
未选定行
```

到这里，可以发现，由于第一个 SQL Plus 没有提交事务，所以在第二个 SQL Plus 中就看不到第一个 SQL Plus 添加的数据。下面在第一个 SQL Plus 中使用 COMMIT 语句提交事务：

```
SQL> commit;
Commit complete
```

下面再次在第二个 SQL Plus 中查询插入的数据：

```
SQL> select * from class
  2  where claid=9;
CLAID    CLANAME     CLATEACHER
-----    ------      ------------------
9        动漫班       张宏老师
```

> **注意**：在打开第二个 SQL Plus 后，首先要执行一条 DML 语句(INSERT、UPDATE、DELETE)打开事务，然后再查询数据。

11.8.7 事务锁

要支持并发事务，Oracle 数据库软件必须确保表中的数据一直有效。这可以通过锁(Lock)来实现。当一个事务对一个表中的某一行进行 DML 操作时，就拥有了该行上的锁，另一个事务不能再获得该行上的锁，直到第一个事务结束。下面这个例子启动两个独立的 SQL Plus，开始两个事务，并同时对 class 表中班级编号为 9 的数据行进行更新。

【例 11.51】

首先启动 SQL Plus，作为 SCOTT 用户连接到数据库，查询 class 表数据并且更新班级编号为 9 的记录：

```
SQL> select * from class;
CLAID    CLANAME      CLATEACHER
-----    ------       ----------
1        JAVA 班      陈明老师
2        .NET 班      欧阳老师
3        PHP 班       东方老师
4        安卓班       杜宇老师
5        3D 班        叶开老师
6        WEB 班       东艺老师
7        3DMAX 班     林海老师
9        动漫班       张宏老师
8 rows selected
SQL> update class set clateacher='汪洋老师'
  2  where claid=9;
1 row updated
```

上面的例子执行了一条 UPDATE 语句，修改班级编号为 9 的记录，但是并没有执行 COMMIT 语句，此时对该行就已经"加锁"了。

现在打开另一个 SQL Plus，保持第一个 SQL Plus 不被关闭。使用相同的用户 SCOTT 连接到数据库，同样在班级编号为 9 的行上执行 UPDATE 语句：

```
SQL> update class set clateacher='王旭老师'
  2  where claid=9;
```

执行 UPDATE 语句后，会看到光标在不停地闪烁，并不执行。这是因为要更新的数据行早已被第一个事务加锁了，因此第二个事务就不能获得该行的锁。第二个 UPDATE 语句必须一直等，直到第一个事务结束并释放该行上的锁。

下面在第一个 SQL Plus 中使用 COMMIT 语句提交事务：

```
SQL> commit;
Commit complete
```

第一个事务执行了 COMMIT 语句并结束，从而释放了该行上的锁。此时第二个事务获得该行上的锁，并执行 UPDATE 语句：

```
SQL> update class set clateacher='王旭老师'
  2  where claid=9;
1 row updated
```

 注意：第二个事务获得行上的锁后，一直持有，直到第二个事务结束为止。

11.9 思考与练习

1. 填空题

（1）元素下标从 1 开始，元素个数没有限制，并且可以是无序的，这属于 Oracle 中的_____类型。

（2）PL/SQL 的_____结合了 PL/SQL 记录和 PL/SQL 集合的优点，可以处理多行多列的数据。

（3）打开游标要使用_____关键字。

（4）假设要对很多数值进行求和运算，应该使用_____函数。

（5）假设要删除 pkg_getAllBySno 程序包，可以使用_____语句。

（6）填写合适的代码，使下面的语句可以将事务隔离性级别设置为 SERIALIZABLE：
SET TRANSACTION ISOLATION LEVEL _____ ;

2. 选择题

（1）元素个数没有限制，并且下标可以为负值，这属于 Oracle 中的_____类型。
　　A．索引表　　　　　　　　　　　　B．嵌套表
　　C．可变数组　　　　　　　　　　　D．集合

（2）如果在表列中使用嵌套表类型，必须首先使用_____命令建立嵌套表类型。
　　A．CREATE TYPE　　　　　　　　　B．CREATE DATATYPE
　　C．CREATE TABLE　　　　　　　　 D．CREATE TABLETYPE

（3）使用游标变量时，_____属性可以判断游标是否打开。
　　A．%ISOPEN　　　　　　　　　　　B．%FOUND
　　C．%NOTFOUND　　　　　　　　　 D．%ROWCOUNT

（4）下列_____项不属于游标的属性。
　　A．%ROWCOUNT　　　　　　　　　B．%ROWNUM
　　C．%FOUND　　　　　　　　　　　D．%NOTFOUND

（5）以下_____函数可以将列数据转换为数值。
　　A．TO_NUMBER()　　　　　　　　　B．CAST()
　　C．TO_STRUNG()　　　　　　　　　D．TO_CHAR()

（6）创建包体需要使用_____语句。
　　A．CREATE PACKAGE　　　　　　　B．CREATE PACKAGE BODY

C．DROP PACKAGE   D．DROP PACKAGE BODY

(7) 下列情况中不可以结束事务的是_____。

A．执行 COMMIT 语句   B．执行 ROLLBACK 语句

C．执行 INSERT 语句   D．输入 EXIT 命令

3．简答题

(1) 简述索引表、嵌套表和可变数组的区别。
(2) 举例说明 PL/SQL 记录表的应用。
(3) 使用游标需要哪些步骤，如何实现？
(4) 简述将一个数据类型转换为另一个数据类型的方法。
(5) 简述函数输入参数和输出参数作用及区别。
(6) 简述事务在数据库中的作用，以及如何使用事务。

11.10 练 一 练

作业：查询商品信息表的数据信息

假设在商场商品管理系统数据库中包含了如下几个表。

- 货架信息表 Shelf：包含货架编号 Sno、货架名称 Sname、货架分类性质 Stype。
- 商品信息表 Product：包含商品编号 Pno、商品名称 Pname、商品分类性质 Ptype、商品价格 Pprice、商品进货日期 Ptime、商品过期时间 Pdate。
- 分类信息表 Part：包含商品编号 Pno、货架编号 Sno。

(1) 使用聚合函数查询商品表中共有几条数据。
(2) 对商品表进行插入，进行事务提交，查看结果。
(3) 删除表中的一行数据，回滚事务，使用查询语句查看结果。
(4) 将表中的大写数据转换为小写。
(5) 查询同一种分类的商品的平均价格。
(6) 查询出商品信息表中的最高价格。

第 12 章

触发器与存储过程编程

上一章已经介绍了 PL/SQL 语言强大的功能和用途，但是所创建的 PL/SQL 程序都是匿名的，没有为程序块提供一个名称。这就造成了这些匿名的程序块无法被存储，在每次执行后都不可以被重新使用。因此，每次运行匿名程序块时，都需要先编译后再执行。在很多时候，为了提高系统的应用性能，需要数据库保存程序块，以便以后可以重新使用。这也意味着程序块需要一个名称，这样在调用或引用它时，系统就可以找到这个特定的程序块了。

本章主要介绍 Oracle 中的触发器和存储过程，它们也是数据库的重要元素，用于提高程序执行效率以及维护数据一致性。

本章学习目标：

- 了解 Oracle 中触发器的类型
- 掌握各种 DML 触发器的创建方法
- 掌握 DDL 触发器的创建
- 掌握查看、禁用、启用和删除触发器的方法
- 掌握存储过程的创建和执行
- 掌握存储过程参数的使用
- 掌握查看、修改和删除存储过程的方法

12.1 触发器简介

触发器(Trigger)与表紧密相连，可以看作是表定义的一部分。当用户修改表或者视图中的数据时，触发器将会自动执行。触发器为数据库提供了有效的监控和处理机制，确保了数据和业务的完整性。

12.1.1 触发器的定义

触发器是与一个表或数据库事件联系在一起的，当特定事件出现时，将自动执行触发器的代码块。触发器与过程的区别在于：过程是由用户或应用程序显式调用的，而触发器是不能被直接调用的。

(1) 触发器具有如下优点：
- 触发器自动执行。当表中的数据做了任何修改时，触发器将立即激活。
- 触发器可以通过数据库中的相关表进行层叠更改。这比直接将代码写在前台的做法更安全合理。
- 触发器可以强制用户实现业务规则，这些限制比用 CHECK 约束所定义的更复杂。

触发器的主要作用是实现由主键和外键所不能保证的、复杂的参照完整性和数据一致性。触发器能够对数据库中的相关表进行级联修改，还可以自定义错误消息，维护非规范化数据，以及比较数据修改前后的状态。

(2) 在下列情况下，使用触发器将强制实现复杂的引用完整性：
- 强制数据库间的引用完整性。
- 创建多行触发器。当插入、更新或者删除多行数据时，必须编写一个处理多行数据的触发器。
- 执行级联更新或者级联删除这样的操作。
- 级联修改数据库中所有的相关表。
- 撤消或者回滚违反引用完整性的操作，防止非法修改数据。

触发器是一种特殊类型的 PL/SQL 程序块。触发器类似于函数和过程，也具有声明部分、执行部分和异常处理部分。触发器作为 Oracle 对象存储在数据库中，在事件发生时被隐式触发，而且触发器不能接收参数，也不能像过程一样显式调用。

(3) 使用触发器时要注意以下事项：
- 使用触发器可以保证当特定的操作完成时，相关动作也要自动完成。
- 当完整性约束条件已经定义后，就不要再定义相同功能的触发器了。
- 触发器大小不能超过 32KB，如果要实现触发器功能需要超过这个限制，可以考虑用存储过程来代替触发器或在触发器中调用存储过程。
- 触发器仅在全局性的操作语句上被触发，而不考虑哪一个用户或者哪一个数据库应用程序执行这个语句。
- 不能够创建递归触发器。

- 触发器不能使用事务控制命令 COMMIT、ROLLBACK 或 SAVEPOINT。
- 触发器主体不能声明任何 LONG 或 LONG RAW 变量。

12.1.2 触发器的类型

在 Oracle 中，按照触发事件的不同，可以把触发器分成 DML 触发器、INSTEAD OF 触发器、系统事件触发器和 DDL 触发器。

(1) DML 触发器

DML 触发器由 DML 语句触发的，例如 INSERT、UPDATE 和 DELETE 语句。针对所有的 DML 事件，按触发的时间，可以将 DML 触发器分为 BEFORE 触发器与 AFTER 触发器，分别表示在 DML 事件发生之前与之后执行。

另外，DML 触发器也可以分为语句级触发器与行级触发器，其中，语句级触发器针对某一条语句触发一次，而行级触发器则针对语句所影响的每一行都触发一次。例如某条 UPDATE 语句修改了表中的 100 行数据，那么针对该 UPDATE 事件的语句级触发器将被触发一次，而行级触发器将被触发 100 次。

(2) INSTEAD OF 触发器

INSTEAD OF 触发器又称替代触发器，用于执行一个替代操作，来代替触发事件的操作。例如针对 INSERT 事件的 INSTEAD OF 触发器，它由 INSERT 语句触发，当出现 INSERT 语句时，该语句不会被执行，而是执行 INSTEAD OF 触发器中定义的语句。

(3) 系统事件触发器

系统事件触发器在发生如数据库启动或关闭等系统事件时触发。

(4) DDL 触发器

DDL 触发器由 DDL 语句触发，例如 CREATE、ALTER 和 DROP 语句。DDL 触发器同样可以分为 BEFORE 触发器与 AFTER 触发器。

12.2 创建触发器

了解触发器的优点、使用事项以及各个类型之后，本节将详细介绍每类触发器的具体创建。

12.2.1 创建触发器的语法

创建触发器需要使用 CREATE TRIGGER 语句，其语法如下：

```
CREATE [OR REPLACE] TRIGGER trigger_name
[BEFORE | AFTER | INSTEAD OF] trigger_event
{ON table_name | view_name | DATABASE}
[FOR EACH ROW]
[ENABLE | DISABLE]
[WHEN trigger_condition]
[DECLARE declaration_statements]
BEGIN
```

```
        trigger_body;
END trigger_name ;
```

语法说明如下。

- TRIGGER：表示创建触发器对象。
- trigger_name：创建的触发器名称。
- BEFORE | AFTER | INSTEAD OF：BEFORE 表示触发器在触发事件执行之前被激活；AFTER 表示触发器在触发事件执行之后被激活；INSTEAD OF 表示用触发器中的事件代替触发事件执行。
- trigger_event：表示激活触发器的事件。例如 INSERT、UPDATE 和 DELETE 事件等。
- ON table_name | view_name | DATABASE：table_name 指定 DML 触发器所针对的表。如果是 INSTEAD OF 触发器，则需要指定视图名(view_name)；如果是 DDL 触发器或系统事件触发器，则使用 ON DATABASE。
- FOR EACH ROW：表示触发器是行级触发器。如果不指定此子句，则默认为语句级触发器。用于 DML 触发器与 INSTEAD OF 触发器。
- ENABLE | DISABLE：此选项是 Oracle 11g 新增加的特性，用于指定触发器被创建之后的初始状态为启用状态(ENABLE)还是禁用状态(DISABLE)，默认为 ENABLE。
- WHEN trigger_condition：为触发器的运行指定限制条件。例如，针对 UPDATE 事件的触发器，可以定义只有当修改后的数据符合某种条件时才执行触发器中的内容。
- trigger_body：触发器的主体，即触发器包含的实现语句。

12.2.2 DML 触发器

DML 触发器是指由 DML 语句激活的触发器。如果在表上针对某种 DML 操作建立了 DML 触发器，则当执行 DML 操作时，会自动执行触发器的相应代码。其对应的 trigger_event 具体格式如下：

```
{INSERT | UPDATE | DELETE [OF column[, ...]]}
```

关于 DML 触发器的说明如下：

- DML 操作主要包括 INSERT、UPDATE 和 DELETE 操作，通常根据触发器所针对的具体事件，将 DML 触发器分为 INSERT 触发器、UPDATE 触发器和 DELETE 触发器。
- 可以将 DML 操作细化到列，即针对某列进行 DML 操作时激活触发器。
- 任何 DML 触发器都可以按触发时间分为 BEFORE 触发器与 AFTER 触发器。
- 在行级触发器中，为了获取某列在 DML 操作前后的数据，Oracle 提供了两种特殊的标识符——:OLD 和:NEW，通过:OLD.column_name 的形式，可以获取该列的旧数据，而通过:NEW.column_name 则可以获取该列的新数据。INSERT 触发器只能使用:NEW，DELETE 触发器只能使用:OLD，而 UPDATE 触发器则两种都可以使用。

1. 创建 BEFORE 触发器

为了确保 DML 操作在正常情况下进行，可以基于 DML 操作建立 BEFORE 语句触发器。

【例 12.1】

要求只能由 studentsys 用户对 student 表进行删除操作，那么应该为该表创建 BEFORE DELETE 触发器，以实现数据的安全保护。具体创建如下：

```
SQL> CREATE TRIGGER trig_Before_Student
  2  BEFORE
  3    DELETE ON student
  4  BEGIN
  5    IF user!='studentsys' THEN
  6      RAISE_APPLICATION_ERROR(-20001,'权限不足，不能对学生信息进行删除操作');
  7    END IF;
  8  END;
  9  /
触发器已创建。
```

BEFORE 表明新建触发器的触发时机为 DELETE 动作之前，ON student 表明触发器创建于 student 表之上。接着使用 IF 语句判断当前用户是否为 studentsys，如果不是，则抛出异常提示错误信息，并禁止对数据表 student 进行删除的操作。

接着尝试删除 student 表中的某条数据，触发器将抛出异常，如下所示：

```
SQL> DELETE FROM student WHERE sno='20110064';
DELETE FROM student WHERE sno='20110064'
            *
第 1 行出现错误：
ORA-20001: 权限不足，不能对学生信息进行删除操作
ORA-06512: 在 "SCOTT.TRIG_BEFORE_STUDENT", line 3
ORA-04088: 触发器 ' SCOTT.TRIG_BEFORE_STUDENT ' 执行过程中出错
```

【例 12.2】

创建一个 BEFORE 触发器，在更新 scores 表中分数信息时触发，显示更新前后的分数变化。创建语句如下：

```
SQL> CREATE TRIGGER trig_OutPutScore
  2    BEFORE UPDATE ON scores
  3    FOR EACH ROW
  4  DECLARE
  5    oldvalue NUMBER;
  6    newvalue NUMBER;
  7  BEGIN
  8    oldvalue := :OLD.sscore;   --数据操作之前的旧值赋值给变量 oldvalue
  9    newvalue := :NEW.sscore;   --数据操作之后的新值赋值给变量 newvalue
 10    DBMS_OUTPUT.PUT_LINE('原来分数='||oldvalue
          ||', 现在分数='||newvalue);
 11  END;
 12  /
触发器已创建。
```

上面的例子中，第二行中 BEFORE 关键字说明该触发器在更新表 scores 之前触发，第 3 行 FOR EACH ROW 说明为行触发器，每更新一行就会触发一次，第 5 行和第 6 行定义两个变量 oldvalue 和 newvalue，BEGIN 块中用 OLD 关键字把数据更新之前的旧值赋值给变量 oldvalue，把数据更新之后的新值赋值给变量 newvalue。

测试上述 BEFORE 触发器，将编号为 1102 的考试分数下调 5 分。语句如下：

```
SQL> SET SERVEROUTPUT ON;
SQL> UPDATE scores SET sscore=sscore-5 WHERE cno=1102;
原来分数=80，现在分数=75
原来分数=83，现在分数=78
原来分数=86，现在分数=81
原来分数=87，现在分数=82
```

2. 创建 AFTER 触发器

在对数据表执行 DML 操作之后，同样可以执行其他的操作。

【例 12.3】

在 student 表的某行数据被修改后，将修改之前的 sno 值和 sname 值保存到 stu_log 表进行记录。

创建触发器的语句如下：

```
SQL> CREATE TRIGGER trig_After_Student
  2  AFTER UPDATE
  3  ON student
  4  FOR EACH ROW
  5  BEGIN
  6    INSERT INTO stu_log VALUES
  7    ('执行UPDATE操作前: sno='||:OLD.sno||', sname='||:OLD.sname, SYSDATE);
  8  END;
  9  /
触发器已创建。
```

如上述代码所示，AFTER UPDATE 关键字指定这是一个更新后执行的触发器。FOR EACH ROW 子句表明该触发器为行级触发器。行级触发器针对语句所影响的每一行都将触发一次该触发器，也就是说，每修改 student 表中的一条数据，都将激活该触发器，向 stu_log 表插入一条数据。:OLD.sno 表示引用更新之前 sno 列的值，:OLD.sname 表示引用更新之前 sname 列的值，SYSDATE 表示获取更新操作执行时的系统时间。

stu_log 表的创建语句如下：

```
SQL> CREATE TABLE stu_log
  2  (
  3  content varchar2(50) NOT NULL,
  4  ctime date NOT NULL
  5  );
```

使用 UPDATE 语句将 student 表中籍贯为天津的学生性别修改为女。语句如下：

```
SQL> UPDATE student SET ssex='女' WHERE sadrs='天津';
2 rows updated
```

UPDATE 语句更新了两条满足条件的数据。现在查询 stu_log 表也将看到两个数据，语句如下：

```
SQL> SELECT * FROM stu_log;
CONTENT                                        CTIME
---------------------------------------------- ------------------
执行 UPDATE 操作前：sno=20110064，sname=宋帅     2014/5/22 1
执行 UPDATE 操作前：sno=20100099，sname=张宁     2014/5/22 1
```

3. 使用条件操作符

当在触发器中同时包含多个触发事件(INSERT、UPDATE 和 DELETE)时，为了在触发器代码中区分具体的触发事件，可以使用以下 3 个条件操作符。

- INSERTING：当触发事件是 INSERT 操作时，该条件操作符返回 TRUE，否则返回 FALSE。
- UPDATING：当触发事件是 UPDATE 操作时，该条件操作符返回 TRUE，否则返回 FALSE。
- DELETING：当触发事件是 DELETE 操作时，该条件操作符返回 TRUE，否则返回 FALSE。

提示：操作符实际是一个布尔值，在触发器内部根据激活动作，3 个操作符都会重新赋值。

【例 12.4】

例如，需要将用户对 student 表的每次修改动作都记录到 stu_log 表中，那么可以使用条件操作符来判断用户的实际操作。

针对 student 表 INSERT、UPDATE 和 DELETE 操作都起作用的触发器创建语句如下：

```
SQL> CREATE TRIGGER trig_Student_logs
  2   AFTER INSERT OR UPDATE OR DELETE
  3   ON student
  4   BEGIN
  5    IF INSERTING THEN
  6     INSERT INTO stu_log VALUES('用户'||user||'执行了 INSERT 操作',SYSDATE);
  7    END IF;
  8    IF UPDATING THEN
  9     INSERT INTO stu_log VALUES('用户'||user||'执行了 UPDATE 操作',SYSDATE);
 10    END IF;
 11    IF DELETING THEN
 12     INSERT INTO stu_log VALUES('用户'||user||'执行了 DELETE 操作',SYSDATE);
 13    END IF;
 14   END;
 15   /
触发器已创建。
```

上述语句使用 IF 语句和条件操作符判断触发器的执行动作是否为 INSERT、UPDATE 和 DELETE，并向表 stu_log 中插入相应的记录。

向 student 表中添加一条数据作为测试，语句如下：

```
SQL> INSERT INTO student
  2  VALUES ('20140520','陈洋','男',TO_DATE('18-2月 -91','DD-MON-RR'),
'上海');
1 row inserted
```

更新上面添加的这条数据,语句如下:

```
SQL> UPDATE student SET ssex='女' WHERE sno='20140520';
1 row updated
```

最后删除添加的这条数据,语句如下:

```
SQL> DELETE student WHERE sno='20140520';
1 row deleted
```

现在查询stu_log表,查看是否记录了上述操作,语句如下:

```
SQL> SELECT * FROM stu_log;
CONTENT                                         CTIME
----------------------------------------------  ------------------
用户STUDENTSYS执行了INSERT操作                   2014/5/22 1
用户STUDENTSYS执行了UPDATE操作                   2014/5/22 1
用户STUDENTSYS执行了DELETE操作                   2014/5/22 1
```

可见,对表student执行了INSERT、UPDATE和DELETE操作之后,也向stu_log表插入了相应的记录。

提示:这里的trig_Student_logs触发器不是行级触发器,因此对student表一次修改了多条记录之后,只会向stu_log表中插入一条数据。

12.2.3 DDL触发器

DDL触发器也称为用户级触发器,是创建在当前用户模式上的触发器,只能被当前的这个用户触发。DDL触发器主要针对于对用户对象有影响的CREATE、ALTER或DROP等语句。

注意:创建DDL触发器,需要使用ON schema.SCHEMA子句,即表示创建的触发器是DDL触发器(用户级触发器)。

【例12.5】

创建一个DDL触发器,禁止scott用户使用DROP命令删除自己模式中的对象。具体语句如下:

```
SQL> CONNECT sys/oracle AS SYSDBA;
已连接。
SQL> CREATE TRIGGER trig_Ddl_DenyDeleteObjectForScott
  2  BEFORE DROP ON scott.SCHEMA
  3  BEGIN
  4    RAISE_APPLICATION_ERROR(-20000,'不能对SCOTT用户中的对象进行删除操作!');
  5  END;
```

```
  6  /
触发器已创建。
```

为了验证该触发器是否有效，需要使用 scott 用户模式登录数据库。假设要删除该模式中的 emp 表，DROP TABLE 语句如下：

```
SQL> DROP TABLE emp;
DROP TABLE emp
           *
第 1 行出现错误:
ORA-00604: 递归 SQL 级别 1 出现错误
ORA-20000: 不能对 SCOTT 用户中的对象进行删除操作！
ORA-06512: 在 line 2
```

从输出结果中可以看到，DDL 触发器 trig_Ddl_DenyDeleteObjectForScott 起了作用。

12.2.4 INSTEAD OF 触发器

INSTEAD OF 触发器用于执行一个替代操作来代替触发事件的操作，而触发事件本身最终不会被执行。建立 INSTEAD OF 触发器时有以下注意事项：

- 当基于视图建立触发器时，不能指定 BEFORE 和 AFTER 选项。
- 在建立视图时，不能指定 WITH CHECK OPTION 选项。
- INSTEAD OF 选项只适用于视图。
- 在建立 INSTEAD OF 触发器时，必须指定 FOR EACH ROW 选项。

【例 12.6】

创建 INSTEAD OF 触发器，当在 student 表中删除学生信息时，首先显示这些学生的学号和姓名，再删除这些学生信息，并从 scores 表删除与之相关的成绩信息。

创建一个基于 student 表的视图 v_Student，语句如下：

```
SQL> CREATE VIEW v_Student
  2  AS
  3  SELECT * FROM student;
View created
```

从视图中查询出性别为"女"的学生信息，语句如下：

```
SQL> SELECT * FROM v_Student WHERE ssex='女';
    SNO    SNAME   SSEX   SBIRTH       SADRS
---------  ------  -----  -----------  -------------
20110064   宋帅    女     1993/8/12    天津
20100094   刘瑞    女     1992/12/13   北京
20100099   张宁    女     1993/5/9     天津
20110001   张伟    女     1993/9/25    武汉
20110002   周会    女     1993/9/30    深圳
20110065   牛燕    女     1992/4/12    北京
```

创建针对 DELETE 操作的 INSTEAD OF 触发器，在触发器中输出要删除的学号和姓名。语句如下：

```
SQL> CREATE TRIGGER trig_DeleteScoreBySno
  2      INSTEAD OF DELETE
```

```
  3    ON v_Student
  4    FOR EACH ROW
  5  BEGIN
  6    DBMS_OUTPUT.PUT_LINE('要删除的信息[sno='
         ||:OLD.sno||',sname='||:OLD.sname||']');
  7  END;
  8  /
```
触发器已创建。

假设要从视图 v_Student 中删除性别为"女"的学生信息，语句如下：

```
SQL> DELETE FROM v_Student WHERE ssex='女';
要删除的信息[sno=20110064,sname=宋帅]
要删除的信息[sno=20100094,sname=刘瑞]
要删除的信息[sno=20100099,sname=张宁]
要删除的信息[sno=20110001,sname=张伟]
要删除的信息[sno=20110002,sname=周会]
要删除的信息[sno=20110065,sname=牛燕]
```

从上述输出结果中可以看到，INSTEAD OF 触发器被执行了 6 次。下面从视图中查询是否存在学号为 20110064 的学生信息，语句如下：

```
SQL> SELECT * FROM student WHERE sno='20110064';
    SNO    SNAME  SSEX  SBIRTH      SADRS
---------  ------ ----- ----------- ------
 20110064  宋帅    女    1993/8/12   天津
```

如上述结果所示，trig_DeleteScoreBySno 触发器屏蔽了 DELETE 语句，使用触发器的语句作为代替，从而输出了学生信息，并没有执行真正的删除操作。

下面对 trig_DeleteScoreBySno 触发器进行修改，增加删除学生信息和成绩信息的语句，如下所示：

```
SQL> CREATE OR REPLACE TRIGGER trig_DeleteScoreBySno
  2    INSTEAD OF DELETE
  3    ON v_Student
  4    FOR EACH ROW
  5  BEGIN
  6    DBMS_OUTPUT.PUT_LINE('要删除的信息[sno='
         ||:OLD.sno||',sname='||:OLD.sname||']');
  7    DELETE FROM scores WHERE sno=:OLD.sno;
  8    DELETE FROM student WHERE sno=:OLD.sno;
  9  END;
 10  /
```
触发器已创建。

在上述触发器的语句块中，增加了 DELETE 语句。

假设，要从视图中删除学号为 20100094 的学生信息，首先查看一下该生的成绩信息。语句如下：

```
SQL> SELECT * FROM scores WHERE sno='20100094';
    SNO    CNO   SSCORE
---------  ----- -------
 20100094  1094   90
 20100094  1150   92
```

接下来执行删除操作，语句如下：

```
SQL> DELETE FROM v_student WHERE sno='20100094';
要删除的信息[sno=20100094,sname=刘瑞]
```

再次查询该生的成绩信息：

```
SQL> SELECT * FROM scores WHERE sno='20100094';
     SNO   CNO   SSCORE
-------- ---- --------
```

返回结果为空，说明 INSTEAD OF 触发器中的两个 DELETE 语句都被执行了，分别删除了 student 表中学号为 20100094 的学生信息和 scores 表中学号为 20100094 的成绩信息。

12.2.5 事件触发器

事件触发器是指基于 Oracle 数据库事件所建立的触发器，触发事件是数据库事件，如数据库的启动、关闭，对数据库的登录或退出等。创建事件触发器需要 ADMINISTER DATABASE TRIGGER 系统权限，一般只有系统管理员拥有该权限。

通过使用事件触发器，可以跟踪数据库或数据库的变化。常用的事件及说明如表 12-1 所示。

表 12-1 常用的事件触发器

事件名称	说明
LOGOFF	用户从数据库注销
LOGON	用户登录数据库
SERVERERROR	服务器发生错误
SHUTDOWN	关闭数据库实例
STARTUP	打开数据库实例

其中，对于 LOGOFF 和 SHUTDOWN 事件，只能创建 BEFORE 触发器；对于 LOGON、SERVERERROR 和 STARTUP 事件，只能创建 AFTER 触发器。创建数据库事件触发器需要使用 ON DATABASE 子句，即表示创建的触发器是数据库级触发器。

【例 12.7】

为了跟踪数据库启动和关闭事件，可以分别建立数据库启动触发器和数据库关闭触发器。

下面以 DBA 身份登录 Oracle 并创建一个名称为 db_log 的数据表。该表用于记录登录的用户名与操作时间，如下所示：

```
SQL> CONNECT sys/oracle AS SYSDBA;
已连接。
SQL> CREATE TABLE db_log
  2  (
  3    uname VARCHAR2(20),
  4    rtime  TIMESTAMP
  5  );
```

表已创建。

接着分别创建数据库启动触发器和数据库关闭触发器，并向 db_log 数据表中插入记录，存储登录的用户名和操作时间。如下所示：

```
SQL> CREATE TRIGGER trigger_startup
  2  AFTER STARTUP
  3  ON DATABASE
  4  BEGIN
  5     INSERT INTO db_log VALUES(user,SYSDATE);
  6  END;
  7  /
触发器已创建。
SQL>  CREATE TRIGGER trigger_shutdown
  2  BEFORE SHUTDOWN
  3  ON DATABASE
  4  BEGIN
  5     INSERT INTO db_log VALUES(user,SYSDATE);
  6  END;
  7  /
触发器已创建。
```

其中，AFTER STARTUP 指定触发器的执行时间为数据库启动之后，BEFORE SHUTDOWN 指定触发器的执行时间为数据库关闭之前。ON DATABASE 指定触发器的作用对象；INSERT 语句用于向表 db_log 中添加新的日志信息，以记录数据库启动和关闭时的当前用户和时间。

注意：这里无须指定数据库名称，此时的数据库即为触发器所在的数据库。

现在关闭和启动数据库，测试上述触发器是否生效，即检测是否执行触发器的相应代码向 db_log 表中插入数据。语句如下：

```
SQL> SHUTDOWN
数据库已经关闭。
已经卸载数据库。
ORACLE 例程已经关闭。

SQL> STARTUP
ORACLE 例程已经启动。
Total System Global Area   431038464 bytes
Fixed Size                   1375088 bytes
Variable Size              322962576 bytes
Database Buffers           100663296 bytes
Redo Buffers                 6037504 bytes
数据库装载完毕。
数据库已经打开。

SQL> SELECT * FROM db_log;
UNAME                        RTIME
---------------------------- ------------------------------------------
SYS                          31-8月 -14 04.26.10.000000 下午
SYS                          31-8月 -14 04.27.51.000000 下午
```

从 db_log 表中的数据可知，当启动和关闭数据库之后，将成功地向 db_log 数据表中插入两条新的记录。

【例 12.8】

为了记录用户登录和退出事件，可以分别建立登录和退出触发器。具体的实现步骤如下。

步骤 01 创建日志数据表 logon_log，用于记录用户的名称、登录时间或退出时间，如下所示：

```
SQL> CREATE TABLE logon_log
  2  (
  3     uname VARCHAR2(20),
  4     logontime TIMESTAMP,
  5     offtime TIMESTAMP
  6  );
表已创建。
```

步骤 02 创建登录触发器和退出触发器。具体如下：

```
SQL> CREATE OR REPLACE TRIGGER trigger_logon
  2  AFTER LOGON
  3  ON DATABASE
  4  BEGIN
  5     INSERT INTO logon_log(uname,logontime)
  6     VALUES(user,SYSDATE);
  7  END;
  8  /
触发器已创建。
SQL> CREATE OR REPLACE TRIGGER trigger_logoff
  2  BEFORE LOGOFF
  3  ON DATABASE
  4  BEGIN
  5     INSERT INTO logon_log(uname,offtime)
  6     VALUES(user,SYSDATE);
  7  END;
  8  /
触发器已创建。
```

步骤 03 触发器创建完成之后，当用户登录或退出数据库时，将向 logon_log 表中插入数据。测试语句如下：

```
SQL> CONNECT hr/tiger;
已连接。
SQL> CONNECT sys/oracle AS SYSDBA;
已连接。
SQL> SELECT * FROM logon_log;
UNAME         LOGONTIME                      OFFTIME
--------      -----------------------------  -----------------------------
HR                                           31-8月 -12 05.51.03.000000 下午
SYS           31-8月 -12 05.51.03.000000 下午
SYS                                          31-8月 -12 05.50.57.000000 下午
HR            31-8月 -12 05.50.57.000000 下午
```

12.3 操作触发器

前面介绍了各种触发器的创建，本节将介绍如何对已存在的触发器进行操作，包括查看触器的信息、禁用与启用触发器，以及删除触发器。

12.3.1 查看触发器信息

在 Oracle 中，可以通过如下 3 个数据字典查看触发器信息。
- USER_TRIGGERS：存放当前用户的所有触发器。
- ALL_TRIGGERS：存放当前用户可以访问的所有触发器。
- DBA_TRIGGERS：存放数据库中的所有触发器。

【例 12.9】

以 studentsys 身份登录数据库，要查看当前用户下的所有触发器，可以使用 USER_TRIGGERS 数据字典，如下所示：

```
SQL> SELECT trigger_type "类型",trigger_name "名称"
  2  FROM user_triggers;

类型                名称
---------------     ------------------------------
INSTEAD OF          TRIG_DELETESCOREBYSNO
AFTER STATEMENT     TRIG_STUDENT_LOGS
BEFORE EACH ROW     TRIG_OUTPUTSCORE
INSTEAD OF          TRIG_DELETESCOREONSTU
```

12.3.2 改变触发器的状态

触发器有两种可能的状态：启用或禁用。通常，触发器是启用状态，但也有些特殊情况，例如当进行表维护时，不需要触发器代码起作用，所以需要禁用触发器。

在 Oracle 中，需要使用 ALTER TRIGGER 语句来启用或禁用触发器，语法格式如下：

```
ALTER TRIGGER trigger_name ENABLE | DISABLE;
```

其中，trigger_name 表示触发器名称；ENABLED 表示启用触发器；DISABLED 表示禁用触发器。

【例 12.10】

假设要禁用 trig_DeleteScoreBySno 触发器，语句如下：

```
SQL> ALTER TRIGGER trig_DeleteScoreBySno DISABLE;
```

如果使一个表上的所有触发器都有效或无效，可以使用下面的语句：

```
ALTER TABLE table_name ENABLE ALL TRIGGERS;
ALTER TABLE table_name DISABLE ALL TRIGGERS;
```

【例 12.11】

假设要禁用 student 表上的所有触发器，语句如下：

```sql
SQL> ALTER TABLE student DISABLE ALL TRIGGERS;
```

12.3.3　删除触发器

删除触发器与删除存储过程或函数不同。如果删除存储过程或函数所使用到的数据表，则存储过程或函数只是被标记为 INVALID 状态，仍存在于数据库中。如果删除触发器所关联的表或视图，那么也将删除这个触发器。删除触发器的语法如下：

```sql
DROP TRIGGER trigger_name;
```

【例 12.12】

例如，要删除 trig_DeleteScoreBySno 触发器，可以使用如下语句：

```sql
SQL> DROP TRIGGER trig_DeleteScoreBySno;
```

12.4　实践案例：为主键自动赋值

有些时候，一个信息表中可能会没有一个能够唯一确定这条记录的字段。例如一个用户信息表，就没有办法使用用户信息的某个属性唯一确定某个用户。如果使用姓名，可能会存在重名的情况；如果使用身份证号，可能存在缺少该属性的情况(比如用户忘记带身份证之类的情况)。

所以通常在遇到这种情况的时候，会采取数字编号的方式，例如第一个录入的用户编号是 1，第二个录入的用户编号是 2，依次类推。在 SQL Server 2008 中可以创建自动编号的列来实现这种功能，而 Oracle 并没有直接提供该功能。

在 Oracle 中要实现数字的自动编号，需要通过序列自动生成不重复的有序数。借助于本章的 BEFORE INSERT 触发器，可以在插入数据之前调用序列的 nextval 作为数据表的主键列值，从而实现自动为主键列赋值的功能。

本案例将创建一个 emp 数据表，然后实现在向 emp 表中添加数据时自动为主键列 empno 赋值。具体实现步骤如下。

步骤 01　创建数据表 emp，代码如下：

```sql
SQL> CREATE TABLE emp(
  2     empno NUMBER(4),
  3     empname VARCHAR2(20),
  4     empsal NUMBER(6),
  5     CONSTRAINT pk1_empno PRIMARY KEY(empno)   --设置主键
  6  );
表已创建。
```

步骤 02　创建一个名为 seq_emp 的序列，如下所示：

```sql
SQL> CREATE SEQUENCE seq_emp;
```

序列已创建。

步骤 03 向 emp 表中添加一条员工记录，并检测是否添加成功，如下所示：

```
SQL> INSERT INTO emp VALUES(seq_emp.nextval,'刘朋',4000);
已创建 1 行。

SQL> SELECT * FROM emp;
EMPNO      EMPNAME       EMPSAL
--------   -----------   -----------
1          刘朋          4000
```

提示：有关序列的具体应用，将在第 13 章中详细介绍。

步骤 04 创建 BEFORE INSERT 类型的 trigger_add_emp 触发器，实现为主键列自动赋值的功能。触发器的创建语句如下：

```
SQL> CREATE OR REPLACE TRIGGER trigger_add_emp
  2   BEFORE INSERT
  3   ON emp
  4   FOR EACH ROW
  5   BEGIN
  6     IF :NEW.empno IS NULL THEN
  7       SELECT seq_emp.nextval INTO :NEW.empno FROM dual; --生成empno值
  8     END IF;
  9   END;
 10  /
触发器已创建。
```

步骤 05 触发器创建好之后，在向 emp 表中添加新记录时，可以不再关心主键列 empno 的赋值问题。下面使用如下语句向 emp 表中添加一条员工信息：

```
SQL> INSERT INTO emp(empname,empsal) VALUES('王丽',2500);
已创建 1 行。
```

步骤 06 查询 emp 表中是否已经成功地添加了此员工。如下所示：

```
SQL> SELECT * FROM emp;

EMPNO      EMPNAME       EMPSAL
--------   -----------   -----------
1          刘朋          4000
2          王丽          2500
```

12.5 存储过程

存储过程是一种命名的 PL/SQL 程序块，它可以接受零个或多个输入、输出参数。如果在应用程序中经常需要执行特定的操作，可以基于这些操作建立一个特定的过程。通过使用过程，不仅可以简化客户端应用程序的开发和维护，而且还可以提高应用程序的运行性能。

12.5.1 创建存储过程的语法

Oracle 中,创建存储过程的语法如下:

```
CREATE [OR REPLACE] PROCEDURE procedure_name
[(parameter_name [IN | OUT | IN OUT] datatype [,...])]
{IS | AS}
BEGIN
procedure_body
END procedure_name;
```

其中,各个参数的含义如下。

- OR REPLACE:表示如果过程已经存在,则替换已有的过程。
- IN | OUT | IN OUT:定义了参数的模式,如果忽略参数模式,则默认为 IN。
- IS | AS:这两个关键字等价,其作用类似于无名块中的声明关键字 DECLARE。
- datatype:指定参数的类型。
- procedure_body:包含过程的实际代码。

【例 12.13】

创建一个用于输出当前系统日期和时间的存储过程 proc_NowTime,如下所示:

```
SQL> CREATE PROCEDURE proc_NowTime
  2   IS
  3   BEGIN
  4      DBMS_OUTPUT.PUT_LINE(systimestamp);
  5   END;
  6   /
过程已创建。
```

12.5.2 调用存储过程

存储过程创建之后必须通过执行才有意义,就像函数必须调用一样。Oracle 系统中提供了两种执行存储过程的方式,分别是使用 EXECUTE(简写为 EXEC)命令和使用 CALL 命令。

【例 12.14】

分别使用 EXECUTE 和 CALL 命令调用上面创建的过程 proc_NowTime,如下所示:

```
SQL> SET SERVEROUTPUT ON;
SQL> EXEC proc_NowTime;
23-5月 -14 02.50.20.272000000 下午 +08:00

PL/SQL 过程已成功完成。

SQL> SET SERVEROUTPUT ON;
SQL> CALL proc_NowTime();

23-5月 -14 02.49.37.606000000 下午 +08:00
调用完成。
```

12.6 操作存储过程

掌握存储过程的创建之后，本节介绍针对存储过程的操作，像查看存储过程的内容以及修改存储过程等。

12.6.1 查看存储过程的定义信息

对于创建好的存储过程，如果需要了解其定义信息，可以查询数据字典 USER_SOURCE。

【例 12.15】

通过数据字典 USER_SOURCE 查询存储过程 proc_NowTime 的定义信息，如下所示：

```
NAME              TYPE          LINE   TEXT
------------      ----------    ----   -----------------------------------
PROC_NOWTIME      PROCEDURE     1      PROCEDURE proc_NowTime
PROC_NOWTIME      PROCEDURE     2        IS
PROC_NOWTIME      PROCEDURE     3      BEGIN
PROC_NOWTIME      PROCEDURE     4        DBMS_OUTPUT.PUT_LINE(systimestamp);
PROC_NOWTIME      PROCEDURE     5        END;
```

其中，name 表示对象名称；type 表示对象类型，PROCEDURE 表示是存储过程；line 表示定义信息中文本所在的行数；text 表示对应行的文本信息。

12.6.2 修改存储过程

在创建存储过程时，使用 OR REPLACE 关键字可以修改存储过程。

【例 12.16】

要对上面创建的存储过程 proc_NowTime 进行修改，可用如下语句：

```
SQL> CREATE OR REPLACE PROCEDURE proc_NowTime
  2    IS
  3  BEGIN
  4    DBMS_OUTPUT.PUT_LINE('当前系统时间：');
  5    DBMS_OUTPUT.PUT_LINE(systimestamp);
  6  END;
  7  /
```

过程已创建。

调用修改后的存储过程 proc_NowTime，语句如下：

```
SQL> SET SERVEROUTPUT ON;
SQL> EXEC proc_NowTime;

当前系统时间：
23-5月 -14 03.27.26.272000000 下午 +08:00
```

12.6.3 删除过程

当存储过程不再需要时，用户可以使用 DROP PROCEDURE 命令来删除该过程。

【例 12.17】

删除上面练习中创建的存储过程 proc_NowTime，如下所示：

```
SQL> DROP PROCEDURE proc_NowTime;
过程已删除。
```

12.7 存储过程参数

前面学习了创建存储过程的方法以及如何操作存储过程。本节将详细介绍存储过程的高级应用，即如何为存储过程添加参数，包括输入参数、输出参数以及参数默认值等。

Oracle 提供了三种参数模式：IN、OUT 和 IN OUT。其中，IN 模式的参数用于向过程传入一个值；OUT 模式的参数用于从被调用过程返回一个值；IN OUT 模式的参数用于向过程传入一个初始值，返回更新后的值。

12.7.1 IN 参数

IN 参数是指输入参数，由存储过程的调用者为其赋值(也可以使用默认值)。如果不为参数指定模式，则其模式默认为 IN。

【例 12.18】

创建一个可以根据性别和籍贯返回学生编号、姓名、性别和籍贯的存储过程：

```
--创建一个带有两个参数的存储过程
SQL> CREATE OR REPLACE PROCEDURE proc_FindStudents
  2  (sex IN VARCHAR2,adrs IN VARCHAR2)
  3  AS
  4  BEGIN
  5     DECLARE CURSOR myCursor IS
  6       SELECT * FROM student WHERE ssex=sex AND sadrs=adrs;
  7       myrow myCursor%rowtype;
  8     BEGIN
  9       FOR myrow IN myCursor LOOP
 10         DBMS_OUTPUT.put_line('编号: '||myrow.sno||', 姓名: '
            ||myrow.sname||', 性别: '||myrow.ssex||', 籍贯: '||myrow.sadrs);
 11       END LOOP;
 12     END;
 13  END;
 14  /
过程已创建。
```

在上述语句中，定义存储过程名称 proc_FindStudents，然后定义 VARCHAR2 型参数 sex，表示要查询的学生性别，VARCHAR2 型参数 adrs 表示要查询的学生籍贯，再使用 SELECT 语句的 WHERE 子句将两个条件进行合并。由于 Oracle 的存储过程中不能直接输出 SELECT 的查询结果集，所以这里定义了一个游标 myCursor，然后遍历该游标，输出第一行数据。

当调用带有参数的子程序时，需要将数值或变量传递给参数。参数传递有 3 种方式：按位置传递、按名称传递和混合方式传递。这里以调用上面的 proc_FindStudents 存储过程为例讲解这 3 种调用方式。

1. 按位置传递

按位置传递是指调用过程时只提供参数值，而不指定该值赋予哪个参数。Oracle 会自动按存储过程中参数的先后顺序为参数赋值，如果值的个数(或数据类型)与参数的个数(或数据类型)不匹配，则会返回错误。

【例 12.19】

使用按位置传递方式调用 proc_FindStudents 存储过程，查询籍贯为天津的女生信息，如下所示：

```
SQL> EXEC proc_findstudents('女','天津');

编号：20110064，姓名：宋帅，性别：女，籍贯：天津
编号：20100099，姓名：张宁，性别：女，籍贯：天津
```

提示：使用这种参数传递形式要求用户了解过程的参数顺序。

2. 按名称传递

按名称传递是指在调用过程时不仅提供参数值，还指定该值所赋予的参数。在这种情况下，可以不按参数顺序赋值。指定参数名的赋值形式为"参数名称=>参数值"。

【例 12.20】

使用按名称传递方式调用 proc_FindStudents 存储过程，查询籍贯为北京的女生信息，如下所示：

```
SQL> EXEC proc_findstudents(sex=>'女',adrs=>'北京');

编号：20100094，姓名：刘瑞，性别：女，籍贯：北京
编号：20110065，姓名：牛燕，性别：女，籍贯：北京
```

提示：使用这种赋值形式，要求用户了解过程的参数名称，相对按位置传递形式而言，指定参数名使得程序更具有可阅读性，不过也增加了赋值语句的内容长度。

3. 混合方式传递

混合方式传递即指开头的参数使用按位置传递参数，其余参数使用按名称传递参数。这种传递方式适合于过程具有可选参数的情况。

【例 12.21】

使用混合方式传递调用 proc_FindStudents 存储过程，查询籍贯为上海的男生信息，如下所示：

```
SQL> EXEC proc_findstudents('男',adrs=>'上海');
```
编号:20100092,姓名:李兵,性别:男,籍贯:上海

12.7.2 OUT 参数

OUT 参数是指输出参数,由存储过程中的语句为其赋值并返回给用户。使用这种模式的参数必须在参数后面添加 OUT 关键字。

【例 12.22】

创建一个储存过程,可以根据指定的学号参数返回该学生的总成绩,如下所示:

```
--根据学号返回总成绩
SQL> CREATE OR REPLACE PROCEDURE proc_GetScoresBySno
  2  (no IN number,result OUT number)
  3  AS
  4  BEGIN
  5    SELECT SUM(sscore) INTO result
  6    FROM scores WHERE sno=no;
  7  END;
  8  /
过程已创建。
```

上述语句创建的存储过程名称为 proc_GetScoresBySno,它包含两个参数,no 表示要查询的学号参数,result 表示总成绩的输出(返回)参数。

调用带 OUT 参数存储过程时,还需要先使用 VARIABLE 语句声明对应的变量接收返回值,并在调用过程时绑定该变量,形式如下:

```
VARIABLE variable_name data_type;
[, ...]
EXEC[UTE] procedure_name(:variable_name[, ...])
```

【例 12.23】

例如,调用存储过程 proc_GetScoresBySno 统计学号为 20110002 的总成绩,语句如下:

```
SQL> VARIABLE AllScores number;
SQL> EXEC proc_GetScoresBySno('20110002', :AllScores);

AllScores
------------
152
```

上述语句将总成绩保存到名为 AllScores 的变量中,在调用存储过程之后,会自动输出该变量的值。

也可以使用 PRINT 命令查看 AllScores 变量中的值,语句如下:

```
SQL> PRINT AllScores;
```

还可以使用 SELECT 语句查看 AllScores 变量的值,语句如下:

```
SQL> SELECT :AllScores FROM dual;
```

12.7.3 包含 IN 和 OUT 参数

如果存储过程的一个参数同时使用了 IN 和 OUT 关键字，那么该参数既可以接收用户传递的值，又可以将值返回。但是要注意，IN 和 OUT 不接收常量值，只能使用变量为其传值。

【例 12.24】

创建一个包含两个数值参数的存储过程，该存储过程将两个参数的和返回到第一个参数，将两个参数的积返回到第二个参数。

要实现上述功能，需要在参数中同时指定 IN 和 OUT，创建语句如下：

```
SQL> CREATE OR REPLACE PROCEDURE procedure_comp
  2  (
  3     num1 IN OUT NUMBER,
  4     num2 IN OUT NUMBER
  5  )
  6  AS
  7     v1 NUMBER;
  8     v2 NUMBER;
  9  BEGIN
 10     v1:=num1+num2;
 11     v2:=num1*num2;
 12     num1:=v1;
 13     num2:=v2;
 14  END;
 15  /

过程已创建。
```

如上述语句所示，存储过程的名称为 procedure_comp，其中 num1 和 num2 同时为输入、输出参数。当在应用程序中调用该过程时，必须提供两个变量临时存放数值，在运算结束之后，会将这两个数值相加和相乘之后的结果分别存放到这两个变量中。

下面是调用 procedure_comp 存储过程的示例：

```
SQL> VARIABLE num1 NUMBER;          --声明第一个变量
SQL> VARIABLE num2 NUMBER;          --声明第二个变量
SQL> EXEC :num1:=20;                --为第一个变量赋值
SQL> EXEC :num2:=6;                 --为第二个变量赋值
SQL> EXEC procedure_comp(:num1,:num2);    --调用存储过程并传递参数

PL/SQL 过程已成功完成。

SQL> PRINT num1 num2;               --输出存储过程执行后两个变量的值

NUM1
----------
26
NUM2
----------
120
```

12.7.4 参数的默认值

在创建存储过程的参数时,可以为其指定一个默认值,然后如果执行该存储过程时未指定其他值,则使用默认值。但是要注意,Oracle 中只有 IN 参数才具有默认值,OUT 和 IN OUT 参数都不具有默认值。

定义参数默认值的语法如下:

```
parameter_name parameter_type {[DEFAULT | :=]}value
```

【例 12.25】

创建一个根据指定的分数查询学生学号、课程名称和分数的存储过程,要求默认情况下分数大于等于 80,语句如下:

```
--创建一个带默认值参数的存储过程
SQL> CREATE OR REPLACE PROCEDURE proc_GetScoreByWhere
  2  (score number DEFAULT '80')
  3  AS
  4  BEGIN
  5    DECLARE CURSOR myCursor IS
  6      SELECT s.sno,c.cname,s.sscore
  7      FROM scores s JOIN course c
  8      ON s.cno=c.cno
  9      WHERE s.sscore>score
 10      ORDER BY s.sscore;
 11      myrow myCursor%rowtype;
 12    BEGIN
 13      FOR myrow IN myCursor LOOP
 14        Dbms_Output.put_line('学号:'||myrow.sno||',课程名称:'
             ||myrow.cname||',分数:'||myrow.sscore);
 15      END LOOP;
 16    END;
 17  END;
 18  /
过程已创建。
```

上述语句指定存储过程名称为 proc_GetScoreByWhere,然后定义 number 型参数 score,表示要查询的分数,并在这里使用 DEFAULT 关键字指定初始值是 80。再使用 SELECT 语句查询相关表并在获取结果后按升序排列。

创建完成后,假设要查询分数大于 80 的结果,可以使用如下三种语句:

```
--执行时使用默认值
SQL> EXEC proc_GetScoreByWhere
--直接传递参数值
SQL> EEXEC proc_GetScoreByWhere(60)
--按名称传递参数值
SQL> EEXEC proc_GetScoreByWhere(score=>60)
```

上述三行语句的效果相同,执行结果如下:

```
学号:20110002,课程名称:JSP 课程设计,分数:81
学号:20110012,课程名称:JSP 课程设计,分数:82
```

学号:20100099,课程名称:C#编程基础,分数:86
学号:20100094,课程名称:java编程基础,分数:90

12.8　思考与练习

1. 填空题

(1) 触发器的类型主要有 DML 触发器、_____触发器、系统事件触发器和 DDL 触发器。

(2) 在创建触发器的时候指定_____子句,表示是一个行级触发器。

(3) 触发器可以使用的条件操作符有 INSERTING、UPDATING 和_____。

(4) 创建事件触发器需要使用_____子句,即表示创建的触发器是数据库级触发器。

(5) 在存储过程中使用_____关键字表示传递一个输入参数。

(6) 创建存储过程要使用_____语句。

(7) 调用存储过程可以使用_____命令或 EXECUTE 命令。

2. 选择题

(1) 条件操作符中的_____表示删除操作。
　　A. INSERTING　　　　　　　　B. UPDATING
　　C. DELETING　　　　　　　　 D. SELECTING

(2) 删除触发器应该使用以下哪种语句?_____
　　A. ALTER TRIGGER
　　B. DROP TRIGGER
　　C. CREATE TRIGGER
　　D. CREATE OR REPLACE TRIGGER

(3) 修改触发器应该使用以下哪种语句?_____
　　A. ALTER TRIGGER
　　B. DROP TRIGGER
　　C. CREATE TRIGGER
　　D. CREATE OR REPLACE TRIGGER

(4) 执行如下_____操作不会激发触发器。
　　A. 查询数据(SELECT)　　　　　B. 更新数据(UPDATE)
　　C. 删除数据(DELETE)　　　　　D. 插入数据(INSERT)

(5) 具有默认值的参数是_____。
　　A. IN　　　　　　　　　　　　B. OUT
　　C. IN OUT　　　　　　　　　　D. 都具有

(6) 假设有存储过程 add_student,其创建语句的头部内容如下:

CREATE PROCEDURE add_student(stu_id IN BUMBER, stu_name IN VARCHAR2)

则下列调用该存储过程的语句中，不正确的是_____。

A．EXEC add_student (1001, 'CANDY');

B．EXEC add_student ('CANDY', 1001);

C．EXEC add_student (stu_id => 1001, stu_name => 'CANDY');

D．EXEC add_student (stu_name => 'CANDY', stu_id => 1001);

3. 简答题

(1) 简述 Oracle 中触发器的类型与用法。
(2) 简述 INSTEAD OF 触发器的作用。
(3) 简述系统事件触发器所支持的系统事件有哪些。
(4) 简述调用过程时传递参数值的三种方法。
(5) 简述存储过程的基本操作语法格式。

12.9 练 一 练

作业：更改字符为大写形式

假设有一个课程信息表 Course，包含 Cno(课程编号)、Cname(课程名称)和 Credit(课程的学分)列。现在创建一个触发器，要求用户进行插入和更新操作的时候，都会将表 Cname 列的值修改为大写形式。

第 13 章

其他 Oracle 模式对象

　　模式对象是指存储在用户模式(例如 system)中的数据库对象。前面所介绍的表、表空间、存储过程和触发器等都属于模式对象。除此之外，在 Oracle 中还有很多模式对象，本章将介绍其中常用的 5 个，分别是临时表、分区表、簇表、序列和索引。

本章学习目标：

- 了解临时表的两种类型
- 掌握两种临时表的使用及区别
- 掌握对表进行列表/范围/哈希/复合分区的方法
- 掌握分区表的增加、合并和删除操作
- 熟悉簇表的创建、修改和删除
- 掌握序列的创建、使用、修改和删除操作
- 了解 Oracle 中索引的类型
- 熟悉不同类型索引的创建及管理方法

13.1　临　时　表

临时表是 Oracle 中的"静态"表，它与普通的数据表一样被数据库保存，并且从创建开始直到被删除，期间一直是有效的，并被作为模式对象存在数据字典中。通过临时表，可以避免每次当用户需要使用临时表存储数据时必须重新创建临时表。

13.1.1　临时表的类型

临时表与其他类型表的区别如下：
- 临时表只有在用户向表中添加数据时，才会为其分配存储空间；而其他类型的表则在使用 CREATE TABLE 语句执行之后就分配一个盘区。
- 为临时表分配的空间是来自临时表空间，从而避免了与永久对象争用存储空间。
- 临时表中存储数据也是以事务或者会话为基础的。
- 建立在临时表上的索引、视图等也是临时的，也是只对当前会话或者事务有效。

临时表中存储的数据只在当前事务处理或者会话进行期间有效，因此临时表主要分为以下两种类型。

(1) 事务级别的临时表

创建事务级别临时表，需要使用 ON COMMIT DELETE ROWS 子句。事务级别临时表的记录会在每次提交事务后被自动删除。

(2) 会话级别的临时表

创建会话级别临时表，需要使用 ON COMMIT PRESERVE ROWS 子句。会话级别临时表的记录会在用户与服务器断开连接后被自动删除。

13.1.2　创建临时表

在 Oracle 中可以使用 CREATE GLOBAL TEMPORARY TABLE 语句创建临时表，临时表中数据的保存时间可以通过 ON COMMIT 子句来控制。

1. 创建事务级别临时表

创建时指定 ON COMMIT DELETE ROWS 子句，表示创建的是事务级别临时表。语法如下：

```
CREATE GLOBAL TEMPORARY TABLE table_name(
    column_name data_type, [column_name data_type, ...]
)ON COMMIT DELETE ROWS;
```

提示：在创建临时表时，如果不指定 ON COMMIT 子句，则创建的临时表默认为事务级别的临时表。

【例 13.1】

创建一个事务级别临时表 test_temptable，并指定字段和字段的数据类型。语句如下：

```
SQL> create global temporary table test_temptable
  2  (
  3  id number(4) not null,
  4  name varchar2(10) not null,
  5  ) on commit delete rows;
```

表已创建。

2. 创建会话级别临时表

在创建临时表时，如果指定 ON COMMIT PRESERVE ROWS 子句，则表示创建的临时表是会话级别临时表。语法如下：

```
CREATE GLOBAL TEMPORARY TABLE table_name(
    column_name data_type, [column_name data_type, ...]
) ON COMMIT PRESERVE ROWS;
```

【例 13.2】

同样以创建 test_temptable 表为例，创建会话级别临时表的语句如下：

```
SQL> create global temporary table test_temptable
  2  (
  3  id number(4) not null,
  4  name varchar2(10) not null,
  5  ) on commit preserve rows;
```

表已创建。

13.1.3 使用临时表

临时表的使用方法与堆表相同，都可以执行 SELECT 语句、INSERT 语句等。接下来对前面创建的 test_temptable 临时表执行相应的操作。

【例 13.3】

使用 INSERT 语句向 test_temptable 表中添加一条记录数据，如下所示：

```
SQL> INSERT INTO test_temptable VALUES(1,'祝红涛');
已创建 1 行。
```

使用 SELECT 语句检索 temp_student 表中的记录信息，如下所示：

```
SQL> SELECT * FROM test_temptable;

    ID    NAME
-------   ----------------------
     1    祝红涛
```

接下来使用 COMMIT 命令提交事务，然后再检索 temp_student 表中的记录：

```
SQL> commit;
```

提交完成。
```
SQL> SELECT * FROM temp_student;
```
未选定行

可以发现，当运行 COMMIT 命令提交事务之后，临时表 temp_student 中的内容被清空，但是表还存在。

> **注意**：向事务级别的临时表中添加数据后，如果不执行事务提交，而是断开然后重新连接数据库，表中的记录数据也被清除。

上面介绍的是事务级临时表的使用。而在会话级别临时表中的数据，当用户退出，会话结束时，Oracle 自动清除该临时表中的数据。

【例 13.4】

使用例 13.2 的代码创建会话级别的临时表 test_temptable。使用 INSERT 语句向 test_temptable 表中添加一条记录数据，如下所示：

```
SQL> INSERT INTO test_temptable VALUES(1,'纯净水');
已创建 1 行。
```

使用 SELECT 语句检索 test_temptable 表中的记录数据，如下所示：

```
SQL> SELECT * FROM test_temptable;
   ID      NAME
-------   -----------------
    1     纯净水
```

使用 COMMIT 命令提交事务，然后再检索 test_temptable 表中的数据，发现表中的数据还在，如下所示：

```
SQL> commit;
提交完成。
SQL> SELECT * FROM test_temptable;
   ID      NAME
-------   -----------------
    1     纯净水
```

但是如果断开数据库连接，然后重新连接数据库。这时，再检索 test_temptable 表中的数据，会发现该表中的记录数据已经被清除。

> **提示**：会话级别的临时表，在执行事务提交后，表中的数据不会被清除，只有在当前会话结束后才会被清除；而事务级别的临时表，在执行事务提交或者结束当前会话后，表中的数据都会被清除。

13.1.4 删除临时表

删除临时表的操作和删除堆表的操作是一样的，都是使用 DROP TABLE 语句。删除该表后，该表的相关内容也从 user_tables 视图中删除。

【例 13.5】

删除前面所创建的临时表 test_temptable，语句如下：

SQL> DROP TABLE test_temptable;

表已删除。

13.2 分 区 表

对于数据量比较大的表，如果每次搜索时都对全表进行扫描，显然会很耗费时间，也降低系统的效率。Oracle 允许对一个表进行分区，即把大表分解为更容易管理的分区块，按照不同的分区规则，可以分布在不同的磁盘上。

在实际应用中，对分区表的操作是在独立的分区上，但是对用户而言，分区表的使用方法非常简单，下面详细介绍分区表的内容。

13.2.1 分区表简介

分区表是 Oracle 中的一个逻辑概念，即用户虽然操作的是一个表，而实际上 Oracle 会到不同分区去搜索数据。而且分区表对用户而言是透明的，即用户看不到分区的存在，分区由 Oracle 进行管理。

分区表主要有以下几个优点。

- 增强可用性：表的某个分区出现故障，不影响其他分区的数据使用。
- 维护方便：如果表的某个分区出现故障，修复该分区即可。
- 均衡 I/O：可以将不同的分区映射到磁盘以平衡 I/O，从而改善整个系统性能。
- 改善查询性能：可以仅搜索某一个分区，从而提高查询性能。

图 13-1 展示了分区表的逻辑模型。

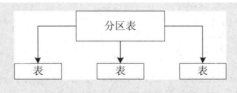

图 13-1 分区表的逻辑模型

图 13-1 中的分区表由三个分区块组成，每个分区块都是分区表的一部分，当操作分区表时，不同用户可以同时操作一个分区表的不同分区块中的数据。

在决定是否对一个表进行分区时，需要考虑如下几点：

- 如果一个表的大小超过了 2GB，通常会对它进行分区。
- 如果要对一表进行并行 DML 操作，则必须对它进行分区。
- 如果为了平衡硬盘 I/O 操作，需要将一个表分散存储在不同的表空间中，这时就必须对表进行分区。

- 如果需要将表的一部分设置为只读，而另一部分为可更新的，则必须对它进行分区。

在对表进行分区后，每一个分区都具有相同的逻辑属性。例如，各个分区都具有相同的字段名、数据类型和约束等。而各个分区的物理属性可以不同，例如，各个分区可以具有不同的存储参数，或者位于不同的表空间中。

如果对表进行了分区，表中的每一条记录都必须明确地属于某一个分区。记录应当属于哪一个分区是由记录中分区字段的值决定的。分区字段可以是表中的一个字段或多个字段的组合，可以在创建分区表时确定。在对分区表执行插入、删除或更新等操作时，Oracle 会自动地根据分区字段的值来选择所使用的分区。分区字段由 1~16 个字段以某种顺序组成，但不能包含 ROWID 伪列，也不能包含全为 NULL 值的字段。

根据表分区方法的不同，Oracle 支持 4 种类型的分区表，分别是：列表分区、范围分区、哈希分区和复合分区。

13.2.2 列表分区

列表分区表是基于特定值的列表对表进行分区。列表分区适用于分区列的值为非数字或日期数据类型，且在分区列的取值范围较少时使用。创建列表分区需要使用 PARTITION BY LIST 子句。

> **提示**：进行列表分区时，需要为每个分区指定一个取值列表，分区列的取值处于同一个列表中的行将被存储到同一个分区中。

【例 13.6】

有一个学生信息表 students，该表中有一列 city 表示学生籍贯所在城市名称。现在创建表，并根据 city 列的值进行列表分区。如下所示：

```
SQL> create table students(
  2  id number primary key,
  3  name varchar2(8),
  4  city varchar2(10))
  5  partition by list(city)
  6  (
  7  partition henan values('zhengzhou','anyang','kaifeng','luoyang'),
  8  partition hubei values('wuhan','xianyang','jingmen'),
  9  partition sichuan values('chengdu','luzhou'),
 10  partition other values(default)
 11  );
```

上面在创建 students 表时，使用 PARTITION BY list 子句指定按 city 列进行列表分区，并按照 city 值的内容将表分为 4 个区，分别为 henan、hubei、sichuan 和 other。

下面向 students 表中添加一些数据，语句如下：

```
SQL> INSERT INTO STUDENTS VALUES(1,'祝红涛','anyang');
SQL> INSERT INTO STUDENTS VALUES(2,'侯霞','chengdu');
SQL> INSERT INTO STUDENTS VALUES(3,'张丽','changsa');
SQL> INSERT INTO STUDENTS VALUES(4,'刘杰辉','chengdu');
```

```
SQL> INSERT INTO STUDENTS VALUES(5,'马兵','beijing');
SQL> INSERT INTO STUDENTS VALUES(6,'李晶晶','wuhan');
```

接下来查询在 henan 分区中的学生信息，语句如下：

```
SQL> select * from students partition(henan);
    ID  NAME       CITY
-------  ---------  ----------------
     1  祝红涛      anyang
```

再查询 other 分区中的学生信息，语句如下：

```
SQL> select * from students partition(other);
    ID  NAME       CITY
-------  ---------  ----------------
     3  张丽        changsa
     5  马兵        beijing
```

从上述结果中可以看到，如果指定的值不在 VALUES 的列表中。将被划分到 default 分区中。

13.2.3 范围分区

范围分区适用于数字和日期类型数据，它根据用户创建分区时指定的数据范围进行分区，并将数据映射到不同的分区。

在使用范围分区时，应该注意如下规则：

- 定义分区必须使用 VALUES LESS THAN 子句定义分区的标识上限，即分区数据大于或者等于此标识的数据将存储到下一个分区。
- 除了第一个分区外，其他分区都有一个隐含的下限，该下限由上一个分区的 VALUES LESS THAN 子句指定。
- 使用 MAXVALUES 关键字修饰最大分区，该关键字表示一个无穷大值，用来标识大于所有分区标识的数据。

创建范围分区需要使用 PARTITION BY RANGE 子句，其语法格式如下：

```
PARTITION BY RANGE(column_name)
(
PARTITION part1 VALUES LESS THAN (range1) [TABLESPACE tbs1],
PARTITION part2 VALUES less than (range2) [TABLESPACE tbs2],
...
PARTITION partn VALUES less than (MAXVALUE) [TABLESPACE tbsN]
);
```

在上述语法中，column_name 是需要创建范围分区的列名；part1 ... partN 是分区的名称；range1 ... MAXVALUE 是分区的边界值；tbs1 ... tbsN 是分区所在的表空间，TABLESPACE 子句是可选项。

【例 13.7】

有一个学生成绩信息表 STUDENTS，该表中有一 SCORE 列表示成绩分数。现在创建表 STUDENTS，并根据 SCORE 列的值的大小进行分区，如下所示：

```
SQL> create table STUDENTS (
  2  id number primary key,
  3  name varchar2(8),
  4  score number)
  5  partition by range(score)
  6  (
  7  partition bad values less than(60),
  8  partition good values less than(80),
  9  partition better values less than(90),
 10  partition best values less than(maxvalue)
 11  );

Table created
```

上面在创建表 STUDENTS 时，使用 PARTITION BY RANGE 子句指定按 AGE 列进行范围分区，并按照值的大小将表分为 4 个区，分别为 bad、good、better 和 best。VALUES LESS THAN 子句用来指定分区的上限(不包含该上限)；MAXVALUE 关键字用来表示分区中可能的最大值，一般用于设置最后一个分区的上限。

下面向 STUDENTS 表中添加一些数据，语句如下：

```
SQL> INSERT INTO PEOPLE VALUES(1,'祝红涛',60);
SQL> INSERT INTO PEOPLE VALUES(2,'侯霞',89);
SQL> INSERT INTO PEOPLE VALUES(3,'张丽',90);
SQL> INSERT INTO PEOPLE VALUES(4,'刘杰辉',70);
SQL> INSERT INTO PEOPLE VALUES(5,'马兵',100);
```

使用 SELECT 查询 STUDENTS 表中的所有数据，语句如下：

```
SQL> select * from students;

        ID NAME       SCORE
---------- -------- ----------
         1 祝红涛         60
         2 侯霞           89
         3 张丽           90
         4 刘杰辉         70
         5 马兵          100
```

接下来查询最后一个分区，即 best 分区中存储的表数据，语句如下：

```
SQL> select * from students partition(best);

        ID NAME       SCORE
---------- -------- ----------
         3 张丽           90
         5 马兵          100
```

从查询结果中可以发现，90 这个值并没有被包含到 better 分区中去。这说明分区的取值范围中不包括 VALUES LESS THAN 子句所指定的上限值。

13.2.4 哈希分区

哈希分区是通过 Hash 算法均匀分布数据的一种分区类型，其目的主要是实现分区平衡。创建哈希分区需要使用 PARTITION BY HASH 子句，其语法格式有两种，分别是：

```
PARTITION BY HASH(column_name)
PARTITIONS number_of_partitions [STORE IN (tablespace_list)];
```

或者：

```
PARTITION BY HASH(column_name)
(
PARTITION part1 [TABLESPACE tbs1],
PARTITION part2 [TABLESPACE tbs2],
...
PARTITION partN [TABLESPACE tbsN]
);
```

在上述语法格式中，column_name 代表需要创建哈希分区的列名；number_of_partitions 是哈希分区的数目，使用这种方法，系统会自动生成分区的名称。tablespace_list 指定分区使用的表空间，如果分区数目比表空间的数目多，分区将会以循环的方式分配到表空间中。part1...partN 是分区的名称。tbs1...tbsN 是分区所在的表空间，TABLESPACE 子句是可选项。

【例 13.8】

假设要创建一个哈希分区的 product 表，使用 PARTITION BY HASH 子句的实现如下：

```
SQL> CREATE TABLE product(
  2      id NUMBER(4),
  3      name VARCHAR2(30),
  4      price NUMBER(4,2),
  5      ctime DATE
  6  )PARTITION BY HASH(bid)(
  7      partition part1 tablespace mytemp1,
  8      partition part2 tablespace mytemp2
  9  );
```

创建 product 表后，将会根据表中的 id 列将添加的数据均匀分布到 part1 和 part2 分区。这两个分区分别存在于 mytemp1 和 mytemp2 表空间中。

提示：使用 Hash 分区表，可以使表中的数据得到均匀的分配，有助于在某些高并发性的应用程序中消除数据块冲突。

13.2.5 复合分区

复合分区首先根据范围进行表分区，然后使用列表方式或者哈希方式创建子分区。使用复合分区实现了对分区表的更精细管理，既可以发挥范围分区的可管理优势，也可以发挥哈希分区的数据分布、条带化和并行化的优势。

【例 13.9】

下面的示例语句在创建订单表 sale_orders 时使用了复合分区：

```sql
SQL> create table sale_orders(
  2    id number primary key,
  3    empid number,
  4    pdtid number,
  5    amount number,
  6    price number(3,2),
  7    saledate date
  8  )
  9  partition by range(saledate)
 10    subpartition by hash(id)
 11    subpartition template(
 12      subpartition sp1 tablespace subspace1,
 13      subpartition sp2 tablespace subspace2,
 14      subpartition sp3 tablespace subspace3
 15    )
 16  (
 17    partition spring2014 values less than(
         to_date('04/01/2014','MM/DD/YYYY')),
 18    partition summer2014 values less than(
         to_date('07/01/2014','MM/DD/YYYY')),
 19    partition autumn2014 values less than(
         to_date('09/01/2014','MM/DD/YYYY')),
 20    partition winter2014 values less than(maxvalue)
 21  );
```

执行后，sale_orders 就是一个复合分区表，其中首先按照 saledate 列(销售日期)进行范围分区，然后按照 id 列(订单编号)创建哈希分区。在子分区中将根据 id 列的值平均分布在 sp1、sp2 和 sp3 分区。

13.2.6 增加分区表

增加表分区适应于所有的分区表类型，其语法如下：

```
ALTER TABLE table_name ADD PARTITION ...
```

但是对于范围分区表和列表分区表，由于在分区时指定了范围值，因此在增加分区时需要注意以下两点：

- 在最后一个分区之后增加分区，分区值必须大于当前分区中的最大值。
- 如果当前存在 MAXVALUE 或 DEFAULT 值的分区，则增加分区时，会出现错误。这种情况只能采用分隔分区的方法，具体来说，是指定 SPLIT PARTITION 子句。

1. 为范围分区表增加分区

为范围分区表增加分区可以分为在最后一个分区之后、在分区中间和开始处。

(1) 在最后一个分区之后增加分区

为范围分区表增加分区时，如果是在最后一个分区之后增加分区，根据最后一个分区的分区值是否为 MAXVALUE，可以使用两种不同的实现方式。

【例 13.10】

为前面的 STUDENTS 表增加一个分区，由于创建该表时指定了 MAXVALUE 值，所以需要使用 SPLIT PARTITION 子句，如下所示：

```
SQL> alter table STUDENTS split partition best at(101)
  2  into
  3  (partition best,
  4  partition error
  5  );
表已更改。
```

上述语句使用 101 为分界点，将原来的 best 分为 best 和 error 两个分区。即小于 101 的为 best 分区，大于等于 101 的为 error 分区。

【例 13.11】

如果创建的分区表中没有指定 MAXVALUE 值，那么在添加分区时，需要使用 ADD PARTITION 子句。

下面创建一个范围分区表 testUser，在创建过程中该分区表中的最后一个分区不使用 MAXVALUE 关键字，且在最后一个分区之后增加分区，如下所示：

```
SQL> CREATE TABLE testUser(
  2  id number,
  3  name varchar2(10),
  4  pass varchar2(10),
  5  age number)
  6  PARTITION BY RANGE(age)
  7  (
  8  PARTITION user1 VALUES less than (18),
  9  PARTITION user2 VALUES less than (30),
 10  PARTITION user3 VALUES less than (50)
 11  );
表已创建。
```

接着添加分区，如下所示：

```
SQL> ALTER TABLE testUser ADD PARTITION
  2  user4 VALUES less than(60);
表已更改。
```

可以看出，分区 user4 已经增加成功。

注意：在最后一个分区之后增加分区时，指定的 VALUES 值要大于当前分区中的最大值，否则会出现错误信息。

(2) 在分区中间或开始处增加分区

这种情况可以直接使用 SPLIT PARTITION 子句向已有分区中间或开始处增加分区。

【例 13.12】

在上个示例 testUser 表分区的开始处增加一个分区，如下所示：

```
SQL> ALTER TABLE testUser
```

```
  2    SPLIT PARTITION user1 AT (9)
  3    INTO(PARTITION user0, PARTITION user1);
```
表已更改。

上面在 testUser 表的 user1 分区中使用 9 为分隔点，将 user1 分为 user0 和 user1，从而达到增加一个分区的目的。

2．为哈希分区表增加分区

为哈希分区表增加分区，只需要使用带有 ADD PARTITION 的 ALTER TABEL 语句即可。

【例 13.13】

在前面创建的哈希分区表 product 中添加一个分区，如下所示：

```
SQL> ALTER TABLE product
  2    ADD PARTITION part3 TABLESPACE mytemp3;
```

表已更改。

注意：为哈希分区表增加分区后，Oracle 会将数据重新分配，将一部分数据自动分配到新区中。

3．为列表分区表增加分区

要为列表分区表新增加一个分区，方法与创建列表分区时一样，需要为分区使用 VALUES 子句指定取值列表。

【例 13.14】

在前面创建的列表分区表 students 中添加一个分区，如下所示：

```
SQL> ALTER TABLE students
  2    ADD PARTITION guangdong VALUES('guangzhou', 'shenzhen', 'zhongshan', 'huizhou') ;
```

表已更改。

13.2.7 合并分区表

假设要合并一个表中的几个分区，可以使用带 MERGE PARTITION 的 ALTER TABLE 语句。

【例 13.15】

例如，要把范围分区表 students 中的 best 和 error 分区为 best，语句如下：

```
SQL> ALTER TABLE students
  2    MERGE PARTITIONS best,error
  3    INTO PARTITION best;
```
表已更改。

13.2.8 删除分区表

删除表分区的方法是使用带有 DROP PARTITION 的 ALTER TABL 语句。

【例 13.16】

假设要删除 students 中的 best 分区,语句如下:

```
SQL> ALTER TABLE students
  2  DROP PARTITION best;
表已更改。
```

13.2.9 创建分区表索引

在 Oracle 11g 中,根据对索引进行分区目的的不同,可以分为 3 种分区表索引,分别是局部分区索引、全局分区索引和全局非分区索引。

1. 局部分区索引

局部分区索引是指为分区表的各个分区单独建立的索引,各个分区索引之间是相互独立的。为分区表创建局部分区索引后,Oracle 将会自动对表的分区和索引的分区进行同步管理。

局部分区索引与分区表的对应关系如图 13-2 所示。

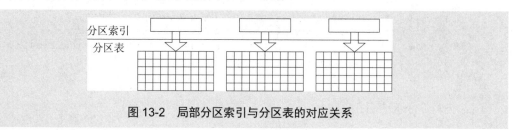

图 13-2　局部分区索引与分区表的对应关系

【例 13.17】

要创建局部分区索引,需要在 CREATE INDEX 语句中使用 LOCAL 关键字。假设要对分区表 STUDENTS 创建局部分区索引,语句如下:

```
SQL> create index stu_part_index
  2  on STUDENTS(name) local
  3  (
  4  partition index1 tablespace mytemp1,
  5  partition index2 tablespace mytemp2,
  6  partition index3 tablespace mytemp3
  7  );
索引已创建。
```

> **注意:** 如果为分区表添加新的分区,则 Oracle 会自动为新分区建立新的索引;如果表的分区还存在,则用户不能删除其所对应的索引分区;如果删除表的分区,则系统会自动删除其所对应的索引分区。

2. 全局分区索引

全局分区索引是指对整个分区表建立的索引,Oracle 会对索引进行分区。全局分区索引的各个分区之间不是相互独立的,分区索引和分区表之间也不是简单的一对一关系。

全局分区索引与分区表的对应关系如图 13-3 所示。

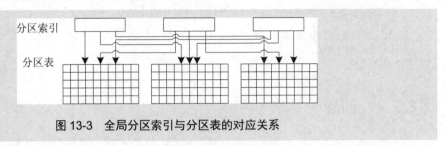

图 13-3　全局分区索引与分区表的对应关系

【例 13.18】

要建立全局分区索引,需要在 CREATE INDEX 语句中使用 GLOBAL 关键字,而且只能针对 RANGE 分区进行。假设要对分区表 STUDENTS 创建全局分区索引,语句如下:

```
SQL> create index stu_global_index
  2  on STUDENTS(score)
  3  global partition by range(score)
  4  (
  5  partition bad values less than(60) tablespace mytemp1,
  6  partition good values less than(80) tablespace mytemp2,
  7  partition better values less than(90) tablespace mytemp3,
  8  partition best values less than(maxvalue) tablespace mytemp4,
  9  );
索引已创建。
```

3. 全局非分区索引

全局非分区索引是指对整个分区表建立的索引,但是未对索引进行分区。全局非分区索引与分区表的对应关系如图 13-4 所示。

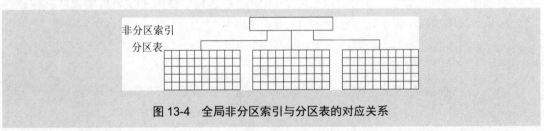

图 13-4　全局非分区索引与分区表的对应关系

【例 13.19】

假设要对 STUDENTS 分区表创建全局非分区索引,语句如下:

```
SQL> create index stu_nopart_index
  2  on STUDENTS(id);
索引已创建。
```

13.3 簇 表

簇由一组共享相同数据块的多个表组成，它将这些表的相关行一起存储到相同数据块中，这样可以减少查询数据所需的磁盘读取量。在簇中创建的表称为簇表。

建立簇和簇表的顺序是：簇、簇表、数据以及簇索引，下面首先介绍如何创建簇。

13.3.1 创建簇

创建簇的语句是 CREATE CLUSTER，语法如下：

```
CREATE CLUSTER cluster_name(column data_type[,column data_type] ...)
[PCTUSED 40 | integer]
[PCTFREE 10 | integer]
[SIZE integer]
[INITRANS 1 | integer]
[MAXTRANS 255 | integer]
[TABLESPACE tablespace_name]
[STORAGE storage]
```

在上述语法格式中，cluster_name 表示所创建的簇的名称，column 表示对簇中的表进行聚簇存储的字段，data_type 表示该字段的类型。

【例 13.20】

创建一个名称为 MyCluster1 的簇，并指定通过 id 字段来对簇中的表进行聚簇存储。如下所示：

```
SQL> create cluster MyCluster1(id number)
  2  pctused 60
  3  pctfree 10
  4  size 1024
  5  storage(
  6    initial 128
  7    minextents 2
  8    maxextents 20
  9  );
簇已创建。
```

在上述代码中，SIZE 子句用来为聚簇字段提供指定的数据块数量。

> **提示**：如果用户在自己的模式中创建簇和簇表，则必须具有 CREATE CLUSTER 权限和 UNLIMITED TABLESPACE 系统权限；如果在其他模式中创建簇，则还必须具有 CREATE ANY CLUSTER 系统权限。

13.3.2 创建簇表

前面介绍了创建簇的方法，创建簇表需要用 CLUSTER 子句指定使用的簇和簇字段。

【例 13.21】

创建一个名称为 clu_student 的簇表,在创建的过程中使用 CLUSTER 子句指定所使用的簇为 MyCluster1,使用的簇字段为 id,如下所示:

```
SQL> create table clu_student(
  2  id number,
  3  name varchar2(10),
  4  email varchar(50),
  5  qq varchar(12)
  6  )
  7  cluster mycluster1(id);
表已创建。
```

> 注意:如果没有为簇建立索引之前向簇表中添加记录,就会出现"聚簇表无法在簇索引建立之前使用"错误。

13.3.3 创建簇索引

簇索引与普通索引一样,需要具有独立的存储空间,但它与簇表不同,并不存在于簇中。创建簇索引的语法格式如下:

```
CREATE INDEX index_name
ON CLUSTER clu_name;
```

在上述语法格式中,index_name 表示创建簇索引的名称,clu_name 表示所创建簇的名称。

【例 13.22】

为前面创建的 MyCluster1 簇添加一个簇索引 cluster_index,语句如下:

```
SQL> CREATE INDEX cluster_index
  2  ON CLUSTER MyCluster1;
索引已创建。
```

13.3.4 修改簇

修改簇主要是指修改创建簇时指定的属性值,这包含物理存储属性、存储簇键值的所有行所需空间的平均值 SIZE 以及默认的并行度。其中物理存储属性包括 PCTFREE、PCTUSED、INITRANS、MAXTRANS 和 STORAGE。

【例 13.23】

假设要修改 MyCluster1 簇中参数 PCTUSED 和 PCTFREE 的值,分别修改为 70 和 30。语句如下:

```
SQL> ALTER CLUSTER MyCluster1
  2  PCTUSED 70
  3  PCTFREE 30;
簇已变更。
```

13.3.5 删除簇

簇的删除分两种情况：一种是删除不包含簇表的簇，即一个空簇；另一种是删除包含簇表的簇。

1. 删除空簇

当一个簇中不包含簇表时，可以直接使用 DROP CLUSTER 语句删除该簇。

【例 13.24】

创建一个用于测试的簇 testcluster，语句如下：

```
SQL> CREATE CLUSTER testcluster(id number);
簇已创建。
```

假设要删除 testcluster 簇，可用如下语句：

```
SQL> DROP CLUSTER testcluster;
簇已删除。
```

2. 删除含有簇表的簇

当要删除包含有簇表的簇时，需要在 DROP CLUSTER 语句中添加 INCLUDING DATA 关键字。此时使用该簇的所有簇表会随之删除。

【例 13.25】

删除已经包含簇表的簇 MyCluster1，如下所示：

```
SQL> DROP CLUSTER MyCluster1 INCLUDING TABLES;
簇已删除。
```

13.4 序 列

在 Oracle 数据库中，序列允许同时生成多个序列号，但每个序列号都是唯一的，这样可以避免向表中添加数据时手动指定主键值。使用序列可以实现自动产生主键值。序列也可以在多用户并发环境中使用，为所有用户生成不重复的顺序数值，而且不需要任何额外的 I/O 开销。下面介绍如何创建序列、修改序列以及删除序列。

13.4.1 创建序列

创建序列的语法格式如下：

```
CREATE SEQUENCE sequence_name
[START WITH start]
[INCREMENT BY increment]
[MINVALUE minvalue | NOMINVALUE]
[MAXVALUE maxvalue | NOMAXVALUE]
```

```
[CACHE cache | NOCACHE]
[CYCLE | NOCYCLE]
[ORDER | NOORDER]
```

其中各个参数的含义如下。

- sequence_name：用来指定待创建的序列名称。
- start：用来指定序列的开始位置。在默认情况下，递增序列的起始值为MINVALUE，递减序列的起始值为MAXVALUE。
- increment：用来表示序列的增量。该参数值若为正数，则生成一个递增序列，为负数则生成一个递减序列。默认值为1。
- minvalue：用来指定序列中的最小值。
- maxvalue：用来指定序列中的最大值。
- CACHE | NOCACHE

用来指定是否产生序列号预分配，并存储在内存中。

- CYCLE | NOCYCLE：用来指定当序列达到 MAXVALUE 或 MINVALUE 时，是否可复位并继续下去。如果使用 CYCLE，则如果达到极限，生成的下一个数据将分别是 MINVALUE 或者 MAXVALUE；如果使用 NOCYCLE，则如果达到极限并试图获取下一个值时，将返回一个错误。
- ORDER | NOORDER：用来指定是否可以保证生成的序列值是按顺序产生的。如果使用 ORDER，则可以保证；而如果使用 NOORDER，则只能保证序列值的唯一性，而不能保证序列值的顺序。

【例 13.26】

假设在 students 表中存在 stuid 列，为了使该列可以在添加新记录时自动生成一个唯一值，就可以创建一个序列。

下面的示例代码创建一个名称为 sequence_id 的序列，使其从 200501 开始，每次增加 1，没有最大值，并且不可复位：

```
SQL> CREATE SEQUENCE sequence_id
  2  START WITH 200501
  3  INCREMENT BY 1
  4  NOMAXVALUE
  5  NOCYCLE;
Sequence created
```

向该表中添加数据时，需要使用伪列 NEXTVAL，该伪列可以返回序列生成的下一个值，定义方法如下：

```
SQL> INSERT INTO students VALUES(sequence_id.nextval,'陈辰');
1 row inserted
SQL> INSERT INTO students VALUES(sequence_id.nextval,'李欣');
1 row inserted
```

> **注意**：NEXTVAL 返回序列中下一个有效的值，任何用户都可以引用；CURRVAL 中存放序列的当前值。NEXTVAL 应该在 CURRVAL 之前指定，二者应同时有效。

查看 students 表，结果如下：

```
SQL> select * from students;

STUID        STUNAME
-----------  --------------
200501       陈辰
200502       李欣
```

13.4.2 修改序列

修改序列需要使用 ALTER SEQUENCE 语句。使用 ALTER SEQUENCE 语句，可以对除了序列起始值以外的任何子句和参数进行修改。如果要修改序列的起始值，则必须先删除该序列，然后重建该序列。

【例 13.27】

将 sequence_id 序列中的每次增量修改为 3，如下所示：

```
SQL> ALTER SEQUENCE sequence_id
  2  INCREMENT BY 3;

Sequence altered
```

向 students 表中添加数据进行查看，如下所示：

```
SQL> INSERT INTO students VALUES(sequence_id.nextval,'李玉');
1 row inserted
SQL> INSERT INTO students VALUES(sequence_id.nextval,'张科');
1 row inserted
SQL> INSERT INTO students VALUES(sequence_id.nextval,'万斌');
1 row inserted
SQL> select * from students;
STUID       STUNAME
-------     ----------
200501      陈辰
200502      李欣
200505      李玉
200508      张科
200511      万斌
```

13.4.3 删除序列

删除序列需要使用 DELETE SEQUENCE 语句。

【例 13.28】

将上面创建好的 sequence_id 序列删除，如下所示：

```
SQL> drop sequence sequence_id;
Sequence dropped
```

 提示：删除序列时，Oracle 只是将它的定义从数据字典中删除。

13.5 索 引

索引是数据库中用于存放表中每一条记录的位置的对象，其目的是为了加快数据的读取速度和完整性检查。索引由根节点、分支节点和叶子节点组成，上级索引块包含下级索引块的索引数据，叶子节点包含索引数据和确定行位置的 ROWID。但创建索引需要占用许多存储空间，而且向表中添加和删除记录时，数据库需要花费额外的开销来更新索引。因此，在实际应用中，应该确保索引能够得到有效利用。

13.5.1 了解 Oracle 中的索引类型

在 Oracle 中有一些常用的索引类型，例如 B 树索引、位图索引、反向键索引以及基于函数的索引等。本节将详细介绍这些索引。

1. B 树索引

B 树索引是 Oracle 中默认的索引类型。其逻辑结构如图 13-5 所示。

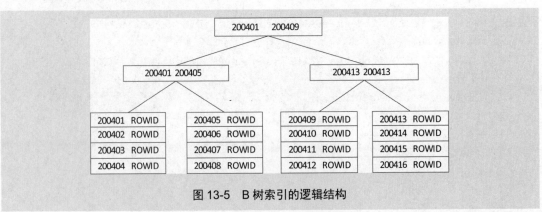

图 13-5　B 树索引的逻辑结构

从图 13-5 可以看出，B 树索引的组织结构类似于一棵树，其中主要数据都集中在叶子节点上。每个叶子节点中包含索引列的值和记录行对应的物理地址 ROWID。

在使用索引查找数据时，首先通过索引列的值查找到 ROWID，然后通过 ROWID 找到记录的物理地址。

采用 B 树索引时，无论索引条目位于何处，Oracle 都只需要花费相同的 I/O 就可以获取它。例如，要查找上述 B 树索引搜索编号为 2023 的节点，其搜索过程如下。

(1) 访问根节点，将 2023 与 2001 和 2013 进行比较。

(2) 由于 2023 大于 2013，因此搜索右边的分支，在右边的分支中将 2023 与 2013、2017 和 2021 比较。

(3) 由于 2023 大于 2021，因此搜索右边分支的第三个叶子节点。

在 B 树索引中，无论用户搜索哪个分支的叶子节点，都可以保证所经过的索引层次是相同的。

2. 位图索引

上面介绍了用 B 树索引保存排过序的索引列的值，通过数据行的 ROWID 来实现快速查找。而位图索引既不存储 ROWID 值，也不存储键值，主要用于在比较特殊的列上创建索引。

在 Oracle 中建议，当一个列的所有取值数与表的行数之间的比例小于 1%时，就不适合在该列上创建 B 树索引。

例如，在一个用户注册表中有一列是用户的性别，该列仅有两种取值，分别是男或女。因此该列上不适合创建 B 树索引，因为 B 树索引主要用于对大量不同的数据进行细分。在该列上使用位图索引的效果如图 13-6 所示。

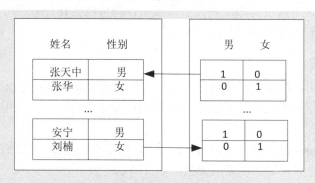

图 13-6　使用位图索引的效果

在图 13-6 中，1 表示"是，该值存在于这一行中"，0 表示"否，该值不存在于这一行中"。虽然 1 和 0 不能作为指向行的指针，但是，由于图表中 1 和 0 的位置与表行的位置是相对应的，如果给定表的起始和终止 ROWID，则可以计算出表中行的物理位置。

在为表中的低基数列创建位图索引时，系统将对表进行一次全面扫描，为遇到的各个取值构建"图表"。例如图 13-6 中，在图表的顶部列出了两个值：男和女。

在创建位图索引进行全表扫描的同时，还将创建位图索引记录，记录中各行的顺序与它在表中的顺序相同。

3. 反向键索引

反向键索引是一种特殊的 B 树索引，适用于在含有序列数的列上。其工作原理是：如果用户使用序列编号在表中添加新的记录，则反向键索引首先反向转换每个列键值的字节，然后在反向后的新数据上进行索引。

在常规的 B 树索引中，如果主键列是递增的，那么向表中添加新的数据时，B 树索引将直接访问最后一个数据，而不是逐一访问每个节点。这种情况造成的现象是，随着数据行的不断增加，以及原有数据行的删除，B 树索引将变得越来越不均匀，效果如图 13-7 所示。

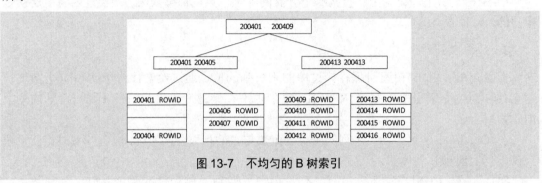

图 13-7 不均匀的 B 树索引

图 13-7 中，当主键列递增时，添加的新索引表项会占据后面的叶子节点，而不会占据已经删除了的叶子节点。如果在该列上创建反向键索引，将会使索引键就变成非递增的。也就是说，如果将这个索引键添加到叶子节点中，则可能会在任意的叶子节点中进行，从而使得新的数据在值的范围分布上比原来均匀。

4. 基于函数的索引

基于函数的索引，存放的不是数据本身，而是经过函数处理后的数据，是常规的 B 树索引。如果检索数据时需要对字符大小写或数据类型进行转换，则使用这种索引可以提高检索效率。

例如，在 students 表中有一个 claname 列，该列中有一个值为"JAVA 班"，如果输入字符串"java 班"进行查询，则无法查到，如下所示：

```
SQL> select * from students where claname='java 班';
CLAID    CLANAME    CLATEACHER
-----    -------    ----------
未选定行
```

这就需要使用 LOWER()函数来解决问题，该函数可以将字符转换为小写。示例如下：

```
SQL> SELECT * FROM students WHERE lower(claname)=lower('java 班');
CLAID    CLANAME    CLATEACHER
-----    -------    ----------
1        JAVA 班    陈利
```

在上述代码中，可以将查询时遇到的值都转换为小写，然后再进行比较，这样就避免了因大小写不同而导致值不同的问题。

上面查询语句时，使用函数对列进行了转换，那么这个查询将不会使用 students 表的 claname 列上的 claname_index 索引。为了在使用函数转换数据的同时，还能使用索引，提高检索效率，就需要创建基于函数的索引。

13.5.2 索引创建语法

本节将介绍如何指定索引的选项。创建索引的语法格式如下：

```
CREATE UNIQUE | BTIMAP INDEX <schema>.<index_name>
ON <schema>.<table_name>
(<column_name> | <expression> ASC | DESC,
<column_name> | <expression> ASC | DESC, ...)
TABLESPACE<tablespace_name>
STORAGE<storage_settings>
LOGGING | NOLOGGING
COMPUTE STATISTICS
NOCOMPRESS | COMPRESS<nn>
NOSORT | REVERSE
PARTITION | GLOBAL PARTITION<partition_setting>;
```

其中各关键字或子句的含义如下。

- UNIQUE | BITMAP：在创建索引时，如果指定关键字 UNIQUE，则要求表中的每一行在索引时都包含唯一的值；如果指定 BITMAP 关键字，将创建一个位图索引；如果都省略，则默认创建 B 树索引。
- ASC：表示该列为升序排列。ASC 为默认排列顺序。
- DESC：表示该列为降序排列。
- TABLESPACE：用来在创建索引时为索引指定存储空间。
- STORAGE：用户可以使用该子句来进一步设置存储索引的表空间存储参数，以取代表空间的默认存储参数。
- LOGGING | NOLOGGING：LOGGING 用来指定在创建索引时创建相应的日志记录；NOLOGGING 则用来指定不创建相应的日志记录。默认使用 LOGGING。

> 提示：如果使用 NOLOGGING，则可以更快地完成索引的创建操作，因为在创建索引的过程中，不会产生重做日志信息。

- COMPUTE STATISTICS：用来指定在创建索引的过程中直接生成关于索引的统计信息。这样可以避免以后再对索引进行分析操作。
- NOCOMPRESS | COMPRESS<nn>：COMPRESS 用来指定在创建索引时对重复的索引值进行压缩，以节省索引的存储空间；NOCOMPRESS 则用来指定不进行任何压缩。默认使用 NOCOMPRESS。

- NOSORT | REVERSE：NOSORT 用来指定在创建索引时，Oracle 将使用与表中相同的顺序来创建索引，省略再次对索引进行排序的操作；REVERSE 则指定以相反的顺序存储索引值。

> 注意：如果表中行的顺序与索引期望的顺序不一致，则使用 NOSORT 子句将会导致索引创建失败。

- PARTITION | NOPARTITION：使用该子句，可以在分区表和未分区表上对创建的索引进行分区。

13.5.3 创建 B 树索引

B 树索引中包括普通索引、唯一索引以及复合索引，创建这些索引均需要使用到 CREATE INDEX 语句，这里将主要介绍如何创建这些索引。

> 注意：如果用户要在自己的模式中创建索引，则必须具有 CREATE INDEX 系统权限；如果用户要在其他用户模式中创建索引，则必须具有 CREATE ANY INDEX 系统权限。

1. 创建普通索引

创建普通索引的详细语法格式如下：

```
CREATE INDEX index_name on table_name(column_name);
```

其中，index_name 表示所创建索引的名称，table_name 表示表的名称，column_name 表示创建索引的列名。

【例 13.29】

为 students 表的 name 列创建一个名称为 name_index 的索引，如下所示：

```
SQL> CREATE INDEX name_index on students (claname)
  2  TABLESPACE USERS;
Index created
```

2. 创建唯一索引

创建唯一 B 树索引主要可以保证索引列不会出现重复的值，创建唯一索引需要使用 UNIQUE 关键字，其详细语法如下：

```
CREATE UNIQUE INDEX index_name on table_name(column_name);
```

【例 13.30】

为 students 表的 id 列创建一个名称为 id_index 的唯一索引，如下所示：

```
SQL> CREATE UNIQUE INDEX id_index on students(id)
  2  TABLESPACE USERS;
```

```
Index created
```

3. 创建复合索引

复合索引是指为表中多个字段创建索引。其语法格式如下：

```
CREATE INDEX index_name on table_name(column_name1,column_name2,...);
```

【例 13.31】

为 students 表的 name 和 sex 列创建一个名称为 stuname_stusex_index 的索引：

```
SQL> CREATE INDEX stuname_sex_index on
  2  students(name,sex)
  3  TABLESPACE USERS;
Index created
```

在创建复合索引时，多个列的顺序可以是任意的。例如，创建的复合索引也可以使用如下形式：

```
SQL> CREATE INDEX name_sex_index on
  2  students(sex,name)
  3  TABLESPACE USERS;
Index created
```

复合索引另外一个特点就是键压缩。在创建索引时，使用键压缩可以节省存储索引的空间。索引越小，执行查询时服务器就越有可能使用它们。且读取索引所需的磁盘 I/O 也会减少，从而使得索引读取的性能得到提高。启用键压缩需要使用 COMPRESS 子句。

【例 13.32】

为 students 表中的 name 和 score 列创建复合索引，要求使用键压缩，如下所示：

```
SQL> CREATE INDEX stuname_score_index on students(sex,score)
  2  COMPRESS 2
  3  ;
Index created
```

压缩并不是只能用于复合索引，只要是非唯一索引的列具有较多的重复值，即使单独的列，也可以使用压缩。

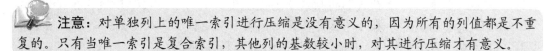

注意：对单独列上的唯一索引进行压缩是没有意义的，因为所有的列值都是不重复的。只有当唯一索引是复合索引，其他列的基数较小时，对其进行压缩才有意义。

13.5.4 创建位图索引

创建位图索引需要使用 BITMAP 关键字，该索引适用于在表中基数较小的列上创建。其语法格式如下：

```
CREATE BITMAP INDEX bitmap_name on table_name(column_name)
```

其中，bitmap_name 表示创建位图索引的名称，table_name 代表表名，column_name 表示创建位图索引的列名。

【例 13.33】

为 students 表的 sex 列创建一个名称为 stusex_bitmap_index 的位图索引，如下所示：

```
SQL> CREATE BITMAP INDEX stusex_bitmap_index on students(sex)
  2    TABLESPACE USERS;
Index created
```

13.5.5 创建反向键索引

创建反向键索引需要使用 REVERSE 关键字，该索引适用于在表中严格排序的列上创建。其语法格式如下：

```
CREATE INDEX reverse_name on table_name(column_name)
REVERSE;
```

其中，reverse_name 表示创建反向键索引的名称。

【例 13.34】

为 students 表的 id 列创建一个名称为 stuid_reverse_index 的反向键索引，如下所示：

```
SQL> CREATE INDEX stuid_reverse_index on students(id)
  2    REVERSE
  3    TABLESPACE USERS;
Index created
```

上述代码中为 id 列创建了一个反向键索引，而在查询时，用户只需要像常规方式一样查询数据，而不需要关心键的反向处理，系统会自动完成该处理。

13.5.6 创建基于函数的索引

通过创建基于函数的索引，可以提高在查询条件中使用函数和表达式时查询的速度。

> **注意**：如果用户要在自己的模式中创建基于函数的索引，则必须具有 QUERY REWRITE 系统权限；如果用户想要在其他模式中创建基于函数的索引，则必须具有 CREATE ANY INDEX 和 GLOBAL QUERY REWRITE 权限。

【例 13.35】

为 students 表的 claname 列创建一个基于 LOWER()函数的索引，如下所示：

```
SQL> CREATE INDEX claname_func_index on students(LOWER(claname))
  2    TABLESPACE USERS
  3  ;
```

```
Index created
```

在上述代码中，为 students 表中的 claname 列创建了一个名称为 claname_func_index 的函数索引。创建该索引后，如果在查询条件中包含有相同的函数，则可以提高查询的执行速度。下面的查询将会使用 claname_func_index 索引，如下所示：

```
SQL> SELECT * FROM students WHERE LOWER(claname)='web班';
CLAID      CLANAME       CLATEACHER
--------   -----------   ------------------
6          WEB班         董艺
```

> **提示**：创建基于函数的索引时，Oracle 会首先对包含索引列的函数值或表达式值进行求值，然后对求值后的结果进行排序，最后存储到索引中。

13.5.7 管理索引

Oracle 允许我们对于已创建的索引进行管理，例如修改索引的名称、合并索引中的存储碎片、重新创建索引、监视索引的使用情况以及删除不必要的索引等。本小节中将介绍这些操作。

1. 修改索引的名称

在 Oracle 中，可以将已经创建的索引进行重命名，重新命名索引的语法格式如下：

```
ALTER INDEX index_name RENAME TO new_index_name;
```

其中，index_name 代表已经定义的索引名称，new_index_name 代表重新命名的索引名称。

【例 13.36】

将索引名称 claname_index 重新命名为 new_claname_index，如下所示：

```
SQL> ALTER INDEX claname_index RENAME TO new_claname_index;
Index altered
```

2. 合并索引

在实际应用中，表中的数据要不断地进行更新，这会导致表的索引中产生越来越多的存储碎片，这些碎片会影响索引的使用效率。而合并索引可以清除索引中的存储碎片，其语法格式如下：

```
ALTER INDEX index_name COALESCE [DEALLOCATE UNUSED];
```

其中，index_name 表示索引的名称，COALESCE 表示合并索引；DEALLOCATE UNUSED 表示合并索引的同时，释放合并后多余的空间。

【例 13.37】

合并索引名称为 stuname_score_index 的索引，如下所示：

```
SQL> ALTER INDEX stuname_score_index COALESCE;
Index altered
```

3. 重建索引

除了合并索引可以清除索引中的存储碎片之外，还有一种方式可以清除存储碎片，即重建索引。重建索引在清除存储碎片的同时，还可以改变索引中全部存储参数的设置以及索引的存储表空间，其语法格式如下：

```
ALTER [UNIQUE] INDEX index_name
REBUILD;
```

其中，index_name 代表需要重建索引的名称。

【例 13.38】

重新建立索引的名称为 stuname_score_index，如下所示：

```
SQL> ALTER INDEX stuname_score_index REBUILD;
Index altered
```

4. 监视索引

监视索引的目的是为了确保索引得到有效的利用，打开索引的监视状态需要使用 ALTER INDEX ... MONITORING USAGE 语句，其语法格式如下：

```
ALTER INDEX index_name MONITORING USAGE;
```

其中，index_name 表示索引的名称。

【例 13.39】

例如，打开索引 stuname_score_index 的监视状态，如下所示：

```
SQL> ALTER INDEX stuname_score_index MONITORING USAGE;
Index altered
```

在上面的例子中将 stuname_score_index 索引的监视状态打开后，可以通过动态性能视图 V$OBJECT_USAGE 查看该索引的使用情况。首先了解一下该动态性能视图的结构：

```
SQL> DESC V$OBJECT_USAGE;

名称                     是否为空？    类型
----------------         --------    ---------------------
INDEX_NAME               NOT NULL    VARCHAR2(30)
TABLE_NAME               NOT NULL    VARCHAR2(30)
MONITORING                           VARCHAR2(3)
USED                                 VARCHAR2(3)
START_MONITORING                     VARCHAR2(19)
END_MONITORING                       VARCHAR2(19)
```

在上述代码中，MONITORING 代表标识是否激活了使用的监视，USED 字段表示在监视过程中索引的使用情况，START_MONITORING 和 END_MONITORING 字段分别表示描述监视的开始和终止时间。

【例 13.40】

查看 stuname_score_index 索引的使用情况，如下所示：

```
SQL> SELECT INDEX_NAME,MONITORING,USED,START_MONITORING FROM
V$OBJECT_USAGE;

INDEX_NAME              MONITORING    USED     START_MONITORING
--------------------    ----------    ------   ---------------------
STUNAME_SCORE_INDEX     YES           NO       05/30/2013 15:25:20
```

关闭索引的监视状态需要使用 ALTER INDEX ... NOMONITORING USAGE 语句。

【例 13.41】

将 stuname_stusex_index 的索引监视状态关闭，如下所示：

```
SQL> ALTER INDEX stuname_stusex_index NOMONITORING USAGE;

Index altered
```

5. 删除索引

当一个索引被删除后，它所占用的盘区会全部返回给它所在的表空间，并且可以被表空间中的其他对象使用。

(1) 通常在以下情况下需要删除某个索引：
- 该索引不需要被使用。
- 该索引很少被使用，索引的使用情况可以通过监视来查看。
- 该索引中包含较多的存储碎片，需要重建该索引。

如果该索引属于其他模式，则需要用户必须具有 DROP ANY INDEX 系统权限。

(2) 删除索引主要分为如下两种情况。
- 删除基于约束条件的索引：如果索引是在定义约束条件时由 Oracle 自动建立的（例如定义 UNIQUE 约束时，Oracle 自动创建唯一索引），则必须禁用或删除该约束本身。
- 删除使用 CREATE INDEX 语句创建的索引：如果索引是使用 CREATE INDEX 语句显式创建的，则需要使用 DROP INDEX 语句删除该索引。

【例 13.42】

删除 stuname_sex_index 索引，如下所示：

```
SQL> drop index stuname_sex_index;

Index dropped
```

13.6　思考与练习

1. 填空题

（1）由于临时表中存储的数据只在当前事务处理或者会话进行期间有效，因此临时表主要分为两种：事务级临时表和_____。

（2）在创建分区表时，可以使用_____表示分区中可能的最大值。

（3）如果要修改序列的_____，则必须先删除该序列，然后重建该序列。

（4）在 Oracle 中有一些常用的索引类型，包括_____、位图索引、反向键索引以及基于函数的索引等。

2. 选择题

（1）创建临时表时，如果指定_____子句，则表示创建的临时表是事务级别临时表。

  A．PARTITION BY
  B．ON COMMIT DELETE ROWS
  C．ORGANIZATION EXTERNAL
  D．ON COMMIT PRESERVE ROWS

（2）假设要对商品信息表进行分区处理，并且根据商品的产地进行分区，则应采用下列哪个分区？_____

  A．范围分区　　　　　　　　　　B．散列分区
  C．列表分区　　　　　　　　　　D．组合范围散列分区

（3）建立序列后，首次调用序列时应该使用的伪列是_____。

  A．ROWID　　　　　　　　　　　B．ROWNUM
  C．NEXTVAL　　　　　　　　　　D．CURRVAL

（4）现需要创建一个从 8 开始，每次递增 2 的序列，并且没有最大值，同时也不可复位。下列选项中，_____选项是正确的。

  A．
```
CREATE SEQUENCE seq_student
START WITH 8
INCREMENT BY 2
NOMAXVALUE
NOCYCLE;
```

  B．
```
CREATE SEQUENCE seq_student
INCREMENT BY 8
START WITH 2
```

```
NOMAXVALUE
NOCYCLE;
```

  C.

```
CREATE SEQUENCE seq_student
START WITH 8
INCREMENT BY 2
MAXVALUE 0
NOCYCLE;
```

  D.

```
CREATE SEQUENCE seq_student
START WITH 8
INCREMENT BY 2
MAXVALUE
CYCLE FALSE;
```

(5) 以下_____子句是表示创建唯一索引。

  A. CREATE UNIQUE INDEX index_name on table_name(column);

  B. CREATE INDEX index_name on table_name(column);

  C. CREATE INDEX index_name on table_name(column) REVERSE;

  D. CREATE BITMAP INDEX index_name
    on table_name(column) TABLESPQCE USERS;

3. 简答题

(1) 简述临时表的两种类型，以及它们的区别。

(2) 简述分区表有哪些类型，以及如何增加一个分区。

(3) 序列中的 NEXTVAL 与 CURRVAL 有什么区别？

13.7 练 一 练

作业：操作分区表

使用分区表可以根据某一列的值按照指定的规则将它放到不同的分区和表空间中。本次训练要求读者完成如下对分区表的操作。

(1) 创建一个员工表，包括员工编号、员工姓名、所在部门编号、出生日期、就职日期以及所在城市。

(2) 为员工表使用分区，依据为根据就职日期列使用范围分区划分 4 个分区。

(3) 为员工表使用分区，依据为根据所在部门编号列使用列表分区划分 3 个分区。

(4) 创建一个薪酬表，包括员工编号、工资、发放日期 3 列。

(5) 对薪酬表创建复合分区，先依据发放日期创建 4 个范围分区，再依据员工编号创建 3 个哈希分区。

(6) 为第(3)步创建的所在部门编号列表分区增加一个新分区。

(7) 添加数据进行测试。最终删除创建的分区和表。

第 14 章

酒店客房管理系统数据库

本章以酒店客房管理系统为背景做需求分析，然后绘制出流程图和 E-R 图，并最终在 Oracle 中实现。具体实现包括表空间和用户的创建、创建表和视图、编写存储过程和触发器，并在最后对数据进行测试。

本章学习目标：

- 掌握 E-R 图的绘制
- 熟悉将 E-R 图转换为关系模型的过程
- 掌握创建表空间时指定名称、位置和文件信息的方法
- 掌握用户的创建和权限匹配方法
- 掌握创建表时指定表名、列名、数据类型和约束的方法
- 掌握视图的创建
- 掌握普通存储过程和带参数存储过程的创建
- 掌握触发器的创建
- 熟悉酒店客房管理系统中视图、存储过程和触发器的测试方法
- 熟悉数据的导出与导入

14.1 系统需求分析

在开发一个系统之前，需要分析许多问题，遵循许多原则和步骤，以确保系统进度的可控性和质量的可预估性。创建酒店客房管理系统同样要考虑许多问题，首先需要对系统有一个明确的需求分析，确定在该系统中要实现哪些功能，并为这些功能设计数据表。

14.1.1 系统简介

当前，随着信息领域的不断飞速发展，信息技术已逐渐成为各种技术的基础，信息也成为企业具有竞争力的核心要素。企业的生存和发展依靠正确的决策，而决策的基础就是信息，所以企业竞争力的高低完全取决于企业对信息的获取和处理能力。企业要准确、快速地获取和处理信息，企业信息化是必然的选择。企业必须加快内部信息交流，改进企业业务流程和管理模式，提高运行效率，降低成本，提高竞争力，信息化建设是企业适应社会发展的要求。企业管理信息系统(即企业 MIS)是企业信息化的重要内容。

随着我国改革开放的不断推进，人民生活水平日益提高，旅游经济蓬勃发展，这一切都带动了酒店行业的发展。再加上入境旅游的人也越来越多，入境从事商务活动的外宾也越来越多。传统的手工已不适应现代化酒店管理的需要。及时、准确、全方位的网络化信息管理成为必需的条件。

酒店是一个服务至上的行业，从客人的预订开始，到入住登记，直至最后退房结账，每一步都要保持一致性的服务水准，错一步，就会令辛苦经营的形象功亏一篑。要成为一家成功的酒店，就必须做到宾至如归，面对酒店业内激烈的竞争形势，各酒店均在努力拓展其服务领域的广度和深度。虽然计算机并不是酒店走向成功的关键元素，但它可以帮助那些真正影响成败的要素发挥更大的效用。因此，采用全新的计算机网络和管理系统，将成为提高酒店管理效率，改善服务水准的重要手段之一。

本系统需要满足以下几个系统设计目标。

- 实用性原则：真正为用户的实际工作服务，按照酒店客房管理工作的实际流程，设计出实用的酒店客房管理系统。
- 可靠性原则：必须为酒店客房提供安全的信息服务，保证酒店信息不被泄露。
- 友好性原则：本酒店客房管理系统面向的用户是酒店内的工作人员，所以系统操作上要求简单、方便、快捷，便于用户使用。
- 可扩展性原则：采用开放的标准和接口，便于系统向更大的规模和功能扩展。

14.1.2 功能要求

在酒店客房管理系统中，需要处理的对象主要有顾客的预订和退订信息管理、顾客的入住信息管理、顾客的换房信息管理、顾客的退房信息管理和财务统计信息管理。

下面列出了每个对象中包含的信息内容。

- 顾客基本信息(Guest)：主要包括顾客编号、顾客姓名、顾客性别、顾客身份证号、顾客电话、顾客地址、顾客预交款、顾客积分、顾客的折扣度和顾客余额。
- 客房基本信息(RoomInfo)：主要包括客房编号、客房类型、客房价格、客房楼层和客房朝向。
- 消费项目基本信息(Atariff)：包括消费项目编号、消费项目名称、消费项目价格。
- 客房物品基本信息(RoGoInfo)：主要包括客房物品编号、客房物品名称、客房物品原价和客房物品赔偿倍数。
- 客房状态信息(RoomState)：主要包括客房编号、顾客编号、入住时间、退房时间、预订入住时间、预订退房时间、入住价格、客房状态修改时间和标志位。
- 消费信息(Consumelist)：主要包括顾客编号、消费项目编号、消费项目数量和消费时间。
- 物品损坏信息(GoAmInfo)：主要包括顾客编号、客房物品编号、客房编号、损坏物品个数和损坏时间。

根据酒店客房管理系统的理念，此酒店客房管理系统必须满足以下需求。

(1) 能够存储一定数量的顾客信息，并方便有效地进行相应的顾客数据操作和管理，这主要包括：
- 顾客信息的录入、删除和修改。
- 顾客信息的关键字检索查询。

(2) 能够对顾客的预订信息、退订信息、入住信息、换房信息、退房信息、消费信息和损坏物品信息进行相应的操作，这主要包括：
- 顾客预订和退订、入住、换房、退房的登记、删除及修改(即对房态信息的登记、删除和修改)。
- 顾客消费信息的登记、删除及修改。
- 顾客损坏物品的登记、删除及修改。
- 顾客消费信息的汇总。

(3) 能够提供一定的安全机制，提供数据信息授权访问、修改和删除，防止随意查询、修改及删除。

(4) 对查询、统计的结果能够列表显示。

14.2 具体化需求

需求分析是设计数据库的起点，需求分析的结果是否准确地反映了用户的实际要求，将直接影响到后面各个阶段的设计，并影响到设计结果是否能合理地被使用。

本节将在需求分析结果的基础上进行更具体的细化，主要包括绘制系统的流程图和数据流图。

14.2.1 绘制业务流程图

根据前面对系统需求分析的结果，在酒店客房管理系统中的业务主要体现在 5 个方面，分别是预订和退订业务、顾客入住业务、顾客换房业务、顾客退房业务和酒店的财务统计业务。

下面针对每种业务，分析其操作过程并绘制业务流程图。如图 14-1 所示为预订和退订业务流程图。

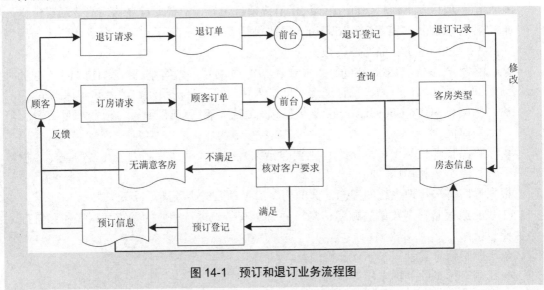

图 14-1　预订和退订业务流程图

如图 14-2 所示为酒店客房管理系统中顾客入住业务流程图。

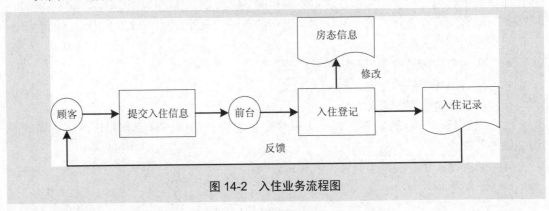

图 14-2　入住业务流程图

如图 14-3 所示为酒店客房管理系统中的顾客退房业务流程图。

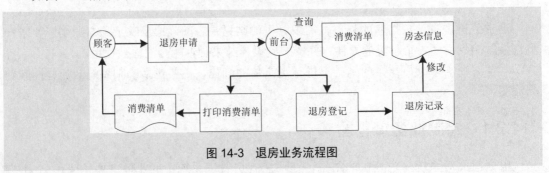

图 14-3　退房业务流程图

如图 14-4 所示为酒店客房管理系统中的顾客换房业务流程图。

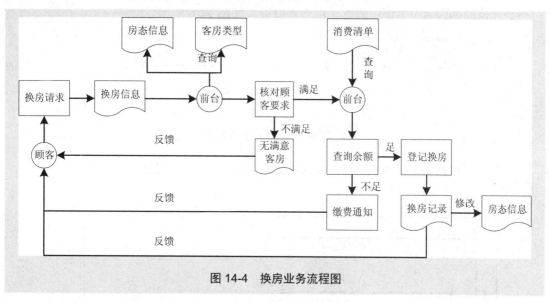

图 14-4　换房业务流程图

如图 14-5 所示为酒店客房管理系统中财务统计业务流程图。

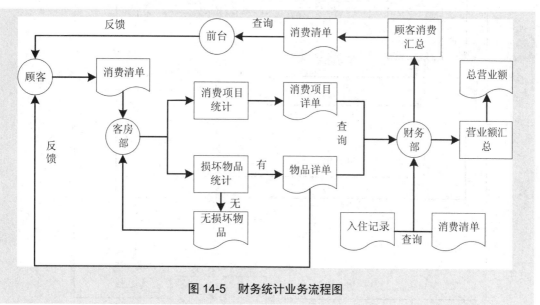

图 14-5　财务统计业务流程图

14.2.2　绘制数据流图

在绘制系统业务流程图之后，还需要进一步的细化，从而分析出每个业务操作时数据在系统内的传输路径，这就是数据流图。

绘制数据流图的方法有很多，这里采用传统的自顶至下方法。在酒店客房管理系统中可将数据流归纳为两个方面：顾客、前台和财务，如图 14-6 所示。

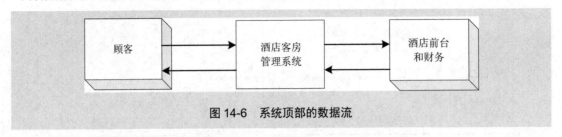

图 14-6　系统顶部的数据流

接下来，根据 5 大业务操作绘制系统内数据的流入和流出，最终效果如图 14-7 所示。

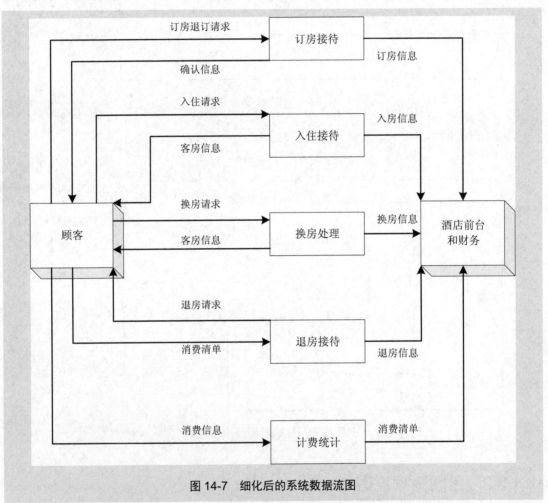

图 14-7　细化后的系统数据流图

经过细化后，从图 14-7 中可以看出，在顾客与前台和财务之间，主要存在 5 个方面的数据流出入，分别是订房接待、入住接待、换房处理、退房接待和计费统计。其中，数据主要由入住酒店的顾客发送，根据数据流的不同，顾客也会收到数据。

首先来看看顾客在系统中预订和退订操作的数据流，如图14-8所示。

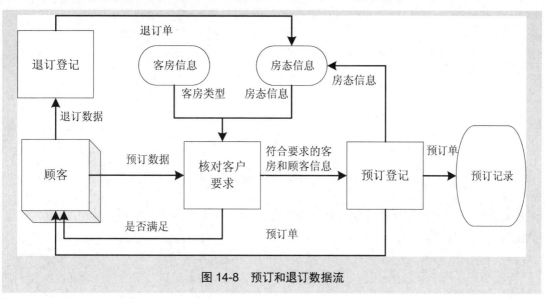

图 14-8　预订和退订数据流

从图14-8可以看出，这里又可以分为核对客户要求、预订登记和退订登记3个处理过程，它们的详细描述如下。

(1) 核对客户要求。
- 功能简介：前台核对是否有满足顾客要求的客房。
- 处理过程：根据客房类型和房态信息，核对是否有满足顾客要求的客房并反馈给顾客。
- 输入数据流：顾客预订数据、房态信息、客房类型。
- 输出数据流：满足要求的顾客信息和顾客信息。

(2) 预订登记。
- 功能简介：将顾客分配到满足要求的客房，在前台记录。
- 处理过程：根据满足要求的信息，办理登记，并修改客房状态。
- 输入数据流：满足要求的顾客信息和客房信息。
- 输出数据流：预订单，将预订单存档并反馈给客户。

(3) 退订登记。
- 功能简介：对顾客退订处理。
- 处理过程：根据顾客的退订信息，更新客房状态。
- 输入数据流：顾客的退订数据。
- 输出数据流：房态信息、更新房态信息。

如果顾客有预订信息，则在入住时还需要进行登记，其中的数据流如图14-9所示。从图14-9可以看出，在入住数据流中只有一项操作，它的功能是对前台对已定房顾客进行登记；输入数据流为顾客提供的预订信息，输出数据流为更新后的房态信息和入住记录。

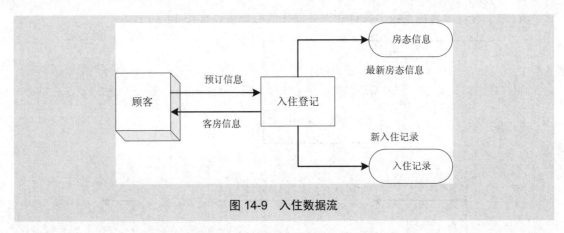

图 14-9 入住数据流

在入住登记后,如果顾客感觉客房不满意,还可以要求换房。如图 14-10 所示为换房数据流。

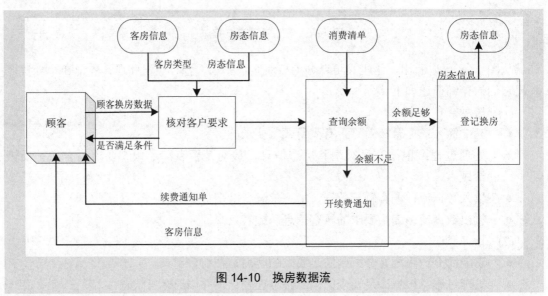

图 14-10 换房数据流

在这里涉及到的操作及其输入和输出情况如下。

(1) 核对客户要求。
- 功能简介:查看酒店的空客房是否满足客户要求。
- 处理过程:根据客户的要求,查看是否有满足客户要求的空客房。
- 输入数据流:顾客换房要求。
- 输出数据流:满足或者不满足信息,查询余额要求。

(2) 查询余额。
- 功能简介:对顾客的消费余额进行查询。
- 处理过程:根据换房顾客的消费清单,查询余额是否能满足所换房价格。
- 输入数据流:查询余额请求。
- 输出数据流:余额足/不足信息。

(3) 登记换房。
- 功能简介：对换房者进行换房登记。
- 处理过程：对换房者进行登记，并修改房态信息。
- 输入数据流：余额足够信息。
- 输出数据流：房态信息。

(4) 开续费通知。
- 功能简介：对换房顾客填写续费通知。
- 处理过程：填写续费通知。
- 输入数据流：足额不足信息。
- 输出数据流：续费通知单。

在顾客入住以后离开时，还需进行退房登记，其数据流如图 14-11 所示，各个操作说明如下。

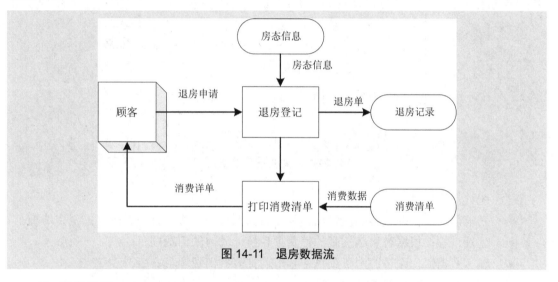

图 14-11　退房数据流

(1) 退房登记。
- 功能简介：前台对顾客的退房进行确认。
- 处理过程：根据顾客的退房信息，更新房态信息。
- 输入数据流：顾客退房数据。
- 输出数据流：房态信息，将新的房态信息存档。

(2) 打印消费清单。
- 功能简介：根据财务部的顾客消费汇总，打印顾客消费情况。
- 处理过程：根据财务部的顾客消费汇总，打印消费清单，反馈给顾客。
- 输入数据流：消费数据，来自财务部。
- 输出数据流：消费清单，反馈给顾客其消费情况。

最后一个数据流是酒店客房管理系统财务的统计处理，如图 14-12 所示。其中涉及的操作说明如下。

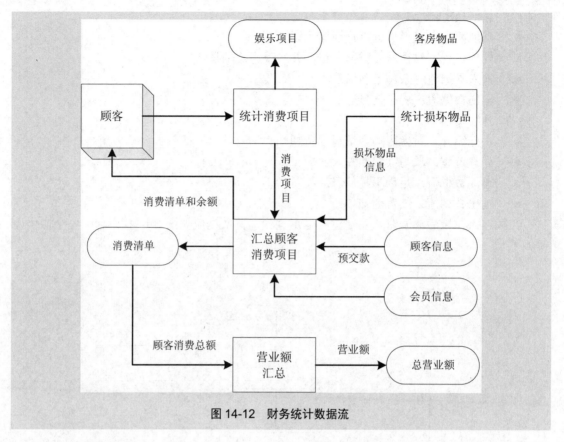

图 14-12　财务统计数据流

(1) 统计消费项目。
- 功能简介：根据顾客的消费项目和客房部拥有的消费项目核对顾客的消费情况。
- 处理过程：根据客房部拥有的消费项目统计顾客的消费项目。
- 输入数据流：顾客的消费项目，客房部拥有的消费项目。
- 输出数据流：消费项目记录，传递给财务部。

(2) 汇总顾客消费项目。
- 功能简介：对顾客的各种花费进行汇总。
- 处理过程：对顾客的所有经费进行汇总，如是会员，进行优惠。
- 输入数据流：顾客的消费，损坏物品的赔偿，顾客信息及会员信息。
- 输出数据流：一位顾客的所有花费。

(3) 统计损坏物品。
- 功能简介：统计客房物品的损坏情况。
- 处理过程：根据物品清单检查是否有损坏，如有，则对损坏者进行索赔。
- 输入数据流：客房物品信息。
- 输出数据流：损坏物品赔偿信息。

(4) 酒店营业额汇总。
- 功能简介：汇总酒店的营业额。

- 处理过程：根据顾客的消费情况，对酒店的营业额进行汇总。
- 输入数据流：顾客消费信息。
- 输出数据流：酒店总营业额。

14.3 系统建模

将需求分析得到的用户需求抽象为信息结构(即概念模型)的过程，就是系统建模。它是整个数据库设计的关键。

14.3.1 绘制 E-R 图

本书最开始的第 1 章中介绍过 E-R 图，它是用于确定要在数据库中保存什么信息和确认各种信息之间存在什么关系。E-R 图反映了现实世界中存在的事物或数据，及它们之间的关系。

从前面业务流程图和数据流图中总结出，酒店客房管理系统的功能是围绕"顾客"、"客房"和"消费"的处理。根据实体与属性的如下定义准则：

- 作为实体的"属性"，它不能再具有需要描述的性质。
- 实体的"属性"不能与其他实体具有联系。

将数据流图 14-8、14-9、14-10 和 14-11 综合成顾客预订、退订、入住、换房和退房的 E-R 图，如图 14-13 所示。

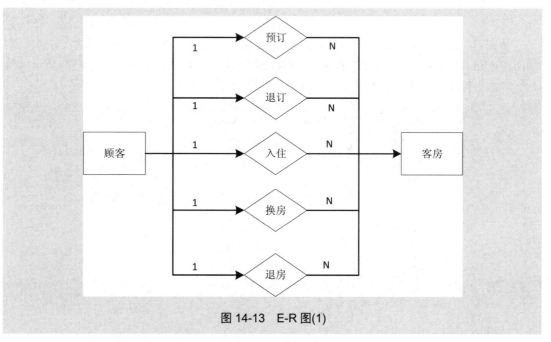

图 14-13　E-R 图(1)

将数据流图 14-12 抽象为如图 14-14 所示的 E-R 图。

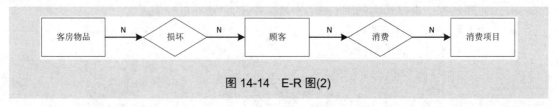

图 14-14 E-R 图(2)

然后采用逐步集成的方法合并两个 E-R 图，并消除不必要的冗余和冲突，最终形成的 E-R 图如图 14-15 所示。

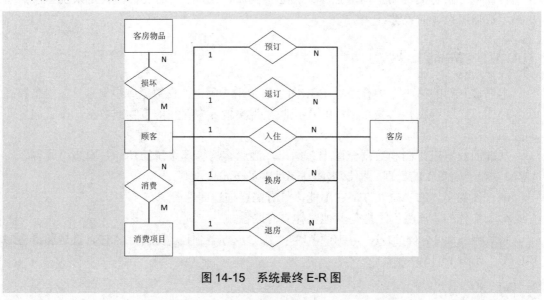

图 14-15 系统最终 E-R 图

从图 14-15 中可以看出，在酒店客房管理系统中主要可以将实体分为顾客(Guest)、客房(RoomInfo)、消费项目(Atariff)和客房物品(RoGoInfo)这 4 个实体。如图 14-16 所示为这 4 个实体及其属性，其中粗体显示的属性为实体的标识。

图 14-16 实体属性

在最终 E-R 图中，除了 4 个实体之外，实体之间还包含了 7 个联系。如下所示为这些联系，及联系中的属性。

- 预订：Reserve(Stime1,Rtime, Rltime)
- 退订：Back(Stime2)
- 入住：Into(Stime3,Atime,Ltime)
- 换房：Change(Stime4)
- 退房：Return(Stime5)
- 消费：Consumelist(Amount,Wtime)
- 物品赔偿单：GoAmInfo(Dnum,Amendstime)

14.3.2 将 E-R 图转换为关系模型

将 E-R 图转换为关系模型的规则是，实体的属性作为关系的属性，实体的码作为关系的码。而实体之间的联系由于存在多种情况，在转换时需要遵循如下原则。

- m:n 联系：转换为一个关系模式。与该联系相连的各实体的码以及联系本身的属性均转换为关系的属性，而关系的码为各实体码的组合。
- 1:n 联系：转换为一个独立的关系模式，也可以与 n 端对应的关系模式合并。如果转换为一个独立的关系模式，则与该联系相连的各实体的码以及联系本身的属性均转换为关系的属性，而关系的码为 n 端实体的码。
- 1:1 联系：转换为一个独立的关系模式，也可以与任意一端对应的关系模式合并。三个或三个以上实体间的一个多元联系可以转换为一个关系模式。与该多元联系相连的各实体的码以及联系本身的属性均转换为关系的属性，而关系的码为各实体码的组合。
- 有相同码的关系模式可直接合并：在本系统中，顾客与客房的联系方式为 1:n(一对多)，因此可以将其之间的联系与 n 端实体客房合并，也可以独立地作为一种关系模式，我们选择将其作为独立的关系模式。由于顾客与客房物品、消费项目的联系方式为 n:n(多对多)，可以将其之间的联系转化为独立的关系模式。

如下所示为经过转换后的关系模型，其中加粗显示的字体为关系的主键。

(1) 顾客：

Guest(**Gno**,Gname,Gsex,Gid,Gtel,Gaddress,Account,Ggrade,discount,balance)

(2) 客房基本信息：

RoomInfo(**Rno**,Rtype,Rprice,Rfloor,Toward)

(3) 消费项目：

Atariff(**Atno**,Atname,Atprice)

(4) 客房物品信息：

RoGoInfo(**Goodsno**,**Rno**,Goodsname,Oprice,Dmultiple)

(5) 预订：

Reserve(**Gno**,**Rno**,Stime1,Rtime,Rltime)

(6) 退订：

Back(**Gno**,**Rno**,Stime2)

(7) 入住：

Into(**Gno**,**Rno**,Stime3,Atime,Ltime)

(8) 换房：

Change(**Gno**,**Rno**,Stime4)

(9) 退房：

Return(**Gno**,**Rno**,Stime5)

(10) 消费：

Consumelist(**Atno**,**Gno**,Amount,Wtime)

(11) 物品赔偿单：

GoAmInfo(**Goodsno**,**Gno**,**Rno**,**Amendstime**,Dnum)

虽然现在完成了从 E-R 图到关系模型的映射，但是还有一个问题，就是上述关系模式中 Reserve、Back、Into、Change 和 Return 的主键都相同。因此如果直接使用这 5 个关系模型表示关系，将造成大量数据的冗余。解决的办法就是合并为一个关系模式，这里将该模式称为房态基本表，包含的键如下所示：

RoomState(Gno,Rno,Atime, Ltime,Rtime, Rltime,IntoPrice,Days,Stime,flag)

其中 flag 为标志位，表示客房的状态为预订、入住和空。

14.4 系统设计

完成系统建模之后，系统由概念阶段到逻辑设计阶段的工作就结束了。那么接下来进入数据库的设计阶段，具体的工作就是将逻辑设计阶段的结果在数据库系统中进行实现，这包括创建数据库、创建表和创建视图等工作。

下面所有的操作都是以 Oracle 为环境进行的，并且所有操作都以语句的形式完成。

14.4.1 创建表空间和用户

在本书第 8 章详细介绍了如何在 Oracle 中管理表空间。本系统中创建的表空间名称为 HOTEL_TS，默认保存在系统 D 盘 HotelSys 目录下。HOTEL_TS 表空间文件的初始大小为 15MB，自动增长率也是 15MB，最大大小为 150MB，对盘区的管理为 UNIFORM 方式。

具体创建语句如下：

```
SQL> CREATE TABLESPACE HOTEL_TS
```

```
  2  DATAFILE'D:\HotelSys\HotelSys.DBF' SIZE 15M
  3  AUTOEXTEND ON NEXT 15M MAXSIZE 150M
  4  EXTENT MANAGEMENT LOCAL UNIFORM SIZE 800K;
表空间已创建。
```

在执行上述代码时,要使用 system 用户登录,使用其他用户创建表空间时,该用户必须具有创建表空间的权限。执行完成之后,在 D:\HotelSys 目录下将看到 HotelSys.DBF 文件,如图 14-17 所示。

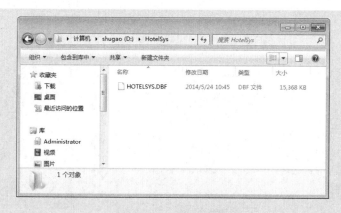

图 14-17 创建表空间

针对上面创建的 HOTEL_TS 表空间创建一个用户。用户名称为 HOTEL,密码为 123456,使用的默认表空间为 HOTEL_TS,临时表空间为 TEMP。

具体语句如下:

```
SQL> CREATE USER HOTEL
  2  IDENTIFIED BY 123456
  3  DEFAULT TABLESPACE HOTEL_TS
  4  TEMPORARY TABLESPACE temp
  5  QUOTA 30M ON HOTEL_TS;
```

创建用户需要具有 CREATE USER 权限,可以在 system 用户下执行。为了方便后面的使用,还需要对 HOTEL 用户授予其他权限。语句如下:

```
SQL> GRANT CONNECT TO HOTEL WITH ADMIN OPTION;
SQL> GRANT RESOURCE TO HOTEL WITH ADMIN OPTION;
SQL> GRANT CREATE ANY VIEW TO HOTEL;
SQL> GRANT UNLIMITED TABLESPACE TO HOTEL;
```

14.4.2 创建数据表

创建数据库之后,就像有了一块空地,由于还没有房子,所以不能居住。

数据表就相当于房子,在创建时需要规划好里面的结构,一旦创建之后,便可以往里面填充数据(居住)。

根据 14.3.2 小节最终转换后的关系模型，可以将酒店客房管理系统划分为 7 个表，分别是顾客基本信息表、客房基本信息表、房态表、娱乐项目基本信息表、顾客娱乐消费信息表、客房物品基本信息表和顾客赔偿物品信息表。

在执行如下创建数据表的语句之前，首先需要使用前面创建的 HOTEL 用户登录 Oracle 数据库。

（1）创建顾客基本信息表 Guest，保存顾客的各种信息，如顾客编号、姓名、性别、顾客电话、地址、预交款、积分以及折扣度等。具体语句如下：

```
SQL> CREATE TABLE Guest
  2  (
  3    Gno char(20) not null,
  4    Gname char(20)not null,
  5    Gsex char(20) not null,
  6    Gid char(18) unique not null,
  7    Gtel char(11),
  8    Gaddress char(20),
  9    Account float,
 10    Grade int,
 11    Discount float not null,
 12    Balance float,
 13    CONSTRAINT gno_PK PRIMARY KEY(Gno),
 14    CONSTRAINT c_ck CHECK(Account>=0 AND Grade>=0)
 15  );
```

（2）创建客房基本信息表 RoomInfo，保存客房的各种信息，如客房编号、客房类型、客房价格、客房楼层和客房朝向等。具体语句如下：

```
SQL> CREATE TABLE RoomInfo
  2  (
  3    Rno char(10) not null,
  4    Rtype char(20)not null,
  5    Rprice float not null,
  6    Rfloor smallint not null,
  7    Toward char(10)not null,
  8    CONSTRAINT rno_PK PRIMARY KEY(Rno),
  9    CONSTRAINT rf_ck CHECK(Rfloor between 1 and 100),
 10    CONSTRAINT t_ck CHECK(Toward in(
       '正北','正南','正西','正东','东北','西南','西北','东南')),
 11    CONSTRAINT rt_ck CHECK (Rtype in(
       '标准1','标准2','豪华1','豪华2','高级1','高级2'))
 12  );
```

（3）创建房态表 RoomState，保存客房状态信息，如客房编号、顾客编号、入住时间、退房时间、预订入住时间、预订退房时间、入住价格、客房状态修改时间和标志位等。具体语句如下：

```
SQL> CREATE TABLE RoomState
  2  (
  3    Rno char(10) not null PRIMARY KEY,
  4    Gno char(20) REFERENCES guest(Gno),
  5    Atime date ,
  6    Ltime date,
  7    Rtime date,
  8    Rltime date,
  9    IntoPrice float ,
 10    Days int,
 11    Stime date,
 12    flag char(1),
 13    CONSTRAINT fg_ck CHECK (flag in('1','2','3')),
 14    CONSTRAINT rno_fk FOREIGN KEY (Rno)REFERENCES RoomInfo(Rno)
 15  );
```

(4) 创建娱乐项目基本信息表 Atariff，保存娱乐项目的信息，如项目编号、消费项目名称、消费项目价格等。具体语句如下：

```
SQL> CREATE TABLE Atariff
  2  (
  3    Atno char(20)not null PRIMARY KEY,
  4    Atname char(20)not null,
  5    Atprice float not null CHECK (Atprice >0.0)
  6  );
```

(5) 创建顾客娱乐消费信息表 ConsumeList，包括的信息有顾客编号、消费项目编号、消费项目数量和消费时间。具体语句如下：

```
SQL> CREATE TABLE ConsumeList
  2  (
  3    Gno char(20) REFERENCES guest(Gno),
  4    Atno char(20) REFERENCES Atariff(Atno),
  5    Amount float,
  6    Wtime date not null,
  7    CONSTRAINT ca_pk PRIMARY KEY(Gno,Atno)
  8  );
```

(6) 创建客房物品基本信息表 RoGoInfo，包括的信息有客房物品编号、客房物品名称、客房物品原价和客房物品赔偿倍数。具体语句如下：

```
SQL> CREATE TABLE RoGoInfo
  2  (
  3    Goodsno char(20)  PRIMARY KEY,
```

```
4    Goodsname char(20)not null,
5    Oprice float not null,
6    Dmultiple float not null
7  );
```

(7) 创建顾客赔偿物品信息表 GoAmInfo，包括的信息有客房物品编号、客房物品名称、客房物品原价和客房物品赔偿倍数。具体语句如下：

```
SQL> CREATE TABLE GoAmInfo
  2  (
  3    Gno char(20) REFERENCES guest(Gno),
  4    Rno char(10) REFERENCES Roominfo(Rno),
  5    Goodsno char(20) REFERENCES RoGoInfo(Goodsno),
  6    Dnum int,
  7    Amendstime date not null,
  8    CONSTRAINT grg_pk PRIMARY KEY(Gno,Rno,Goodsno)
  9  );
```

14.4.3 创建视图

视图(View)是一种查看数据的方法，当用户需要同时从数据库的多个表中查看数据时，可以通过使用视图来实现。在这里为酒店客房管理系统定义了 3 个视图，如下所示：

- 查询预定信息的 BookView 视图。
- 查询入住信息上的 IntoView 视图。
- 查询空房信息的 EnRoView 视图。

(1) BookView 视图的定义语句如下：

```
SQL> CREATE VIEW BookView
  2  AS
  3  SELECT RoomState.Gno,Gname,RoomState.Rno,Rtype,Rfloor,Toward,
        IntoPrice,Rtime,Rltime,Days,Stime
  4  FROM Roominfo,RoomState,guest
  5  WHERE flag='1'
  6    AND Roominfo.Rno=RoomState.Rno
  7    AND RoomState.Gno=guest.Gno;
```

(2) IntoView 视图的定义语句如下：

```
SQL> CREATE VIEW IntoView
  2  AS
  3  SELECT RoomState.Gno,Gname,RoomState.Rno,Rtype,Rfloor,Toward,
        IntoPrice,Atime,Ltime,Days,Account
  4  FROM Roominfo,RoomState,guest
  5  WHERE flag='2'
```

```
6   AND Roominfo.Rno=RoomState.Rno
7   AND RoomState.Gno=guest.Gno;
```

(3) EmRoView 视图的定义语句如下:

```
SQL> CREATE VIEW EmRoView
  2  AS
  3  SELECT Rno,Rtype,Rprice,Rfloor,Toward
  4  FROM Roominfo
  5  WHERE Rno NOT IN (
  6      SELECT Rno  FROM  RoomState
  7  );
```

14.4.4 创建存储过程

一个存储过程由一系列 PL/SQL 语句组成,它经过编译后,保存在数据库中。因此,存储过程比普通 PL/SQL 语句执行得更快,且可以多次调用。这是存储过程的定义,在第 12 章已经详细讲解了 Oracle 中存储过程的创建、调用和编写方法。

在本系统中,存储过程的作用是帮助用户快速完成某项业务操作。主要体现在如下几个方面。

(1) 创建一个存储过程,实现查看某一天各种娱乐项目的使用情况,实现语句如下:

```
SQL> CREATE OR REPLACE PROCEDURE Proc_SearchDate
  2  (cdate IN date)
  3  AS
  4  BEGIN
  5    DECLARE CURSOR myCursor IS
  6      SELECT Atno,sum(Amount) AS Amount
  7      FROM Consumelist
  8      WHERE Wtime=cdate
  9      GROUP BY Atno;
 10      myrow myCursor%rowtype;
 11    BEGIN
 12      FOR myrow IN myCursor LOOP
 13        DBMS_OUTPUT.PUT_LINE('编号: '||myrow.Atno||', 数量: '
             ||myrow.Amount);
 14      END LOOP;
 15    END;
 16  END;
 17  /
```

(2) 创建一个存储过程,实现查看某一楼层内空房间的信息,实现语句如下:

```
SQL> CREATE OR REPLACE PROCEDURE Proc_SearchDate
```

```
  2   (floor IN int)
  3  AS
  4  BEGIN
  5    DECLARE CURSOR myCursor IS
  6      SELECT Rno,Rtype,Rprice,Rfloor,Toward
  7      FROM  EmRoView
  8      WHERE Rfloor=floor;
  9      myrow myCursor%rowtype;
 10
 11    BEGIN
 12     FOR myrow IN myCursor LOOP
 13       DBMS_OUTPUT.PUT_LINE('Rno: '||myrow.Rno||', Rtype: '
            ||myrow.Rtype||', Rprice: '||myrow.Rprice||', Rfloor: '
            ||myrow.Rfloor||', Toward: '||myrow.Toward);
 14     END LOOP;
 15    END;
 16  END;
 17  /
```

(3) 创建一个存储过程，实现查看顾客信息，实现语句如下：

```
SQL> CREATE OR REPLACE PROCEDURE Proc_WatchGuest
  2  AS
  3  BEGIN
  4    DECLARE CURSOR myCursor IS
  5      SELECT Gno,Gname,Gsex,Gid
  6      FROM  Guest;
  7      myrow myCursor%rowtype;
  8    BEGIN
  9     FOR myrow IN myCursor LOOP
 10       DBMS_OUTPUT.PUT_LINE('Gno: '||myrow.Gno||', Gname: '
            ||myrow.Gname||', Gsex: '||myrow.Gsex||', Gid: '||myrow.Gid);
 11     END LOOP;
 12    END;
 13  END;
 14  /
```

(4) 创建一个存储过程，实现根据顾客编号查询顾客的消费及余额信息，语句如下：

```
SQL> CREATE OR REPLACE PROCEDURE Proc_SearchGuest
  2   (pGno IN char)
  3  IS
  4  BEGIN
  5    DECLARE CURSOR myCursor1 IS
  6      SELECT g.Gno,g.Gname,g."ACCOUNT" ,g.Balance
```

```
7        FROM Guest g
8        WHERE g.Gno=pGno;
9      myrow1 myCursor1%rowtype;
10     BEGIN
11       FOR myrow1 IN myCursor1 LOOP
12         DBMS_OUTPUT.PUT_LINE('Gno: '||myrow1.Gno||', Gname: '
              ||myrow1.Gname||', Account: '||myrow1.Account||', Balance: '
              ||myrow1.Balance);
13       END LOOP;
14     END;
15     DECLARE CURSOR myCursor2 IS
16       SELECT RoomState.Rno,Rtype,IntoPrice
17       FROM RoomState,Roominfo
18       WHERE RoomState.Gno=pGno
19       AND RoomState.Rno=Roominfo.Rno;
20     myrow2 myCursor2%rowtype;
21     BEGIN
22       FOR myrow2 IN myCursor2 LOOP
23         DBMS_OUTPUT.PUT_LINE('Rno: '||myrow2.Rno||', Rno: '
              ||myrow2.Rno||', Rtype: '||myrow2.Rtype||', IntoPrice: '
              ||myrow2.IntoPrice);
24       END LOOP;
25     END;
26     DECLARE CURSOR myCursor3 IS
27       SELECT c.Atno,Atname,Amount, Amount*Atprice AS AmuMoney,Wtime
28       FROM Consumelist c,Atariff a
29       WHERE c.Gno=pGno AND c.Atno=a.Atno;
30     myrow3 myCursor3%rowtype;
31     BEGIN
32       FOR myrow3 IN myCursor3 LOOP
33         DBMS_OUTPUT.PUT_LINE('Atno: '||myrow3.Atno||', Atname: '
              ||myrow3.Atname||', Amount: '||myrow3.Amount||', AmuMoney: '
              ||myrow3.AmuMoney||', Wtime: '||myrow3.Wtime);
34       END LOOP;
35     END;
36     DECLARE CURSOR myCursor4 IS
37       SELECT g.Rno,r.Goodsname,g.Dnum,r.Oprice,r.Dmultiple,
              Oprice*g.Dnum*r.Dmultiple AS AmendMoney,g.AMENDSTIME
38       FROM GoAmInfo g,RoGoInfo r
39       WHERE g.Gno=pGno
40       AND g.Goodsno=r.Goodsno;
41     myrow4 myCursor4%rowtype;
42     BEGIN
```

```
43      FOR myrow4 IN myCursor4 LOOP
44        DBMS_OUTPUT.PUT_LINE('Rno: '||myrow4.Rno||', Goodsname: '
            ||myrow4.Goodsname||', Dnum: '||myrow4.Dnum||', Oprice: '
            ||myrow4.Oprice||', Dmultiple: '||myrow4.Dmultiple
            ||', AmendMoney: '||myrow4.AmendMoney||', AmendsTtime: '
            ||myrow4.AMENDSTIME);
45      END LOOP;
46    END;
47  END;
48  /
```

(5) 创建一个存储过程，实现添加一行顾客的消费数据，实现语句如下：

```
SQL> CREATE OR REPLACE PROCEDURE Proc_ConsumeList
  2  (
  3  Consumelist_Gno char,
  4  Consumelist_Atno char,
  5  Consumelist_Amount int,
  6  Consumelist_wtime date
  7  )
  8  IS
  9  PRAGMA AUTONOMOUS_TRANSACTION;
 10  BEGIN
 11    INSERT INTO Consumelist
 12      VALUES(Consumelist_Gno,Consumelist_Atno,
          Consumelist_Amount,Consumelist_wtime);
 13    COMMIT;
 14  END;
 15  /
```

(6) 创建一个存储过程，实现添加新的客房物品信息，实现语句如下：

```
SQL> CREATE OR REPLACE PROCEDURE Proc_AddRoomGoods
  2  (
  3  GDnumber char,
  4  GDname   char,
  5  GDprice float,
  6  GDmultiple float
  7  )
  8  IS
  9  BEGIN
 10    INSERT INTO RoGoInfo(Goodsno,Goodsname,Oprice,Dmultiple)
 11    VALUES(GDnumber,GDname,GDprice,GDmultiple);
 12  END;
 13  /
```

(7) 创建一个存储过程，实现插入新的娱乐项目信息，实现语句如下：

```
SQL> CREATE OR REPLACE PROCEDURE Proc_AddAmusement
  2  (
  3  Atno char,
  4  Atname char,
  5  Atprice float
  6  )
  7  IS
  8  BEGIN
  9      INSERT INTO Atariff
 10      VALUES(Atno,Atname,Atprice);
 11  END;
 12  /
```

(8) 创建一个存储过程实现顾客信息的增加，实现语句如下：

```
SQL> CREATE OR REPLACE PROCEDURE Proc_AddGuest
  2  (
  3  Gno char,
  4  Gname char,
  5  Gsex char,
  6  Gid char,
  7  discount float
  8  )
  9  IS
 10  BEGIN
 11      INSERT INTO guest(Gno,Gname,Gsex,Gid,discount)
 12      VALUES(Gno,Gname,Gsex,Gid,discount);
 13  END;
 14  /
```

(9) 创建一个存储过程，实现顾客的付费操作，实现语句如下：

```
SQL> CREATE OR REPLACE PROCEDURE Proc_Money
  2  (
  3  Gno char,
  4  Account float
  5  )
  6  IS
  7  BEGIN
  8      UPDATE guest
  9      SET Account=Account
 10      WHERE Gno=Gno;
 11  END;
```

```
 12  /
```

(10) 创建一个存储过程，实现顾客的订房操作，实现语句如下：

```
SQL> CREATE OR REPLACE PROCEDURE Proc_Book
  2  (
  3  pRno char,
  4  pGno char,
  5  Rtime date,
  6  Rltime date,
  7  Days int,
  8  Stime date,
  9  pDiscount OUT float,
 10  pRprice OUT float
 11  )
 12  IS
 13  BEGIN
 14    SELECT discount INTO pDiscount FROM guest WHERE Gno=pGno;
 15    SELECT Rprice INTO pRprice FROM Roominfo WHERE Rno=pRno;
 16      INSERT INTO RoomState(Rno,Gno,Rtime,Rltime,
         IntoPrice,Days,Stime,flag)
 17      VALUES(pRno,pGno,Rtime,Rltime,pDiscount*pRprice,Days,Stime,'1');
 18  END;
 19  /
```

(11) 创建一个存储过程，实现顾客的入住操作，实现语句如下：

```
SQL> CREATE OR REPLACE PROCEDURE Proc_Into
  2  (
  3  pRno char,
  4  pGno char,
  5  pAtime date,
  6  pLtime date,
  7  pDays int,
  8  pStime date,
  9  money float
 10  )
 11  IS
 12  PRAGMA AUTONOMOUS_TRANSACTION;
 13  BEGIN
 14    UPDATE guest
 15    SET Account=money
 16      WHERE Gno=pGno;
 17    commit;
 18    UPDATE RoomState
```

```
19      SET Atime=pAtime,Ltime=pLtime,Days=pDays,Stime=pStime,flag='2'
20      WHERE Rno=pRno AND Gno=pGno;
21   commit;
22 END;
23 /
```

(12) 创建一个存储过程实现添加一个物品赔偿信息,实现语句如下:

```
SQL> CREATE OR REPLACE PROCEDURE Proc_InsertAmends
  2  (
  3  Gno char,
  4  Rno char,
  5  Goodsno char,
  6  Dnum int,
  7  Amendstime date
  8  )
  9  IS
 10  BEGIN
 11      INSERT INTO GoAmInfo(Gno,Rno,Goodsno,Dnum,Amendstime)
 12      VALUES(Gno,Rno,Goodsno,Dnum,Amendstime);
 13  END;
 14  /
```

(13) 创建一个存储过程实现顾客的退房操作,实现语句如下:

```
SQL> CREATE OR REPLACE PROCEDURE Proc_DeleteRoom
  2  (
  3  pRno char,
  4  pGno char
  5  )
  6  IS
  7  BEGIN
  8      DELETE FROM RoomState
  9      WHERE Rno=pRno AND Gno=pGno;
 10  END;
 11  /
```

14.4.5 创建触发器

触发器主要用于维护数据的完整性,具体的创建方法这里不要详述,可参考本书第 12 章的内容。

步骤01 创建一个触发器,实现当添加房态信息时触发 Guest 表,根据顾客的积分计算顾客的折扣度。具体实现语句如下:

```
SQL> CREATE OR REPLACE TRIGGER Trig_discount
```

```
2     AFTER INSERT
3     ON RoomState
4     FOR EACH ROW
5   DECLARE
6     pGrade INT;
7     pGno char;
8   BEGIN
9     pGno:=:NEW.Gno;
10    SELECT Grade INTO pGrade FROM guest WHERE gno=pGno;
11    IF (pGrade >= 0 AND pGrade<300) THEN
12      UPDATE guest SET discount=1.00 WHERE Gno=pGno;
13    ELSIF(pGrade<500 ) THEN
14      UPDATE guest  SET discount=0.95 WHERE Gno=pGno;
15    ELSIF(pGrade<700) THEN
16      UPDATE guest SET discount=0.90 WHERE Gno=pGno;
17    ELSIF (pGrade<1000) THEN
18      UPDATE guest SET discount=0.85 WHERE Gno=pGno;
19    ELSE
20      UPDATE guest SET discount=0.80 WHERE Gno =pGno;
21    END IF;
22  END;
23  /
```

步骤 02 创建一个触发器，实现当修改房态信息时(例如添加入住信息)触发 Guest 表，计算顾客的积分和余额。具体实现语句如下：

```
SQL> CREATE OR REPLACE TRIGGER Trig_grade_balance
  2     AFTER UPDATE
  3     ON RoomState
  4     FOR EACH ROW
  5   DECLARE
  6     pIntoPrice float;
  7     pDays int;
  8   PRAGMA AUTONOMOUS_TRANSACTION;
  9   BEGIN
 10     SELECT IntoPrice INTO pIntoPrice
 11     FROM RoomState
 12     WHERE Rno=:NEW.Rno AND Gno=:new.gno;
 13     commit;
 14     SELECT Days INTO pDays
 15     FROM RoomState
 16     WHERE Rno=:NEW.RNO  AND Gno=:NEW.Gno;
 17     commit;
 18     UPDATE guest
```

```
19      SET balance=Account-pIntoPrice*pDays,grade=grade+pIntoPrice*pDays
20      WHERE Gno=:NEW.GNO;
21      COMMIT;
22   END;
23   /
```

步骤 03 创建一个触发器，实现当删除房态信息时(例如退房操作)触发 Guest 表，将顾客的预付款和余额设置为 0。具体实现语句如下：

```
SQL> CREATE OR REPLACE TRIGGER Trig_delete
  2     AFTER DELETE
  3     ON RoomState
  4     FOR EACH ROW
  5   BEGIN
  6      UPDATE guest
  7      SET Account=0,balance=0
  8      WHERE Gno=:OLD.Gno;
  9   END;
 10   /
```

步骤 04 创建一个触发器，实现当添加新的娱乐消费信息时触发 Guest 表，从而重新计算顾客的积分和余额信息。具体实现语句如下：

```
SQL> CREATE OR REPLACE TRIGGER Trig_grade1
  2     AFTER INSERT
  3     ON Consumelist
  4     FOR EACH ROW
  5   DECLARE
  6     pGno varchar2(20);
  7     pAtno varchar2(20);
  8     pAmount int;
  9     pAtprice float;
 10   PRAGMA AUTONOMOUS_TRANSACTION;
 11   BEGIN
 12     pGno:=:NEW.Gno;
 13     pAtno:=:NEW.Atno;
 14     pAmount:=:NEW.Amount;
 15        SELECT Atprice INTO pAtprice
 16        FROM AtarIFF    WHERE Atno=pAtno;
 17     COMMIT;
 18        UPDATE guest
 19        SET grade=grade+pAtprice*pAmount/10,
               balance=balance-pAtprice*pAmount
 20        WHERE Gno=pGno;
```

```
21    COMMIT;
22  END;
23  /
```

步骤 05 创建一个触发器，实现当添加新的物品赔偿信息时触发 Guest 表，从而重新计算顾客的余额信息。具体实现语句如下：

```
SQL> CREATE OR REPLACE TRIGGER Trig_AmendsMoney
  2    AFTER INSERT
  3    ON GoAmInfo
  4    FOR EACH ROW
  5  DECLARE
  6      pGno varchar(20);
  7      pGoodsno varchar(20);
  8      pDnum int;
  9      pOprice float;
 10      pDmultiple float;
 11  PRAGMA AUTONOMOUS_TRANSACTION;
 12  BEGIN
 13    pGno:=:NEW.Gno;
 14    pGoodsno:=:NEW.Goodsno;
 15    pDnum:=:NEW.Dnum;
 16      SELECT Oprice INTO pOprice
 17      FROM RoGoInfo   WHERE Goodsno=pGoodsno;
 18    COMMIT;
 19      SELECT Dmultiple INTO pDmultiple
 20      FROM RoGoInfo   WHERE Goodsno=pGoodsno;
 21    COMMIT;
 22      UPDATE guest
 23      SET balance=balance-pOprice*pDnum*pDmultiple
 24      WHERE Gno=pGno;
 25    COMMIT;
 26  END;
 27  /
```

14.5 模拟业务逻辑测试

至此，我们已经完成了酒店客房管理系统从无到有的需求分析、功能细化、划分业务和数据流及建模过程，并在 Oracle 中将该系统的数据库进行实现。

接下来，我们可以先向各个表中添加一些测试数据，然后调用上节编写的视图、存储过程和触发器对系统进行业务逻辑的测试，从而验证每个功能是否符合要求。

14.5.1 测试视图

在 14.4.3 节中,创建了三个视图,下面分别对它们进行测试。测试之前,必须先使用 HOTEL 用户登录到 Oracle,同时为使结果更加直观地显示,还需要使用 Oracle 的 SQL Developer 工具(第 3 章介绍了该工具)。

假设要查看酒店客户管理系统中的预订信息,可以调用 BookView 视图,执行结果如图 14-18 所示。

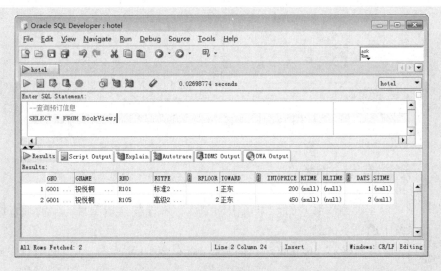

图 14-18 测试 BookView 视图

调用 IntoView 视图查询系统当前的入住信息,执行结果如图 14-19 所示。

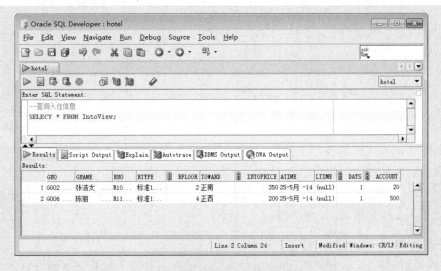

图 14-19 测试 IntoView 视图

调用 EmRoView 视图查询系统当前的空房信息，执行结果如图 14-20 所示。

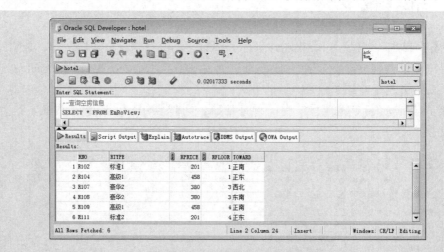

图 14-20　测试 EmRoView 视图

14.5.2　测试存储过程

通过视图可以了解酒店客户管理系统中的预订、入住和空房信息。下面通过测试存储过程来查看系统中的更多信息。

步骤01　调用 Proc_SearchDate 存储过程，查看 2014 年 5 月 25 日的所有娱乐项目消费情况及汇总，语句如下：

```
DECLARE
  CDATE DATE;
BEGIN
  CDATE := TO_DATE('2014-05-25','YY-MM-DD');

  PROC_SEARCHDATE(
    CDATE => CDATE
  );
END;
```

从如图 14-21 所示的执行结果中可以看到，当天总共有 7 个消费项目，其中分别显示了消费项目的编号和使用数量。

步骤02　调用 Proc_SearchGuest 存储过程，查看编号为 G001 的顾客在系统中的各项消费和余额信息，语句如下：

```
CALL PROC_SEARCHGUEST(pGno=>'G001');
```

执行结果如图 14-22 所示，在这里返回的结果集中显示了顾客的余额信息、入住客户信息、消费项目信息和物品损坏信息。

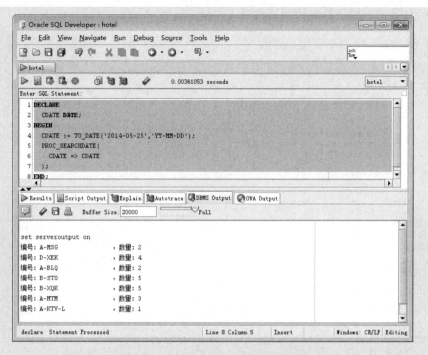

图 14-21 测试 Proc_SearchDate 存储过程

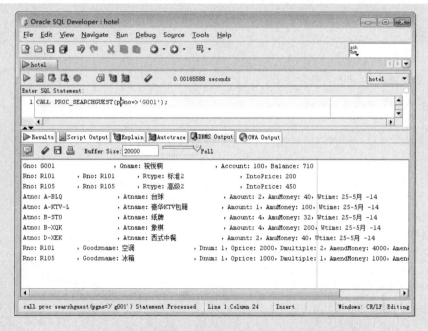

图 14-22 测试 Proc_SearchGuest 存储过程

步骤 03 调用 Proc_AddAmusement 存储过程向系统中添加一个新的消费项目。在调用之前，首先使用 SELECT 语句查看当前的内容，如图 14-23 所示。

从图 14-24 中的结果可见，当前共有 13 行结果。

图 14-23　调前的表内容

图 14-24　调用后的表内容

以如下语句调用 Proc_AddAmusement 存储过程：

```
CALL PROC_ADDAMUSEMENT(
    ATNO => 'L-NOOD',
    ATNAME => '北京炸酱面',
    ATPRICE => 25
);
```

执行完成之后，再次使用 SELECT 语句查看当前的内容，此时结果集中包含 13 行数据，如图 14-23 所示。

步骤 04　假设编号为 G001 的顾客在 2014 年 5 月 25 日消费了 1 次北京炸酱面，可以使用 Proc_ConsumeList 存储过程对这一消费进行记录。实现语句如下：

```
CALL PROC_CONSUMELIST(
    CONSUMELIST_GNO => 'G001',
    CONSUMELIST_ATNO => 'L-NOOD',
    CONSUMELIST_AMOUNT => 1,
    CONSUMELIST_WTIME => TO_DATE('2014-05-25','YY-MM-DD')
);
```

执行后，用 SELECT 查询 Consumelist 表，即可看到新增的记录，如图 14-25 所示。

在 14.4.4 节为酒店客房管理系统创建了 13 个存储过程，限于篇幅原因，这里就不再逐一进行测试，还有部分存储过程在下节配合触发器一起使用。

图 14-25　调用后表的内容

14.5.3　测试触发器

（1）Trig_Discount 触发器的功能是当添加房态信息时触发 Guest 表，更新顾客的积分和折扣。因此在对该触发器进行测试必须修改房态信息，假设这里要实现顾客 G006 由预订到入住的操作。

在修改之前，首先查看该顾客的基本信息和预订房间信息，如图 14-26 和 14-27 所示。

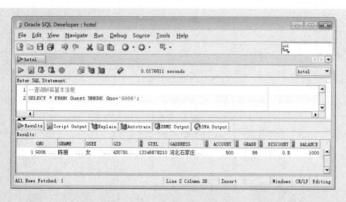

图 14-26　编号 G006 顾客的基本信息

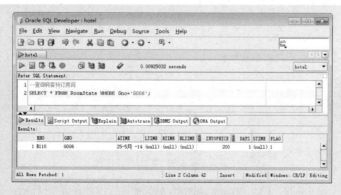

图 14-27　编号 G006 顾客的预订信息

接下来通过使用 Pro_Into 存储过程实现顾客的入住操作，语句如下：

```
--调用 Proc_Into 存储过程实现入住操作
CALL PROC_INTO(
    PRNO => 'R110',
    PGNO => 'G006',
    PATIME => TO_DATE('2014-05-25','YY-MM-DD'),
    PLTIME => TO_DATE('2014-05-30','YY-MM-DD'),
    PDAYS => 6,
    PSTIME => TO_DATE('2014-05-25','YY-MM-DD'),
    MONEY => 3000
);
```

Pro_Into 存储过程会更新房态信息，从而导致 Trig_grade_balance 触发器的执行。再次执行 SELCT 查询顾客的基本信息及预订房间信息，此时的结果如图 14-28 和 14-29 所示。

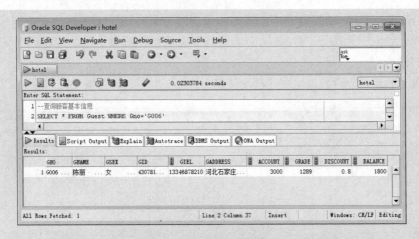

图 14-28　Trig_grade_balance 触发器执行后顾客的基本信息

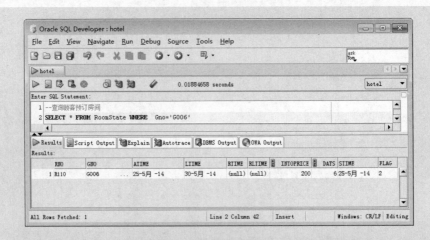

图 14-29　Trig_grade_balance 触发器执行后的顾客预订信息

(2) Trig_Grade1 触发器的功能是在记录顾客的消费项目信息时，触发 Guest 表更新顾客的积分和余额。

添加顾客消费信息可以使用上节介绍的 Proc_ConsumeList 存储过程，假设这里要实现顾客 G006 在 2014 年 5 月 25 日消费了两次北京炸酱面，实现语句如下：

```
--为顾客 G006 添加消费项目
CALL PROC_CONSUMELIST(
    CONSUMELIST_GNO => 'G001',
    CONSUMELIST_ATNO => 'L-NOOD',
    CONSUMELIST_AMOUNT => 2,
    CONSUMELIST_WTIME => TO_DATE('2014-05-25','YY-MM-DD')
);
```

Proc_ConsumeList 存储过程会更新消费项目表，从而导致 Trig_Grade1 触发器的执行。再次执行 SELCT 查询顾客的基本信息，此时的结果如图 14-30 所示。

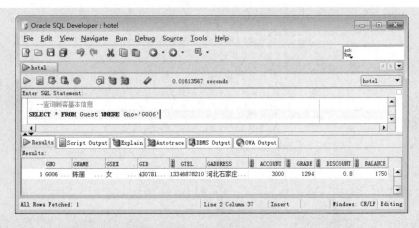

图 14-30 Proc_ConsumeList 触发器执行后的顾客信息

将图 14-28 与图 14-30 进行对比，可以发现 Grade 列(积分)和 Balance 列(余额)发生了变化，从而说明 Trig_Grade1 触发器执行成功。

(3) Trig_Delete 触发器的功能是在删除房态信息时把顾客的预付款和余额都进行清空处理。

删除房态信息可以使用 Proc_DeleteRoom 存储过程，假设实现顾客 G006 对房间 R110 的退房操作，实现语句如下：

```
CALL PROC_DELETEROOM(
  pRno => 'R110',
  pGno => 'G006'
);
```

上述语句执行时会触发 Trig_Delete 触发器。现在查看顾客 G006 的基本信息，可以看到预付款和余额都为 0，说明触发器执行成功，如图 14-31 所示。

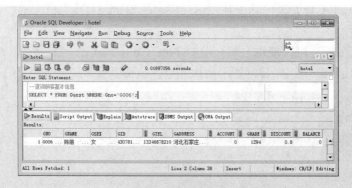

图 14-31　Trig_Delete 触发器执行后的顾客信息

（4）Trig_AmendsMoney 触发器的功能是在记录顾客的损坏物品信息时，更新顾客的余额信息。假设顾客 G001 在房间 R101 损坏了两个物品 GD009，记录这一信息如下：

```
CALL PROC_INSERTAMENDS(
  GNO => 'G001',
  RNO => 'R101',
  GOODSNO => 'GD009',
  DNUM => 2,
  AMENDSTIME => TO_DATE('2014-05-25','YY-MM-DD')
);
```

上述语句虽然仅向 GoAmInfo 表中添加了一行数据，但是，由于会触发 Trig_AmendsMoney 触发器的执行，所以 Guest 表中顾客的余额也会发生变化。

如图 14-32 所示为执行前的顾客信息。如图 14-33 所示为执行后的顾客信息。

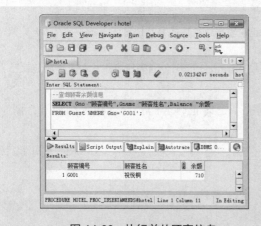 

　　图 14-32　执行前的顾客信息　　　　　图 14-33　执行后的顾客信息

提示：限于篇幅原因，在系统中的其他触发器这里就不再进行测试。读者可以根据触发器的定义语句编写测试代码。

14.6 导出和导入数据

经过前面的步骤,酒店客房管理系统的数据库结构就开发完成了。为了方便数据库的迁移,需要在测试环境中导出数据并在目标环境中导入数据,或者说,出于安全考虑,使用导出和导入对数据库进行备份与恢复。

下面以酒店客房管理系统数据库为例,讲解最常用的 Oracle 数据导出和导入方法。

14.6.1 导出数据

Oracle 11g 引入了数据泵技术进行数据的备份和恢复,并建议用户使用数据泵代替传统程序,其中 EXPDP 代替 EXP,用于实现数据导出功能。

在使用数据泵之前,则首先需要创建一个目录对象,并对用户赋予相应的操作权限。假设要给 HOTEL 用户赋予对 D:\HotelSys 目录的操作权限,步骤如下:

步骤 01 在 D 盘根目录下新建名为 HotelSys 的目录。

步骤 02 使用 CREATE DIRECTORY 语句创建一个名为 mydatadir 的目录对象。语句如下:

```
SQL> CREATE DIRECTORY mydatadir
  2 AS ' D:\HotelSys';
```

步骤 03 使用 GRANT 语句将 READ 和 WRITE 权限赋予 SCORE 用户。语句如下:

```
SQL> GRANT READ,WRITE ON DIRECTORY mydatadir TO HOTEL;
```

上述语句成功执行后,在使用数据泵导入或者导出 HOTEL 用户的数据时,就可以使用目录对象来存储或者恢复文件了。

1. 导出表

要导出数据库中的表,可以使用 EXPDP 命令的 TABLES 参数,多个表名之间使用英文逗号隔开。

假设要使用数据泵的 EXPDP 程序导出 HOTEL 用户中的 GUEST 表和 ROOMINFO 表,语句如下:

```
C:\>EXPDP HOTEL/123456@ORCL DIRECTORY=mydatadir DUMPFILE=tables.dat
TABLES=GUEST,ROOMINFO
```

上述语句使用 DIRECTORY 参数指定导出文件所使用的目录对象,DUPMFILE 参数指定文件名称,TABLES 参数指定要导出的表。

2. 导出表空间

在 EXPDP 中通过 TABLESPACES 参数可以导出指定表空间中的所有对象信息。假设要使用 EXPDP 程序从 HOTEL_TS 表空间中导出数据,语句如下:

```
C:\>EXPDP SYSTEM/123456@ORCL DIRECTORY=mydatadir DUMPFILE=HOTEL_TS.dat
TABLESPACES=HOTEL_TS
```

3. 导出指定的模式

使用 EXPDP 命令的 SCHEMAS 参数，可以导出指定模式中的所有对象信息。假设要使用 EXPDP 程序 hotel 模式中的所有对象信息，语句如下：

```
C:\>EXPDP system/123456@ORCL DIRECTORY = mydatadir DUMPFILE =hotel.dmp
SCHEMAS =hotel NOLOGFILE = y
```

上述语句的 SCHEMAS 参数指定导出的为 hotel 模式，NOLOGFILE 参数指定导出时不在日志中记录。

14.6.2 导入数据

Oracle 11g 数据泵中的 IMPDP 代替 IMP，用于实现数据的导入功能。

1. 导入表

对于使用 EXPDP 导出的数据表，可以使用带 TABLES 参数的 IMPDP 程序来导入。同样，多个表名之间用逗号分隔。

例如，从上节导出的备份中导入 HOTEL 用户的 GUEST 表和 ROOMINFO 表，语句如下：

```
C:\>IMPDP SYSTEM/123456@ORCL DIRECTORY=mydatadir DUMPFILE=tables.dat
TABLES= GUEST,ROOMINFO TABLE_EXISTS_ACTION=replace
```

上述语句使用 DIRECTORY 参数指定导入文件所使用的目录对象，DUPMFILE 参数指定备份文件的名称，TABLES 参数指定要导出的表，TABLE_EXISTS_ACTION 参数值为 replace，表示如果要导入的对象已经存在，则覆盖该对象并加载数据。

2. 导入表空间

使用 IMPDP 命令的 TABLESPACES 参数可以导入使用 EXPDP 命令导出的表空间数据。例如，从上节导出的备份文件 HOTEL_TS.dat 中导入 HOTEL_TS 表空间：

```
C:\>IMPDP system/123456@ORCL DIRECTORY=mydatadir DUMPFILE=HOTEL_TS.dat
TABLESPACES = HOTEL_TS
```

3. 导入指定的模式

使用 IMPDP 命令执行导入时，如果指定 SCHEMAS 参数，可以实现导入一个指定的模式。

例如，从上节导出的备份文件 hotel.dmp 中导入 HOTEL 模式，语句如下：

```
C:\>IMPDP HOTEL/123456@ORCL DIRECTORY = mydatadir DUMPFILE = hotel.dmp
SCHEMAS = HOTEL
```

附录　习题答案

第 1 章

1. 填空题

(1) 键
(2) 实体完整性
(3) 第二
(4) 属性

2. 选择题

(1) D
(2) A
(3) B

第 2 章

1. 填空题

(1) 监听程序
(2) 日志文件
(3) 数据
(4) 临时段
(5) 数据块

2. 选择题

(1) C
(2) C
(3) A
(4) A
(5) C
(6) A

第 3 章

1. 填空题

(1) OracleDBConsoleorcl
(2) DESC
(3) ACCEPT
(4) START
(5) &
(6) DEFINE

2. 选择题

(1) D
(2) B
(3) C
(4) C
(5) A
(6) B

第 4 章

1. 填空题

(1) SYSTEM
(2) NUMBER
(3) CACHE
(4) ALTER TABLE ProductRENAME TO 商品信息表
(5) DROP TABLE Product

2. 选择题

(1) D
(2) B
(3) D
(4) A
(5) C
(6) B

第 5 章

1. 填空题

(1) AS
(2) DISTINCT
(3) DESC
(4) %
(5) NOT
(6) GROUP

2. 选择题

(1) D
(2) D
(3) D
(4) A
(5) A

第 6 章

1. 填空题

(1) ANY
(2) EXISTS
(3) INNER JOIN
(4) CROSS JOIN

2. 选择题

(1) C
(2) A
(3) A
(4) C

第 7 章

1. 填空题

(1) UPDATE
(2) UPDATE client SET name='ying' WHERE email='ying@163.com'
(3) INSERT SELECT

(4) VALUES

(5) TRUNCATE TABLE

2. 选择题

(1) D
(2) A
(3) A
(4) B

第 8 章

1. 填空题

(1) 段
(2) TEMPFILE
(3) UNDO
(4) users
(5) TEMPORARY、TEMPFILE
(6) 还原段撤消管理

2. 选择题

(1) C
(2) C
(3) A
(4) D
(5) A
(6) D

第 9 章

1. 填空题

(1) MOUNT
(2) 备份为二进制文件
(3) V$CONTROL_RECORD_SECTION
(4) STARTUP NOMOUNT
(5) MAXLOGFILES

2. 选择题

(1) A
(2) B

(3) B

(4) B

(5) C

(6) B

(7) C

第 10 章

1. 填空题

(1) 单行注释

(2) EXCEPTION

(3) :=

(4) WHILE

(5) EXCEPTION

2. 选择题

(1) B

(2) D

(3) A

(4) D

(5) B

(6) D

第 11 章

1. 填空题

(1) 嵌套表

(2) 记录表

(3) OPEN

(4) SUM()

(5) DROP PACKAGE pkg_getAllBySno

(6) SERIALIZABLE

2. 选择题

(1) A

(2) A

(3) A

(4) B

(5) A
(6) B
(7) D

第 12 章

1. 填空题

(1) INSTEAD OF
(2) FOR EACH ROW
(3) DELETING
(4) ON DATABASE
(5) IN
(6) CREATE PROCEDURE
(7) CALL

2. 选择题

(1) C
(2) B
(3) D
(4) A
(5) A
(6) B

第 13 章

1. 填空题

(1) 会话级临时表
(2) MAXVALUES
(3) 起始值
(4) B 树索引

2. 选择题

(1) B
(2) A
(3) C
(4) A
(5) A